單晶片 8051 與 C 語言實習

董勝源　編著

U0088452

全華圖書股份有限公司　印行

序

　　單晶片微電腦 8051 目前普遍應用於產業界及學術界，因為它具有很豐富的軟硬體資源，使它成為最適合初學者入門的機種之一。

　　本書採用與 8051 相容，且功能更強大的單晶片微電腦 MPC82G516。它是『笙泉科技公司』的產品，可工作於 1 個 clock 的指令周期，內建可線上燒錄(ISP)最高 64K-byte 程式的 Flash ROM 及 1.25K-byte 的 SRAM。

　　除了傳統 8051 的週邊設備外，還具有 SPI(串列週邊界面)、A/D(類比/數位轉換)、OCD(內含硬體偵錯)及 IAP(線上燒錄資料)。同時可藉由 PCA(可規劃陣列計數)進行軟體計時、匹配輸出、捕捉計時輸入及 PWM(脈波寬度調變)輸出等。

　　本書使用 Keil 公司的單晶片 C51 語言編譯器 μVision4(PK51)，它是整合性(IDE)的軟體可用於 C 語言及組合語言，它將專案(project)的管理、原始程式的撰寫、編(組)譯、偵錯(Debug)及模擬均整合在一起，且內含許多 MCS-51 的系統及週邊設備環境設定及模擬。同時藉由 MPC82G516 內的 OCD(內含硬體偵錯)可在 Keil 進行硬體的偵錯(Debug)及模擬工作。

　　本書以 MPC82G516 作為硬體控制的基石，主要目的為學習 C 語言硬體控制程式的設計。日後可以此為基礎，進而深入到其它高階的微電腦控制，如 DSP(數位信號處理器)及 ARM 的嵌入式系統(Embedded System)等。且以控制為目的的 C 語言程式架構較簡單易學，適合不同的專業人士進入此一領域。

　　本書有系統地介紹 MPC82G516 的架構、介面與相關的軟硬體，同時配合筆者所設計的模擬實習板，可在 Keil 的 Debug 環境下透過 USB 界面，進行各項的軟硬體實驗。內容十分紮實而結構分明，敘述清楚而易懂，是一本非常實用的教科書與工具書，相信讀者必能獲益匪淺。

　　在此感謝『笙泉科技公司』支持及蔡沂洲先生協助校閱，使得本書得付梓。

董勝源　　　　于 2010 年 1 月

目録

第一章　單晶片微電腦 MCS-51 與 MPC82G516.......................................1-1

  1-1　單晶片微電腦 MCS-51 與 MPC82G516 特性 1-2

    1-1.1　MPC82G516 特性介紹...1-3

    1-1.2　MPC82G516 接腳介紹...1-6

    1-1.3　MPC82G516 記憶體...1-18

  1-2　MPC82G516 硬體介紹 1-30

    1-2.1　MPC82G516 輸出入驅動電路 1-30

    1-2.2　8051 改為 MPC82G516 模擬實習板........................1-35

    1-2.3　MPC82G516 模擬實習板...1-38

第二章　Keil μVision4 與工具軟體 2-1

  2-1　C 語言與 Keil 基礎操作..2-3

    2-1.1　C 語言格式..2-3

    2-1.2　如何進入 Keil 軟體..2-6

    2-1.3　Keil 基本操作...2-8

  2-2　專案程式..2-16

2-2.1　專案程式執行 2-17

2-2.2　建立新專案 2-20

2-3　Build 與 Debug 進階操作 2-26

2-3.1　Build(建立)進階操作 2-26

2-3.2　Debug(偵錯)視窗操作 2-28

2-4　線上模擬(ICE)與線上燒錄(DFU)實習 2-36

2-4.1　Keil 與線上模擬(ICE)操作 2-36

2-4.2　建立線上模擬(ICE)新專案 2-39

2-4.3　線上燒錄器(DFU)操作 2-42

第三章　C 語言程式介紹 3-1

3-1　資料型態與運算式 3-2

3-1.1　常數及變數資料 3-2

3-1.2　常數及變數名稱 3-5

3-1.3　變數的資料型態 3-7

3-1.4　C 語言的運算式與運算子 3-34

3-2　C 語言指令實習 3-50

3-2.1　if 指令實習 3-50

3-2.2　switch-case-default 指令實習 3-58

3-2.3　while 指令實習 3-61

3-2.4　for 指令實習 3-67

3-2.5　do-while 指令實習 3-74

3-2.6　break 指令實習 3-75

3-2.7　continue 指令實習 3-77

3-3　C 語言函數庫實習及假指令 3-78

3-3.1 自定函數 3-78

3-3.2 系統函數 3-83

3-3.3 前置處理假指令 3-89

3-4 多個程式編譯實習 3-93

3-4.1 單一檔案多個程式 3-93

3-4.2 多檔案程式範例 3-94

3-4.3 程式庫的應用 3-95

第四章 輸出入控制實習 4-1

4-1 基本輸出入實習 4-2

4-1.1 基本實習 4-2

4-1.2 紅黃綠燈輸出實習 4-9

4-2 步進馬達控制實習範例 4-15

4-2.1 步進馬達控制 4-15

4-2.2 步進馬達輸出實習 4-16

4-3 七段顯示器輸出實習 4-22

4-3.1 七段顯示器實習 4-22

4-3.2 七段顯示器應用實習 4-29

4-4 點矩陣 LED 顯示器控制與實習 4-33

4-4.1 點矩陣顯示器掃描控制 4-33

4-4.2 點矩陣顯示器掃描實習 4-36

4-5 文字型液晶顯示器控制與實習 4-50

4-5.1 文字型 LCD 控制 4-51

4-5.2 文字型 LCD 實習 4-59

4-6 繪圖型液晶顯示器控制與實習 4-72

4-6.1　繪圖型 LCD 內部功能介紹 4-73

4-6.2　繪圖型 LCD 指令碼工作 4-75

4-6.3　繪圖型 LCD 實習 4-78

第五章　中斷控制與外部中斷實習 5-1

5-1　MPC82G516 中斷控制 5-3

5-1.1　MPC82G516 中斷暫存器 5-4

5-1.2　中斷的設定 5-10

5-1.3　中斷程式的工作方式 5-14

5-2　外部中斷與按鍵中斷控制實習 5-15

5-2.1　外部中斷控制與實習 5-16

5-2.2　按鍵中斷(KBI)控制實習 5-24

5-3　鍵盤掃描實習 5-28

5-3.1　鍵盤掃描控制 5-28

5-3.2　鍵盤掃描實習 5-30

5-4　省電模式控制實習 5-43

5-4.1　外部中斷喚醒省電模式 5-44

5-4.2　降低系統頻率省電模式 5-46

第六章　計時器控制與實習 6-1

6-1　Timer0-1 計時器控制實習 6-3

6-1.1　Timer0-1 控制 6-5

6-1.2　Timer0-1 實習 6-7

6-1.3　Timer0-1 中斷實習 6-16

6-1.4　輸出頻率實習 6-21

6-1.5　輸出音樂實習 6-25

6-2　Timer2 控制實習 6-31

6-2.1　Timer2 自動重新載入實習 6-34

6-2.2　Timer2 計時捕捉實習 6-40

6-2.3　Timer2 計時中斷實習 6-43

6-2.4　Timer2 時脈輸出音樂實習 6-45

6-2.5　萬年曆電子鐘 6-47

6-3　看門狗計時器控制實習 6-54

6-3.1　WDT 控制 6-55

6-3.2　WDT 範例實習 6-56

第七章　串列埠 UART 控制實習 7-1

7-1　串列埠 UART1 控制實習 7-2

7-1.1　串列埠 UART1 mode0 控制實習 7-5

7-1.2　串列埠 UART1 mode1 控制 7-11

7-1.3　UART 人機界面 7-14

7-1.4　串列埠 UART1 mode1 實習 7-17

7-1.5　串列埠 UART1 的 Timer2 傳輸控制實習 7-22

7-1.6　串列埠 UART1 中斷實習 7-25

7-2　串列埠函數實習 7-28

7-2.1　串列埠函數 printf()實習 7-29

7-2.2　串列埠函數 putchar()及 puts()實習 7-30

7-2.3　串列埠函數 getchar()及 getkey()實習 7-32

7-3　串列埠 UART2 控制實習 7-33

7-3.1　串列埠 UART2 時脈輸出 7-35

7-3.2　串列埠 UART2 控制 7-36

7-3.3　串列埠 UART2 mode1 實習 7-37

第八章　數位與類比轉換實習 8-1

8-1　數位/類比轉換器(DAC)實習 8-2

8-1.1　數位/類比轉換器(DAC)控制 8-2

8-1.2　數位/類比轉換器(DAC)實習 8-3

8-2　類比/數位轉換器(ADC)實習 8-9

8-2.1　類比/數位轉換器(ADC)控制 8-10

8-2.2　類比/數位轉換器(ADC)實習 8-12

第九章　串列式週邊界面(SPI)與應用控制實習 9-1

9-1　串列式週邊界面(SPI)控制實習 9-3

9-1.1　SPI 傳輸控制 9-5

9-1.2　SPI 傳輸控制步驟 9-10

9-1.3　SPI 傳輸實習 9-12

9-2　串列式 EEPROM 控制實習 9-14

9-2.1　串列埠 EEPROM 控制 9-16

9-2.2　串列埠 EEPROM 實習 9-19

9-3　SD 記憶卡控制實習 9-29

9-3.1　SD 記憶卡介紹 9-29

9-3.2　SD 卡硬體架構 9-30

9-3.3　SD 卡的 SPI 控制 9-37

9-3.4　SD 卡的 SPI 實習 9-47

第十章　可規畫計數陣列(PCA)控制實習 10-1

10-1 PCA 計數溢位計時控制實習 10-3

10-1.1 PCA 計數溢位計時器控制 10-5

10-1.2 PCA 計數溢位計時器實習 10-6

10-2 PCA 軟體計時控制實習 10-9

10-2.1 PCA 軟體計時器控制 10-11

10-2.2 PCA 軟體計時器實習 10-12

10-3 PCA 高速輸出控制實習 10-15

10-3.1 PCA 計數高速輸出控制 10-16

10-3.2 PCA 計數高速輸出實習 10-16

10-3.3 PCA 計數高速輸出音樂實習 10-19

10-4 PCA 脈波寬度調變(PWM)與直流馬達控制實習 10-23

10-4.1 基本 IO 及 Timer 的 PWM 控制實習 10-23

10-4.2 PCA 計數 PWM 控制 10-29

10-4.3 PCA 計數 PWM 實習 10-30

10-4.4 PCA 計數 PWM 直流馬達控制實習 10-31

10-5 PCA 計時捕捉(captuch)與光學編碼器控制實習 10-36

10-5.1 PCA 計時捕捉器控制 10-36

10-5.2 PCA 計時捕捉器實習 10-37

10-5.3 PCA 光學編碼器控制實習 10-40

CHAPTER 1

單晶片微電腦 MCS-51 與 MPC82G516

本章單元

● 瞭解 MCS-51 與 MPC82G516 特性

● 瞭解 MPC82G516 輸出入驅動電路

● 瞭解 MPC82G516 模擬器與實習板

1-1 單晶片微電腦 MCS-51 與 MPC82G516 特性

MCS-51 表示為微電腦系統(MCS：Micro Computer System)8051 系列，在所有單晶片微電腦產品中，較適合初學者來入門。它的種類繁多，以部份晶片為例，如表 1-1 所示：

表 1-1 MCS-51 系列的單晶片微電腦產品

型號	內部 ROM 容量(byte)	內部 RAM 容量(byte)	IO 腳	中斷 源	計時 器	UART 埠	其它週邊設備
8051	OTP ROM 4k	128	32	5	2	1	無
8052	OTP ROM 8k	256	32	6	3	1	無
AT89S51	ISP Flash ROM 4k	128	32	5	2	1	無
AT89S52	ISP Flash ROM 8k	256	32	6	3	1	無
MG84FL54	ISP Flash ROM 16k	256+576	36	12	3	1	USB,I^{2}C,SPI ,IAP,PLL
MPC82G516	ISP Flash ROM 64k	256+1K	32~40	14	3	2	SPI,PCA,A/D ,IAP,OCD

MCS-51 系列原是 Intel 公司的產品，其中 8051/2 內含 OTP(One Time Program)ROM 僅能燒錄一次。後來又出現了許多相容性的產品，均為 Flash ROM 可重覆多次燒錄(MTP：Multiple Time Program)，且具有線上燒錄程式 (ISP：In-System Programming)功能，應用於教學上及專題成品更為方便。

一般 MCS-51 編號中的尾數(5x)代表程式 ROM 的容量，如 x=1 為 4K、x=2 為 8K、x=4 為 16K、x=8 為 32K 及 x=16 為 64K 等。

以 AT89S52、MG84FL54 及 MPC82G516 為例，功能比較如表 1-2 所示：

表 1-2　MCS-51 功能比較

功能	說明	AT89S52	MG84FL54	MPC82G516
工作電壓	核心及 IO 電源	5V	2.7~3.6/2.4~5.5V	2.7V~5.5V
內部 RC 振盪	不須外加振盪	無	無	6MHz(1T)
石英晶體頻率	外部頻率	0~33MHz(12T)	0~24MHz (1T)	0~24MHz(1T)
內部 RAM	內部+擴充 SRAM	256+0-byte	256+576-byte	256+1k-byte
ROM	內部/外部(byte)	8K/64K	16K/無	64K/沒必要
I/O 埠	雙向 I/O 腳(支)	32	36	32、36 或 40
中斷源	週邊設備工作	6 個	12 個	14 個
INT	外部中斷	2 (支)	4 (支)	4 (支)
計時/計數	16-bit 計數	3 組	3 組	3 組
WDT	看門狗計時器	有	有	有
UART	非同步串列埠	1 組	1 組	2 組
Keypad	按鍵中斷	無	8(支)	8(支)
SPI	串列週邊界面	無	有	有
ADC	10-bit 類比轉數位	無	無	8 通道
PCA	含 PWM、捕捉器	無	無	6 組
IAP	線上燒錄資料	無	有	有
USB	2.0 及 1.1	無	有	無
OCD	內含硬體模擬器	無	無	有
包裝	外型包裝	DIP40, PLCC44, PQFP44	LQFP48	SSOP28 , DIP40, PQFP44 , PLCC44, LQFP48

1-1.1　MPC82G516 特性介紹

以 MPC82G516 為例，它含時脈電路、程式記憶體(ROM)、資料記憶體 (RAM)及各種週邊設備(如輸出入埠、外部中斷、按鍵中斷、計時器、UART、 PCA、SPI、ADC 及 OCD 等)，共有 14 個中斷源及 4 層中斷優先設定。其結 構如圖 1-1 所示。

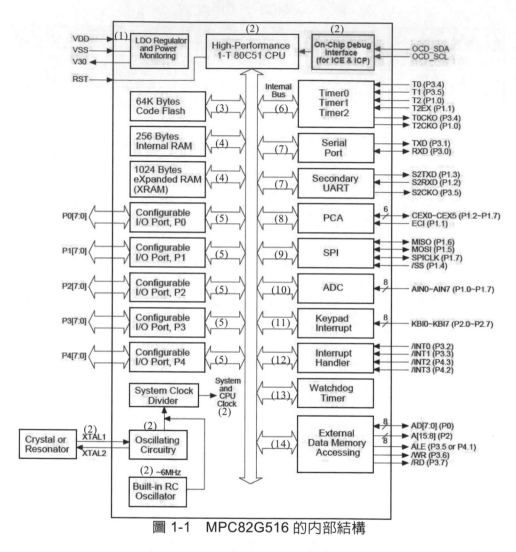

圖 1-1 MPC82G516 的內部結構

1. 工作電源：由 VDD 輸入電源(如 5V)提供輸出入埠使用，再經過<mark>低電壓差</mark><mark>穩壓電路</mark>(LDO Regulator)成 3V 後，提供內部系統及週邊設備、記憶體、ADC 及類比電路使用，並在接腳 V30 輸出。同時內含電源監控(Power monitor)，當電源電壓不足時會產生中斷或重置。

2. CPU 核心：可使用外接石英晶體(Crystal)頻率 0~24MHz 或內部 RC 振盪器
頻率 6MHz，經系統時脈除頻(System Clock Divider)產生系統頻率(Fosc)。
高效率的 1T 架構 MCU，使用標準 8051 指令集，大部份指令僅 1 個時脈
週期(1T)即可完成，其執行速度，以每秒執行百萬指令(MIPS:Million
Instruction Per Second)計算，最高可達 24-MIPS。
同時內含偵錯(OCD：On-Chip Debug)界面，可用於 Flash ROM 的程式燒
錄及可在 Keil 系統下進行硬體偵錯(Debug)工作。

3. 程式記憶體(Flash ROM)：內部有 64K-byte 提供線上燒錄(ISP：In-System
Programming)功能可重覆燒錄及清除致少 20,000 次以上。同時具有操作燒
錄(IAP：In-Application Programming)功能，在程式執行過程中可存取資料。

4. 資料記憶體(RAM)：內部有 RAM 256-byte 及擴充 XRAM 1K-byte，可再外
部擴充到 64K-byte。

5. 雙向 I/O 埠有 32(P0~P3)、36 或 40(P0~P4)支腳，可設定四種操作模式。

6. 三組 16-bit 上數計時/計數器(Timer0-2)，其中 Timer2 有下數功能。

7. 有二組全雙工非同步串列埠(UART1-2)，其中 UART1 有進階(Enhanced)功
能，可偵測傳輸的資料框(FE)是否正常。同時 UART2 內含鮑率(Baud Rate)
產生器，不佔用一般計時器。

8. 六組可規劃計數陣列(PCA：Programmable Counter Array)，可分別設定為
16-bit 軟體計時(Software Timer)模式、高速(High Speed)輸出模式、脈波寬
度調變(PWM：Pulse Width Modulator)輸出模式及捕捉(Capture)模式。

9. 串列週邊界面(SPI：Serial Peripheral Interface)：可外接 SPI 界面晶片。

10. 類比/數位轉換器(ADC)：為 10-bit 的 ADC 含 8 個通道(AIN0-7)，可輸入
8 個類比電壓。

11. 按鍵中斷(Keypad Interrupt)：有 8 支(KBI0-7)腳，用於輸入腳和內部資料

相比較，若相符則產生中斷。

12. 外部中斷(Interrupt Handler)：有四支(INT0-3)腳，可輸入低準位或負緣觸發信號來產生外部中斷。

13. 可規劃的看門狗計時器(WDT：Watchdog Timer)：可防止當機時間過長。

14. 外部資料 RAM 控制接腳。

1-1.2 MPC82G516 接腳介紹

MPC82G516 的包裝型式有 DIP、SSOP、PLCC、PQFP 及 LQFP，如圖 1-2(a)~(e) 及表 1-3 所示。

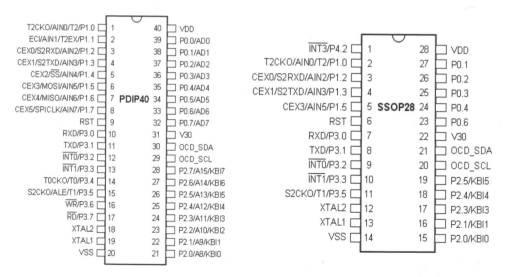

圖 1-2(a) DIP 包裝　　　　　　圖 1-2(b) SSOP 包裝

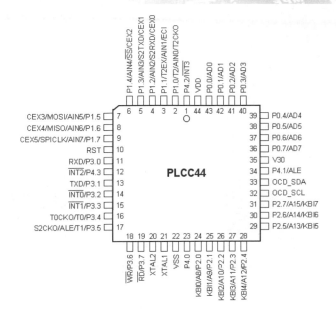

圖 1-2(c) PLCC 包裝

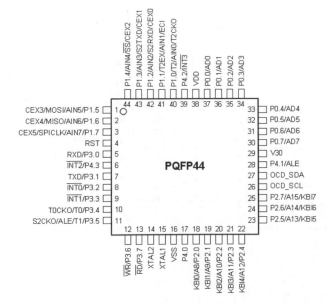

圖 1-2(d) PQFP 包裝

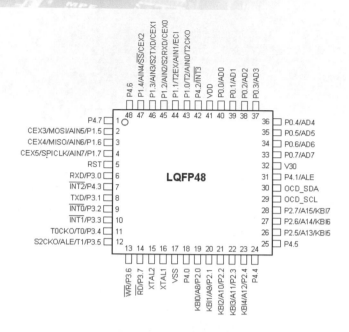

圖 1-2(e) LQPF 包裝

表 1-3　　MPC82G516 接腳

接腳名稱	DIP	PLCC	PQFP	LQFP	SSOP	接腳說明
P0.0/AD0	39	43	37	40	-	P0.0~P0.7 為 IO 埠
P0.1/AD1	38	42	36	39	27	AD0-7 為外部記憶體
P0.2/AD2	37	41	35	38	26	位址/資料匯流排
P0.3/AD3	36	40	34	37	25	
P0.4/AD4	35	39	33	36	24	
P0.5/AD5	34	38	32	35	-	
P0.6/AD6	33	37	31	34	23	
P0.7/AD7	32	36	30	33	-	
P1.0/T2/AIN0/T2CKO	1	2	40	43	2	P1.0~P1.7 為 IO 埠
P1.1/T2EX/AIN1/ECI	2	3	41	44	-	AIN0~7 為類比輸入腳
P1.2/AIN2/S2RXD/CEX0	3	4	42	45	3	T2、2EX 為 Timer2 腳
P1.3/AIN3/S2TXD/CEX1	4	5	43	46	4	ECI/CEX0~5 為 PCA 腳
P1.4/AIN4/SSI/CEX2	5	6	44	47	-	S2RXD、S2TXD 為
P1.5/AIN5/MOSI/CEX3	6	7	1	2	5	UART2 腳

P1.6/AIN6/MISO/CEX4	7	8	2	3		SSI、MOSI、MISO 及
P1.7/AIN7/SPISCLK/CEX5	8	9	3	4		SPISCLK 為 SPI 腳
P2.0/A8/KBI0	21	24	18	19	15	P2.0~P2.7 為 IO 埠
P2.1/A9/KBI1	22	25	19	20	16	
P2.2/A10/KBI2	23	26	20	21	-	A8~A9 為外部記憶體位
P2.3/A11/KBI3	24	27	21	22	17	址匯流排
P2.4/A12/KBI4	25	28	22	23	18	
P2.5/A13/KBI5	26	29	23	26	19	KBI0~KBI7 為按鍵中斷
P2.6/A14/KBI6	27	30	24	27	-	輸入
P2.7/A15/KBI7	28	31	25	28	-	
P3.0/RXD	10	11	5	6	7	P3.0~P3.7 為 IO 埠
P3.1/TXD	11	13	7	8	8	RXD、TXD 為 UART 腳
P3.2/INT0	12	14	8	9	9	INT0~1 為外部中斷腳
P3.3/INT1	13	15	9	10	10	T0/T0CKO 為 Timer0 腳
P3.4/T0/T0CKO	14	16	10	11	-	T1 為 Timer1 腳
P3.5/T1/ALE/S2CKO	15	17	11	12	11	S2CKO 為 UART2 腳
P3.6/WR	16	18	12	13	-	ALE、WR 及 RD 為 RAM
P3.7/RD	17	19	13	14	-	控制腳
P4.0	-	23	17	18	-	IO 埠
P4.1/ALE	-	34	28	31		IO 埠兼 ALE 腳
P4.2/INT3	-	1	39	42	1	IO 埠兼外部中斷
P4.3/INT2	-	12	6	7	-	IO 埠兼外部中斷
P4.4	-	-	-	24	-	IO 埠
P4.5	-	-	-	25	-	IO 埠
P4.6	-	-	-	48	-	IO 埠
P4.7	-	-	-	1	-	IO 埠
OCD_SDA	30	33	27	30	21	模擬器資料/位址
OCD_SCL	29	32	26	29	20	模擬器時脈
XTAL1	19	21	15	16	13	石英晶體振盪輸入
XTAL2	18	20	14	15	12	石英晶體振盪輸出
RST	9	10	4	5	6	系統重置輸入
V30	31	35	29	32	22	內部穩壓 3.0V 輸出
VDD	40	44	38	41	28	電源電壓
VSS	20	22	16	17	14	電源接地

MPC82G516 的接腳兼具有多種功能，其中電源、振盪及重置接腳：如圖 1-3 所示.

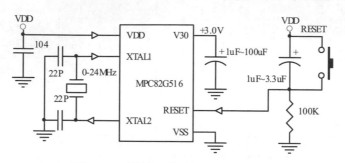

圖 1-3　電源、振盪及重置接腳

1. 電源接腳：工作於 24MHz 時，VDD 使用 2.4~5.5V，本書固定使用+5V。

　(1) VDD 必須先經過 bypass 電容(104)將高頻雜訊濾除後，才送到 VDD，如此才會有較穩定的電源電壓。同時於瞬間高頻工作時，必須短暫的使用大電流，此時可由電容協助提供瞬間電流。

　(2)以 VDD=+5V 為例，如圖 1-4(a)所示。

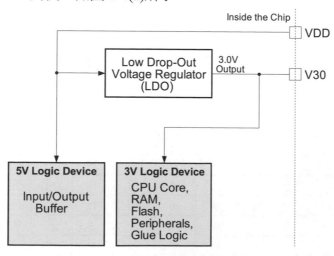

圖 1-4(a) VDD=5V 時電源電路

　VDD 先提供輸出入緩衝器(Buffer)來驅動 5V 的邏輯元件(Logic

Device)，再經內部低電壓差輸出(LDO:Low Drop Output)的穩壓器 (Voltage Regulator)成為 3.0V，並在 V30 腳外接濾波電容，即可提供穩定的 3.0V 電壓給內部 CPU 核心及其它電路使用。但因此時 V30 腳電流太小，故不適合再提供外部電路使用。

(3)若電源電壓小於 3V 時，則由 VDD 及 V30 腳一起輸入，同時提供 I/O 埠、核心及週邊設備，如圖 1-4(b)所示。

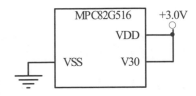

圖 1-4 (b) VDD 小於 3V 時電源電路

(4)同時內含有電源監督，當電源電壓太低時，會產生中斷及硬體重置。

(5)電源工作範圍分為正常模式、待機閒置(IDL)模式及電源下降(Power Down)模式，如表 1-4 所示：

表 1-4　電源工作範圍

名稱	說　明	最小	一般	最大	單位
V_{DD}	數位電源電壓，F_{osc}=6MHz 及 T_{amb}= +85℃ 時	1.8	-	5.5	V
	數位電源電壓，F_{osc}=12MHz 及 T_{amb}= +25℃ 時	2.2	-	5.5	V
	數位電源電壓，F_{osc}=24MHz 時	2.4	-	5.5	V
V_{POR}	開機重置電壓，T_{amb}= +25℃ 時	-	2.1	-	V
I_{DD}	消耗電流(V_{DD} = 2.7V、Fosc = 6MHz 及 T_{amb} = +25℃時)				
	正常模式時	-	4.7	6.0	mA
	待機閒置(IDL)模式	-	1.9	2.5	mA
I_{DD}	消耗電流(V_{DD} = 5.5V、Fosc = 24MHz 及 T_{amb} = +25℃時)				
	正常模式時	-	18.1	22	mA
	待機閒置(IDL)模式	-	8.1	10	mA
	電源下降(Power-down)模式	-	1	10	μA

2.時脈電路：提供所有電路同步工作，如圖 1-5(a)所示。

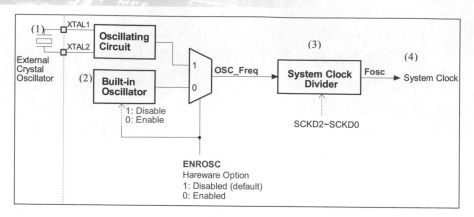

圖 1-5(a) 時脈電路

(1) 在 XTAL1 及 XTAL2 外接石英晶體 0~24MHz，再配合兩個電容(如 22P)成為諧振電路，即可在內部的時脈電路產生振盪頻率。

應用於 UART 功能時，為了使它的串列傳輸速率較為準確，石英晶體常使用 11.0592MHz 或 22.1184MHz 來工作。

(2) 預定使用外部石英晶體(ENROSC=1)，但可經由硬體選項設定使用內部 6MHz 的 RC 振盪器(ENROSC=0)，但頻率較不精確。

(3) 此兩種頻率可由 SCKD2-0 設定系統時脈除頻(System Clock Divider)1~128 倍，成為系統時脈(System Clock)Fosc 提供 CPU 工作，且大部份的指令僅須 1 個 clock 即可完成。

(4) 可選擇將系統時脈(Fosc)除 1 或除 12 提供給週邊電路使用，如計時器(Timer)、可規劃計數陣列(PCA)及串列埠(UART)等。

3. 重置電路：可由內部或外部來產生重置動作，令程式由位址 0x0000 從頭開始執行，如圖 1-5(b)所示：

(1) 開機重置(Power-on Reset)：開機後會重置一段時間後才可正常工作。

(2) 硬體重置(Hardware Reset)：由 RESET 腳送入高電位時會重置電路，可按下 RESET 鍵或藉由 RC 電路的充電動作來延長開機重置的時間。

(3) 看門狗計時器重置(Watchdog Timer Reset)：啟動看門狗計時器，若未能即時清除計時，而令看門狗計時器溢位時，產生重置。

(4) 軟體重置(Software Reset)：暫存器 ISPCR 位元 SWRST=1 會產生重置。

(5) 可在硬體選項(Hardware Option)設定電源偵測(Brownout Detection)：

　　(a)若 ENLVRO=1，當外部電源電壓(VDD)太低時，會產生重置。

　　(b)若 ENLVRC=1，當內部穩壓電路(LDO)電壓太低時，會產生重置。

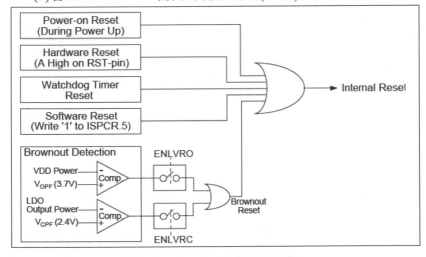

圖 1-5(b) 重置電路

4. 輸出入接腳：MPC82G516 的 LQFP 包裝有 40 支 I/O 埠，如圖 1-6 所示。

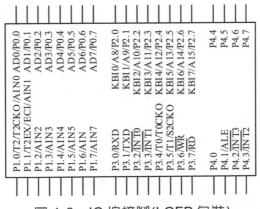

圖 1-6　IO 埠接腳(LQFP 包裝)

(1) 每支接腳都可作為輸入/輸出，均可和 5V 工作準位的 TTL 電路相連接。

(2) 輸出時具有資料栓鎖(latch)功能，輸出資料後會保留在 I/O 埠接腳上。

(3) 在輸入時內含提升電阻，且為櫃密特準位，可避免不明確的邏輯準位。

(4) 每支接腳可經由程式配置(configurable)四種操作型式：

   (a) 標準雙向(Quasi-bidirectional)I/O：標準 MCS-51 的輸出入，輸入時有提升電阻，輸出高電位時 I_{OH} 很小，如圖 1-7 所示。

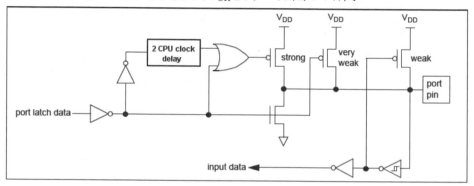

圖 1-7　標準雙向輸出入操作型式

   (b) 推挽式輸出(Push-pull Output)：有較大輸出電流(I_{OH}=20mA) ，也可以作為輸入，如圖 1-8 所示。

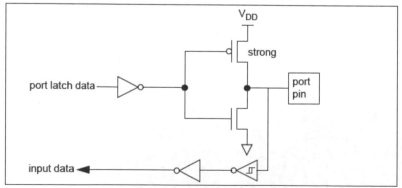

圖 1-8　推挽式輸出操作型式

   (c) 僅輸入(Input-only)：有很高的輸入阻抗，如此不會因輸入元件的阻抗多寡,而影響輸入 V_{IH} 及 V_{IL} 的電壓準位,如圖 1-9 所示。

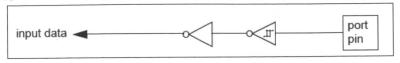

圖 1-9 僅輸入操作型式

(d) 開洩極輸出(Open-drain Output):也就是輸出 "1" 時為對地開路,輸出 "0" 時為對地短路,接腳並無電壓輸出,它可配合不同準位的驅動電路。也可以作為輸入,如圖 1-10 所示。

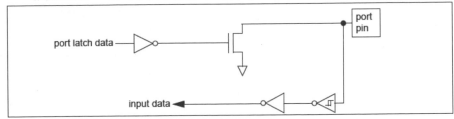

圖 1-10 開洩極輸出操作型式

5. 外部中斷及按鍵中斷接腳:外部中斷(INT0~3)的輸入信號可設定為低準位或負緣觸發,同時按鍵中斷(KBI0~7)可設定和數值比較來產生中斷,如圖 1-11 所示:

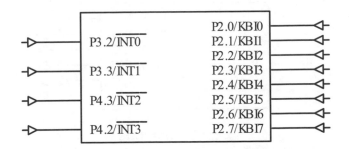

圖 1-11 外部中斷及按鍵中斷接腳

6. 計時器控制接腳:除了由系統頻率(Fosc)提供時脈作為內部計時器外,也可以由外部接腳輸入脈波,進行外部計數工作,如圖 1-12 所示:

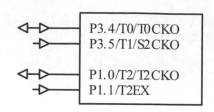

圖 1-12　計時器控制接腳

信號腳	IO	說明
T0	I	可設定由 T0(P34)輸入脈波，令 Timer0 上數
T0CKO	O	可設定當 Timer0 溢位時，會令 T0CKO 腳反相輸出脈波。
T1	I	可設定由 T1(P35)輸入脈波，令 Timer1 上數。
T2	I	可設定由 T2(P10)輸入脈波，令 Timer2 上數或下數。
T2CKO	O	可設定當 Timer2 溢位時，會令 T2CKO 腳反相輸出脈波。
T2EX	I	可設定由 T2EX 輸入觸發脈波，來捕捉或重新載入 Timer2 的計時值。

7. 可規劃計數陣列(PCA: Programmable Counter Array)接腳：為 6 個模組 (CEX0~5)，可分別輸出 6 個 PWM 波形或捕捉外部 6 個輸入波形的時間值，而時脈來源可使用系統頻率(Fosc)、Timer0 溢位或由外部 ECI 腳輸入，如圖 1-13 所示：

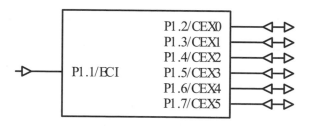

圖 1-13　PCA 接腳

8. 串列埠接腳：有 UART1-2、串列週邊界面(SPI)及晶片內偵錯(OCD：On-Chip Debug)界面接腳，如圖 1-14 所示：

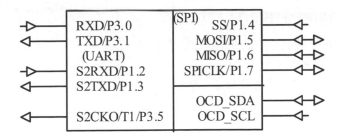

圖 1-14   串列埠接腳

信號腳	IO	說明
RXD	I	UART1 接收(receives)資料輸入
TXD	O	UART1 發射(transmits)資料輸出
S2RXD	I	UART2 接收(receives)資料輸入
S2TXD	O	UART2 發射(transmits)資料輸出
S2CKO	O	UART2 鮑率產生器時脈輸出
SS	I	SPI 僕晶片選擇輸入
MOSI	I/O	SPI 主輸出/僕輸入
MISO	I/O	SPI 主輸入/僕輸出
SPICLK	I/O	SPI 同步時脈
OCD_SDA	I/O	晶片內模擬(偵錯)器串列界面資料/位址
OCD_SCL	I	晶片內模擬(偵錯)器串列界面時脈

9.類比接腳：ADC 接腳 AIN0-7，可輸入 8 通道類比電壓，如圖 1-15 所示：

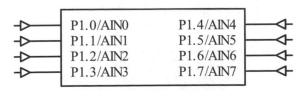

圖 1-15   類比 ADC 接腳

10. 記憶體控制腳：MPC82G516 已內含 64K-byte 的 ROM，僅須外接擴充
RAM，可用 P0 作為位址/資料匯流排(AD0-7)及 P2 作為高位址匯流排

(A8-15)。再由位址栓鎖致能 ALE(P4.1 或 P3.5)、寫入 WR (P3.6)及讀取 RD(P3.7)來存取 RAM 的資料。如圖 1-16 所示。

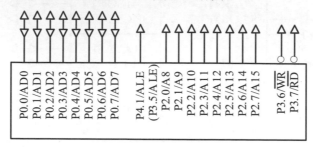

圖 1-16　記憶體控制腳

1-1.3　MPC82G516 記憶體

MPC82G516 的記憶體有：程式記憶體、資料記憶體、擴充資料記憶體、非揮發性資料記憶體及非揮發性暫存器，如下：

1.程式記憶體(Program Memory)：為內部(on-chip) ROM，如圖 1-17 所示。

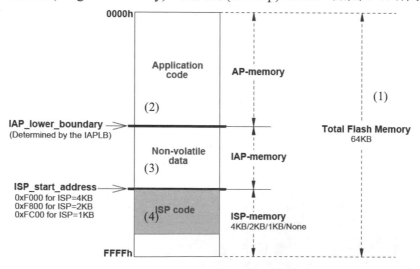

圖 1-17　程式記憶體分佈圖

(1) MPC82G516 內部有 64K-byte 的 Flash ROM(位址 0x0000-0xFFFF)。

(2)位址開始為 AP-memory，儲存所撰寫的程式操作碼(Application Code)。

(3)可在 ROM 設定一塊空間為 IAP-Memory，用於儲存臨時的非揮發性資料(Non-Volatile data)。

(4)可在 ROM 最後一塊空間(1K、2K、或 4K)設定為 ISP-Memory，用於儲存線上燒錄程式(ISP Code)。

(5) 重置時，程式計數器(PC)由 0x0000 開始，執行指令會自動令 PC 遞加。

(6) 中斷向量位址：MPC82G516 有 14 個中斷源，其中前 6 個為傳統 8052 的中斷源，當有其中一個中斷成立時，程式會跳到指定的位址來執行中斷副程式(函數式)，此謂之「中斷向量」。各向量位址如表 1-5 所示。

表 1-5　MPC82G516 各中斷源的向量位址

中斷編號	中斷源	向量位址	說　明
0	INT0	0x0003	外部中斷腳 0(P3.2)
1	Timer0	0x000B	Timer 0 溢位中斷(P3.4)
2	INT1	0x0013	外部中斷腳 1(P3.3)
3	Timer1	0x001B	Timer 1 溢位中斷(P3.5)
4	UART1	0x0023	串列埠 1 中斷(P3.0 及 P3.1)
5	Timer2	0x002B	Timer 2 溢位中斷(P1.0)或 T2EX(P1.1)中斷
6	INT2	0x0033	外部中斷腳 2(P4.3)
7	INT3	0x003B	外部中斷腳 3(P4.2)
8	SPI	0x0043	串列週邊界面-傳輸完成中斷
9	ADC	0x004B	ADC 轉換完成中斷
10	PCA	0x0053	PCA-比較中斷
11	Brownout Detection	0x005B	電源電壓偵測中斷
12	UART2	0x0063	串列埠 2 中斷(P1.2 及 P1.3)
13	Keypad Interrupt	0x006B	按鍵中斷

2. 資料記憶體(Data Memory)：資料記憶體(RAM)定址的方式和 ROM 不同，必須藉由指令來指定存取資料的空間。如圖 1-18 所示：

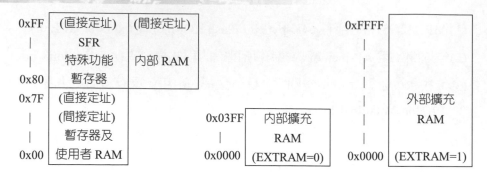

圖 1-18　資料記憶體分佈圖

(1) 暫存器及使用者 RAM：可直接及間接定址為 00-0x7F，如圖 1-19 所示：

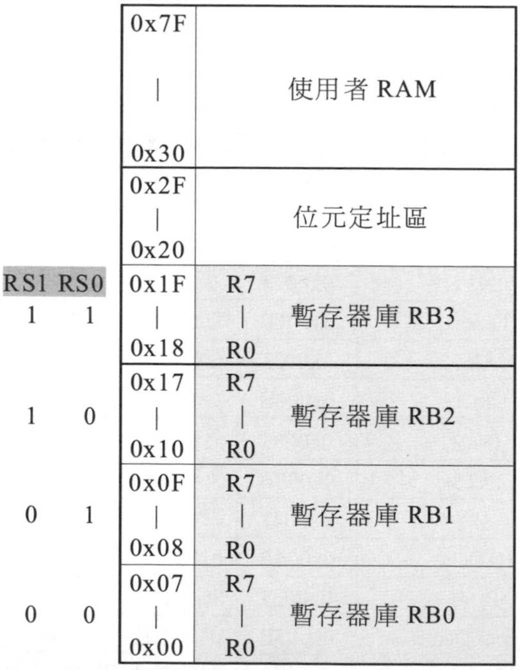

	0x7F	使用者 RAM
	0x30	
	0x2F	位元定址區
	0x20	
RS1 RS0	0x1F　R7	暫存器庫 RB3
1　　1	0x18　R0	
	0x17　R7	暫存器庫 RB2
1　　0	0x10　R0	
	0x0F　R7	暫存器庫 RB1
0　　1	0x08　R0	
	0x07　R7	暫存器庫 RB0
0　　0	0x00　R0	

圖 1-19　暫存器及 RAM

(a) 暫存器庫(Register Bank)：位址為 0x00~0x1F，被分成四組暫存器庫
(RB0~3)，必須由 PSW(程式狀態字元)內的位元 RS1-0 來切換。每

一組均有 8 個暫存器(R0-R7)，雖然這四組均使用同樣的 R0-R7 名稱，但因各暫存器庫所使用的位址不同，實際上所佔的空間也不同。其中暫存器庫(RB0)由系統規劃提供主程式使用，其餘暫存器庫(RB1~3)不用時可以作為一般的 RAM 來使用。

(b) 位元定址區：平時可作為一般的 RAM 來使用，它的 byte 位址為 0x20~0x2F 共 16-byte。同時它內部的每一個 bit 都可用來定址，可設定 bit 位址為 0x00~0x7F，用來記憶 128-bit。如圖 1-20 所示：

bit 定址

byte 定址	7	6	5	4	3	2	1	0
0x2F	7F	7E	7D	7C	7B	7A	79	78
0x2E	77	76	75	74	73	72	71	70
0x2D	6F	6E	6D	6C	6B	6A	69	68
0x2C	67	66	65	64	63	62	61	60
0x2B	5F	5E	5D	5C	5B	5A	59	58
0x2A	57	56	55	54	53	52	51	50
0x29	4F	4E	4D	4C	4B	4A	49	48
0x28	47	46	45	44	43	42	41	40
0x27	3F	3E	3D	3C	3B	3A	39	38
0x26	37	36	35	34	33	32	31	30
0x25	2F	2E	2D	2C	2B	2A	29	28
0x24	27	26	25	24	23	22	21	20
0x23	1F	1E	1D	1C	1B	1A	19	18
0x22	17	16	15	14	13	12	11	10
0x21	0F	0E	0D	0C	0B	0A	09	08
0x20	07	06	05	04	03	02	01	00

位元組定址（垂直標示於表格左側）

圖 1-20　位元定址區

(c) 使用者 RAM：位址為 0x30~0x7F 共 80-byte，可自行使用。

(2) 內部 RAM：僅能間接定址，位址為 0x80~0xFF 共 128-byte 可自行使用，但必須用間接指令來存取資料。

(3) 特殊功能暫存器(SFR：Special Function Register)：僅能直接定址，byte

位址為 0x80~0xFF，包括有 I/O 埠等特定用途的暫存器，其中細體字為標準 8052 暫存器，而粗體字為 MPC82G516 所專用的暫存器，另外還有些剩餘空間留待後續增加新的功能，此多餘的空間不能作為一般 RAM 來使用。如表 1-6 所示。

SFR 的位址若為 8 的倍數(即最左邊第一排)，如 0x80、0x88、0x90、0x98 等等，表示暫存器內的每個 bit 均可設定 bit 位址。

表 1-6　特殊功能暫存器(SFR)

	0/8	1/9	2/A	3/B	4/C	5/D	6/E	7/F
0xF8	-	CH	CCAP0H	CCAP1H	CCAP2H	CCAP3H	CCAP4H	CCAP5H
0xF0	B	-	PCAPWM0	PCAPWM1	PCAPWM2	PCAPWM3	PCAPWM4	PCAPWM5
0xE8	P4	CL	CCAP0L	CCAP1L	CCAP2L	CCAP3L	CCAP4L	CCAP5L
0xE0	ACC	WDTCR	IFD	IFADRH	IFADRL	IFMT	SCMD	ISPCR
0xD8	CCON	CMOD	CCAPM0	CCAPM1	CCAPM2	CCAPM3	CCAPM4	CCAPM5
0xD0	PSW	-	-	-	KBPATN	KBCON	KBMASK	
0xC8	T2CON	T2MOD	RCAP2L	RCAP2H	TL2	TH2	-	-
0xC0	XICON	-	-	-	ADCTL	ADCH	PCON2	
0xB8	IP	SADEN	S2BRT	-	-	-	ADCL	-
0xB0	P3	P3M0	P3M1	P4M0	P4M1			IPH
0xA8	IE	SADDR	S2CON	-	-	AUXIE	AUXIP	AUXIPH
0xA0	P2		AUXR1	-	-	-	AUXR2	-
0x98	SCON	SBUF	S2BUF	-	-	-	-	-
0x90	P1	P1M0	P1M1	P0M0	P0M1	P2M0	P2M1	EVRCR
0x88	TCON	TMOD	TL0	TL1	TH0	TH1	AUXR	STRETCH
0x80	P0	SP	DPL	DPH	SPSTAT	SPCTL	SPDAT	PCON

表中特殊功能暫存器(SFR)中的反白部份，除了 I/O 埠外，其餘暫存器在撰寫 C 語言程式時較少用到，而由系統來規劃其工作。但讀者仍然有必要瞭解其存在的意義，在此稍加瀏覽即可，分別介紹如下：

(a) I/O 埠：分為 P0~P4 開機預定輸出為 0xFF，所有 I/O 埠是雙向性的，只要對這些位址進行讀寫的動作，也就是對 I/O 接腳進行資料的輸出入動作。

I/O 埠除了 byte 位址外，每一支 I/O 腳都有固定的 bit 位址，如 P0(0x80)、P1(0x90)、P2(0xA0)、P3(0xB0)及 P4(0xE8)等，表示暫存器內的每個 bit 均可設定 bit 位址。以 P0 為例，如 P0.0=0x80、P0.1=0x81、P0.2=0x82 依此類推。它雖然會和其它暫存器的 byte 位址相同，但以 bit 位址來下達指令卻不會產生衝突，如表 1-7 所示。

表 1-7　I/O 埠 byte 位址及 bit 位址

byte 位址	D7	D6	D5	D4	D3	D2	D1	D0
P0 接腳	P0.7	P0.6	P0.5	P0.4	P0.3	P0.2	P0.1	P0.0
位址 0x80	0x87	0x86	0x85	0x84	0x83	0x82	0x81	0x80
P1 接腳	P1.7	P1.6	P1.5	P1.4	P1.3	P1.2	P1.1	P1.0
位址 0x90	0x97	0x96	0x95	0x94	0x93	0x92	0x91	0x90
P2 接腳	P2.7	P2.6	P2.5	P2.4	P2.3	P2.2	P2.1	P2.0
位址 0xA0	0xA7	0xA6	0xA5	0xA4	0xA3	0xA2	0xA1	0xA0
P3 接腳	P3.7	P3.6	P3.5	P3.4	P3.3	P3.2	P3.1	P3.0
位址 0xB0	0xB7	0xB6	0xB5	0xB4	0xB3	0xB2	0xB1	0xB0
P4 接腳	P4.7	P4.6	P4.5	P4.4	P4.3	P4.2	P4.1	P4.0
位址 0xE8	0xEF	0xEE	0xED	0xEC	0xEB	0xEA	0xE9	0xE8

(b) I/O 埠控制模式：I/O 埠的每支腳，由 I/O 埠模式控制暫存器 PxM0 及 PxM1 內的 2-bit(M0-1)來設定四種控制模式，如表 1-8 所示。

表 1-8　　I/O 埠每支腳模式控制

M0	M1	I/O 埠每支腳模式控制	M0	M1	I/O 埠每支腳模式控制
0	0	標準雙向(Quasi-bidirectional)I/O	1	0	僅輸入(Input-only)
0	1	推挽式(Push-pull)輸出	1	1	開洩極(Open-Drain)輸出

I/O 埠(P0~P4)控制模式暫存器位址，如表 1-9 所示：

表 1-9　I/O 埠模式控制暫存器

位址	名稱	D7	D6	D5	D4	D3	D2	D1	D0
0x93	P0M0	P0M0.7	P0M0.6	P0M0.5	P0M0.4	P0M0.3	P0M0.2	P0M0.1	P0M0.0
0x94	P0M1	P0M1.7	P0M1.6	P0M1.5	P0M1.4	P0M1.3	P0M1.2	P0M1.1	P0M1.0
0x91	P1M0	P1M0.7	P1M0.6	P1M0.5	P1M0.4	P1M0.3	P1M0.2	P1M0.1	P1M0.0
0x92	P1M1	P1M1.7	P1M1.6	P1M1.5	P1M1.4	P1M1.3	P1M1.2	P1M1.1	P1M1.0
0x95	P2M0	P2M0.7	P2M0.6	P2M0.5	P2M0.4	P2M0.3	P2M0.2	P2M0.1	P2M0.0
0x96	P2M1	P2M1.7	P2M1.6	P2M1.5	P2M1.4	P2M1.3	P2M1.2	P2M1.1	P2M1.0
0xB1	P3M0	P3M0.7	P3M0.6	P3M0.5	P3M0.4	P3M0.3	P3M0.2	P3M0.1	P3M0.0
0xB2	P3M1	P3M1.7	P3M1.6	P3M1.5	P3M1.4	P3M1.3	P3M1.2	P3M1.1	P3M1.0
0xB3	P4M0	P4M0.7	P4M0.6	P4M0.5	P4M0.4	P4M0.3	P4M0.2	P4M0.1	P4M0.0
0xB4	P4M1	P4M1.7	P4M1.6	P4M1.5	P4M1.4	P4M1.3	P4M1.2	P4M1.1	P4M1.0

(c) 累積器(Accumulator)：有累積器 A 及累積器 B，它是一個獨立的 8-bit 暫存器，也是使用最頻繁的暫存器，它主要用來暫時存放所有運算的資料和常數，以便和 CPU 直接進行算術或邏輯運算。

(d) 程式狀態字元(PSW：Program Status Word)：用來表示程式中算術或邏輯運算後的狀態旗標(Flag)位元。如表 1-10 所示。

表 1-10　程式狀態字元(位址 0xD0) (R=可讀，W=可寫)

D7	D6	D5	D4	D3	D2	D1	D0
CY	AC	F0	RS1	RS0	OV	-	P
R-0	R-0	RW-0	RW-0	RW-0	R-0		R-0

位元	名　稱	功　　能
D7	CY：進位旗標 或借位旗標	(Carry Flag)進位旗標，用來表示算術指令運算後的結果，其資料的 bit 7 是否有進位或借位。 加法運算時(ADD)的結果：有進位 C=1，沒有進位 C=0。 減法運算時(SUB)的結果：有借位 C=1，沒有借位 C=0。
D6	AC：半進位旗標或半借位旗標	(Aux Carry Flag)半進位旗標，用來表示運算後資料的 bit 3 是否有向 bit 4 進位或借位。 加法運算時(ADD)的結果：有進位 AC=1，沒有進位 AC=0。 減法運算時(SUB)的結果：有借位 AC=1，沒有借位 AC=0。
D5	F0：通用位元	可作為一般的讀/寫位元。

D4	RS1：暫存器庫選擇位元 1	暫存器庫選擇(Register Bank Select)位元 1 及位元 0。
D3	RS0：暫存器庫選擇位元 0	RS1 RS0　暫存器庫選擇 0　0　　RB0(位址 0x00-0x07) 0　1　　RB1(位址 0x08-0x0F) 1　0　　RB2(位址 0x10-0x17) 1　1　　RB3(位址 0x18-0x1F)
D2	OV：溢位旗標	(Over)溢位旗標，表示程式經算術或邏輯運算後的結果是否有溢位，若是 OV=1，若不是 OV=0。
D1	-	空位元
D0	P：同位元旗標	(Parity)同位元旗標，表示累積器的內容為奇數個 "1" 則 P=0，偶數個 "1" 則 P=1。

另外還有獨立的零位旗標(Zero Flag)，當程式經算術或邏輯運算後的結果為零時，令 Z=1。若結果不是零，令 Z=0。

(f) 資料指標暫存器(DPTR：Data Point Register)：有兩組 16-bit 的 DPTR0-1 分成兩個高/低位元組暫存器(DPL、DPH)均使用同樣的位址(0x82 及 0x83)，可藉由輔助暫存器 AUXR1 (位址 0x8E)內的位元 DPS 選擇 DPTR0-1，來存取 64K -byte 的資料。如圖 1-21 所示。

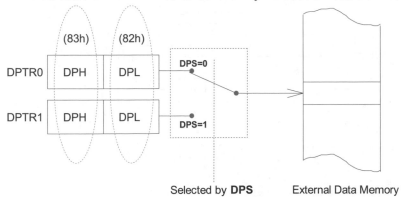

圖 1-21 資料指標暫存器(DPTR)選擇

(4)堆疊暫存器(SR：Stack Register)：系統會在 RAM 內規劃一塊空間作為堆疊暫存器(SR)，由堆疊指標(SP：Stack Point)(位址 0x81)來定址。堆疊暫存器(SR)具有先入後出的功能,提供呼叫函數及中斷副程式之用。

(5) 內部擴充 RAM:當 EXTRAM=0 時,可使用內部擴充 RAM,容量為 1K-byte(位址 0x0000~0x03FF)。

(6) 外部擴充 RAM:當 EXTRAM=1 時,完全使用外部擴充 RAM,最高容量為 64K-byte(位址 0x0000~0xFFFF)。

3. 外部擴充 RAM 控制:MPC82G516 已內含 1K-byte 的擴充 RAM,若須要再外接擴充 RAM,使用位址栓鎖致能 ALE(P4.1 或 P3.5)、寫入 WR 控制 (P3.6)及讀取控制 RD(P3.7)由程式來存取外部擴充 RAM 的資料。如圖 1-22 所示。

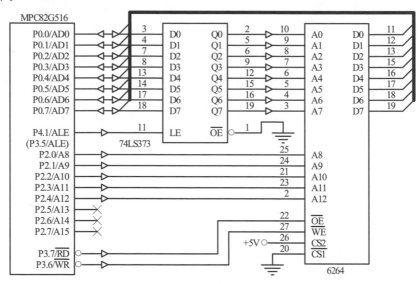

圖 1-22　外部擴充 RAM 控制電路

(1)擴充 RAM 設定及位址栓鎖致能(ALE:Address Latch Enable)腳可由輔助暫存器 AUXR 選擇由 P4.1 或 P3.5 來兼任,使其可輸出工作時脈。及在位元 EXTRAM 可設定是否使用內部擴充 RAM,如表 1-11 所示:

表 1-11　輔助暫存器 AUXR(位址:0x8E) (R=可讀，W=可寫，-x=預定)

D7	D6	D5	D4	D3	D2	D1	D0
不使用	不使用	P41ALE	P35ALE	-	-	EXTRAM	-
RW-0	RW-0	RW-0	RW-0	R-x	R-x	RW-0	R-x

位元	名　稱	說明	功　　能
D5	P41ALE	設定 P4.1 為 ALE 腳	1=設定 P4.1 為 ALE 腳
D4	P35ALE	設定 P3.5 為 ALE 腳	1=設定 P3.5 為 ALE 腳
D1	EXTRAM	設定擴充 RAM	0=使用，1=不使用內部擴充 RAM

(2)配合外部 RAM 的速度，可在暫存器 STRETCH 調整 CPU 存取的工作時脈，如表 1-12 所示：

表 1-12　STRETCH(位址 0x8F) (R=可讀，W=可寫，-X=預定)

D7	D6	D5	D4	D3	D2	D1	D0
-	-	ALES1	ALES0	-	RWS2	RWS1	RWS0
R-0	R-0	RW-1	RW-0	R-0	RW-0	RW-1	RW-1

位元	名　稱	說明	功　　能
D5-4	ALES1-0	ALE 腳時脈選擇	00~11=延遲 0~3 個時脈
D2-0	RWS2-0	讀取/寫入控制腳時脈選擇	000~111=延遲 0~7 個時脈

(3)擴充 RAM 寫入時序：以指令 MOVX 寫入，如圖 1-23(a)(b)所示：

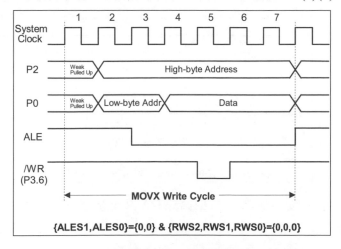

圖 1-23(a)　外部擴充 RAM(無延遲)寫入時序

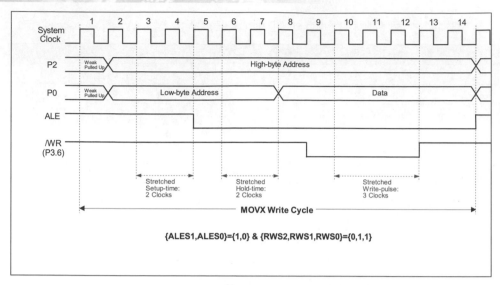

圖 1-23(b)　外部擴充 RAM(有延遲)寫入時序

(4)擴充 RAM 讀取時序，以組合語言指令 MOVX 來讀取，如圖 1-24(a)(b)
　　所示：

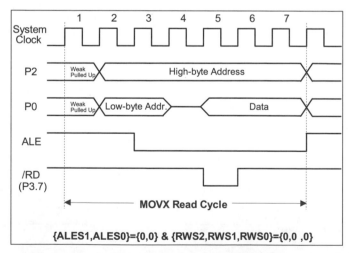

圖 1-24(a)　外部擴充 RAM(無延遲)讀取時序

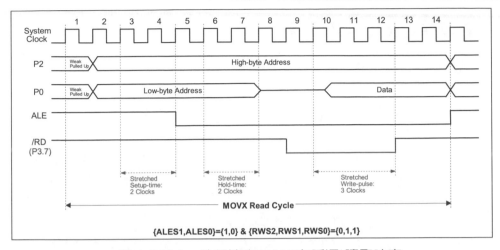

圖 1-24(b)　外部擴充 RAM(有延遲)讀取時序

4. 非揮發性(Nonvolatile)暫存器：有選項(Option)暫存器(OR0~OR4)且可永久
保存。它不在記憶體位址內，必須透過特定的 ICP 燒錄器來設定內部硬體
配置選項(Hardware configuration option)，如內部 RC 振盪器、低電源電壓
偵測、保密位元、IAP 及 ISP 記憶體的容量等等。在 MPC82G516 模擬實
習板無法進行此功能。

1-2 MPC82G516 硬體介紹

MPC82G516 硬體包括：輸出入驅動電路及模擬實習板，如下：

1-2.1 MPC82G516 輸出入驅動電路

MPC82G516 的輸出入接腳有 P0~P4，可設定四種 IO 模式，以 F_{OSC}=12MHz 為例，其各項電壓及電流的工作範圍如表 1-13(a)(b)所示：

表 1-13(a) 輸出入埠電氣特性(VDD=2.4V~3.6V 時)

名稱	說　明	條件	最小	最大	單位
V_{IH}	輸入 1 時的電壓		$0.3V_{DD}+0.5$	$V_{DD}+0.5$	V
V_{IL}	輸入 0 時的電壓		-0.5	$0.3V_{DD}$	V
V_{OL}	輸出 0 時的電壓 (各 IO 模式輸出)	V_{DD}=2.4V 及 I_{OL}=+7.0mA 時 V_{DD}=3.6V 及 I_{OL}=+10.2mA 時	-	0.4	V
V_{OH} 1	輸出 1 時的電壓 (標準雙向輸出)	V_{DD}=2.4V 及 I_{OH}=-17uA 時 V_{DD}=3.6V 及 I_{OH}=-70uA 時	2.0 2.4	- -	V V
V_{OH} 2	輸出 1 時的電壓 (推挽式輸出)	V_{DD}=2.4V 及 I_{OH}=-2.1mA 時 V_{DD}=3.6V 及 I_{OH}=-8.5mA 時	2.0 2.4	- -	V V

表 1-13(b) 輸出入埠電氣特性(VDD=5V 時)

名稱	說　明	條件	最小	最大	單位
V_{IH}	輸入 1 時的電壓	I_{IH} 很小，可忽略(各 IO 模式輸入)	2	6	V
V_{IL}	輸入 0 時的電壓	I_{IL} 很小，可忽略(各 IO 模式輸入)	-0.5	0.4V	V
V_{OL}	輸出 0 時的電壓	I_{OL} = +20mA 時(各 IO 模式輸出)	-	0.4	V
V_{OH1}	輸出 1 時的電壓	I_{OH} = -200uA 時(標準雙向輸出)	2.4	-	V
V_{OH2}	輸出 1 時的電壓	I_{OH} = -20mA 時(推挽式輸出)	2.4	-	V

1. LED 驅動電路

LED 有各種顏色，它的電氣特性會隨著顏色而有所不同，但大致上為驅動電壓 V_{LED}=2V 及驅動電流 I_{LED}=5~10mA，LED 的驅動方式可分為高電位及低電位驅動。參考 MPC82G516 如上表的電流輸出特性，當電源電壓 V_{DD}=5V 時，控制方式如下：

(1) 高電位 LED 驅動：P0~P4 無負載及輸出高電位時 V_{OH}=V_{DD}=5V，若接上負載隨著 I_{OH} 的增加會令 V_{OH} 下降，如圖 1-25(a)所示。

圖 1-25(a)　高電位驅動 LED 電路

(a) 使用標準雙向輸出特性時，當輸出高電位下降到 V_{OH1}=2.4V 時，可令輸出電流 I_{OH1}=200uA。

理論上流經 LED 的電流 I_{LED}=(V_{OH}-V_{LED})/R=(2.4V-2V)/330=1.2mA，但此時輸出電流 I_{OH1}=200uA 明顯太低，不足以推動 LED，所以一般不會採用此方法。

(b) 若使用推挽式輸出特性，當下降到 V_{OH}=2.4V 時，令 I_{OH2}=20mA，超過 LED 所須，故此時 V_{OH2} 會提升，足以推動 LED。

(2) 低電位 LED 驅動：會隨著 I_{OL} 的增加而令 V_{OL} 上升。若以 V_{OL}=0.4V 為例，此時承受電流 I_{OL}=20mA ，如圖 1-25(b)所示：

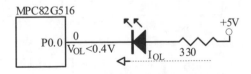

圖 1-25(b)　低電位驅動 LED 電路

理論上 LED 電流 I_{LED}=(V_{DD}-V_{LED}-V_{OL})/R=(5V-2V-0.4V)/330=7.9mA。而 MPC82G516 無論何種 IO 模式輸出，其 I_{OL} 均足以承受 LED 電流令其發亮。故在微電腦電路中，常用低電位來控制，使得有較大的推動電流

2. 較大負載驅動電路

若想用 MPC82G516 控制較大的負載時，必須外加放大電路。

(1) 喇叭控制電路：分為高電位及低電位控制，如圖 1-26 所示。

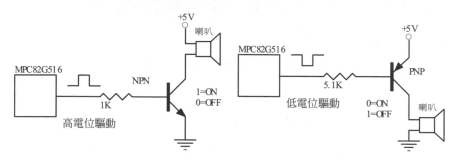

圖 1-26 喇叭控制電路

(a) 如上左圖，當輸出高電位時，會使 NPN 電晶體導通。

(b) 如上右圖，當輸出低電位時，會使 PNP 電晶體導通。

(c) 輸出方波時會令喇叭發出聲音，但是 MPC82G516 開機時預定輸出為高電位，為避免長時間喇叭通電，一般以低電位驅動較佳。

(2) 繼電器控制電路：分為高電位及低電位控制，如圖 1-27 所示。

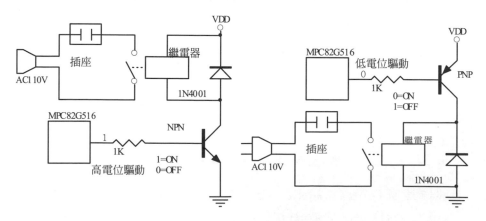

圖 1-27 繼電器控制電路

(a) 如上左圖，當輸出高電位時，會使電晶體導通。

(b) 如上右圖，當輸出低電位時，會使電晶體導通。

(c) 電晶體導通令電流流過繼電器的線圈而產生磁場，同時帶動開關導通，因此可藉由繼電器來控制插座上交流電 AC110V，進而控制家電產品。

(d) 但是繼電器的線圈在 ON-OFF 過程中會產生反電動勢，此瞬間的逆向電壓會將電晶體打穿，因此必須加上逆向保護二極體 (1N4001)，來加以過濾逆向電壓。

(3) 驅動 IC 電路：市面上常用驅動 IC 來取代電晶體電路，以 UN2003 為例，它是由 7 組達靈頓電路和二極體所組成的，它相當於是開集極的反相器 (NOT)，其最大的 V_{OH}=50V 及 I_{OL}=500mA，所以可承受較大的負載，如馬達、繼電器及喇叭等。如圖 1-28 所示。

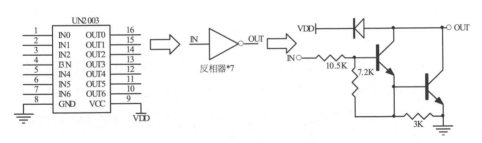

圖 1-28　驅動 UN2003 電路

它的特性如下：

(a) 當 IN=1 時，OUT=0，會使電晶體導通，也是說輸出為對地短路。

(b) 當 IN=0 時，OUT=1，會使電晶體截止，輸出對地開路。本身並不輸出電壓。

(c) 同時內含有逆向保護二極體，如此可應用於電感性負載，如馬達、繼電器等。

(d) 在 MPC82G516 的 IO 埠最好改為推挽式輸出，如此才會有較高的輸出電流來推動 UN2003。

(4) 光耦合輸出電路：驅動大電力系統時，為了避免負載的動作會干擾、甚至燒毀微電腦。一般常用光耦合電路來隔離，分為高電位及低電位控制，如圖 1-29 所示。

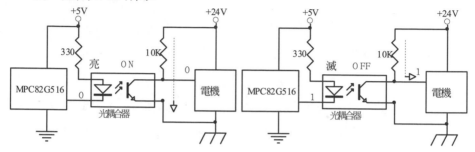

圖 1-29 光耦合輸出電路

(a) 如上左圖，當 MPC82G516 輸出 "0" 時，令 LED 發亮，使光電晶體 ON，輸出到電機為 "0"。

(b) 如上右圖，當 MPC82G516 輸出 "1" 時，令 LED 熄滅，使光電晶體 OFF，輸出到電機為 "1"。

(c) 光耦合器常用的編號：如低速的 PC817、PC847 及高速的 4N25 等。

3. 輸入控制電路，以 V_{DD}=4.5V 為例，如下：

輸入高電位 V_{IH} 及輸入低電位 V_{IL}，但因它的硬體電路是由 CMOS 所組成，所以輸入阻抗近於無窮大，輸入電流(I_{IL}=0 及 I_{IH}=0)，外加電阻幾乎不產生壓降，如此輸入提升電阻值只要 10KΩ~100KΩ即可提供高電位。如下：

(1) 輸入開關電路：輸入開關可用於輸入資料，如圖 1-30 所示。

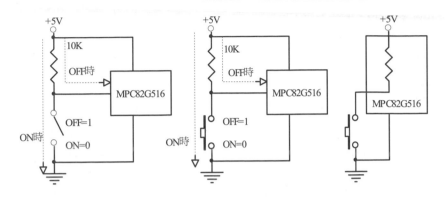

圖 1-30 輸入開關電路

開關 ON 時接地輸入 0。當開關 OFF 時，+5V 會經提升電阻(10K)輸入 1
到 MPC82G516。但 MPC82G516 已內含提升電阻，輸入時可省略。

(2) 光耦合輸入電路：如圖 1-31 所示。

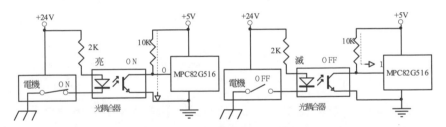

圖 1-31 光耦合輸入電路

(a) 如上左圖，當電機開關 ON 時，LED 發亮，使光電晶體導通，輸
入 "0" 到 MPC82G516。

(b) 如上右圖，當電機開關 OFF 時，LED 滅，使光電晶體不導通，輸
入 "1" 到 MPC82G516。

1-2.2　8051 改為 MPC82G516 模擬實習板

只要將一般實習板上的 8051 改為 MPC82G516 的 DIP40 包裝型式，即可
成為具有 USB 線上燒錄(ICP)或線上模擬(ICE)的實習板。

1.傳統 8052 和 MPC82G516 接腳不同之處，如表 1-14 及圖 1-32 所示：

表 1-14　傳統 8052 和 MPC82G516 接腳

52 接腳	516 接腳	52 接腳	516 接腳	52 接腳	516 接腳	52 接腳	516 接腳
EA	V30	P12~P17	CEX0~5	P12	S2RXD	P15	MOSI
ALE	ICE_SDA	P10~P17	AIN0~7	P13	S2TXD	P16	MISO
PSEN	ICE_SCL	P20~P27	KB10~7	P14	SS	P17	SPICLK

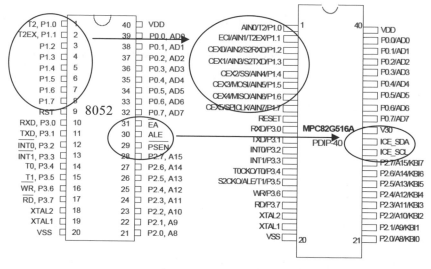

圖 1-32　傳統 8052 和 MPC82G516 接腳

2. 笙泉科技公司有提供 USB 的線上燒錄器(ICP)及線上模擬器(ICE)可用於 MPC82G516，如圖 1-33(a)~(d)所示：

圖 1-33(a)　線上燒錄器(ICP)外型

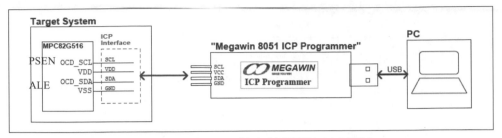

圖 1-33(b)　線上燒錄器(ICP)連接

圖 1-33(c)　線上模擬器(ICE)外型

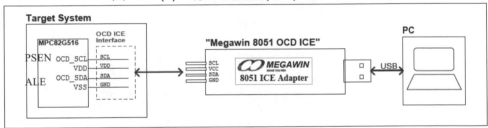

圖 1-33(d)　線上模擬器(ICE)連接

3. 將一般實習板上的 8051 改為 MPC82G516，再將 ICE 及 ICP 四支腳連接 +5V、GND、ALE(OCD_SDA)及 PSEN(OCD_SCL)，即可成為具有 USB 線上燒錄(ICP)或線上模擬(ICE)的實習板，如圖 1-34 所示：

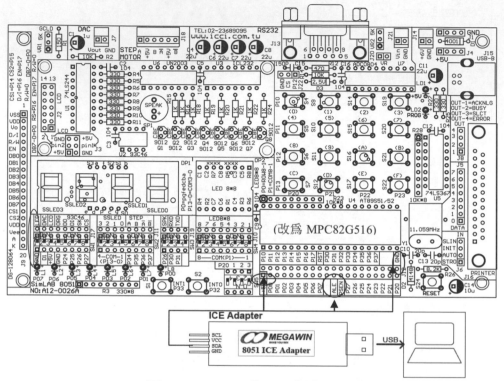

圖 1-34　　ICE 或 ICP 與實習板連接

1-2.3　MPC82G516 模擬實習板

　　將 ICE、MPC82G516 及實習板結合在一起，即可形成具有硬體線上模擬 (ICE)功能的 MPC82G516 模擬實習板。配合本書的實驗，藉由 SW1-3 來切換各項實習電路，不用時請向下切換為 off 以免干擾其它電路。如圖 1-35 所示：

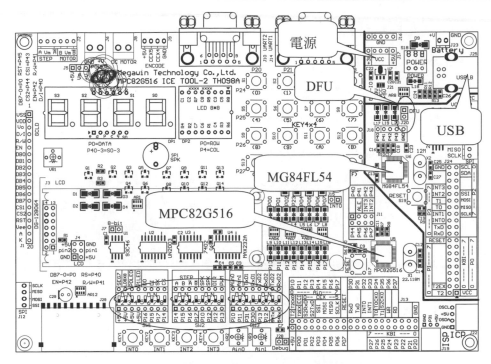

圖 1-35　　MPC82G516 模擬實習板

1. 電源電路：如圖 1-36 所示：

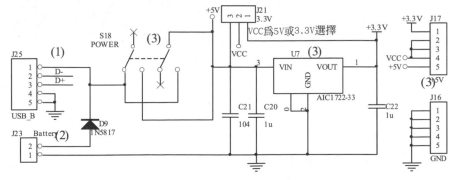

圖 1-36　　電源電路

(1) 由 J25 方型的 USB-B 接頭連接個人電腦提供+5V 電源。

(2) 也可由 J23 外接四顆 3 號電池輸入 6V 電源，經二極體(D9)降壓後約 為+5.3V，同時也可以避免電池極性反接而燒毀電路。

(3) 此兩種輸入電源經開關(S18)，再到穩壓器(U7)成為+3.3V，由 J21 選 擇+5V 或+3.3V 成為 VCC 提供 MG84FL54 的 I/O 埠電源，同時連接 J17(+5V、VCC、+3.3V)及 J16(GND)。

2. 線上模擬(ICE)電路：由 MG84FL54 及 USB 界面組成線上模擬(ICE)電路， 如圖 1-37 所示：

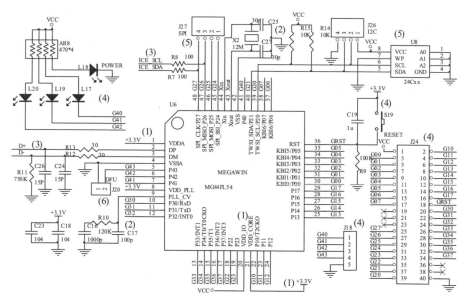

圖 1-37　線上模擬(ICE)電路

(1) 電源接腳：數位 IO 電源(VDD_IO)連接 VCC(+5V 或+3.3V)，+3.3V 連 接數位核心電源(VDD_CORE)、數位 PLL 電源及類比電源(VDDA)。

(2) XTAL1(IN) 及 XTAL2(OUT) 腳可外接石英晶體 12MHz，同時在 PLL_CV 接腳外接 RC 電路，如此即可由內部 PLL(鎖相迴路)倍頻到 48MHz 提供 USB 界面工作。

(3) USB 界面：將個人電腦的程式，由 USB(D+及 D-)經 MG84FL54，透過 OCD_SCL 及 OCD_SDA 燒錄到 MPC82G516，同時可進行線上模擬(ICE)功能。

(4) 重置電路及外接 IO 埠接腳，同時用 P40~2 控制 LED。

(5) MG84FL54 內含 SPI 及 I²C 串列埠接腳，同時外接 I²C 的串列 EEPROM(24Cxx)。

(6) 當 DFU(J20)短路時，可由 USB 線上燒錄 MG84FL54 內的程式。

3. MPC82G516 系統電路，如圖 1-38 所示：

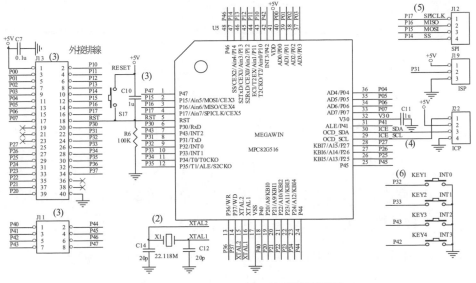

圖 1-38　MPC82G516 系統電路

(1) 電源接腳：固定使用+5V。

(2) 為了令 UART 的串列速率較為準確，外接石英晶體採用 22.118MHz。

(3) 重置電路及外接 IO 埠接腳。

(4) MG84FL54 透過 OCD_SCL 及 OCD_SDA 燒錄到 MPC82G516，可進行線上燒錄(ICP)及線上模擬(ICE)功能。

(5) 可在 J12 外接 SPI 界面晶片。

(6) 四個按鍵開關(KEY1-4)，同時具有外部中斷(INT0-3)功能。

4. LED 及七段顯示器電路，如圖 1-39 所示：

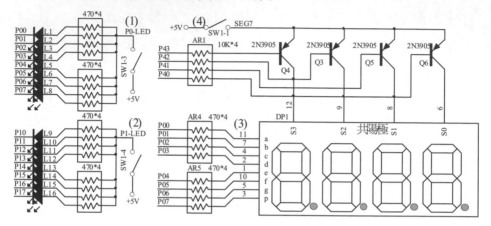

圖 1-39　LED 及七段顯示器電路

(1) P0 輸出低電位送到 LED 的陰極(L8-1)及，若將 SW1-3 短路會令排阻的共接點接 VCC 經排阻(AR6)，使 LED 發亮。

(2) P1 輸出低電位送到 LED 的陰極(L16-9)，若將 SW1-4 短路會令排阻的共接點接 VCC 排阻(AR7)，使 LED 發亮。

(3) P0 輸出低電位經電阻(AR4-5)同時送到四個七段顯示器的陰極(a~p)。

(4) P40~3 輸出低電位經電阻(AR1)及令 PNP 電晶體導通，若 SW1-1 短路，會將+5V 送到四位數七段顯示器的共陽極(S0-3) ，令七段顯示器發亮。

5.點矩陣 LED 顯示器，如圖 1-40 所示：

(1) P0 輸出低電位經電阻(AR4-5)送到點矩陣 LED 顯示器的陰極(R1~R8)。

(2) 若 SW1-2 短路，+5V 送到 PNP 電晶體的 E 腳。

(3) P40~7 經電阻(AR2-3)輸出低電位令 PNP 電晶體導通，會將+5V 送到

共陽極(C1~C8)，令點矩陣 LED 顯示器發亮。

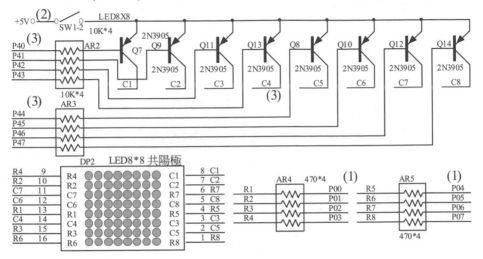

圖 1-40　點矩陣 LED 顯示器

6.矩陣式鍵盤電路：由 P24-7(ROW0-3)掃描輸出及 P20-3(COL0-3)按鍵輸入，

形成矩陣式 4*4 鍵盤，同時具有外部中斷及按鍵中斷功能。如圖 1-41 所示：

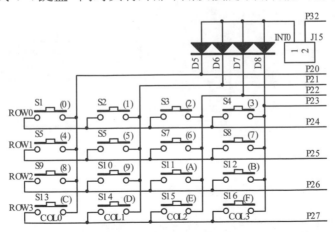

圖 1-41　矩陣式鍵盤電路

7.步進馬達、直流馬達、ENCODE 及喇叭電路，如圖 1-42 所示：

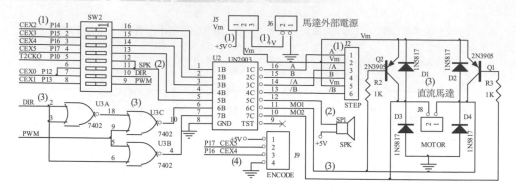

圖 1-42　步進馬達、直流馬達、ENCODE 及喇叭電路

(1) 步進馬達：若將 SW2(5~8)短路，令 P14-7 經 UN2003 驅動 J2(STEP MOTOR)上的直流馬達或步進馬達，同時馬達電源(Vm)可由 J5 切換為內部+5V 或外部電源(J6)。

(2) 喇叭：若將 SW3-5(P10)或 SW3-6(P12)短路，經 UN2003 驅動喇叭。

(3) 直流馬達：若將 SW3-7(P12)或 SW3-8(P13)短路，可產生生 PWM 波形，配合 UN2003 可驅動 J8 上的直流馬達。

8.文字型及繪圖型 LCD 電路，如圖 1-43 所示：

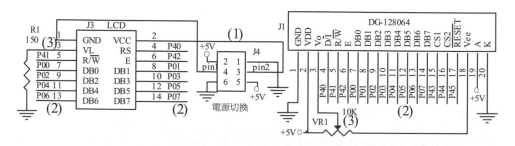

圖 1-43　文字型及繪圖型 LCD 電路

(1) 使用 J4 來切換文字型 LCD 模組的電源(VCC)及地線(GND)。當文字型 LCD 模組的 pin2 為電源(VCC)及 pin1 為地線(GND)時，須將 J4(4-6

及 3-5)短路。當文字型 LCD 模組的 pin1 為電源(VCC)及 pin2 為地線 (GND)時，須將 J4(4-2 及 3-1)短路。

(2) P0 輸出低電位送到文字型及繪圖型 LCD 的資料線(DB0-7)。同時文字型 LCD 的控制線為 P40~3 及繪圖型 LCD 的控制線為 P40~5。

(3) 亮度控制：文字型 LCD 的 Vo 用 R1 接地，繪圖型 LCD 用 VR1 調整。

9. ADC 及 RS232 電路：如圖 1-44 所示。

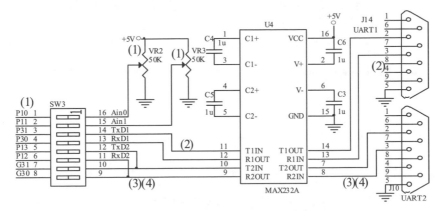

圖 1-44　ADC 及 RS232 電路

(1) 將 SW3-1 及 SW3-2 短路，令可變電阻 VR2-3 連接 P10(Ain0)及 P11(Ain1)，提供類比電壓轉換成數位資料。

(2) 若 SW3-3 及 SW3-4 短路，令 P30(RXD)及 P31(TXD)由 U4(MAX232A) 轉換電壓後經 UART1 和個人電腦的串列界面 RS232 線傳輸資料。

(3) 若 SW3-5 及 SW3-6 短路，令 P13(RXD2)及 P12(TXD2)由 U4 轉換電壓後經 UART2 和個人電腦的串列界面 RS232 線傳輸資料。

(4) 若 SW3-7 及 SW3-8 短路，令 MG84FL54 的 P30(RXD)及 P31(TXD)由 U4 轉換電壓後經 UART2 和個人電腦的串列界面 RS232 線傳輸資料。

10.串列埠 SPI、EEPROM 及 SD 卡電路,如圖 1-45 所示:

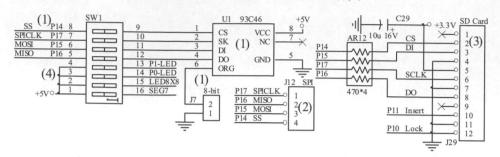

圖 1-45　串列 SPI、EEPROM 及 SD 卡電路

(1) 若將 SW1-5~SW1-8 短路,可由 SPI 界面控制串列 EEPROM 93C46 來儲存資料,而由 J7 短路設定為 8-bit 存取,開路時為 16-bit 存取。同時可由 J12 外接 SPI 界面的週邊設備。

(2) 可由 J12(SPI)外接 SPI 界面的週邊設備。

(3) 可將 SD 記憶卡插入 J29,藉由 SPI 界面來存取記憶體。

(4) 若將 SW1-1~SW1-4 短路,可控制七段顯示器(SEG7)、點矩陣 LED (LED8X8)、P0-LED 及 P1-LED 工作。

Keil μVision4 與工具軟體

本章單元

- C 語言與 Keil 基礎操作
- Build 與 Debug 模式進階操作
- 專案程式介紹
- 線上模擬器(ICE)操作

Keil 公司所研發的單晶片 C51 語言編譯器 μVision4(PK51)，符合 ANSI C 標準，所產生程式碼容量小，因此執行速度較快。

Keil 的 μVision4(PK51)是整合性(IDE)的軟體可用於 C 語言及組合語言，它將專案(project)的管理、原始程式的撰寫、編(組)譯、偵錯(Debug)及模擬均整合在一起，且內含許多 MCS-51 的系統及週邊設備環境設定及模擬。

專案(project)以樹狀方式來管理，使得操作變得更簡易、更有效率。由上而下分為五層有：專案(Project)→目標模組(Target Model)→程式群組(Source Group)→程式檔案(File)→包括檔(include)。

Keil 的 μVision4(PK51)內含有 Build(建立)及 Debug(偵錯)兩種操作模式：

◎Build(建立)操作模式：負責程式的撰寫、編(組)譯及專案(project)的管理，再將程式編譯(compiling)及連結(linking)後，會產生可執行檔。即可將執行檔送到偵錯器(Debug)。

◎Debug(偵錯)操作模式：它是軟/硬體偵錯器，負責程式的模擬器及偵錯。

Keil 主要特點如下：

◎提供標準的 C 語言資料型態，包括 1-bit、8-bit、16-bit、32-bit 整數及 32-bit 的浮點數型態。

◎提供直接採用 C 語言編寫的 MCS-51 的中斷服務函數。

◎具有軟硬體模擬器功能。

◎對長整型數及浮點型運算有較佳的效率。

◎具有多種功能的函數庫，其中大多數為可再進入函數。

◎可接受 Megawin(笙泉)、Intel、Atmel、OKI 及 Philips 等各家公司的 MCS-51 核心相容晶片。

2-1 C 語言與 Keil 基礎操作

Keil 的 μVision4 有 C51(PK51)及 ARM(MDK)等各種版本，本書僅使用 C51 版本，可撰寫單晶片 MCS-51 的 C 語言及組合語言程式。它的親和性很高，非常容易上手。本章節僅介紹一般常用的操作，詳細內容請看原廠手冊。

2-1.1 C 語言格式

C 語言程式有它特定的格式，撰寫 C 語言程式時必須遵守，如下：

1. 主程式：在 main()底下大括號 " {} " 內可撰寫主程式，且每完成一個指令必須在後面加 "；" 號表示結束，同時數個指令可用一行來表示。如下：

```
main()  (主程式)
{       (主程式開始)
  指令 1；
  指令 2；
  指令 3； 指令 4； (2 個指令用一行來表示)
}       (主程式結束)
```

2. 常數或變數宣告：常數及變數必須在程式一開始立即宣告，此常數或變數可提供控制程式使用，表示可以使用數值的大小範圍。同樣每完成一個宣告必須在後面加 "；" 號表示結束。但常數及變數不得在控制程式後面來宣告，否則編譯時會產生錯誤。

```
宣告常數或變數；   (合法宣告)
main()
{
  宣告常數或變數；  (合法宣告)
  控制程式；
  宣告常數或變數；  (不合法宣告)
}
```

3. 包括定義檔：一些經常使用的常數、變數及暫存器定義，可集中放在文字檔(如 8052.H、MPC82.H)內，在程式一開始必須用#include 將此文字檔包括進來和 C 語言程式一起編譯。

(1) 若是#include < intrins.h >表示使用 keil 系統的函數定義檔，如下：

```
#include <intrins.h>    (使用 keil 系統所提供函數定義檔)
```

(2) 若是 include "..\ 8052.H"，假如目前工作於 C:\MPC82\CH02_Keil，表示使用上一層資料夾 C:\MPC82 內自定的定義檔 8052.H，如下：

```
#include "..\8052.H "    (使用上一層資料夾自定暫存器及組態設定)
#include "..\MPC82.H "
```

4. 註解：在程式後面若有加上行註解 "//註解 "或區塊註解 "/*註解*/ "，編譯程式時沒有任何作用，但它可提高程式的可讀性及方便維護。

(1) 行註解：在 "// "以後均為註解或可將程式取消，範例如下：

```
//*****************************
  程式；    //註解
//程式；(取消程式)
//*****************************
```

(2) 區塊註解：在 "/*   */ "內部均為註解，範例如下：

```
/*****************************
* 註解
*****************************/
main()    /**主程式****/
{
  宣告常數或變數；    /**定義變數****/
  控制程式；
}
```

5. 控制程式：控制程式一般為無限迴圈方式，程式中的 "loop:"表示為程式跳躍的位址名稱或標記(label)。除了少數的關鍵字外，標記名稱可自行設定，但必須在後面加上 ":"號表示為標記。最後再加上跳躍指令(如 goto

loop;)，如此控制程式會不斷循環執行。同時不得在標記(label)之後來宣告
常數或變數，如下：

```
宣告常數或變數;  //合法宣告
main()
{
    宣告常數或變數;    //合法宣告
loop:  //標記
    宣告常數或變數;  //不合法宣告
    控制程式;          //不斷循環執行
    goto loop;        //跳到 loop 處不斷循環
}
```

6. 函數式：在程式中若有呼叫函數式(如 Delay();)，會跳到函數式去執行，函
   數式執行完畢後，會自動回到呼叫函數式的下一行程式繼續執行，如此可
   令程式模組化，程式較為精簡。

   此函數式可以和本程式同一個檔案或在另一個檔案(如 8052.H 或 io.c)內，
   其中函數式中的 "void " 表示無資料傳遞。同時在函數式內可再呼叫下一
   個函數式如下：

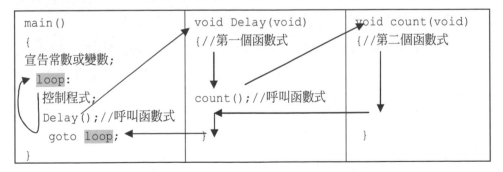

```
main()                      void Delay(void)        void count(void)
{                           {//第一個函數式         {//第二個函數式
宣告常數或變數;
loop:
 控制程式;                  count();//呼叫函數式
 Delay();//呼叫函數式
    goto loop;              }                        }
}
```

7. 流程圖符號：一般 C 語言的控制程式，大部份以無限迴圈為主，若能先設
   計流程圖，再來撰寫程式會有較佳的表現。在控制程式中常用的流程圖符
   號，如圖 2-1 所示：

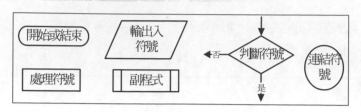

圖 2-1　常用的流程圖符號

控制程式中的 "loop:"表示程式爲無限迴圈，若以流程圖來表達，如下：

```
main()
{
 宣告常數或變數;
  loop:          //標記
      控制程式;   //不斷循環執行
  goto loop;     //跳到 loop 處不斷循環
}
```

2-1.2　如何進入 Keil 軟體

1. 本書備有免費軟體，請事先安裝，如下：

(1) Keil 的 μVision4(PK51)評估版軟體(c51v9xx.exe)，除了在偵錯(Debug)時限制程式容量爲 2K-byte 外，其餘功能和正式版相同。

只要執行此程式後即可壓解縮，並預定安裝在資料夾 C:\KEIL 內，安裝完畢後會在桌面上會顯示 。也可以向 Keil 原廠下載最新版本的教學軟體，網址爲：

https://www.keil.com/DEMO/eval/c51.htm

(2)本書範例程式(MPC82.rar)，請解壓縮到磁碟機(如 C:\)之下，會產生各章節範例程式(如 C:\MPC82\CH02~CH10)及笙泉科技公司的工具軟體(ICE、DFU)。

(3)安裝後產生主要資料夾如下：

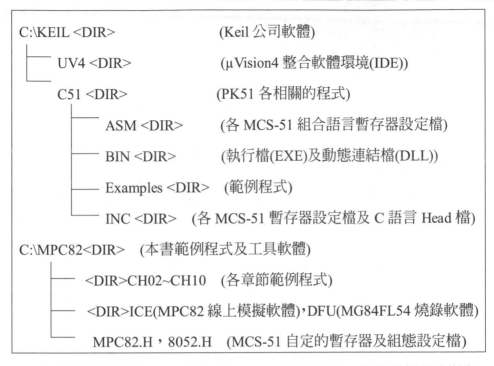

2. Keil 的操作畫面分為 Build(建立)及 Debug(偵錯)模式，其整體操作步驟如圖 2-2 所示。

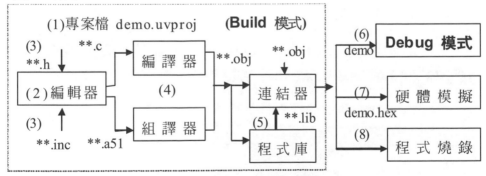

圖 2-2 Keil 整體操作步驟

(1) 在 Keil 的 Build 模式以專案(project)方式來管理，其附檔名為**.uvproj(如 DEMO.uvproj)。只要在『檔案總管』對 DEMO.uvproj 點兩下，會立即

進入 Keil 的 Build 模式。

(2) 將組合組言(**.a51)或 C 語言程式(**.c)在編輯器撰寫程式。

(3) 撰寫程式中必須包括(include)各種定義檔，如 C 語言的定義檔檔(**.h)或組合語言的定義檔(**.inc)，如此可令程式較為人性化。

(4) C 語言程式(**.c)經編譯器(C51.exe)或組合組言程式(**.a51)經組譯器(A51.exe)後，會產生列表檔(**.lst)及目的檔(**.obj)。

(5) 也可以將常用的函數式或副程式集中在一起編譯，經由程式庫產生器(LIB51.exe)產生程式庫檔(**.lib)。

(6) 目的檔(**.obj)會送到由連結器(BL51.exe)和其它(**.obj)或(*.lib)連結(link)後，產生專案的執行檔(如 DEMO)，可送到軟體模擬器(Debug)。

(7) 可設定經 OH51.exe 產生 16 進制檔(如 DEMO.hex)可用於硬體模擬(Debug)，進行硬體電路工作。

(8) 同時 16 進制檔(DEMO.hex)可燒錄到晶片的 flash ROM 後，即可進行硬體電路工作。

2-1.3　Keil 基本操作

在桌面按 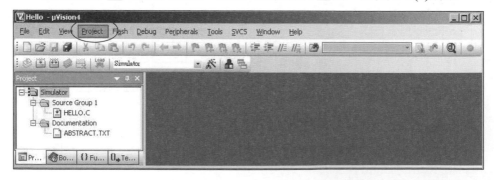 會進入 Keil，出現 Build 操作畫面，如圖 2-3(a)所示。

圖 2-3(a)　進入 Keil 的 Build 操作模式

1. 開啓專案檔：Build 環境下選擇 Project→Open Project 選擇資料夾 C:\MPC82\CH02_Keil\DEMO.uvproj 按 開啓(O) 或滑鼠左鍵點兩下，會開啓專案檔(DEMO.uvproj)，如圖 2-3(b)所示。

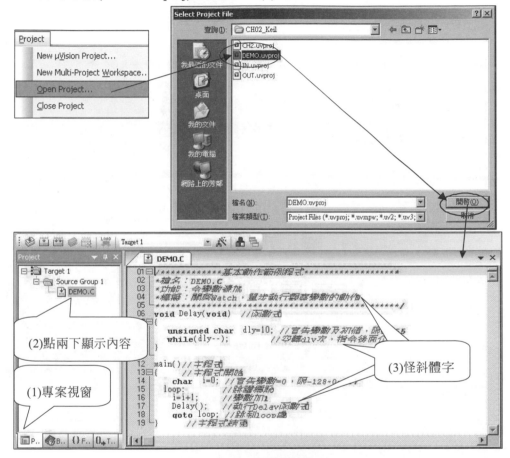

圖 2-3(b)　開啓舊專案

(1) 並在專案視窗內用滑鼠左鍵點選 Target1→Source Group 1→DEMO.C 會顯示樹狀的檔案管理(Files)，由上而下為：專案檔(DEMO.uvproj)→目標模組(Target1)→程式群組(Source Group1)→程式檔案(DEMO.C)。

(2) 在程式檔案(DEMO.C)點兩下會顯示其內容。

(3) 首次進入 Keil，在程式內的註解會顯示怪斜字體，此時必須在工具列上開啓編輯器的組態設定，按 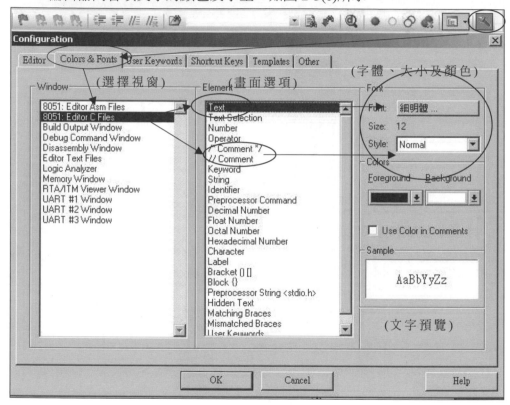(Configuration)→ Colors & Fonts ，可設定視窗顯示的字型及彩色。再選擇 8051:Buildor C Files 可設定 C 語言編輯器內各項文字的顏色及字型。如圖 2-3(c)所示。

圖 2-3(c)　設定顯示字體

一般設定兩項即可，如下：

(a) 點選文字(Text)→字型(Font)→細明體，如此在移動遊標時會隨著中文字型移動，不會將中文字體切成一半而形成亂碼。

(b) 點選註解(/*Command*/ 及 //Command)→ 字體 (Style)→ 正常 (Normal)，會顯示正常字體的註解。

2. 程式 DEMO.C 的內容，如下所示。

```
/*******************基本動作範例程式********************
*檔名：DEMO.C
*功能：令變數遞加
*模擬：開啓 Watch，單步執行觀察變數的動作
****************************************************/
void Delay(void)   //函數式
{
    unsigned char  dly=10;//宣告變數及初值，限 0~255
    while(dly--);            //空轉 dly 次，指令後面介紹
}
main()//主程式
{    //主程式開始
  char i=0;//宣告變數=0，限-128~0~127
  loop:          //跳躍標記
  i=i+1;         //變數加 1
  Delay();   //執行 Delay 函數式
  goto loop; //跳到 loop 處
}    //主程式結束
```

主程式 → i=0 → loop: → i=i+1 → Delay
Delay函數式 → dly=10 → 已空轉 dly 次？ 否／是

說明：主程式執行到 Delay()，會跳到 void Delay(void)，空轉 10 次形成延
時動作後，才回到主程式 Delay() 的下一行指令 goto loop 重覆執行。

3. 程式的編譯及連結：按 ⬛僅編譯程式、按 ⬛編譯及連結有修改的檔案或
按 ⬛(Rebuild all target files)重新編譯及連結所有檔案，如圖 2-4 所示：

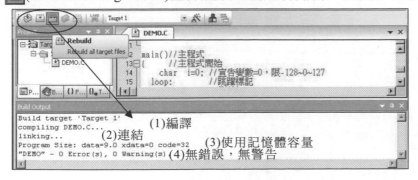

圖 2-4　Build 程式編譯動作

編譯/連結完畢後會在輸出(output)視窗顯示如下：

(1) 首先執行 build target 'Target1'，它會先編譯(compiling)程式(DEMO.C)。

(2) 然後進行連結(linking)，此時它會產生執行檔(DEMO)、目的檔(DEMO.obj)、列表檔(DEMO.lst)及記憶體分佈檔(DEMO.map)。

(3) 在程式容量(Program Size)，顯示使用內部資料 RAM(data)、擴充資料 RAM (xdata)及 ROM 程式碼(code)的 byte 數。

(4) 最後顯示是否有錯誤(Error)及警告(Warning)行數。

4. 程式編譯錯誤動作：如果程式中有錯誤，會在輸出視窗顯示 Error 訊息，可在此訊息處點左鍵來指出程式錯誤之處。如圖 2-5 所示：

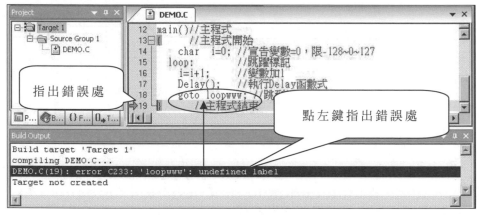

圖 2-5 程式編譯錯誤動作

5. 進入 Debug(偵錯)環境：按 (Start/Stop Debug Session) 會進入 Debug 環境，同時顯示評估版軟體程式碼限制執行 2K-byte，如圖 2-6(a)所示：

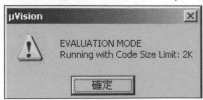

圖 2-6(a) 進入評估版軟體-Debug 環境

按 確定 後進入 Debug(偵錯)環境,如圖 2-6(b)所示:

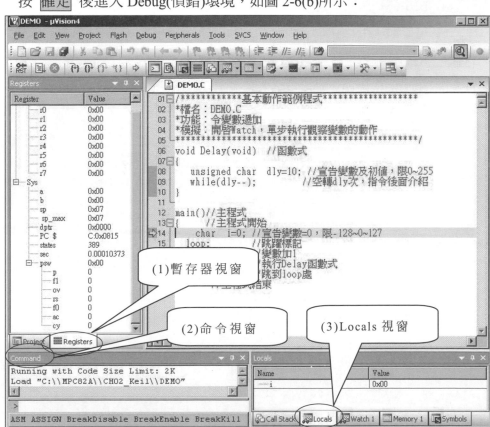

圖 2-6(b)　進入 Debug 偵錯環境

(1) 在 Register(暫存器)視窗顯示各種訊息:

    (a) 暫存器 R0-R7。

    (b) 系統(Sys)暫存器(a、b、sp、sp_max、dptr)內容與程式計數器(PC$)
       的位址、已執行幾個狀態週期(states)及已執行時間為幾秒(Sec)。

    (c) 程式狀態字元(PSW)各位元的內容:包括同位元(P)、位元旗標(f1)、
       溢位(ov)、暫存器庫設定(rs)、位元旗標(f0)、輔助進位(ac)及進位(cy)。

(2) 在命令視窗(Command)視窗顯示訊息如下:

(a) 使用評估版時，會提醒讀者程式限制僅能載入 2K-byte 來模擬。

(b) 自動載入(load)程式執行檔(DEMO)來進行模擬。

(3) 在 Locals(區域)視窗會顯示區域變數的內容：

6. Debug(偵錯)環境操作：如圖 2-6(c)所示：

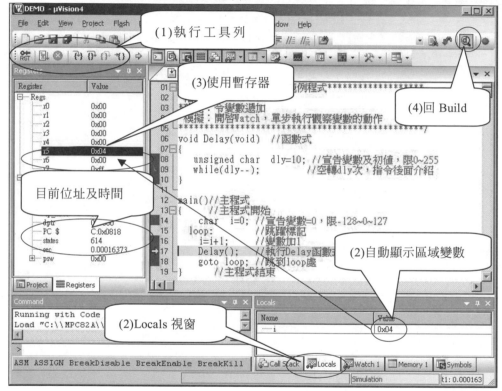

圖 2-6(c)　Debug(偵錯)環境操作

(1) 在執行工具列操作如下：

(a) 按 █(Reset) 重置 CPU，由位址 0 開始執行。

(b) 按 █(Run)或 F5 快速執行程式，但不能即時觀察變數的動作，必須按 █(Halt)停止執行後，才會顯示變數的內容。

(c) 按 █(Step into)或 F11 單步執行，遇到函數時會進入單步執行。

(d) 按 ⎆(Step over)或 F10 單步執行，但遇到函數時會快速執行。

(e) 按 ⎆(Step out)或 ctrl + F11 在函數式(副程式)內快速的退出。

(f) 按 ⎆(Run to Cursor line)或 ctrl + F10 快速執行到游標所指的地方。

(2) 區域(Locals)視窗：執行程式時，若變數在大括號內宣告為區域變數，會自動在 Locals 視窗顯示區域變數(i 或 dly)的內容。

(3) 在 Register(暫存器)視窗內會顯示各種訊息：

(a) 程式執行時，其中變數 i 使用暫存器 R5 及變數 dly 使用暫存器 R7。

(b) 會在程式計數器(PC$)顯示正在執行的位址、在(States)顯示已執行幾個狀態週期數及在 Sec 顯示已執行時間為幾秒。

(c) 同時也會影響程式狀態字元(PSW)內各旗標位元的內容。

(4) 若再按 ⎆(Start/Stop Debug Session)，會再回到 Build(建立)環境。同時以上 Debug(偵錯)環境的設定都會被儲存起來，下次進入 Debug 時會再重現。

單元作業 2-1：

(1)回到 Build(建立)環境改變 i 及 dly 初值，重新編譯。再到 debug 環境進行軟體模擬，觀察 i 及 dly 的動作。

(2)回到 Build(建立)環境修改運算式(i=i+1;)及標記名稱，重新編譯。再到 debug 環境進行軟體模擬，觀察 i 及 dly 的動作。

2-2 專案程式

專案程式(如 OUT.uvproj)內含有開機啟動檔(Startup.a51)及 C 語言程式
(OUT.c)，程式中也會將暫存器組態設定檔(8052.H)及 Keil 內部函數(intrins.h)
一起包括(include)進來，如圖 2-7 及表 2-1 所示：

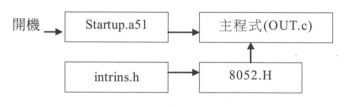

圖 2-7　專案程式

表 2-1　專案程式執行過程

開機啟動程式 (Startup.a51)	主　程　式 (OUT.c)	函　數　式 (8052.H)

(位址 0x0000)
 	
(記憶體管理)
 	
進入 main()
	#include "..\8052.H "
	main() //主程式
	{
	loop:
	Delay_ms(100);//延時 100ms
	　goto loop;
	}
		void Delay_ms(unsigned int dly)
		{
		
		}

程式執行的順序如下：

◎開機或重置時會由位址 0x0000 執行開機啟動程式(Startup.a51)，進行一連
　串的重置工作(如記憶體管理)，才進入主程式 main()。開機啟動程式
　(Startup.a51)一般是不會修改，故不須加入到專案內。

◎到程式(OUT.c)內的主程式 main()重覆執行，其中會呼叫延時以 1mS 為單
　位的函數式 "Delay_ms(100) "，執行完後會回到主程式 "Delay_ms(100)
　"的下一行繼續執行。

◎延時函數式 "void Delay_ms(unsigned int dly)" 可以和主程式在同一個檔案，也可以在另一個檔案。若是放置在暫存器及組態設定檔(如 8052.H)內時，則會無法進入此函數式內來逐一執行指令。也就是說若要單步執行時，請勿用 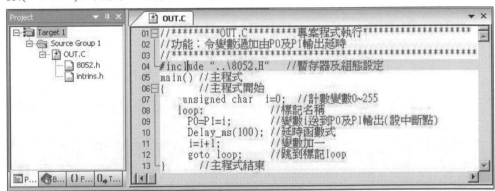(Step into)，而必須使用 (Step over)才能夠逐一顯示程式的動作。此函數式在下一章會有詳細介紹。

2-2.1 專案程式執行

開啓專案檔 C:\MPC82\CH02_Keil\OUT.uvproj，它會在專案視窗內顯示程式 OUT.C 與包括(Include)檔，如暫存器及組態設定檔(8052.H)及 Keil 內部函數(intrins.h)，如圖 2-8 所示。

```
01 //*********OUT.C*********專案程式執行***************
02 //功能：令變數遞加由P0及P1輸出延時
03
04 #include "..\8052.H"   //暫存器及組態設定
05 main()   //主程式
06 {        //主程式開始
07    unsigned char   i=0;   //計數變數0~255
08    loop:            //標記名稱
09    P0=P1=i;          //變數i送到P0及P1輸出(設中斷點)
10    Delay_ms(100);    //延時函數式
11    i=i+1;            //變數加一
12    goto loop;        //跳到標記loop
13 }                    //主程式結束
```

圖 2-8　開啓專案檔

1. 專案視窗：專案視窗內的檔案管理(Files)，由上而下為：專案(OUT.uvproj)→目標模組(Target1)→程式群組(Source Group1)→程式檔案(OUT.C)→暫存器及組態設定檔(8052.H)及 Keil 內部函數(intrins.h)。各檔案介紹如下：

   (1) 暫存器設定檔(8052.H)：定義 8052 內部所有暫存器位址、接腳名稱、變數及函數組態設定，同時包括 Keil 內部函數(intrins.h)。

   (2) 主程式(OUT.C)，其內容如下：

```
//*********OUT.C*********專案程式執行***********
//*功能：令變數遞加由 P0 及 P1 輸出延時
//********************************************
#include "..\8052.H"    //暫存器及組態設定
main()   //主程式
{        //主程式開始
   unsigned char i=0;//計數變數 0~255
 loop:      //標記名稱
   P0=P1=i;           //變數 i 由 P0 及 P1 輸出(設中斷點)
   Delay_ms(100); //延時函數式
   i=i+1;             //變數加一
   goto loop;         //跳到標記 loop
}//主程式結束
```
軟體 Debug 操作：開啟 Watch、P0 及 P1 視窗，設中斷點，觀察變數的動作。

2. 操作步驟如下：

(1) 編譯及連結：按 ▦(Rebuild all target files)重新編譯及連結所有程式。

(2) 進入 Debug：按 ◉(Start/Stop Debug Session)進入 Debug 工作環境。

(3) 開啟 I/O 埠視窗：按週邊 Peripherals → I/O-Port → Port0 及 Port1 會開啟 P0 及 P1 視窗顯示其內容，如圖 2-9(a)所示。

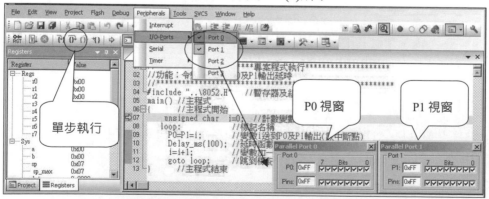

圖 2-9(a)　開啟 I/O 埠視窗

(4) 單步執行：請使用 ▣(Step over)不要進入函數內單步執行，因函數式

"Delay_ms(100)"在暫存器及組態設定檔(8052.H)內，若使用 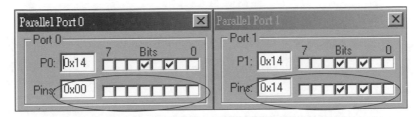(Step Into)進入函數單步執行時，會無法看見其函數式的內容。此時必須按 (Step out)快速的退出函數式。

(5) I/O 埠視窗(Parallel Port 0/1)內的 P0:及 P1:表示為內部暫存器的內容，Pins:表示為外部接腳的電壓準位，如圖 2-9(b)(c)所示。

圖 2-9(b) P0 輸出時　　圖 2-9(c) P1 輸出時

(a) 執行 P1 輸出時如圖 2-9(c)所示，在 P1:與 Pins:內會顯示相同的 16 進制資料。同時在 Bits 顯示 2 進制資料，其中 "∨" 表示為"1"。

(b) 執行 P0 輸出時如圖 2-9(b)所示，因 P0 的接腳為開洩極輸出，故接腳不會輸出電壓，所以在 Pins=0x00 及沒有 "∨" 記號出現。

(6) 中斷點(Breakpoint)設定：在程式中可設若干個中斷點，當程式快速執行到中斷點時會暫停，可觀察中斷點後執行的結果。如圖 2-10 所示：

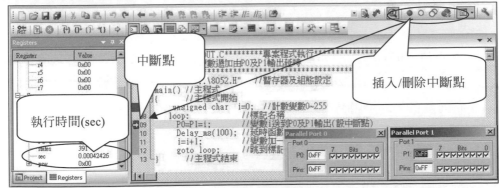

圖 2-10　中斷點動作

(a) 游標指向 "P0=P1=i;" 按 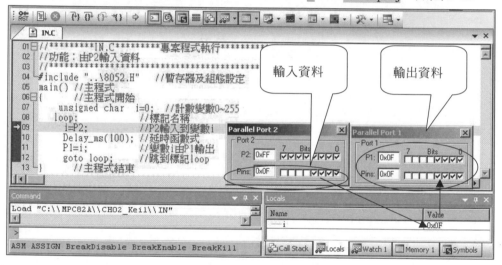插入/刪除或 清除所有中斷點。

(b) 若要保留中斷點但須暫停或啟動其動作,可選擇 致能/禁能中斷點動作或 禁能所有中斷點動作。

(7) 按 快速執行到中斷點會暫停,除了 P0 及 P1 動作外,同時會在專案視窗的 sec:會顯示目前程式已執行時間為幾秒(sec),如此可以知道執行一個週期所須的時間。

3. 輸入模擬動作:開啟專案檔 C:\MPC82\CH02_Keil\IN.uvproj,如圖 2-11:

圖 2-11　輸入模擬動作

由 P2 輸入時,內部暫存器 P2:的內容固定為 0xFF 且不允許更改,而由 Pins:輸入 16 進制資料或在 Bits 底下方格內按左鍵改變 "∨"記號來輸入二進制資料。即可由 P2 輸入資料到變數 i,再由 P1 輸出。

2-2.2　建立新專案

本節將介紹如何在 Build 環境下建立新專案(NEW),操作如下:

1. 建立新的專案:在此請注意專案檔和所有相關檔案最好均在同一資料夾

內，故同樣請將新專案建立在資料夾 C:\MPC82\CH02_Keil 內。

(1) 按 Project → New uVision Project → 檔案名稱:(如 NEW) → 儲存(S)，

會建立新的專案檔(NEW.uvproj)，如圖 2-12(a)所示。

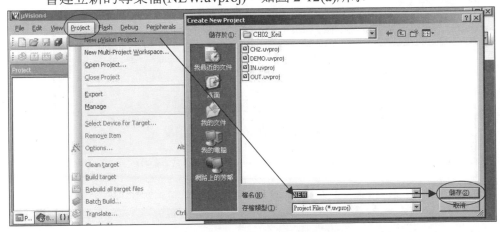

圖 2-12(a)　建立新的專案

(2) 選擇 CPU 的廠牌及型號，按 Intel → 8052AH 會顯示說明，如圖 2-12(b)。

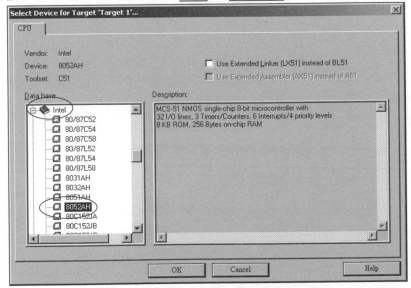

圖 2-12(b)　選擇 CPU 的廠牌及型號

(3)然後會顯示是否要加入標準的開機啟動檔(Startup.a51)到專案內,本書
範例均不須改變開機啟動檔,故按 否(N) 不加入專案內,如圖 2-12(c)
所示。

圖 2-12(c) 加入開機啟動檔

(4) 專案建立後,會產生目標模組(Target1)及程式群組(Source Group1)。

2. 建立新的 C 語言程式,如圖 2-13 所示:

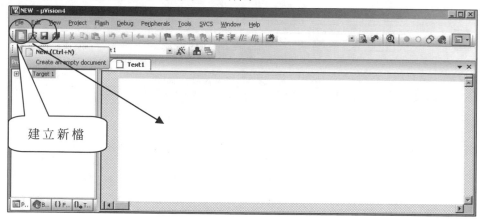

圖 2-13 建立新檔案

(1) 按 (New),建立一個新檔案

(2) 不須撰寫程式,按 (Save)及輸入檔名(如 QQ.c),存入資料夾
C:\MPC82\CH02_Keil 內。

3. 加入新程式:在程式群組(Source Group1)點右鍵,選擇 Add File 加入 QQ.c
到程式群組內或選擇 Remove 刪除程式群組內的檔案。如圖 2-14 所示。

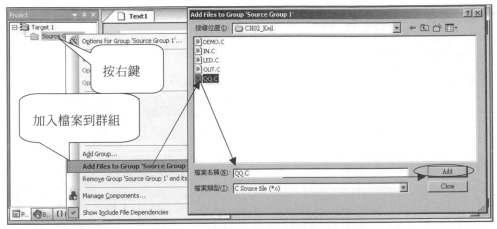

圖 2-14　程式加入到群組內

4. 撰寫程式：在 QQ.c 內撰寫程式，此時用顏色來區別其內容，如關鍵字(藍)、
註解(綠)及文字檔(紅)等，也可以在專案視窗點選 Templates 選擇 C 語言指
令，會自動加入程式視窗內，如此撰寫程式較為方便，如圖 2-15 所示：

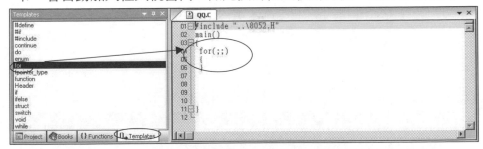

圖 2-15　撰寫程式-選擇 C 指令

5. 目標選項設定：按 ⚒ → Target 進行內部硬體設定，如圖 2-16 所示：

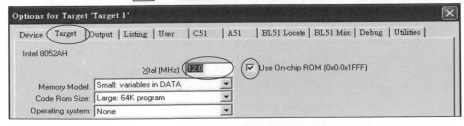

圖 2-16　目標選項設定

(1) 設定石英晶體(Xtal)為 12MHz，可用此頻率來模擬程式執行時間。

(2) 預定使用內部(On-chip)8K-byte 的 ROM(位址 0x0000~0x1FFF)。

6. 輸出設定：按 [A] → [Output] 設定輸出工作。如圖 2-17 所示：

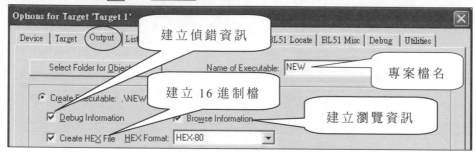

圖 2-17　輸出(Output)設定

(1) 預定建立偵錯資訊，提供 Debug(偵錯)環境及使用。

(2) 預定建立瀏覽資訊，可自動尋找及瀏覽程式中的字元。

(3) 設定建立 16 進制檔(Create HEX File)，如此編譯後才會產生 NEW.HEX，提供程式模擬及燒錄。

7. C 程式編譯設定：按 [A] → [C51] 可配合特定的需求，選擇編譯最佳化為 Level: [2:Data overlaying](資料覆蓋)，如圖 2-18 所示。

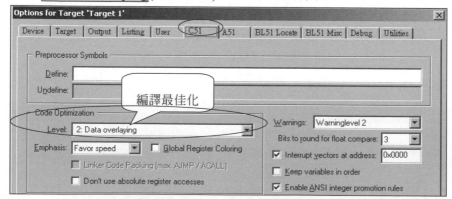

圖 2-18　C 程式編譯設定

8. 模擬偵錯(Debug)：按  → Debug 設定偵錯模擬環境，如圖 2-19 所示：

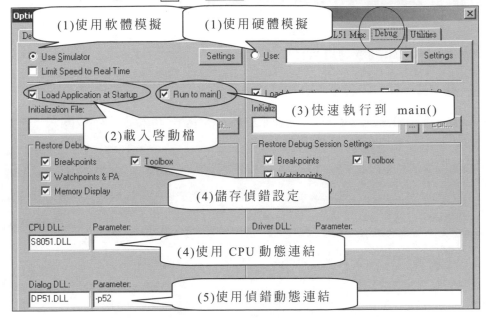

圖 2-19　設定偵錯環境

(1) 預定為使用軟體模擬器(Use Simulator)，也可改用硬體模擬器(Use)。

(2) 設定開機後會自動載入啟動程式(Startup.a51)來執行。

(3) 開機時會載入啟動檔(Startup.a51)，執行到 C 語言的 main()才暫停。

(4) 設定儲存各項偵錯(Debug)環境設定及使用動態連結檔(S8051.DLL)。

(5) 設定使用偵錯(Debug)環境的動態連結檔(DP51.DLL)及參數(-p52)。

9. 公用程式(Utilities)：按  → Utilities 使用燒錄軟體，如圖 2-20 所示：

圖 2-20　設定公用程式(Utilities)

2-3 Build 與 Debug 進階操作

2-3.1 Build(建立)進階操作

開啓 C:\MPC82\CH02_Keil\OUT.uvproj，常用 Build 進階操作方式，如下：

1. 顯示(View)視窗設定：在工具列上選擇 View，可設定顯示或關閉各視窗 及工具列，如圖 2-21 所示。

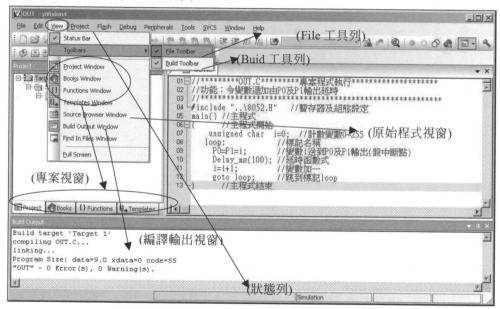

圖 2-21　顯示視窗設定

2. 書籤(Bookmark)設定：它的用途是在撰寫程式時，可在程式中的關鍵處設 定若干個書籤(Bookmark)，如此即可快速的尋找程式中書籤的位置，於撰 寫大程式時較爲方便。書籤設定如圖 2-22 所示。

    (1) 可在游標處按 圖 插入/刪除書籤，它可設定多個書籤。

    (2) 按 圖 向上尋找書籤或 圖 向下尋找書籤。

(3) 按 會清除所有書籤。

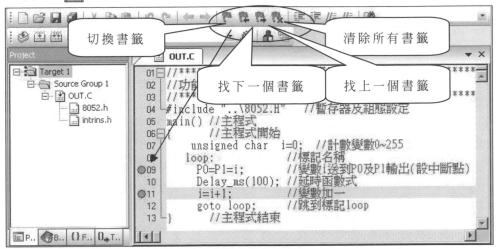

圖 2-22　書籤設定

3. 快速尋找函數及變數定義：以尋找函數為例，在程式中的函數 Delay_ms 反白及點右鍵→ Go To Definition Of 'Delay_ms'，游標會立即跳到 8052.H 內函數 Delay_ms 程式所在位置，如圖 2-23 所示。

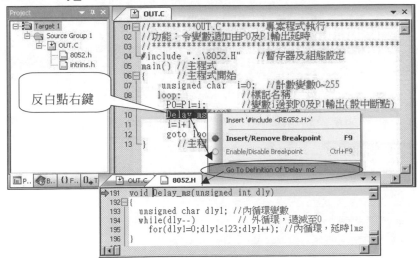

圖 2-23 快速尋找函數

2-3.2 Debug(偵錯)進階操作

按  進入 Debug 工作環境後,各視窗的工作方式如下:

1. 反組譯視窗(Disassembly Window):按 ▣ 會顯示 C 語言程式與組合語言的對照及程式的位址與程式碼。同時因 Keil 評估版軟體的限制為 2K-byte,故程式限制在位址 0x0800~0x0FFF 之間。按 ▣ 時會立即由位址 0x0000 開始,再跳到 0x0800 以後來執行程式,如圖 2-24(a)所示。

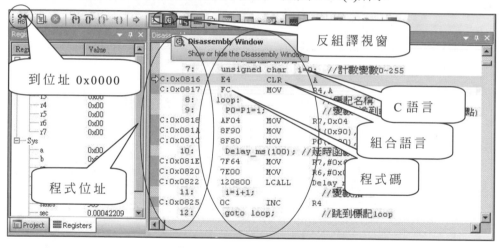

圖 2-24(a)　反組譯視窗

可以在反組譯視窗內點右鍵,顯示反組譯視窗的設定,如圖 2-24(b)所示。

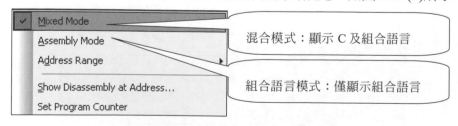

圖 2-24(b)　反組譯視窗設定

2. Watch 視窗：按 📷▾ 再選 Locals 會顯示區域變數內容，如圖 2-25 所示。

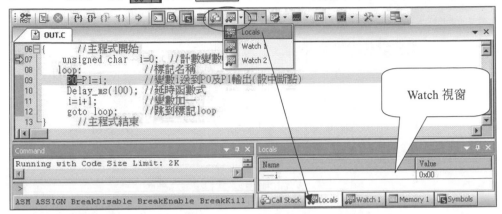

圖 2-25　Watch(Locals)觀察視窗

也可在變數或暫存器(如 P0)反白，加入到 Watch 1 或按 F2 ，如圖 2-26 所示。

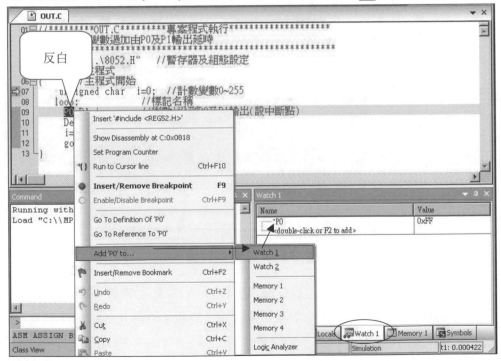

圖 2-26　加入 Watch 視窗

(3) 在變數按右鍵可選擇顯示的基數(Number Base)為 16 進制(Hex)或 10 進制(Decimal)，如圖 2-27 所示。

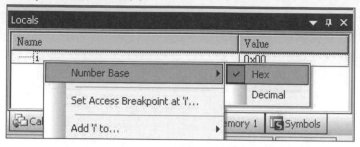

圖 2-27　Watch 視窗選擇顯示基數

5. 記憶體視窗：按 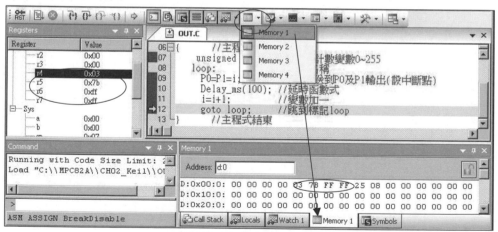(Memory Window)用於顯示或修改記憶體內的資料，其中僅有 RAM 才允許修改。它有 Memory(1~4)視窗可同時顯示四組記憶體如圖 2-28 所示。

圖 2-28　記憶體視窗

由上圖得知，程式執行時，暫存器 R0~R7 的內容和記憶體視窗內部 RAM 位址 0x00~0x07 相同。同時 Watch 視窗觀察變數 i 使用 RAM(0x04)及 R4。設定方式如下所示：

(1) 在 Address 欄內輸入位址可顯示記憶體 RAM 及 ROM 內的資料範圍。

範例如下：

記憶體	Address	說明
內部直接	D:0	顯示直接資料 RAM 的 10 進制位址 0 開始的內容。
定址資料	D:0x0A	顯示直接資料 RAM 或 SFR 內容，16 進制位址(0x00~0xFF)。
RAM	D:TABLE	顯示直接資料 RAM 位址名稱為 TABLE 的內容。
內部間接	I:0	顯示間接資料 RAM 的 10 進制位址 0 開始的內容。
定址資料	I:0x80	顯示間接資料 RAM 的內容，16 進制位址(0x00~0xFF)。
RAM	I:TABLE	顯示間接資料 RAM 位址名稱為 TABLE 的內容。
擴充資料	X:0x1234	顯示擴充資料 RAM 的內容，16 進制位址(0x0000~0xFFFF)。
RAM	X:TABLE	顯示擴充資料 RAM 位址名稱為 TABLE 的內容。
程式	C:0x1234	顯示程式 ROM 內容，16 進制位址(0x0000~0xFFFF)。
ROM	C:TABLE	顯示程式 ROM 位址名稱為 TABLE 的內容。

(2) 在記憶體視窗內按右鍵，可設定資料顯示的格式，如圖 2-29 所示。

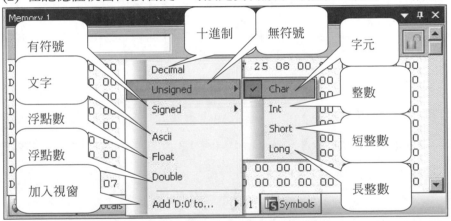

圖 2-29 設定資料顯示的格式

4. 串列埠視窗：按 (Serial Window)可選擇 UART(1~3)會顯示 UART 串列 埠的發射及接收的資料，後面會有詳細介紹。

7. 邏輯分析視窗：按 (Analyzer Window) 會顯示邏輯分析視窗，在快速 執行工作時，會顯示接腳輸出動作的時序圖，操作步驟如圖 2-30(a)所示：

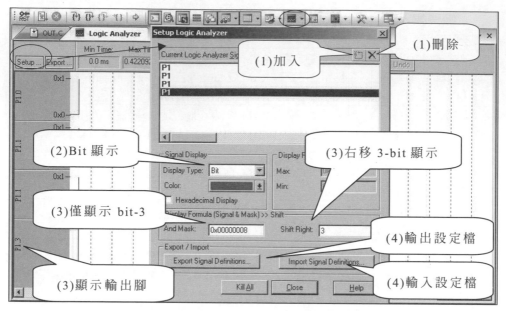

圖 2-30(a) 邏輯分析視窗-位元顯示設定

(1) 設定工作環境，按 Setup → 📰 加入接腳 P1.0，也可按 ✕ 刪除。

(2) 顯示型式(Display Type)：可選擇 Analog(類比)、Bit(位元)及狀態(State)。

(3) 以 Bit(位元)顯示為例，要顯示 P1.0~P1.3 動作，其各接腳設定如表 2-2 所示：

表 2-2 位元顯示接腳設定

輸入接腳	顯示接腳	And Mask	Shift Right
P1.0	P1	0x01	0
P1.1	P1	0x02	1
P1.2	P1	0x04	2
P1.3	P1	0x08	3

例如顯示 P13 腳的資料，則輸入 P1.3 即可。它會令 And Mask=0x08 將 P1 和 0x08 做 AND 處理，僅保留 bit-3 資料其餘為 0，同時令 Shift Right=3，將 P1.3 腳資料右移到 bit-0，才顯示輸出腳(P1.3)。動作如圖 2-30(b)所示：

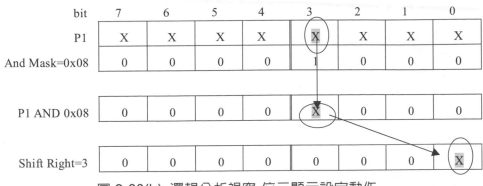

圖 2-30(b) 邏輯分析視窗-位元顯示設定動作

(4) 可將目前設定的接腳及工作環境，輸出(Export)或輸入(Import)檔案。

(5) 快速執行一段時間，停止執行後，在邏輯分析視窗按 All (顯示全部)、 In (放大顯示) 或 Out (縮小顯示)，控制顯示範圍為 Grid (每格)=0.1000000S(秒)，如圖 2-31(a)所示。

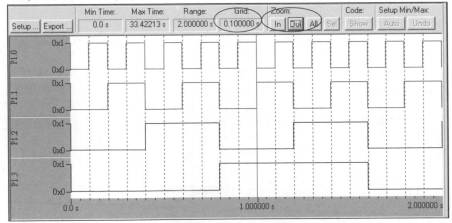

圖 2-31(a) 邏輯分析視窗-位元顯示結果

(6) 先將滑鼠在一定點上按左鍵為游標(Cursor)位置，再將滑鼠移到另一點停止不動為滑鼠位置(Mouse Pos)，此時會在 Delta 顯示兩點之間的時間差及頻率，如圖 2-31(b)所示。

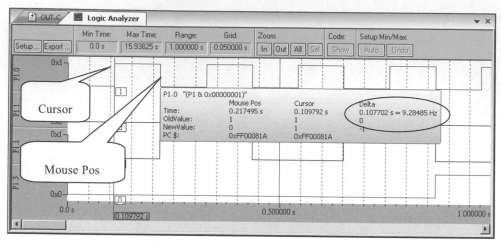

圖 2-31(b) 邏輯分析視窗-時間差

(7) 以 Analog(類比)顯示為例，要顯示 P1.3-P1.0 輸出資料的類比波形，則須輸入接腳 P1 及 And Mask=0x0f，將 P1 和 0x0f 做 AND 處理，如此僅顯示 P1.3-P1.0 腳的資料，然後令 Shift Right=0。

再設定顯示範圍(Display Range)的最大值(Max)=0xF 及最小值(Min)=0x0。快速執行一段時間再停止，如圖 2-31(c)所示。

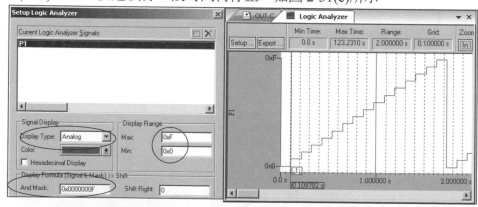

圖 2-31(c) 邏輯分析視窗-類比顯示結果

(8) State(狀態)顯示為例，設定方式同上，它會顯示資料的數值，若選用 Hexadecimal Display 會以十六進位顯示資料數值。如圖 2-31(d)所示。

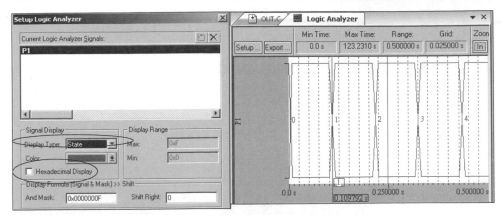

圖 2-31(d)　邏輯分析視窗-狀態顯示結果

(9) Debug 提供虛擬模擬暫存器(VTREG：Virtual Simulation Registers)，在底下命令行輸入 VTREG 指令，可用來控制 Logic Analyzer 視窗及模擬的動作，如表 2-3 所示。

表 2-3　虛擬暫存器(VTREG)指令

VTREG	說明
PORTx	輸出入埠接腳 8-bit 資料
SxIN	UART 輸入暫存器，可讀取目前接收的串列資料
SxOUT	UART 傳輸格式設定及發射的串列資料
SxTIME	設定 UART 模擬的速度，1=快速，0=依程式設定
CLOCK	設定 CPU 的工作頻率
XTAL	設定外部石英晶體的頻率

單元作業 2-3：

建立新的專案名稱(如學號)，由老師指定接腳輸出頻率(如由 P10 輸出學號後兩碼*1Hz 的頻率)，並在邏輯分析儀顯示方波及正確的頻率。

2-4 線上模擬(ICE)與線上燒錄(DFU)實習

笙泉科技公司的 OCD(On-Chip-Debug)其特性如下：

◎ 使用 USB 連接電腦系統。

◎ MCU 內建即時除錯，獨立的兩接腳串列介面，不佔用系統的接腳。

◎ 直接相容於 Keil 的 8051 IDE 除錯模擬介面及線上模擬(ICE)。

◎ 強大的除錯動作：重置、全速執行、暫停、單步執行...等等

◎ 多個有用的除錯視窗：暫存器、反組譯、監看(Watch)及記憶體視窗。

◎ 可程式化的中斷，可以同時插入四個中斷點(Breakpoint)。

2-4.1 Keil 與線上模擬(ICE)操作

硬體模擬器(ICE)將程式透過 USB 埠，經 MG84FL54 所組成的模擬器(ICE)，下載到 MPC82G516 實習板，它的連接方式兩種，如圖 2-32 所示：

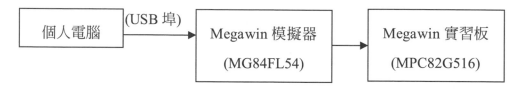

圖 2-32　硬體模擬器(ICE)連線

1. 硬體模擬器(ICE)：是由 MG84FL54 所組成，如圖 2-33 所示：

圖 2-33　線上模擬器(ICE)外型

2. 硬體模擬器(ICE)與 MPC82G516 實習板：由 USB 埠提供+5V 電源及下載
程式，可在 Keil 下進行硬體偵錯(Debug)及電路實習，如圖 2-34 所示：

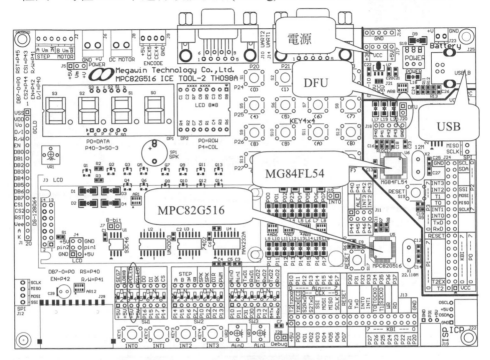

圖 2-34　連接硬體模擬器(ICE)

藉由下方的開關(SW1~SW3)可切換各項實驗，不用時請向下切換為 off。

3. 安裝驅動軟體：執行 C:\MPC82\ICE\Setup.exe 後，按 Browse 選擇 Keil
軟體資料夾(如 C:\Keil)，再按 Install 安裝 ICE 驅動軟體。如圖 2-35 所示：

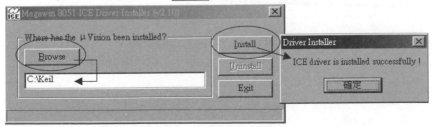

圖 2-35　安裝 ICE 軟體

4. 開啓 C:\MPC82\CH02_Keil\ch2.uvproj，如圖 2-36 所示。

```
01 //*********LED.C*********專案程式執行*******************
02 //功能：令變數遞加由P0及P1輸出到LED
03 //操作：SW1-3(P0LED)及SW1-4(P1LED) ON
04 //***********************************************************
05 #include "..\MPC82.H"   //暫存器及組態設定
06 main() //主程式
07 {         //主程式開始
08     unsigned char  i=0;  //計數變數0~255
09     P0M0=0; P0M1=0xFF; //設定P0為推挽式輸出(M0-1=01)
10 loop:            //標記名稱
11     P0=P1=~i;         //變數i反相送到P0及P1輸出(設中斷點)
12     Delay_ms(100);    //延時函數式
13     i=i+1;           //變數加一
14     goto loop;       //跳到標記loop
15 }                //主程式結束
```

圖 2-36　開啓專案 ch2.uvproj

　　其中因 P0 同時並聯數個電路，當使用 LCD 時，會將 P0 的高電位往下拉，而影響 LED、七段顯示器及點矩陣顯示器的工作。為增強 P0 驅動能力，須執行" P0M0=0; P0M1=0xFF;"，設定 P0 為推挽式輸出。

5. 按 🖳 重新編譯。因 Megawin 的執行速度為 1T，執行時間大約會比傳統 8051 的 12T 快 6 倍以上，在軟體模擬時間會不正確，最好使用硬體模擬。

6. 按 🔍 進入硬體 Debug 後，一開始會顯示反組譯視窗，如圖 2-37 所示：

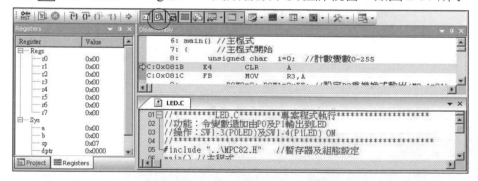

圖 2-37　進入硬體 Debug 環境

7. 再按 🖳 取消反組譯視窗，即可在 C 語言進行硬體 Debug 工作。但和軟體 Debug 會有些差異，如無時間值(Sec)及邏輯分析功能，同時在 Peripherals

無選項，必須選擇工具列 Debug → I/O Port，執行時令變數 i(r3)經反相後在 I/O 埠顯示出來，其餘操作方式和軟體模擬雷同，如圖 2-38 所示：

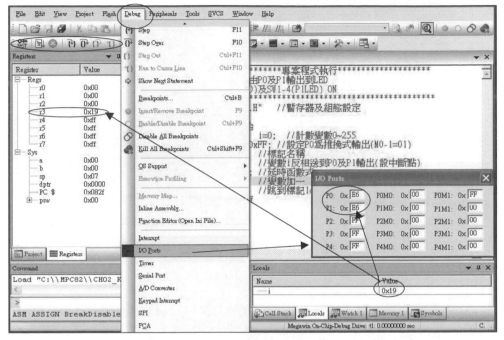

圖 2-38　硬體 Debug 執行

2-4.2　建立線上模擬(ICE)新專案

1. 建立新的專案：請將新專案建立在資料夾 C:\MPC82\CH02_Keil 內。

　　(1) 按 Project → New Project → 檔案名稱(如 MPC)，選擇 CPU 元件庫檔。

　　(2) 按 Megawin Device Database 選擇 Megawin 元件庫，如圖 2-39(a)所示。

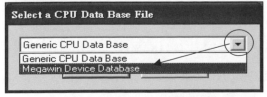

圖 2-39(a)　選擇 Megawin 元件庫

(3) 選擇 CPU 型號：按 Megawin → MPC82G516，如圖 2-39(b)所示。

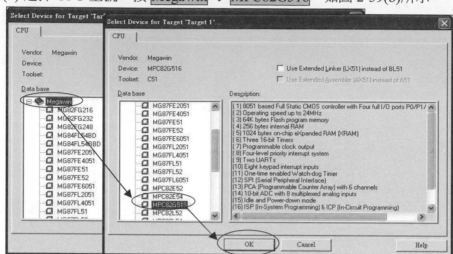

圖 2-39(b)　選擇 CPU 型號

(4) 不加入開機啟動檔(Startup.a51)到專案內。

(5) 專案建立後，會產生目標模組(Target1)及程式群組(Source Group1)。

2. 在程式群組(Source Group1)加入 C 語言程式(LED.C)。

3. 目標板選項設定：按 ⚒ → Target 設定目標板，如圖 2-40 所示：

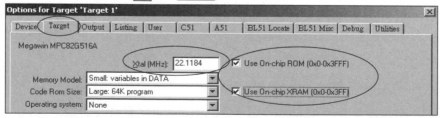

圖 2-40　目標板選項設定

(1) 設定石英晶體(Xtal)為 22.1184MHz，可用此頻率來模擬程式執行時間。

(2) 使用內部 ROM(0x0~0xFFFF)及使用內部擴充 XRAM(0x00~0x3FF)。

4. 輸出設定：按 ⚒ → Output 設定建立 16 進制檔(Create HEX File)。

5. C 程式編譯設定：按 C51 設定編譯最佳化 Level=0，如圖 2-41 所示。

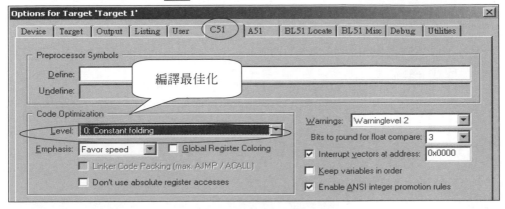

圖 2-41　C 程式編譯設定

6. 硬體模擬偵錯(Debug)設定：按 Debug 設定偵錯環境，如圖 2-42 所示：

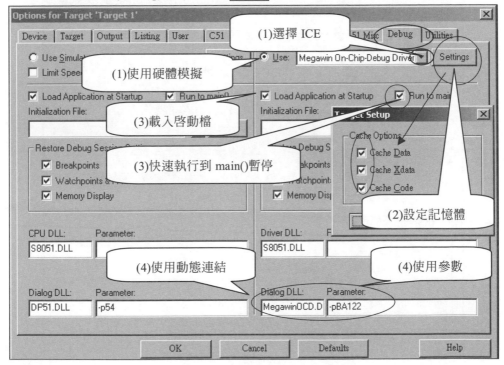

圖 2-42　設定 ICE 偵錯環境

(1) 改用右邊的硬體模擬器(Use)，選擇 Megawin On-Chip-Debug Driver 。

(2) 按 Settings 設定使用各項快取(Cache)記憶體。

(3) 設定開機後會自動載入啟動程式(Startup.a51)及快速執行到 C 語言的主程式 main()才暫停。

(4) 設定使用 MPC82 動態連結檔(Megawin OCD.DLL)及參數(-pBA122)。

2-4.3 線上燒錄器(DFU)操作

可藉由元件軔體更新(DFU:Device Firmware Upgrade)透過 USB 來直接燒錄(更新)ICE (MG84FL54)的程式。操作如下：

1. 將 J20(DUF)短路，執行 C:\MPC82\DFU\DFU.exe，出現畫面如圖 2-43 所示：

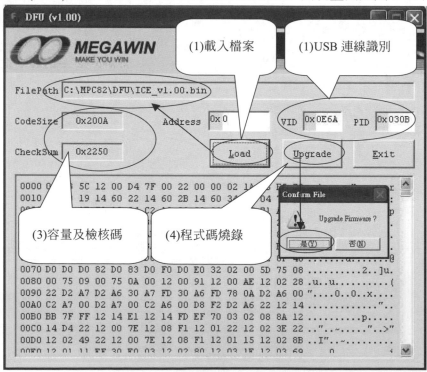

圖 2-43　線上燒錄器(DFU)操作

(1) 顯示 USB 的連線識別碼(VID 及 PID)。

(2) 按 Load 載入要燒錄的程式碼，可選擇 16 進制檔(**.hex)或 2 進制檔 (**.bin)。

(3) 載入(load)完成後，會在視窗顯示程式碼內容、容量(Code Size)及檢核碼 (CheckSum)。

(4) 最後按實習板上的(S19)Reset 鍵，再按 Upgrade 會顯示是否要更新程式(Upgrade Firmware)，按 是(Y) 後開始燒錄程式。

2. 若未連線或燒錄失敗會顯示 DFU_Rest_To_ISP fail，若燒錄成功會顯示 Upgrade successfully，此時 MG84FL54 即可獨立執行應用程式。如果無法執行，再按 Reset 鍵即可，如圖 2-44 所示。

圖 2-44　　DFU 操作結果

3. 若要令 MG84FL54 恢復模擬器(ICE)功能，燒錄硬體模擬程式 (C:\MPC82\DFU\ICE_v1.00.bin)後，立即可用 MG84FL54F 所組成的模擬器下載程式碼到 MPC82G516 進行實習板的 Debug 工作。

4. 將 J20(DUF)開路，以後即使重新開機或按 Reset 鍵，仍然會固定成為硬體模擬器(ICE)的功能。

C 語言程式介紹

本章單元

- 瞭解 C 語言資料型態與運算式

- 熟悉 C 語言指令操作

- 熟悉 C 語言函式庫操作

- 熟悉多個 C 語言程式的編譯

　　C 語言是國際上最通用的高階語言，可用來撰寫各種電腦的系統程式及一般的應用程式。除此之外，它能夠對電腦的硬體直接進行操作，同時對程式的表達及運算能力也較強，以往許多使用組合語言才能解決的問題，現在都可以用 C 語言來處理。可見它是一種高效率、高可讀性及高可攜性(可用於不同的CPU)的程式語言。

3-1　資料型態與運算式

　　C 語言的資料可分為常數(constant)及變數(variable)兩項，其中常數資料存放在 ROM，程式執行過程中不能改變。而變數資料存放在 RAM，程式執行過程中可任意改變。再加上運算式(expression)內的運算子(operators)及運算元(operand)，即可組成一個 C 語言程式。

3-1.1　常數及變數資料

　　常數及變數的資料有整數(integer)、浮點數(floating point)、字元(character)和字串(string)等。分別說明如下：

1. 整數(integer)：可分下列幾種型式：

整數常數	說明	範例
十進制整數	一般習慣用的數字	如 1234，-5678，0
八進制整數	須在數字前加 "0"	如 034，077(相當於十進制數 28，63)
十六進制整數	須在數字前加 "0x"	如 0xA，0x1A(相當於十進制數 10，26)
長整數	若數字太小須在後面加 "L"	如 12L，0xA2L

2. 浮點數(floating　point)：浮點數有十進制和指數式。

　　(1) 十進制式：由實數(整數)和虛數(小數點)組成，如果整數或小數部分為 0，可以省略不寫，但小數點必須存在。例如：

0.1234	.1234	1234.1	1234.	0.0

(2) 指數式的格式：用 "e" 來代表 10 的幾次方，如 $1.2e3=1.2*10^3=1200$，
格式如下：

> [±]數字 [.數字] e [±]數字

其中[ ]內可有可無，範例如下：

> 合法的指數式浮點常數：112e3 、 6e5 、 -8.0e-4
> 不合法的型式：e4 、 2e2.3 、 e

3. 字元(character)：

(1) 字元常數為單引號' '內的字元，如'A'、'B'、'a'、'b'、'0'、'1'。

(2) 字元的資料是以 ASCII(美國標準資訊交換碼)來表達，如表 3-1(a)所示：

表 3-1(a)　常用 ASCII 字型表

低4位元	高4位元							
	0	1	2	3	4	5	6	7
0	\0			0	@	P	＼	p
1			!	1	A	Q	a	q
2			"	2	B	R	b	r
3			#	3	C	S	c	s
4			$	4	D	T	d	t
5			%	5	E	U	e	u
6			&	6	F	V	f	v
7			'	7	G	W	g	w
8	\b	↑	(	8	H	X	h	x
9	\t	↓	)	9	I	Y	i	y
A	\n	→	*	:	J	Z	j	z
B		ESC	+	;	K	〔	k	{
C	\f	└	,	<	L	Y	l	⌐
D	\r	─	─	=	M	〕	m	}
E			·	>	N	⌒	n	→
F			／	?	O	＿	o	←

(3) 若前面加上反斜線表示為控制字元，它用於輸出的格式設定及其它特殊

功能，常用的控制字元如表 3-1(b)所示。

表 3-1(b)　常用控制字元表

控制字元	動作	ASCII 碼
\0	空字元(NULL)	0x00
\b	倒退(BS)	0x08
\t	跳 9 格(HT)	0x09
\n	換行(LF)	0x0A
\f	換頁(FF)	0x0C
\r	歸位(CR)	0x0D

(4) 字元與整數的關係：如表 3-1(c)所示。

表 3-1(c)　字元與整數的關係

字元轉換成數字	動作	範例
字元(0~9)→數字 0~9	字元(0~9)-'0'=0~9	'8'-'0'=0x38-0x30=8
字元(A~F)→數字 A~F	字元(A~F)-'0'-7=0x0A~0x0F	'B'-'0'-7=0x42-0x30-7=0x0B
字元(a~f)→數字 A~F	字元(a~f)-'0'-0x27=0x0A~0x0F	'b'-'0'-0x27=0x62-0x30-0x27=0x0B

(a) 字元(0~9)的 ASCII 碼為 0x30~0x39，減 0x30(字元-"0")後成為數字 (0~9)。

(b) 字元(A~F)的 ASCII 碼為 0x41~0x46，減 0x37(字元-'0'-0x7)後成為 16 進制數字(0x0A~0x0F)。

(c) 字元(a~f)的 ASCII 碼為 0x61~0x66，減 0x57(字元-'0'-0x27)後成為 16 進制數字(0x0A~0x0F)。

4. 字串(string)：

(1) 字串常數須在字串兩側加上雙引號，如"$14ABCD"。

(2) 當雙引號內沒有字元時，如" "稱為空字串。

(3) C 語言將字串常數作為「一組字元」來處理，在儲存字串常數時會自動在後面加 \0 表示為該字串常數的結束碼。

3-1.2　常數及變數名稱

　　C 語言常用有意義的名稱來代表常數、變數或標記位址，此名稱可以使用英文字母、數字或底線，不過需要遵守下列規則，否則編譯時會產生錯誤。

1. 名稱第一個字元限制使用英文字母或底線 " _ "。

2. 名稱第二個字元以後，可使用英文字母、底線 " _ "或數字，不可有符號字元(如+、-、*、/、%、^及!、@、#、$、&等)。

3. 名稱最長限制 32 個字元。

4. 名稱的英文字母的大小寫會有區分，如 Loop 與 loop 不相同。

5. 定義名稱時必須避開所有的保留(關鍵)字，包括 ANSI C 的標準保留字及 C51 編譯器的擴充保留字，如表 3-2(a)(b)所示。

表 3-2(a)　ANSI C 的標準保留字

保 留 字	用　　途	說　　明
auto	記憶種類宣告	預定值宣告區域變數
break	程式指令	退出最內層迴圈
char	資料型態宣告	宣告字元資料型態
const	資料型態宣告	宣告常數
continue	程式指令	換下一個迴圈
default	程式指令	switch 指令中的 "否" 選擇項
do、while	程式指令	組成 do...while 迴圈程式
double、float	資料型態宣告	倍精度、單精度浮點數
enum	資料型態宣告	
extern	資料型態宣告	宣告變數在外部程式中
for	程式指令	組成 for 迴圈程式
goto	程式指令	跳躍程式
if，else	程式指令	組成 if...else 選擇程式
int	資料型態宣告	宣告整數資料
long	資料型態宣告	宣告長整數資料
register	資料型態宣告	宣告變數使用 CPU 內部暫存器

保 留 字	用 途	說 明
return	程式指令	由函數返回
short	資料型態宣告	宣告短整數資料
signed、unsigned	資料型態宣告	宣告有符號、無符號的資料
sizeof	運算子	計算變數的字元數
static	資料型態宣告	靜態變數
struct	資料型態宣告	結構型態資料
switch、case	程式指令	組成 switch 選擇程式
typedef	資料型態宣告	重新定義資料型態
union	資料型態宣告	聯合型態資料
void	資料型態宣告	無回傳資料
volatile	資料型態宣告	宣告該變數在程式執行中可被隱含地改變

表 3-2(b)　C51 編譯器的擴充保留字

保 留 字	用途	說 明
_ at _	地址定義	定義變數放置於資料記憶體的地址
alien	函數特性宣告	用以宣告與 PL/M51 語言並存的函數
bdata	記憶模組宣告	內部資料記憶體的可位元定址區
bit	位元變數宣告	宣告位元變數或位元型態
code	記憶模組宣告	8051 程式記憶體空間
compact	記憶模式	指定使用 8051 外部分頁資料記憶體空間
data	記憶模組宣告	直接定址的 8051 內部資料記憶體
idata	記憶模組宣告	間接定址的 8052 內部資料記憶體
interrupt	中斷函數宣告	定義中斷服務函數
large	記憶模式	指定使用 8051 外部資料記憶體空間
pdata	記憶模組宣告	分頁定址的 8051 外部資料記憶體
priority	多工優先宣告	設定 RTX51 或 RTX51 Tiny 多工優先等級
reentrant	再進入函數宣告	定義再進入函數
sbit	位元變數宣告	宣告可位元定址變數
sfr、sfr16	SFR 暫存器宣告	宣告 8-bit、16-bit 的特殊功能暫存器
small	記憶模式	指定使用 8051 內部資料記憶體空間
task	任務宣告	定義多任務函數
using	暫存器組定義	定義 8051 的工作暫存器組
xdata	記憶模組宣告	宣告 8051 外部資料記憶體

3-1.3 變數的資料型態

變數放置在 RAM 內，在程式執行過程中，資料會不斷的變化。此變數必須事先加以定義，以便編譯器能為它分配 RAM 記憶空間(0x00~0x7F)。在 C51 中對變數定義的格式如下：

[變數型態] 資料型態 [記憶模組] 變數名稱 [△_at_ △位址]；

其中[變數型態]、[記憶模組]和[△_at_ △位址]可省略及 "△ "表示空格。

1. 變數的資料型態，如下所示：

資料型態 變數名稱；

除了一般的 C 語言變數外，還有 Keil C51 的擴充變數，同時也可以自定資料的型態。它是用來表示數值資料的大小範圍，也可以設定初值。

(1) 變數的資料型態：

變數的資料型態的種類有 char、int、short、long、float 和 double 變數，同時有 unsigned(無正負符號)與 signed(有正負符號)之分。

其中 unsigned 資料內所有的位元均用來表示數值，而 signed 資料內的最高位元表示正負值(0=正數，1=負數)，若是負數會以 2 的補數(2'S)來表達。這些變數會被編譯器規劃在暫存器或 RAM 內，如表 3-3 所示。

表 3-3　C51 標準變數的資料型態

資料型態	名稱	bit	數值資料範圍
unsigned char	無符號字元	8	0~255，00000000~11111111
signed char char	有符號字元	8	0~127，00000000~01111111 -128~-1，10000000~11111111 (取 2 的補數)
unsigned int	無符號整數	16	0~65535，0x0000~0xFFFF
signed int short int，int	有符號整數	16	-32768~32767
unsigned long	無符號長整數	32	0~4294967295
signed long，long	有符號長整數	32	-2147483648~2147483647
float，double	浮點數	32	±1.175494E-38~±3.402823E+38

(a) char 字元：用來表示字元的 ASCII 碼及 8-bit 的資料，預定為 signed char。例如：

```
char  count=-5;           //宣告有符號 8-bit 變數 count=-5
signed char count=-5;     //宣告有符號 8-bit 變數 count=-5
unsigned char count=10;   //宣告無符號 8-bit 變數 count=10
```

(b) int 整數：用來表示 16-bit 資料，預定為 signed int，同時 short int 與 int 相同。例如：

```
int  count=0x123A;        //宣告有符號 16-bit 變數 count=0x123A
short int  count;         //宣告有符號 16-bit 變數 count
unsigned int count=1234;  //宣告無符號 16-bit 變數 count
```

(c) long 長整數：用來表示 32-bit 資料，預定為 signed long。例如：

```
long count;            //宣告有符號 32-bit 變數 count
unsigned long  count;  //宣告無符號 32-bit 變數 count
signed long count;     //宣告有符號 32-bit 變數 count
```

(d) float 及 double 浮點數：表示有小數點的資料，在 C51 中 double 與 float 相同，用來表示單精度浮點數資料，長度均為 32-bit。

```
float count;   //宣告有符號 32-bit 單精度浮點數 count
double count;  //宣告有符號 32-bit 單精度浮點數 count
```

(e) 變數的數值具有循環特性，以 8-bit 無符號變數(unsigned char)及 8-bit 有符號變數(signed char)為例。如圖 3-1 所示：

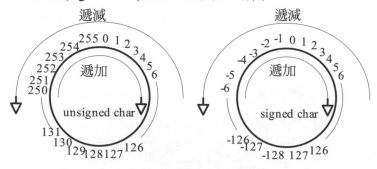

圖 3-1 變數的循環特性

unsigned char 的範圍為 0~255，若設定 unsigned char i=256 則實際內容為 i=0。signed char 的範圍為-128~127，若設定 signed char i=-129 則實際內容為 i=127。同時在程式中遞加或遞減運算時，也會有這種現象。

開啟專案檔 C:\MPC82\CH03_C\CH3.uvproj，選用 C51 編譯最佳化 (Optimization)為 Level=2:Data overlayint(資料覆蓋)，如此單步執行時，對變數之間的動作變化會較容易觀察。如圖 3-2 所示：

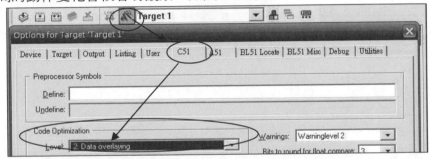

圖 3-2　C51 編譯最佳化設定

請先刪除其它 C 語言程式，再加入 3_1.c。同時程式中若沒有使用函數式 "Delay_ms()"，則編譯時會有 1 個警告。這是因為 MPC82.h 內的函數 (Delay_ms)沒有被使用時，在這種情況下編譯器(Compiler)會提出警告，但不會影響程式的運作，可不用理會。變數的資料型態範例如下：

```
//********* 3_1.c ****變數的資料型態*************************
//*動作：變數的宣告及應用
//********************************************************
void main()
{
    unsigned char   i=250;          //宣告 8-bit 無符號變數，範圍 0~255
    char            j=-120;         //宣告 8-bit 有符號變數，範圍 0-128~127
    unsigned int    k=65530;        //宣告 16-bit 無符號變數，範圍 0~65535
```

```
unsigned long    l=0x12345678; //宣告 32-bit 無符號變數，範圍 0x00000000~0xffffffff
float            m=1.02;        //宣告 32-bit 浮點數
loop:
 i=i+1;       //8-bit 無符號變數+1
 j=j+1;       //8-bit 有符號變數+1
 k=k+1;       //16-bit 無符號變數+1
 l=l+1;       //32-bit 無符號變數+1
 m=m+0.01; //32-bit 浮點數+0.01
goto loop;    //跳到 loop 處
}
```

軟體 Debug 操作：

(1) 打開 Locals 及 Memory 1 視窗，將所有變數以 16 或 10 進制顯示。

(2) 單步執行來觀察變數的動作，如圖 3-3 所示。

(3) 由 Locals 及 Memory 1 視窗中可知，這些變數放置於 RAM 0x08 以後的位址。

作業：

(1) 請修改變數的初值，例如設定 unsigned char　i=256 則顯示內容為 0，例如設定 char j=-129 則顯示內容為 127。

(2) 修改程式為遞加或遞減運算，觀察變數的動作。

圖 3-3　變數範例畫面

(2) 重新定義變數的型態：

C 語言所定義變數的 bit 數，在不同的編譯器會有所差異。例如：整數變數(int)在單晶片微電腦如 8051 的 Keil C51 等為 16-bit。但在個人電腦的 Dev C++、Visual C++、Borland C++ Builder 及 ARM(嵌入式系統)的 SDT、ADS、GNU、IAR、Keil ARM 等均為 32-bit。

為了避免影響 C 語言的可攜性，可以使用 typedef 重新定義變數的型態名稱，範例如下：

```
typedef unsigned char uint8; //定義 uint8 為 8-bit 無符號變數
main()
{
    uint8 i=0;//宣告 8-bit 無符號變數 i=0
  loop:          //標記
    i=i+1;       //i 遞加
  goto loop;  //跳到標記 loop 處
}
```

在資料夾 C:\MPC82\MPC82.h 內有重新定義變數的型態名稱，當應用於不同的 CPU 時，可以不用更動 C 語言程式，僅修改 MPC82.h 內的重新定義變數型態即可，如下：

```
//***********MPC82.h *******************
//重新定義變數的型態名稱
typedef unsigned char  uint8;   //無符號 8-bit 整數變數
typedef signed   char  int8;    //有符號 8-bit 整數變數
typedef unsigned int   uint16;  //無符號 16-bit 整數變數
typedef signed   int   int16;   //有符號 16-bit 整數變數
typedef unsigned long  uint32;  //無符號 32-bit 整數變數
typedef signed   long  int16;   //有符號 32-bit 整數變數
typedef          float fp32;    //單精度浮點數(32-bit)
```

使用時，在程式開始下達 #include "..\MPC82.h"表示使用專案檔上一層資料夾內共同使用的暫存器及組態設定檔(MPC82.h)，應用範例如下：

```
//****** 3_1A.c *********自定變數的資料型態**********
//*動作：重新定義變數的型態
//***********************************************
#include "..\MPC82.h"    //暫存器及組態設定
void main()
{
    uint8    i=250;       //宣告 8-bit 無符號變數，範圍 0~255
    int8     j=-120;      //宣告 8-bit 有符號變數，範圍 0-128~127
```

```
    uint16    k=65530;       //宣告 16-bit 無符號變數，範圍 0~65535
    uint32    l=0x12345678;  //宣告 32-bit 無符號變數，0x00000000~0xffffffff
    fp32      m=1.02;        //宣告 32-bit 浮點數
  loop:
    i=i+1;      //8-bit 無符號變數+1;
    j=j+1;      //8-bit 有符號變數+1
    k=k+1;      //16-bit 無符號變數+1
    l=l+1;      //32-bit 無符號變數+1
    m=m+0.01;   //32-bit 浮點數+0.01
  goto loop;    //跳到 loop 處
}
```

軟體 Debug 操作：同上

作業：(1)請修改 MPC82.h 內重新定義變數的名稱，例如設定 typedef char　Byte;

　　　(2)在 C 語言程式中將 int8 改為 Byte，重新編譯後，再單步執行。

(3) Keil C51 擴充資料型態

擴充資料型態，可以針對 SFR、位元定址區及暫存器進行定義資料變數。除了 bit 外其餘僅能在 main()上方宣告。如圖 3-4 及表 3-4 所示：

0xFF	SFR
|	(sbit)
0x80	(sfr) (sfr16)
0x7F	
|	使用者 RAM
0x30	(一般變數)
0x2F	(bit) (sbit)
|	位元定址區
0x20	(一般變數)
0x1F	(Register)
|	暫存器庫
0x00	(一般變數)

圖 3-4　Keil C51 擴充資料型態分佈圖

表 3-4　Keil C51 編譯器擴充的資料型態

資料型態	名稱	長度	定址範圍
bit	位元定址區(0x20~0x2F)內的位元定址	1-bit	0x00~0x7F
sfr	8-bit 特殊功能暫存器(以下僅能在 main()上方宣告)	8-bit	0x80~0xFF
sfr16	16-bit 特殊功能暫存器	16-bit	0x80~0xFF
sbit	位元定址區及特殊功能暫存器的位元定址	1-bit	0x00~0xFF

(a) bit：位元變數，可定義位元定址區(0x20~0x2F)內每一個 bit 的變數
名稱，範例如下：

```
//*********** 3_2.c ****位元變數的資料型態*************
//*動作：位元變數的宣告及應用
//***************************************************
main()
{
    bit flag;      //定義位元變數 flag
  loop:
    flag=0; //設定位元變數=0
    flag=1; //設定位元變數=1
  goto loop;
}
```

軟體 Debug 操作：

(1) 打開 Locals 及 Memory 1 視窗，位址輸入 D:0x20。單步執行來觀察變數的動作。

(2) 由視窗中可知，位元變數 flag 在位元定址區 0x20 的 bit0，如圖 3-5 所示。

作業：請多定義幾個位元變數，驗証其動作。

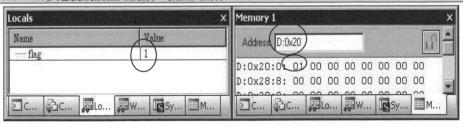

圖 3-5　位元變數的資料型態

(b) sfr：用於定義特殊功能暫存器(SFR)中的 8-bit 暫存器位址，以 IO 埠

為例，如表 3-5 所示。

表 3-5　I/O 埠 byte 位址及 bit 位址

byte 位址	D7	D6	D5	D4	D3	D2	D1	D0
P0 接腳	P0.7	P0.6	P0.5	P0.4	P0.3	P0.2	P0.1	P0.0
位址 0x80	0x87	0x86	0x85	0x84	0x83	0x82	0x81	0x80
P1 接腳	P1.7	P1.6	P1.5	P1.4	P1.3	P1.2	P1.1	P1.0
位址 0x90	0x97	0x96	0x95	0x94	0x93	0x92	0x91	0x90
P2 接腳	P2.7	P2.6	P2.5	P2.4	P2.3	P2.2	P2.1	P2.0
位址 0xA0	0xA7	0xA6	0xA5	0xA4	0xA3	0xA2	0xA1	0xA0
P3 接腳	P3.7	P3.6	P3.5	P3.4	P3.3	P3.2	P3.1	P3.0
位址 0xB0	0xB7	0xB6	0xB5	0xB4	0xB3	0xB2	0xB1	0xB0
P4 接腳	P4.7	P4.6	P4.5	P4.4	P4.3	P4.2	P4.1	P4.0
位址 0xE8	0xEF	0xEE	0xED	0xEC	0xEB	0xEA	0xE9	0xE8

IO 埠實習電路，如圖 3-6 所示。

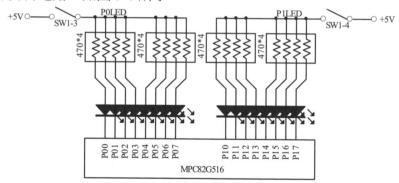

圖 3-6　IO 埠實習電路

特殊功能暫存器(SFR)的定義，必須在程式 main()上方宣告，範例如下：

```
//*********** 3_2A.c *****************************
//*動作：定義特殊功能暫存器
//*硬體：SW1-3(P0LED)ON,SW1-4(P1LED)ON
//*************************************************
#include "..\MPC82.h"      //暫存器及組態設定
sfr   L0=0x80; //變數 L0 定義為 SFR 的 P0 埠 0(0x80)
```

```
sfr   L1=0x90; //變數 L1 定義為 SFR 的 P1 埠 0(0x90)
main()
{
    unsigned char i=0; //宣告 8-bit 無符號變數
    P0M0=0; P0M1=0xFF; //設定 P0 為推挽式輸出(M0-1=01)
  loop:
    L0=L1=~i; //變數反相輸出
    Delay_ms(100);
    i=i+1;           //變數遞加
    goto loop;
}
```

軟體 Debug 操作：取消'~'。

　(1)打開 P0、P1 及 Locals，並在 Memory 1 視窗輸入位址 D:0x80

　(2)單步執行觀察變數、IO 埠及 SFR 位址 0x80、0x90 的動作。

作業：請將 P0~P3 改用其它名稱，驗證其動作。

　　　(c) sfr16：在新一代的 MCS-51 中，有 16-bit 的特殊功能暫存器，必須
　　　　　用 sfr16 來定義。例如：Timer2 為 16-bit，僅設其低位址(T2L)即可，
　　　　　連帶也包括高位址(T2H)，定義範例如下：

```
//*********** 3_2B.c ********************************
//*動作：定義 16-bit 特殊功能暫存器
//****************************************************
sfr16   T2=0xCC;//定義 16-bit 的 SFR 暫存器，位址為 T2L=0xCC 及 T2H=0xCD
main()
{
    unsigned int i=0x1234;   //計數值
  loop:
    T2=i;   //計數值存入 16-bit 的 SFR 暫存器
    i=i+1; //計數值加 1
    goto loop;
}
```

軟體 Debug 操作：

　(1) 打開 Locals 及 Memory 1 視窗輸入位址 D:0xCC。

　(2) 單步執行，觀察變數及 SFR 位址 0xCC 及 0xCD 的動作。

作業：請將 T2 改用其它名稱，驗證其動作。

Timer0 及 Timer1 的暫存器(T0L、T0H 及 T1L、T1H)位址並不相連，故這種方法不適用。

(d) sbit：可設位元定址區及 SFR 內的位元變數，須在 main()上方宣告，其中 SFR 位址若為 8 的倍數，如 0x80、0x88、0x90、0x98 等，表示暫存器內的每個 bit 均可設定為位元位址及位元變數，格式如下：

```
sbit 位元變數名稱=位元位址
sbit 位元變數名稱=變數名稱 ^ 位元位置(0~7)
sbit 位元變數名稱=byte 位址 ^ 位元位置(0~7)
```

sbit 電路實習電路，如圖 3-7 所示。

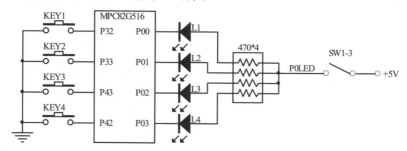

圖 3-7　　sbit 實習電路

SFR 內的位元變數範例如下：

```
//*********** 3_2C.c *****************************
//*動作：定義 SFR 的位元變數
//*硬體：SW1-3(P0LED)ON，按 KEY1~KEY4
//*****************************************************
sfr   LED  = 0x80;    //定義接腳 P0 名稱
sbit  LED0 = 0x80;    //定義 P00 接腳名稱
sbit  LED1 = LED^1;   //定義 P01 接腳名稱
sbit  LED2 = 0x80^2;  //定義 P02 接腳名稱
sbit  LED3 = 0x83;    //定義 P03 接腳名稱
sbit  KEY1 = 0xB2;    //定義 P32 接腳名稱
sbit  KEY2 = 0xB3;    //定義 P32 接腳名稱
sbit  KEY3 = 0xEB;    //定義 P43 接腳名稱(軟體模擬無作用)
```

```
sbit    KEY4 = 0xEA;    //定義 P42 接腳名稱(軟體模擬無作用)
main()
{
  loop:
    LED0=KEY1;
    LED1=KEY2;
    LED2=KEY3;//(軟體模擬無作用)
    LED3=KEY4;//(軟體模擬無作用)
  goto loop;
}
```

軟體 Debug 操作：打開 P0 及 P3 視窗，快速執行，在 P32 及 P33 輸入，觀察 P0 輸出。
作業：請改用其它接腳及名稱，驗証其動作。

(4) Keil-51 內含有各種廠家 8051 暫存器名稱定義檔，如此可令程式較為精
簡。這些暫存器定義檔均放置在"INC"資料夾內，如表 3-6 所示：

表 3-6　Keil-51 內含的暫存器名稱定義檔

INC 資料夾內各公司暫存器定義					
ADI	<DIR>	INFINEON	<DIR>	ACER	<DIR>
AMD	<DIR>	INTEL	<DIR>	Megawin	<DIR>
ATMEL	<DIR>	OKI	<DIR>	WINBOND	<DIR>
ATMELWM	<DIR>	PHILIPS	<DIR>	UTMC	<DIR>
CYBERNETICS	<DIR>	SST	<DIR>		
CYGNAL	<DIR>	ST	<DIR>	RTX51TNY.H (系統 Real-Time 用)	
CYPRESS	<DIR>	TEMIC	<DIR>	REG51.H (標準 8051 暫存器)	
DALLAS	<DIR>	TI	<DIR>	REG52.H (標準 8052 暫存器)	

　　使用者必須配合不同的 MCS-51 晶片、變數定義及硬體電路接腳設定，選
用適當定義檔。例如在程式的開頭執行#include "..\MPC82.h"，表示會使用上
一層資料夾自定的暫存器及組態設定檔(MPC82.h)。其常用的內容如下：

```
//---- P0 輸出入埠暫存器----------
sfr  P0 = 0x80;    //位元組地址
sbit P0_0 = 0x80;  //位元地址
sbit P0_1 = 0x81;  (後面省略)
```

```
//-----P1 輸出入埠暫存器----------
sfr  P1 = 0x90;
sbit P1_0 = 0x90;
sbit P1_1 = 0x91;  (後面省略)
//------ P2 輸出入埠暫存器--------
sfr P2   = 0xA0;
sbit P2_0 = 0xA0;
sbit P2_1 = 0xA1;  (後面省略)
//----- P3 輸出入埠暫存器----------
sfr  P3 = 0xB0;
sbit P3_0 = 0xB0;
sbit P3_1 = 0xB1;  (後面省略)
//----- P4 輸出入埠暫存器---------- (MPC82G516 Only)
sfr P4      = 0xE8;
sbit P4_0   = P4^0;
sbit P4_1   = P4^1;  (後面省略)
/**********************************************
*實習板接腳宣告
**********************************************/
sfr    LED=0x80;  //P0 為 LED 輸出
sfr    LED0=0x80; //P0 為 LED 輸出
sfr    LED1=0x90; //P1 為 LED 輸出
//按鍵接腳
sbit   KEY1=P3^2;  //P32(INT0) 按鍵開關輸入
sbit   KEY2=P3^3;  //P33(INT1) 按鍵開關輸入
sbit   KEY3=P4^3;  //P43(INT2) 按鍵開關輸入
sbit   KEY4=P4^2;  //P42(INT3) 按鍵開關輸入
(後面省略)
```

Keil C51 擴充資料型態程式範例，如下：

```
//******** 3_2D.c ***************************
//*動作：使用暫存器名稱定義檔
//*硬體：SW1-3(P0LED)及 SW1-4(P1LED)ON
//*********************************************
#include "..\MPC82.H"  //暫存器及組態設定
void main()
```

```
{
    unsigned char i=0;
    P0M0=0; P0M1=0xFF; //設定 P0 為推挽式輸出(M0-1=01)
loop:
    LED=~i;   Delay_ms(100);
    i=i+1;

    P1_1=0;   Delay_ms(100);
    P1_1=1;   Delay_ms(100);
    goto loop;   //跳到 loop 處
}
```

軟體 Debug 操作：取消'~'，開啓 P0、P1 視窗，單步執行，觀察接腳 P0、P1 的動作。
作業：請改用其它接腳，驗證其動作。

2. 變數型態，如下所示：

[變數型態] 資料型態 變數名稱；

變數型態表示變數存在的特性，它可設成四種：auto(自動)、extern(外部)、static(靜態)和 register(暫存器)。定義一個變數時，若省略[變數型態]時，該變數將預定為 auto 變數。

(1) 自動(auto)變數：由編譯器來決定，一般均屬於動態變數，表示該變數的記憶空間不確定，在程式執行期間根據需要，動態地為該變數分配記憶空間。每次進入函數式時，都會重新宣告自動(動態)變數的數值，此動態變數在退出函數時會無作用，以便讓出 RAM 空間給其它函數使用，如此可節省 RAM 的空間。動態變數範例程式，如下：

```
//******** 3_3.c ***********************
//*動作：自動(動態)變數
//***********************************
void test1(void)   //函數式 1
{
    auto char i=8; //宣告自動(動態)變數
    i=i+1;   //動態變數加 1
```

```
}
  void test2(void)  //函數式 2
{
    auto char j=5; //宣告自動(動態)變數
    j=j+1;    //動態變數加 1
}
main()      //主程式
{
  loop:
    test1();//進入函數式 1
    test2();//進入函數式 2
  goto loop;
}
```

軟體 Debug 操作：開啓 Locals 及 Memory 1 視窗，單步執行，無論是 test1 的變數 i
及 tes2 的變數 j 都使用共同 RAM(0x08) 的空間。如圖 3-8 所示。

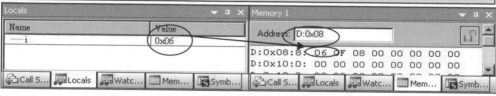

圖 3-8　　自動(動態)變數執行

(2) 靜態(static)變數：在變數之前若是加上 static 來宣告，表示該變數在程
式執行期間其記憶空間爲固定不變，且重新宣告靜態變數數值會無作
用。宣告如下：

```
static  char i=1;  //宣告靜態變數
```

靜態變數範例程式，如下：

```
//******** 3_3A.c ************************
//*動作：靜態變數
//**************************************
void test1(void)  //函數式 1
{
    static char i=8; //宣告靜態變數，僅第一次會執行
    i=i+1;  //動態變數加 1
```

```
}
void test2(void)    //函數式 2
{
    static char j=5; //宣告靜態變數，僅第一次會執行
    j=j+1;    //動態變數加 1
}
main()        //主程式
{
  loop:
    test1();//進入函數式 1
    test2();//進入函數式 2
  goto loop;
}
```

軟體 Debug 操作:開啟 Locals 及 Memory 1 視窗，單步執行，其中變數 i 使用 RAM(0x08)
及變數 j 使用 RAM(0x09)的空間。如圖 3-9(a)所示。

說明:雖然每次進入函數式時，都會重新宣告靜態變數的數值，但僅第一次有作用，函數
式中遞加的結果會被儲存，靜態變數的數值會不斷的增加。也就是說此靜態變數會永
久佔用此空間。

圖 3-9(a)   靜態變數執行

(3) 外部(extern)函數及變數：若是在宣告函數或變數之前加上 extern，表示
該函數或變數是在外部檔案，必須和外部該程式檔案連結後才有作用。
宣告如下：

```
extern void inc(void);  //宣告函數在外面
extern  char i;  //宣告外部變數
```

外部變數範例程式，必須在專案 ch3.pjt 內加入 3_3B.C 及 3_3B_1.C，如下：

```
/********* 3_3B.C *****************
* 動作：外部變數
* 附加：3_3B_1.C
```

```
**********************************/
extern void test(void);    //宣告函數在外面
char i;    //宣告全域變數
main()    //主程式
{
 loop:    //標記名稱
  i=i+1;    //變數遞加
  test();    //執行遞加外面的函數
  goto loop; //跳到標記 loop
}
```

```
/********* 3_3B_1.C ******************
* 動作：遞加運算
**********************************/
extern char i;    //宣告變數在外面
void test(void)    //遞加函數
{   i=i+1;    //變數遞加
}
```

軟體 Debug 操作：

(1) 在 Watch 1 輸入變數 i 或在全域變數 i 反白加入 Watch 1。

(2) 開啟 Memory 1 視窗(位址 D:0x08)。

(3) 單步執行，觀察變數 i 及 RAM(0x08)的動作。如圖 3-9(b)所示。

說明：兩個程式檔案，要使用同一個變數時。首先必須在主程式宣告函數在外面檔案及宣告全域變數 i，然後在外部函數檔案來宣告外部變數 i。如此變數 i 即可在兩個程式檔案間互通。

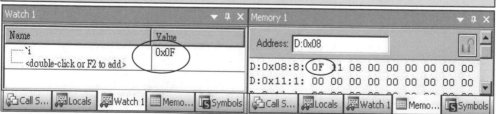

圖 3-9(b)　外部變數執行

3. 記憶模組：表示變數或常數存放的位置，如圖 3-10 及表 3-7 所示。

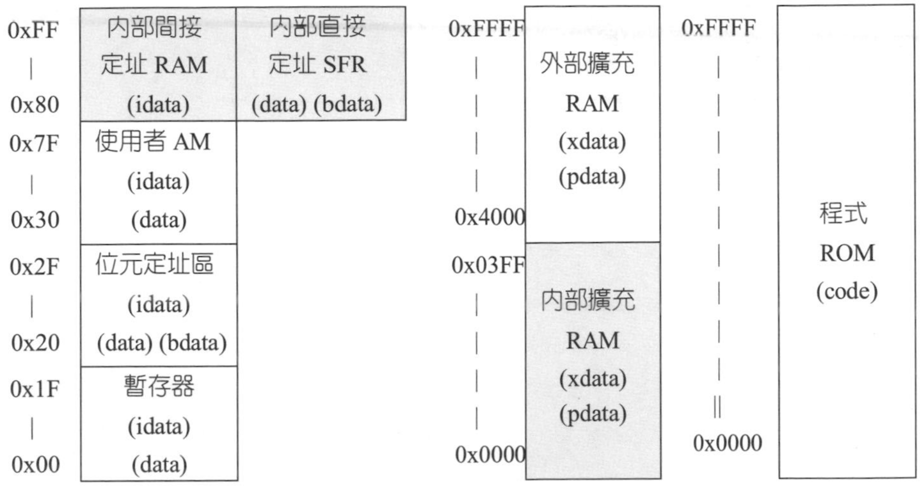

0xFF	内部間接 定址 RAM (idata)	内部直接 定址 SFR (data) (bdata)
0x80		
0x7F	使用者 AM (idata)	
0x30	(data)	
0x2F	位元定址區 (idata)	
0x20	(data) (bdata)	
0x1F	暫存器 (idata)	
0x00	(data)	

0xFFFF	外部擴充 RAM (xdata) (pdata)
0x4000	
0x03FF	内部擴充 RAM (xdata) (pdata)
0x0000	

0xFFFF	程式 ROM (code)
0x0000	

圖 3-10　MPC82G516 記憶模組分佈圖

表 3-7　Keil C51 編譯器的記憶模組

記憶模組	定址範圍	說明
data	0x00~0xFF	内部直接定址資料，含暫存器、RAM 及 SFR，省略時預定
bdata	0x20~0x2F	位元定址區內，可定址每一個 bit (0x00~0x7F)
	0x80~0xFF	SFR 內可定址每一個 bit (0x80~0xFF)
idata	0x00~0xFF	内部間接定址資料 RAM 空間共 256-byte
pdata	0x00~0xFF	擴充 RAM(64K-byte)以分頁(256-byte)方式來定址
xdata	0x0000~	擴充 RAM(64K-byte)空間
code	0xFFFF	程式 ROM(64K-byte)的空間

(1) 若[記憶模組]省略設定時預定為 data，表示此變數為直接定址，可宣告位址 0x00~0xFF，包括 SFR(0x80~0xFF)，提供資料存取空間。

(2) 若用 idata 定義變數時，表示此變數為間接定址，可宣告位址 0x00~0xFF，包括内部 RAM(0x80~0xFF)，提供資料存取空間。

(3) 若有用 bdata 定義整數變數，表示此變數在位元定址區或 SFR 內，可設定整數變數中的任一個 bit 的位元變數名稱。設定 bit 的範圍在 char 變數是 0~7，在 int 變數是 0~15，在 long 變數是 0~31，如下：

```
//*********** 3_4.c ****位元變數的資料型態**************
//*動作：位元變數的宣告及應用
//******************************************************
char bdata i;      //在位元定址區定義一個整數變數
sbit b0 = i ^ 0;   //設定 b0 為變數 i 的第 0-bit
sbit b1 = i ^ 1;   //設定 b1 為變數 i 的第 1-bit
main()
{
   loop:
     b0=0;
     b1=0;
     b0=1;
     b1=1;
   goto loop;
}
```

軟體 Debug 操作：開啟 Memory 1 視窗，輸入位址 0x20，觀察 0x20 的 bit0-1 動作。
作業：請改用其它 bit 及名稱，驗証其動作。

(1) 若在變數前面加上 const 或 code 表示為常數放置於 ROM 內，在程式
執行中不允許更動資料內容，且必須設定初值。例如：

```
code  long  count=0x12345678; //宣告 32-bit 常數在 ROM 內
int code    count=3456;       //宣告 16-bit 常數在 ROM 內
const char  count=25;         //宣告 8-bit 常數在 ROM 內
```

(2) 記憶模組有三種，設置於不同的記憶空間，可設定 Option for
Target→Target→Memory Model 來選擇，如圖 3-11 及表 3-8 所示：

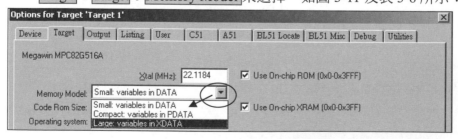

圖 3-11 資料記憶模組選擇

表 3-8　Keil C51 編譯器的記憶模式

記憶模式	記憶模組	定址範圍	說明
SMALL 小型模組	data , bdata ,idata	0~255	變數被設定在內部 RAM 中，這種變數的執行速度最快。
COMPACT 中型模組	pdata	0~255	變數放置於擴充 RAM 中的分頁定址(PDATA)。但堆疊必須位於內部資料記憶體中。使用這種模式時，必須改變啟動程式 startup.a51 內的參數：PDATASTART 和 PDATALEN。
LARGE 大型模組	xdata code	0~65535	變數被放置於擴充 RAM，使用 DPTR 來間接定址變數。這種定址資料的方法效率不高，尤其對 2-byte 以上的變數，會影響程式碼的長度。

4. 全域變數(global variable)和區域變數(Locals variable)：

以變數的作用範圍來看，可分為全域變數和區域變數：

(1) 全域變數表示是在函數以外(即大括號{ }以外)所定義的變數，若是在整個程式上方所定義的全域變數，對於整個程式都有效，可提供程式中所有函數共同使用。而在各函數{ }上方所定義的全域變數，只能對該處以後的各個函數有效。

(2) 區域變數是在函數內部或是大括號{ }內所定的變數，只能在內部有效。在不同的函數可設定相同的區域變數名稱，但彼此之間互不相干。

(3) 一般來說，全域變數為靜態變數，區域變數為動態變數。同時設定於 SFR 特殊功能暫存器的變數必須為全域變數。程式範例如下：

```
//*********** 3_4A.c ***** **************************
//*動作：全域變數及區域變數
//***********************************************
char count;          //宣告全域變數
void Delay(void)
{
    char dly;            //宣告區域變數
    count=count +1;    //全域變數，所有函數均可執行
    dly=dly+1;           //區域變數，僅本函數內可執行
```

```
    // b=b-1;           //非本區域變數，不合法
}
main()
{
    char b;            //宣告區域變數
  loop:
    count=count+1; //全域變數，所有函數均可執行
    b=b+1;             //區域變數，僅本函數內可執行
    //dly=dly-1;     //非本區域變數，不合法
    Delay();           //函數式
    goto loop;
}
```

軟體 Debug 操作：在 Watch 1 輸入 count，單步執行，觀察變數動作。

作業：請將 b=b-1 及 dly=dly-1 前面的註解取消，重新編譯會產生錯誤。

5. 變數放置的位址設定，如下所示：(△：空格)

資料型態　變數名稱[△_at_△位址]；

變數由 Keil 系統來管理，但為了能夠自行設定變數的位址，可使用 "△_at_ △" 來處理。此時它必須是全域變數，且不能設定變數的初始值，如下：

```
//*********** 3_4B.c ****************************
//*動作：變數位址設定範例
//***********************************************
int    count   _at_   0x30;//宣告 16-bit 全域變數在位址 0x30 及 0x31
void main()
{      count=0x1234;    //變數初值
    loop:
        count=count +1; //變數+1
      goto loop;
}
```

軟體 Debug 操作：

(1)在 Watch 1 加入 count 及 Memory 1(變數 count 的位址 D:0x30)。

(2)單步執行觀察 Memory 1 視窗內位址 0x30 及 0x31 的變化。

作業：請改用其它變數型態(如 long) 及位址，重新編譯觀察會有何變化。

可將變數定義在間接定址 RAM(0x80~0xFF)，如下：

```
//******** 3_4C.c ************************
//*動作：內部間接定址 RAM(0x00~0xFF)變數
//***************************************
 idata   char count _at_ 0x80; //宣告變數在內部間接 RAM 的位址
main()     //主程式
{   loop:
      count = count +1;   //變數加 1
  goto loop;
 }
```

軟體 Debug 操作：
 (1)打開 Watch 1 及 Memory 1 視窗，輸入 RAM 位址 I:0x80(變數 count 的位址)。
 (2)單步執行觀察 Memory 1 視窗內位址 0x80 的變化，如圖 3-12 所示。
作業：請改用其它變數型態(如 long)及位址，重新編譯觀察會有何變化。

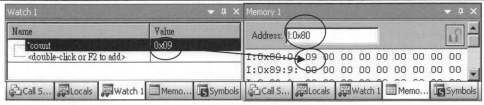

圖 3-12   間接定址 RAM 變數

6. 陣列變數(array variable)：

陣列變數將同一類型的資料整合在一起，以序號來表示儲存的空間。程式中用序號來管理資料，對於大量資料的處理較爲方便。資料型態如下：

◎ 一維陣列變數：容量爲=n+1。

變數[0]	變數[1]	變數[2]	變數[3]	變數[...]	變數[n]

◎ 二維陣列變數：容量爲=(i+1)*(j+1)。

變數[0,0]	變數[0,1]	變數[0,2]	變數[0,3]	變數[0,i]
變數[1,0]	變數[1,1]	變數[1,2]	變數[1,3]	變數[1,i]
變數[2,0]	變數[2,1]	變數[2,2]	變數[2,3]	變數[2,i]
變數[j,0]	變數[j,1]	變數[j,2]	變數[j,3]	變數[j,i]

(1) 設定變數時，若省略[記憶模組]它會預定在 data，在內部 RAM 保留一塊空間來存放陣列變數的資料，設定方式如下：

```
unsigned char TABLE[]     //定義 8-bit 陣列變數，名稱為 TABLE
={0x01,0x02,0x04,0x08,0x10,0x20,0x40,0x80}; //陣列變數內的資料
```

若陣列資料的存放空間由 RAM 位址 0x08 開始，其範例如下：

0x08	0x09	0x0A	0x0B	0x0C	0x0D	0x0E	0x0F
TABLE[0]	TABLE[1]	TABLE[2]	TABLE[3]	TABLE[4]	TABLE[5]	TABLE[6]	TABLE[7]
0x01	0x02	0x04	0x08	0x10	0x20	0x40	0x80

```
/*********** 3_5.c ***********************************
*動作：由 RAM 讀取陣列資料由 LED 輸出
*硬體：SW1-3(P0LED)ON
*****************************************************/
#include "..\MPC82.H"  //暫存器及組態設定
unsigned char TABLE[8]={0x01,0x02,0x04,0x08,0x10,0x20,0x40,0x80};
main()
{   P0M0=0; P0M1=0xFF; //設定 P0 為推挽式輸出(M0-1=01)
  loop:
    LED=~TABLE[0];Delay_ms(100); //LED=0x01
    LED=~TABLE[1];Delay_ms(100); //LED=0x02
    LED=~TABLE[2];Delay_ms(100); //LED=0x04
    LED=~TABLE[3];Delay_ms(100); //LED=0x08
    LED=~TABLE[4];Delay_ms(100); //LED=0x10
    LED=~TABLE[5];Delay_ms(100); //LED=0x20
    LED=~TABLE[6];Delay_ms(100); //LED=0x40
    LED=~TABLE[7];Delay_ms(100); //LED=0x80
    goto loop;
}
```

軟體 Debug 操作：取消'~'

(1) 設定 Memory 1(D:TABLE)，會由 RAM 0x08 顯示陣列變數 TABLE 的內容。

(2) 在 Watch 1 加入 TABLE，會顯示陣列變數 TABLE 的內容。

(3) 單步執行觀察 P0(LED) 及陣列變數的動作，如圖 3-13 所示。

作業：請修改陣列變數的名稱及內容，重新編譯單步執行。

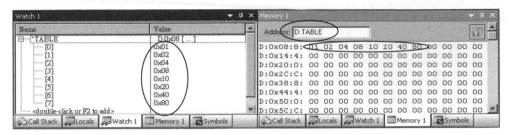

圖 3-13　由 RAM 讀取陣列資料

(2) 二維陣列資料：二維陣列資料存放在 RAM，範例如下：

```
/********** 3_5A.c ********************************************
*動作：由 RAM 讀取二維陣列資料
************************************************************/
#include "..\MPC82.H"  //暫存器及組態設定
unsigned char TABLE[4][8]=  //二維陣列資料
{
  {0x01,0x02,0x03,0x04,0x05,0x06,0x07,0x08}, //陣列 0,0~0,7
  {0x11,0x12,0x13,0x14,0x15,0x16,0x17,0x18}, //陣列 1,0~1,7
  {0x21,0x22,0x23,0x24,0x25,0x26,0x27,0x28}, //陣列 2,0~2,7
  {0x31,0x32,0x33,0x34,0x35,0x36,0x37,0x38}, //陣列 3,0~3,7
};
main()
{
    static unsigned char i;
  loop:
   i=TABLE[0][0]; //i=0x01
   i=TABLE[1][1]; //i=0x12
   i=TABLE[2][2]; //i=0x23
   i=TABLE[3][3]; //i=0x34
   i=TABLE[0][4]; //i=0x05
   i=TABLE[1][5]; //i=0x16
   i=TABLE[2][6]; //i=0x27
   i=TABLE[3][7]; //i=0x38
  goto loop;
}
```

軟體 Debug 操作：觀察二維陣列資料的動作，如圖 3-14 所示。

作業：請修改陣列變數的名稱及內容，重新編譯單步執行。

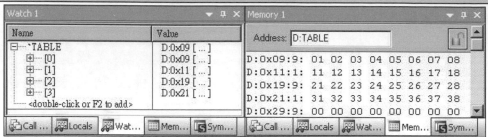

圖 3-14　由 RAM 讀取二維陣列資料

(3) 如果陣列變數的資料量太多時，內部 RAM 的空間將會不足，令編譯產生錯誤。此時記憶模組可改用 idata 或 xdata、pdata (擴充 RAM)，如下：

```
/*********** 3_5B.c ************************************
*動作：由內部間接 RAM 或擴充 RAM 讀取二維陣列資料由 LED 輸出
****************************************************/
#include "..\MPC82.H"  //暫存器及組態設定
  idata unsigned char TABLE[13][16]={ //二維陣列資料存在內部間接 RAM
//xdata unsigned char TABLE[13][16]={ //二維陣列資料存在擴充 RAM
//pdata unsigned char TABLE[13][16]={ //二維陣列資料分頁存在擴充 RAM
{0x00,0x01,0x02(省略),0x0A,0x0B,0x0C,0x0D,0x0E,0x0F},
{0x10,0x11,0x12(省略),0x1A,0x1B,0x1C,0x1D,0x1E,0x1F},
            (省略)
{0xC0,0xC1,0xC2,(省略),0xCA,0xCB,0xCC,0xCD,0xCE,0xCF}};
main()
{
   static unsigned char i;
 loop:
   i=TABLE[0][0]; //i=0x00
   i=TABLE[1][1]; //i=0x11
   i=TABLE[2][2]; //i=0x22
   i=TABLE[3][3]; //i=0x33
  goto loop;
}
```

軟體 Debug 操作：
(1) 程式使用 idata 定義 TABLE 資料，在 Memory 1(I:TABLE) 顯示內部間接 RAM 資料。
(2) 程式使用 xdata 定義 TABLE 資料，在 Memory 1(X:TABLE) 顯示擴充 RAM 資料。
(3) 程式使用 pdata 定義 TABLE 資料，在 Memory 1(X:TABLE) 顯示分頁擴充 RAM 資料。

(4) 已知上述的陣列資料不會改變可設定為常數，因此可以將陣列常數資料存放在程式記憶體 ROM 內，此時須將「記憶模組」設定在 code，如此會有較大的空間來存放陣列資料。再將陣列常數資料依序讀取由 LED 輸出，即可產生廣告燈的動作，如表 3-9 所示。

表 3-9　8-bit 陣列資料輸出

順序	資料	動作變化	順序	資料	動作變化
0	0x01	0000 0001	8	0x40	0100 0000
1	0x02	0000 0010	9	0x20	0010 0000
2	0x04	0000 0100	10	0x10	0001 0000
3	0x08	0000 1000	11	0x08	0000 1000
4	0x10	0001 0000	12	0x04	0000 0100
5	0x20	0010 0000	13	0x02	0000 0010
6	0x40	0100 0000	14	0x01	0000 0001
7	0x80	1000 0000	15	0xff	1111 1111

同時可將 256-byte 的陣列資料單獨放在文字檔 TABLE8.H 內，如下：

```
/**** TABLE8.H *******/
unsigned char code TABLE8[256]=   //定義 ROM 內 256 筆陣列資料
{
  0x01,0x02,0x04,0x08,0x10,0x20,0x40,0x80,
  0x40,0x20,0x10,0x08,0x04,0x02,0x01,0xff,   (後面省略) };
```

在程式一開始執行#include "TABLE8.H"，即可讀取陣列資料，如下：

```
//********** 3_6.c ***************************
//*動作：由 ROM 讀取 256 筆陣列資料由 LED 輸出
//*硬體：SW1-3(P0LED)ON
//*****************************************
#include "..\MPC82.H"  //暫存器及組態設定
#include "TABLE8.h" //包括陣列資料定義
```

```
main()
{
   unsigned char  i=0;  //定義計數變數由 0~255
   P0M0=0; P0M1=0xFF; //設定 P0 為推挽式輸出(M0-1=01)
  loop:
   LED=~TABLE[i];   //讀取陣列資料由 LED 輸出
   i=i+1;           //換下一筆資料
   Delay_ms(100);  //延時 100ms
 goto loop;
}
```

軟體 Debug 操作：取消'~'。
(1) 打開 Watch 1 及 Memory 1(C:TABLE)視窗，會顯示 ROM 內 TABLE8.H 內容。
(2) 單步(Step over)或快速執行觀察變數 i 及 P0(LED)的變化，如圖 3-15 所示。
作業：
(1) 請修改 TABLE8.H 的內容及輸出接腳，改變 LED 的動作。
(2) 請改為二維陣列常數，改變 LED 的動作。

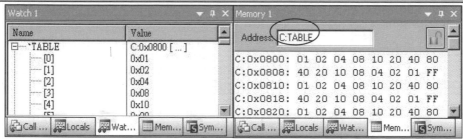

圖 3-15　由 ROM 讀取陣列資料

(5) 可以將資料在寫入陣列變數內，此時記憶模組必須設定在 RAM 內。若
省略時，它預定為 data 會由 RAM 0x08 開始寫入資料，範例如下：

```
/*********** 3_7.c ************************
*動作：將計數值在寫入陣列變數內
********************************************/
unsigned char TABLE[120]=0;//清除內部 RAM 的陣列內容
//unsigned char idata TABLE[240]=0;//清除內部間接 RAM 的陣列內容
//unsigned char xdata TABLE[1024]=0;//清除擴充 RAM 的陣列內容
main()
```

```
{
  unsigned char i=0;     //宣告 8-bit 計數變數
 loop:
  TABLE[i]=i; //計數值寫入陣列變數
  i=i+1;        //計數遞加
 goto loop;
}
```

軟體 Debug 操作：
(1) 打開 Watch 1 及 Memory 1(D:TABLE、I:TABLE 或 X:TABLE)視窗。
(2) 程式一開始會清除 RAM(D:0X08、I：0X08 或 X:0X0000)以後陣列變數的內容。
(3) 單步執行觀察變數及 Memory 1 的變化。請注計數值勿超過 RAM 的容量。
作業：請改爲二維陣列寫入資料。

(6) 位元陣列變數：若有事先用 bdata 定義陣列變數，表示此陣列變數在位元定址區(0x20~0x2F)內，即可設定其中的任一個 bit 的位元變數名稱。範例如下：

```
//*********** 3_7A.c ****位元陣列變數型態***********
//*動作：位元陣列變數
//*************************************************
unsigned char bdata array[4]; //在位元定址區(0x20~0x23)定義陣列變數
sbit b0=array[3]^0; //設定位元變數在位元定址區(0x23)的 bit0
sbit b3=array[3]^3; //設定位元變數在位元定址區(0x23)的 bit3
main()
{ loop:
   b0=1;
   b3=1;
   b0=0;
   b3=0;
   goto loop;
}
```

軟體 Debug 操作：
(1) 打開 Watch 1 及 Memory 1 視窗，設定 Memory 1 視窗的 Address 爲 D:array，會顯示 RAM 0x20~0x23 的資料。
(2) 單步執行時，會改變 RAM 位址 0x23 的 bit0 及 bit3 內容，如圖 3-16 所示。
作業：請改用其它陣列變數及 bit 名稱，驗証其動作。

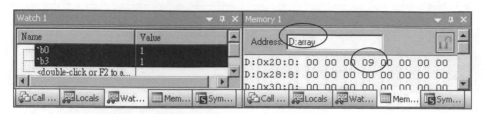

圖 3-16　位元陣列變數

3-1.4　C 語言的運算式與運算子

運算式分為運算元及運算子，可用來表示輸入與輸出的關係，如下所示：

運　算　式		
j	=	1
運算元(輸出)	運算子	運算元(輸入)

1. 設定運算子：可以用 "=" 來表示，如下：

```
x=9;      //將常數 9 送到變數 x
x=y=8;    //將常數 8 同時送到變數 x 和 y
```

2. 逗號運算子：可以用逗號 "，" 將兩個以上的變數連在同一行，例如：

```
int a , b , c;   //宣告 3 個整數變數
```

3. 一元運算子：它只須要一個運算元，如表 3-10 所示：

表 3-10　一元運算子

一元運算子		範例	說明
+	正號	+5	+5=0000 0101=0x05
−	負號	-5　(取數字的 2 補數)	5=0000 0101→2'S→1111 1011=0xFB=-5
!	NOT，否	P1_0=!P1_0 (bit 反相輸出)	令 P10 反相輸出
!	NOT，否	i=!a　(bit 反相判斷輸出)	若 a=0，則 i=!a=1。若 a≠0，則 i=!a=0
~	取 1 的補數	P1=~a (整筆資料反相輸出)	若 a=0x0f，令 P1=0xf0

一元運算子範例，如下：

```
/*********** 3_8.c *********************************
*動作：一元運算子範例
*************************************************/
```

```
#include "..\MPC82.h"        //暫存器及組態設定
main()
{
  char  a=-3,b=0,c=5;  //宣告輸入變數的初值
  unsigned char  d=0x0f;
  static char  i;   //宣告輸出變數
 loop:
  i=-a;          //負負得正，i=3
  i=-c;          //i=-5
  P1_0=!P1_0;  //令 P10 反相
  i=!b;          //b=0，反相後為 i=1
  i=!c;          //c=5 不為 0，故反相後 i=0
  P1=~d;         //d=0x0f，由 P1 反相輸出為 0xf0
 goto loop;
}
```

軟體 Debug 操作：

(1) 打開 P1 及 Locals 視窗，設定變數均為 10 進制。

(2) 單步執行觀察 P1 輸出及變數的內容。

4. 算術運算子(arithmetic operators)：算術運算子的優先順序是：先正負→乘除
   →加減，若優先順序同等級則由左向右運算，如表 3-11 所示：

表 3-11　算術運算子

優先	算術運算子		範例	取浮點數結果	取整數結果
1	−	負數運算	-5.3+1=	-4.3	-5 (捨去小數，取最小值)
2	*	乘運算	2.1*2=	4.2	4 (捨去小數)
3	/	除運算	5/3=	1.6666	1 (捨去小數)
4	%	餘數運算	5%3=	2	2 (取餘數)
5	+	加運算	5.7+2=	7.7	7 (捨去小數取最小值)
6	−	減運算	5.3-1=	4.3	4 (捨去小數)

　　算術運算子範例，如下：

```
/*********** 3_9.c ****************
*動作：算術運算子範例
******************************/
```

```
main()
{
   char  a=7,b=3;      //宣告輸入變數
   static  char  i=0; //宣告輸出變數
  loop:
   i=a+b;    //加法運算子 i=7+3=10
   i=a-b;    //減法運算子 i=7-3=4
   i=a*b;    //乘法運算子 i=7*3=21
   i=a/b;    //除法運算子 i=7/3=2
   i=a%b;    //餘數運算子 i=7%3=1
  goto loop;
}
```

軟體 Debug 操作：打開 Locals 視窗，設定變數均為 10 進制。觀察變數 i 的動作變化。

5. 遞加(increment)和遞減(decrement)運算子：只能用於變數，如表 3-12 所示：

表 3-12　遞加和遞減運算子

遞加和遞減運算子	動作	說明
++a	i= ++a	先執行 a+1，結果再存入 i
a++	i= a++	先 i=a，再執行 a+1
--a	i= --a	先執行 a-1，結果再存入 i
a--	i= a--	先 i=a，再執行 a-1

　　遞加和遞減運算子範例，如下：

```
/************** 3_10.c, *******************
*動作：遞加和遞減運算子範例
*****************************************/
main()
{
   char  i,a; //宣告變數
  loop:
   a=4; i=a++;  //先 i=a 故 i=4、再 a+1，故 a=5
   a=4; i=++a;  //先 a+1、a=5,再 i=a，故 i=5、
   a=4; i=a--;  //先 i=a 故 i=4、再 a-1，a=3
   a=4; i=--a;  //先 a-1、a=3,再 i=a，故 i=3、
  goto loop;
```

```
                                                                    }
```

軟體 Debug 操作：打開 Locals 視窗，設定變數均為 10 進制，單步執行觀察變數的變化。

6. 比較運算子(comparison operators)：比較運算子可用於 if、while 及 for 等指令的條件判斷，當條件符合時結果為 1，它會執行後面的動作。若不符合時結果為 0，則不會執行後面的動作。如表 3-13 所示：

表 3-13　比較運算子

優先	比較運算子		範例
高	>	大於	if(a>3)　，如 a>3 (不包括 3)則條件成立
高	<	小於	if(a+b<3)，如(a+b)<3(不包括 3)則條件成立
高	>=	大於等於	if(a>=3)，如 a≧3(包括 3)則條件成立
高	<=	小於等於	if(a<=3)，如 a≦3(包括 3)則條件成立
低	==	等於	if(a==3)　，如 a=3 則條件成立
低	!=	不等於	if(a!=3)　，如 a≠3 則條件成立

比較運算子範例，如下：

```
/************** 3_11.c, *******************
*動作：比較運算子範例
*******************************************/
main()
{
    unsigned char a=4,b=2,i;  //宣告變數
  loop:
    if(a>b)   i=1;     //假如 a>b ，執行 i=1
    if(a<=b)  i=2;     //假如 a<=b，執行 i=2
    if(a!=b)  i=3;     //假如 a≠b，執行 i=3
    if(a==b)  i=4;     //假如 a=b，執行 i=4
    b++;               //b=b+1
    goto loop;
}
```

軟體 Debug 操作：打開 Locals 視窗，設定變數 10 進制，單步執行觀察變數的變化。

7. 邏輯運算子(logical operators)：邏輯運算子可用於 if、while 及 for 等指令的條件判斷及直接的邏輯運算式。如表 3-14 所示：

表 3-14　邏輯運算子

優先	邏輯運算子		範例
1	!	邏輯 NOT	if (!a)，相當於 if(a==0)，如 a=0 則條件成立
2	&&	邏輯 AND	if (a<6 && a>3)，如 a<6 及 a>3 (限 4,5)，條件成立
3	||	邏輯 OR	if (a>6 || a<3)，如 a>6 或 a<3 (排除 3~6)，條件成立

邏輯運算子範例，如下：

```
/************** 3_12.c, ********************
*動作：邏輯運算子範例
*******************************************/
main()
{ unsigned char a=5,b=2,i=0; //宣告變數
  loop:
    if(a>0 && b>0) i=1;      //假如 a>0 及 b>0，i=1
    if(a-b<0 || a+b<0) i=2;//假如 a-b<0 或 a+b<0，i=2
    b++;                     //b=b+1
  goto  loop;
}
```

軟體 Debug 操作：打開 Locals 視窗，設定均為變數 10 進制。單步執行觀察變數的變化。

8. 位元邏輯運算子(bitwise logical operators)：能夠對 8、16 或 32-bit 的整數變數進行邏輯運算，但不會改變原有變數的值，如表 3-15 所示：

表 3-15　位元邏輯運算子

優先	位元邏輯運算子		範例
1	~	邏輯 NOT	i=~a　　，將 a 的內容反相後，存入 i，但 a 不變
2	<<	位元左移	i=a << 3　，將 a 的內容左移 3-bit 後，存入 i，但 a 不變
3	>>	位元右移	i=a >> 3　，將 a 的內容右移 3-bit 後，存入 i，但 a 不變
4	&	邏輯 AND	i=a & 0x03，將 a 的內容和 03 進行 AND 後，存入 i，a 不變
5	^	邏輯 XOR	i=a ^ 0x03，將 a 的內容和 03 進行 XOR 後，存入 i，a 不變
6	|	邏輯 OR	i=a | 0x03　，將 a 的內容和 03 進行 OR 後，存入 i，a 不變

邏輯運算動作如表 3-16(a)所示。

表 3-16(a)　位元邏輯運算子

邏輯運算子		~B	A&B	A|B	A^B
A 輸入	B 輸入	NOT 輸出	AND 輸出	OR 輸出	XOR 輸出
0	0	1	0	0	0
0	1	0	0	1	1
1	0	1	0	1	1
1	1	0	1	1	0

綜合上述的動作可歸納特性如表 3-16(b)所示。

表 3-16(b)　邏輯特性(x=1 或 0)

邏輯運算子		A&B	A|B	A^B
A 輸入	B 輸入	AND 輸出	OR 輸出	XOR 輸出
0	x	0	x	x
1	x	x	1	x 反相

位元邏輯運算子範例如下：

(1) NOT 指令：令位元組資料反相。

```
        1 1 0 0 1 0 1 0  :資料
NOT  ↓ ↓ ↓ ↓ ↓ ↓ ↓ ↓
        0 0 1 1 0 1 0 1  :結果
```

(2) AND 指令：和 "0" 做 AND 時，會令某位元為 "0"

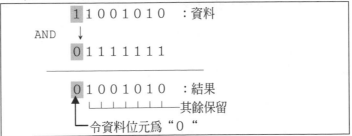

(3) OR 指令：和 "1" 做 OR 時，會令某位元為 "1"。

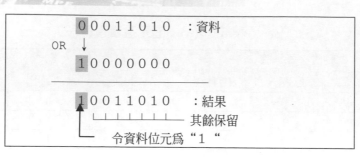

(4) XOR 指令：和 " 1 " 做 XOR 動作時，會令某位元反相，其餘保留。

(5) 移位指令：有右移(>>)和左移(<<)兩種指令。

　　無符號(unsigned)變數移位時會用 0(反白部份)遞補進來，如下所示。

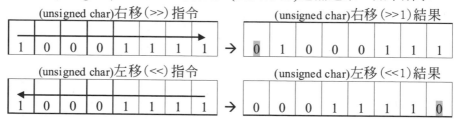

　　位元邏輯運算子範例，如下：

```
/************** 3_13.c, ********************
*動作：位元邏輯運算子範例
*************************************/
main()
{
  unsigned char  a=0x0f;  //a=0000 1111
  unsigned char  b=0x33;  //b=0011 0011
  static unsigned char  i; //輸出變數
  loop:
```

```
i=~a;        //a=0000 1111 取補數,    i-1111 000=0xf0
i=a & 0xfe;  //a=0000 1111 令 bit0=0，  i=0000 1110=0x0e
i=b ^ 0x01;  //b=0011 0011 令 bit0=反相,i=0011 0010=0x32
i=a | 0x80;  //a=0000 1111 令 bit7=1，  i=1000 1111=0x8f
i=a << 3;    //a=0000 1111 左移 3-bit,  i=0111 1000=0x78
i=b >> 1;    //b=0011 0011 右移 1-bit,  i=0001 1001=0x19
goto loop;
}
```

軟體 Debug 操作：打開 Locals 視窗，設定均為變數 16 進制。單步執行觀察變數的變化。

位元邏輯運算子可應用於 16-bit 資料高/低位元組的處理，例如將 16-bit 陣列資料輸出到 LED 產生廣告燈的動作，如表 3-17 所示。

表 3-17　16-bit 陣列資料輸出

順序	資料	動作變化	順序	資料	動作變化
0	0x0001	0000 0000 0000 0001	8	0x0100	0000 0001 0000 0000
1	0x0002	0000 0000 0000 0010	9	0x0200	0000 0010 0000 0000
2	0x0004	0000 0000 0000 0100	10	0x0400	0000 0100 0000 0000
3	0x0008	0000 0000 0000 1000	11	0x0800	0000 1000 0000 0000
4	0x0010	0000 0000 0001 0000	12	0x1000	0001 0000 0000 0000
5	0x0020	0000 0000 0010 0000	13	0x2000	0010 0000 0000 0000
6	0x0040	0000 0000 0100 0000	14	0x4000	0100 0000 0000 0000
7	0x0080	0000 0000 1000 0000	15	0x8000	1000 0000 0000 0000

16-bit 的資料必須由兩組 8-bit 的 I/O 埠(如 P1 及 P0)來輸出。若陣列 16-bit 資料(0x1234)存入到 8-bit 的 P0 時，僅有低 8-bit(0x34)會寫入到 P0 內，如下：

TABLE[i]	0x12	0x34
P0=TABLE[i]		0x34

若要將 16-bit 陣列資料(0x1234)的高 8-bit 資料(0x12)存入 P1 時，必須將 16-bit 陣列資料(0x1234)右移 8-bit 後成為(0x0012)，再寫入到 P1 內，如下：

TABLE[i]	0x12	0x34
TABLE[i]>>8	0x00	0x12
P1= TABLE[i]>>8		0x12

其範例程式如下：

```
/***** 3_14.c ****16-bit 陣列輸出動作範例*********
*動作：由 LED0-1 輸出 16-bit 陣列動作
*硬體：SW1-3(P0LED)及 SW1-4(P1LED)ON
*************************************************/
#include "..\MPC82.H"  //暫存器及組態設定
#include "TABLE16.H"   //定義 ROM 內 256 筆 16-bit 陣列資料
main()
{
    unsigned char i;  //宣告資料計數變數
    P0M0=0; P0M1=0xFF; //設定 P0 為推挽式輸出(M0-1=01)
  loop:
    LED0=~TABLE[i];        //讀取陣列資料，低 8-bit 輸出
    LED1=~(TABLE[i] >> 8); //讀取陣列資料，高 8-bit 輸出
    Delay_ms(100);    //延時
    i++;              //資料計數加 1
    goto loop;
}
```

軟體 Debug 操作：取消'~'，打開 P1、P0 及 Locals 視窗，觀察變數 i 及 P1 與 P0 變化。
作業：請將陣列資料改為 32-bit，分別由 P0~P3 輸出

9. 複合設定運算子(assignment operators)：將設定運算子與其它運算子相結合，即可形成複合設定運算子，它可令程式較為簡潔，但對程式的效率無幫助，如表 3-18 所示：

表 3-18　複合設定運算子

複合設定	運算子	範例	說明	複合設定	運算子	範例	說明
加法設定	+=	i+=a	i=i+a	左移設定	<<=	i <<=a	i=i<<a
減法設定	-=	i-=a	i=i-a	右移設定	>>=	i >>=a	i=i>>a
乘法設定	*=	i*=a	i=i*a	AND 設定	&=	i &=a	i=i&a
除法設定	/=	i/=a	i=i/a	OR 設定	|=	i |=a	i=i|a
餘數設定	%=	i%=a	i=i%a	XOR 設定	^=	i ^=a	i=i^a

複合設定運算子範例，如下：

```
/************** 3_15.c, *******************
*動作：複合設定運算子範例(1)
*********************************************/
main()
{
  char  a=3;      //宣告輸入變數
  static char i; //宣告輸出變數
 loop:
  i=10; i+=a;  //i=i+3=13
  i=10; i-=a;  //i=i-3=7
  i=10; i*=a;  //i=i*3=30
  i=10; i/=a;  //i=i/3=3
  i=10; i%=a;  //i=i%3=1
  goto loop;
}
```

軟體 Debug 操作：打開 Locals 視窗，設定變數均為 10 進制。單步執行觀察變數的變化。

```
/************** 3_16.c, *******************
*動作：複合設定運算子範例(2)
*********************************************/
main()
{
  unsigned char a=0x01;  //宣告輸入變數
  static unsigned char  i;  //宣告輸出變數
  loop:
  i=0x21; i<<=a;//i=i<<1,     i=0010 0001-->0100 0010=0x42
  i=0x21; i>>=a;//i=i>>1,     i=0010 0001-->0001 0000=0x10
  i=0x21; i&=a; //i=i and 0x01,i=0010 0001-->0000 0001=0x01
  i=0x20; i|=a; //i=i or 0x01, i=0010 0000-->0010 0001=0x21
  i=0x21; i^=a; //i=i xor 0x01,i=0010 0001-->0010 0000=0x20
  goto loop;
}
```

軟體 Debug 操作：打開 Locals 視窗，設定均為變數 16 進制。單步執行觀察變數的變化。

10.指標(pointer)與位址運算子：指標符號 "*" 和變數位址符號 "&"

指標本身是一個變數，在這個變數內所存放的不是資料，而是指向另一個變數的位址，指標變數在 C51 的長度爲 1~3-byte。指標變數表示方法如下：

```
char * point;   //表示 point 是一個字元型的指標變數
float * point;  //表示 point 是一個浮點型的指標變數
```

指標變數所存放的內容是另一個變數的位址，而符號 "&" 則用來表示變數的位址，但不得用於 sbit 及 sfr 所設定的變數位址。這兩者配合使用可以對 RAM 或暫存器以間接的方式來進行操作。

(1) 指標*與&範例：表面上將計數值存入*point，但實際上是存入*point 所指向的變數 count 內，如圖 3-17 所示。

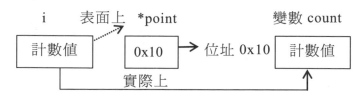

圖 3-17　指標資料存取的動作

```
/****** 3_17.c*****指標 * 與 & 範例*************
*動作：令 RAM 位址 0x10 寫入計數值，
*      由 P0 顯示 RAM(0x10)的計數值
**********************************************/
#include "..\MPC82.H"  //暫存器及組態設定
char  count _at_ 0x10;  //定義變數 count 在位址 0x10
main()
{   char  i=1;       //宣告計數值
    char  *point;    //宣告指標變數
    point=&count;    //將變數 count 的位址(0x10)存入 point 內
loop:
    *point=i;  //將計數值存入指標 point 內所指向的變數 count 內
    P0=count;  //在 P0 顯示變數 count 的內容
    i++;       //計數遞加
```

```
  goto loop;
}
```

軟體 Debug 操作：打開 Locals 及 Memory 1(D:0x10) 視窗。觀察變數及 P0，如圖 3-18。

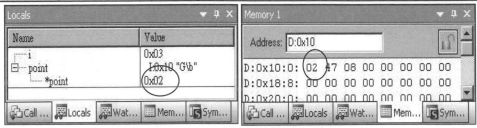

圖 3-18　指標 * 與 & 範例

(2) 指標應用範例：位址指標 point 不斷遞加，將資料 0xFF 填入 RAM 區塊
內，如圖 3-19 所示。

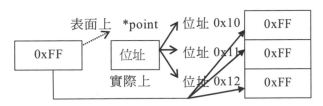

圖 3-19　資料填入 RAM 區塊動作

```
/*********** 3_18.c***指標應用範例*********
*動作：由 RAM 位址 0x10 以後填入資料 0xFF
********************************************/
main()
{   unsigned char  *point;  //定義指標變數
    point=0x10;     //設定 RAM 開始位址
 loop:
    *point++=0xFF;  //填入資料到 RAM 內，RAM 位址遞加
     goto loop;
}
```

軟體 Debug 操作：
(1) 打開 Locals 及 Memory 1(d:0x10) 視窗。
(2) 單步執行，觀察 RAM(0x10) 以後的動作。請注意！受限於 RAM 的容量，位址(point)
　　不得超過 0x7F。

(3) 指標應用範例：將計數值填入 RAM 區塊內。

```
/********* 3_18A.c***指標應用範例*********
*動作：由 RAM 位址 0x10 以後填入計數值
***************************************/
main()
{
    unsigned char  i=1;      //定義計數變數
    unsigned char  *point;   //定義指標變數
    point=0x10; //設定 RAM 開始位址
 loop:
    *point++=i++; //填入計數值到 RAM 內，計數值及 RAM 位址遞加
    goto loop;
}
```
軟體 Debug 操作：同上

(4) 指標應用範例：以指標方式讀取陣列資料。

```
/********* 3_19.c*******指標應用範例********************
*動作：以指標方式讀取陣列資料，由 LED 輸出
*硬體：SW1-3(P0LED)ON
*****************************************************/
#include "..\MPC82.H"  //暫存器及組態設定
#include "TABLE8.H"
 main()
{ unsigned char  *point;  //宣告指標變數
   P0M0=0; P0M1=0xFF; //設定 P0 為推挽式輸出(M0-1=01)
   point=TABLE; //將陣列資料開始位址(0x0800)存入指標變數
 loop:
   LED=~*point++; //由 LED 輸出資料，再位址遞加
   Delay_ms(100);
 goto loop;
}
```
軟體 Debug 操作：取消'~'。
(1) 打開 P0、Locals 及 Memory 1(C:TABLE) 視窗。單步執行觀察 P0 及變數的動作。
(2) 因 TABLE8.H 內的陣列資料僅有 256 筆，故指標變數(point)位址不得超過
    TABLE+256。

11.sizeof 運算子：它並非一個函數，但可用來顯示得資料型態、變數及運算式
的字元數。範例如下：

```
/********3_20.c**************************
*動作：sizeof 運算子範例
****************************************/
main()
{ char    a;          //宣告 8-bit 整數變數，為 1-byte
  int     b;          //宣告 16-bit 整數變數，為 2-byte
  float   c;          //宣告浮點變數，為 4-byte
  char data *pd;//指定使用內部 RAM 的指標變數，為 1-byte
  char code *pe;//指定使用 ROM 的指標變數，為 2-byte
  char *pf;           //不指定記憶體的指標變數，為 3-byte
  static char i;//宣告輸出變數
  loop:
  i=sizeof(a);  //結果 i=1-byte
  i=sizeof(b);  //結果 i=2-byte
  i=sizeof(c);  //結果 i=4-byte
  i=sizeof(pd); //結果 i=1-byte
  i=sizeof(pe); //結果 i=2-byte
  i=sizeof(pf); //結果 i=3-byte
  goto loop;
  }
}
```
軟體 Debug 操作：打開 Locals 視窗，設定變數均為 10 進制。單步執行觀察變數 i 的變化。

12.資料型態的轉換：當不同資料型態的變數一起運算時，它會強制性的加以
轉換。轉換的方式以不流失資料為原則，如下：

(1) 較少 bit 變數和較多 bit 變數一起運算時，轉換為較多 bit 變數。

(2) 整數變數和浮點變數一起運算時，轉換為浮點變數。

(3) 有符號變數和無符號變數一起運算時，轉換為無符號變數。

```
/********3_21.c**********************
*動作：強制轉換運算式型態範例
```

```
*******************************/
   char    a=12;  //宣告有符號 8-bit 變數，為 1-byte
   int     b=-7;    //宣告有符號 16-bit 變數，為 2-byte
   float c=123.222; //宣告 32-bit 浮點數，為 4-byte
main()
{
   static char i; //宣告輸出 8-bit 變數
  loop:
   i=sizeof(a+b); //8-bit 與 16-bit 運算，結果 i=2byte
   i=sizeof(a/b); //8-bit 與 16-bit 運算，結果 i=2byte
   i=sizeof(c-b); //16-bit 整數與 32-bit 浮點數運算，結果 i=4byte
   goto loop;
}
```

軟體 Debug 操作：打開 Locals 視窗，設定變數均為 10 進制。單步執行觀察變數 i 的變化。

(4) 可強制將有符號變數轉換為無符號變數，或 1-bit 與 8-bit 變數轉換。

```
/*******3_21A.c********************
*動作：強制轉換運算式型態範例
*******************************/
main()
{
  char    a=-2;     //a=-2=0xFE=1111 1110
   unsigned char  b=0xFE;      //b=0xFE=1111 1110
   bit c=1;           //1-bit 變數
   unsigned char  d; //8-bit 變數
   static unsigned char i;  //宣告無符號 8-bit 變數

 loop:
   i=a>>1;  //i=0xFF,將 a 會符號位元複製右移
   i=(unsigned  char) a>>1; //i=0x7F,轉換為無符號變數，由 0 遞補右移
   c=(bit)(b & 0x01); //c=0,將 8-bit 變數轉換為 1-bit 數
   d=(unsigned char) (!c); //d=0,將 1-bit 變數轉換為 8-bit 數
   goto loop;
}
```

軟體 Debug 操作：打開 Locals 視窗，設定變數均為 16 進制。單步執行觀察變數的變化。

13.運算子的優先順序：將所有運算子的優先順序加以排序，如表 3-19 所示：
其中「結合性(associatively)」有由左至右及由右至左兩種，它是表示當數個
相同優先順序的運算子並列在一起時，可再區分其運算的先後順序。例如：

```
a=b/c*6;  //算術運算子的結合性為由左至右，所以先 b/c，再 *6
```

表 3-19　運算子的優先順序和結合性

優先	類　別	運算子名稱	運算子	結合性
1	強制轉換	強制型態轉換	( )	由左至右
	數組	下標	〔〕	
	結構，聯合	存取結構或聯合成員	->或	
2	邏輯(條件)	邏輯非(NOT)	!	由右至左
	位元	反相(NOT)	~	
	遞加,遞減	遞增、遞減	++、--	
	指標	位址運算、指標運算	&、*	
	算術	單一運算元相減	-	
	長度計算	長度計算	sizeof	
3	算術	乘、除、取餘數	*、/、%	由左至右
4	算術	加、減	+、-	
5	位元	左移、右移	<<、>>	
6	比較	大於等於、大於	>=、>	
		小於等於、小於	<=、<	
7		等於、不等於	==、!=	
8	位元	位元邏輯(AND)	&	
9		位元邏輯(XOR)	^	
10		位元邏輯(OR)			
11	邏輯(條件)	邏輯運算(AND)	&&	
12		邏輯運算(OR)	||	由左至右
13	條件	條件運算	?:	由右至左
14	設定	設定、複合設定	=、+=	
15	逗號	逗號運算	,	由左至右

3-2 C 語言指令實習

C 語言的指令以迴圈為主，若先設計流程圖，再撰寫程式會有較佳的表現。

3-2.1 if 指令實習

if 指令用於條件的判斷，它有幾種用法，如下：

1. if 指令的用法如圖 3-20 所示。假如條件符合時會執行敘述 1 及敘述 2。如不符合則僅執行敘述 2。當敘述不只一行時，必須加大括號。

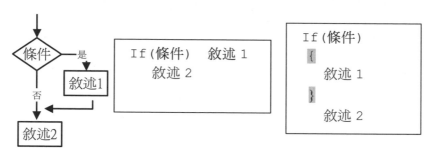

圖 3-20 if 指令用法

```
/************* 3_22.c ***************
*動作：令 LED=1~7 重覆計數輸出
*硬體：SW1-3(P0LED)ON
***********************************/
#include "..\MPC82.h"      //暫存器及組態設定
main()
{
    char  i=1;       //定義 8-bit 變數
    P0M0=0; P0M1=0xFF; //設定 P0 為推挽式輸出(M0-1=01)
 loop:            //標記
  LED=~i;  //變數 i 由 LED 輸出 1~7
  Delay_ms(100);
  i++;            //變數 i 遞加
  if(i>7)  i=1;   //假如 i >7，令 i=1
 goto loop;       //跳到 loop 處
```

```
                        }
```

軟體 Debug 操作：取消 '~' ，單步或快速執行，觀察變數及輸出變化。

```
/************** 3_23.c ********************
*動作：令 LED=0~6 重覆計數輸出
*硬體：SW1-3(P0LED)ON
********************************************/
#include "..\MPC82.h"  //暫存器及組態設定
main()
{
  char  i=0;  //定義8-bit變數=0
  P0M0=0; P0M1=0xFF; //設定P0為推挽式輸出(M0-1=01)
 loop:         //標記
  LED=~i;        //變數 i 的內容由 LED 輸出
  Delay_ms(100);
  i++;         //變數 i 遞加
  if(i >= 7)i=LED=0;//假如 i>=7,令 i=0 及 LED=0
  goto loop;      //跳到 loop 處
}
```

開始
i=0
loop:
LED=i
i=i+1
i>=7? N
Y
i=0
LED=0

軟體 Debug 操作：同上。

2. if 指令可和 goto 指令配合，如圖 3-21 所示。假如條件符合時會重覆執行敘述 1，如不符合則敘述 1 及敘述 2 僅執行一次。

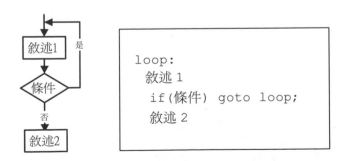

敘述1
是
條件
否
敘述2

```
loop:
  敘述1
   if(條件) goto loop;
  敘述2
```

圖 3-21　if 指令和 goto 指令配合

```
/******** 3_24.c*******指標及 if-goto 應用範例**
```

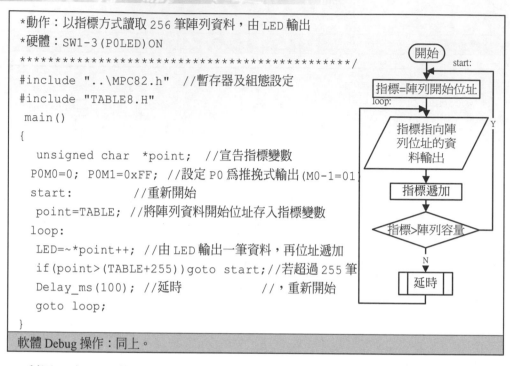

```
*動作：以指標方式讀取 256 筆陣列資料，由 LED 輸出
*硬體：SW1-3(P0LED)ON
********************************************/
#include "..\MPC82.h"  //暫存器及組態設定
#include "TABLE8.H"
 main()
{
   unsigned char  *point;  //宣告指標變數
  P0M0=0; P0M1=0xFF; //設定 P0 為推挽式輸出(M0-1=01)
  start:             //重新開始
   point=TABLE; //將陣列資料開始位址存入指標變數
  loop:
   LED=~*point++; //由 LED 輸出一筆資料，再位址遞加
   if(point>(TABLE+255))goto start;//若超過 255 筆
   Delay_ms(100); //延時              //，重新開始
   goto loop;
}
```

軟體 Debug 操作：同上。

利用 if 和 goto 指令，將 16 進制的輸出入埠改為十進制的 BCD 碼，令 LED 輸出 00~99 十進制變數，範例程式如下：

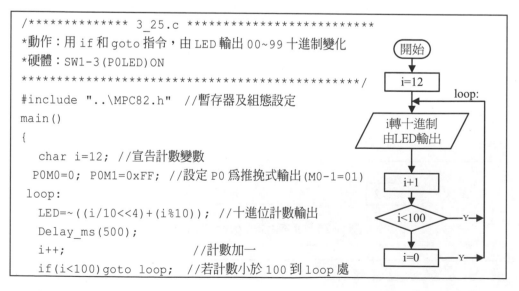

```
/************** 3_25.c ***********************
*動作：用 if 和 goto 指令，由 LED 輸出 00~99 十進制變化
*硬體：SW1-3(P0LED)ON
********************************************/
#include "..\MPC82.h"  //暫存器及組態設定
main()
{
   char i=12; //宣告計數變數
  P0M0=0; P0M1=0xFF; //設定 P0 為推挽式輸出(M0-1=01)
 loop:
   LED=~((i/10<<4)+(i%10));  //十進位計數輸出
   Delay_ms(500);
   i++;                   //計數加一
   if(i<100)goto loop; //若計數小於 100 到 loop 處
```

```
    i=0;                    //若計數等於 100，令計數=0
    goto loop;
}
```

軟體 Debug 操作：同上

3. if 和 goto 指令可以輸出電子鐘的變化，應用六位數共陽極七段顯示器及解
   碼器 7447 可作為電子鐘顯示之用，如圖 3-22 所示：

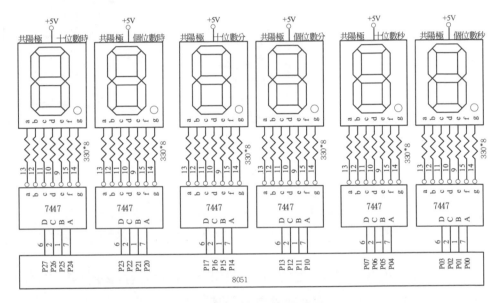

圖 3-22　電子鐘電路圖

　　圖中解碼器 7447 僅能可輸出數字 0~9，而 MCS-51 的 I/O 埠輸出數值為
0~F，故必須將十六進制的計數值，改為十進制的 BCD 碼由 P2、P1 及 P0 輸
出。

```
/************** 3_25A.c ************************
*動作：用 if 和 goto 指令，由 P0-P2 輸出 24 小時電子鐘的變化
*硬體：SW1-3(P0LED)及 SW1-4(P1LED)ON
*********************************************/
#include "..\MPC82.H"  //暫存器及組態設定
main()
```

```
{
    char hor=23,min=58,sec=52;  //設定時、分、秒時間
    P0M0=0;  P0M1=0xFF;  //設定 P0 為推挽式輸出(M0-1=01)
loop:
    P0=~((sec/10<<4)+(sec%10));  //秒十進位輸出
    P1=~((min/10<<4)+(min%10));  //分十進位輸出
    P2=~((hor/10<<4)+(hor%10));  //時十進位輸出
    Delay_ms(100);  //延時
    sec++;                       // 秒加一
    if (sec < 60) goto loop;// 若秒小於 60 到 loop 處
    sec=0; min++;                // 秒等於 60 則令秒=0,分加一
    if (min < 60) goto loop;// 若分小於 60 到 loop 處
    min=0; hor++;                // 若分等於 60 則令分=0,時加一
    if (hor <24) goto loop;  // 若時小於 24 到 loop 處
    hor=0;min=0; sec=0; goto loop;//若時等於 24 則令
}                                //時、分、秒=0
```

開始
設定時間
loop:
輸出時間
延時
秒+1
秒<60 — Y
秒=0,分+1
分<60 — Y
分=0,時+1
時<24 — Y
時,分,秒=0

軟體 Debug 操作：取消'~'。
(1) 開啟 P0、P1、P2 及 Locals 視窗，將變數改為 10 進制。
(2) 單步(Step over)或快速執行，令其不斷的循環觀察變數
　　及輸出埠的變化。

4. if 和 else 指令配合，如圖 3-23 所示。假如條件符合時會僅執行敘述 1，如
不符合則僅執行敘述 2，最後都會執行敘述 3。

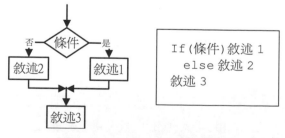

```
If(條件)敘述 1
  else 敘述 2
敘述 3
```

圖 3-23　if 和 else 指令配合

```
/************* 3_26.c *******************
*動作：應用 if-else，令 LED=0~10 重覆計數，由 LED 輸出
```

```
*硬體：SW1-3(P0LED)ON
*******************************/
#include "..\MPC82.H"  //暫存器及組態設定
main()
{  char i=0;//設定計數
   P0M0=0; P0M1=0xFF; //設定 P0 爲推挽式輸出(M0-1=01)
   loop:
   LED=~i;      //i 輸出
   Delay_ms(100);
   if(i<10)  i++; //假如 i<10，則 i 遞加
       else   i=0; //假如 i=10，則 i=0
     goto loop;
}
```

開始
i=0
loop:
LED=i
i<10 ─Y→ i+1
  │N
i=0

軟體 Debug 操作：取消'~'。
(1) 打開 P0 及 Locals 視窗。
(2) 單步執行，觀察 P0(LED) 及變數的動作

5. if 和 else 指令可多重使用，如圖 3-24 所示。假如條件 1 及條件 2 均符合時
   執行敘述 1，僅條件 1 符合時執行敘述 2，如條件 1 不符合則僅執行敘述 3，
   最後都會執行敘述 4。

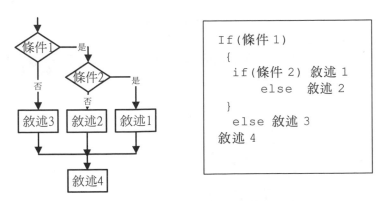

```
If(條件 1)
  {
   if(條件 2)  敘述 1
       else   敘述 2
  }
   else  敘述 3
敘述 4
```

圖 3-24　if 和 else 指令多重使用(1)

```
/************* 3_27.c ******************
*動作：P2 及 P3 輸入相比較.
*若 P2<P3，較大送到 P0，較小送到 P1
```

```
*若 P2=P3，則 P1=00，P0=00
*若 P2>P3，則 P1=ff，P0=ff
******************************/
#include "..\MPC82.H" //暫存器及組態設定
main()
{ unsigned char i,j,k; //定義 8-bit 變數
 loop:
   i=P2; j=P3; //P2 及 P3 輸入
   if(i<=j)
     { if(i<j) {k=i; i=j; j=k;}//若 i<j,i 和 j 交換
        else {i=0; j=0; } //若 i=j,i=0 和 j=0
     }
     else{i=0xff; j=0xff;}//若 i>j,i=ff 和 j=ff
   P0=i; P1=j; //P0,P1 輸出
 goto loop;
}
```

流程圖：

loop: 開始

i=P2 , j=P3

i<=j? Y / N

i<j? Y / N

j=FF i=FF

i=0 j=0

i, j 交換

P0=i,P1=j

軟體 Debug 操作：
(1) 打開所有的 I/O 埠及 Locals 視窗，變數設定為 10 進制。
(2) 單步執行，由 P2 及 P3 輸入數字，觀察是否 P0 為較大數及 P1 為較小數，如圖 3-25。

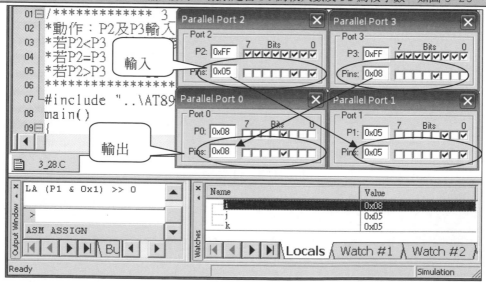

圖 3-25　if 和 else 指令配合兩輸入相比較

6. if 和 else 指令可多重使用，如圖 3-26 所示。假如條件 1 及條件 2 均不符合則執行敘述 1，若條件 1 不符合但條件 2 符合時執行敘述 2，如條件 1 符合時執行敘述 3，最後都會執行敘述 4。

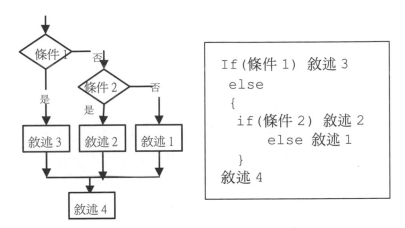

```
If(條件 1)  敘述 3
 else
 {
  if(條件 2)  敘述 2
      else  敘述 1
 }
敘述 4
```

圖 3-26　if 和 else 指令多重使用(2)

```
/************ 3_28.c *******************
*動作：P2 及 P3 輸入相比較.
*若 P2<P3，較大送到 P0，較小送到 P1
*若 P2=P3，P1=00，P0=00
*若 P2>P3，P1=ff，P0=ff
********************************************/
#include "..\MPC82.h"      //暫存器及組態設定
main()
{
  unsigned char i,j,k;   //定義 8-bit 變數
 loop:
   i=P2; j=P3;    //P2,P3 輸入
   if(i<j) {k=i; i=j; j=k;}  //若 P2<P3,i 和 j 交換
     else
     {
       if(i==j) {i=0; j=0;} //若 P2=P3,i=0,j=0
        else {i=0xff; j=0xff;}//若 P2>P3,i=ff,j=ff
```

```
    }
  P0=i; P1=j;   //P0,P1 輸出
 goto loop;
}
```
軟體 Debug 操作：同上。

7. 變數比較：

上述兩個程式有用到兩變數比較及輸出功能，此時可使用方式如下：

輸出= (變數 1 條件 變數 2) ？ 變數 1：變數 2

(1) 當條件為 "變數 1>變數 2" 時，會取出兩變數較大值輸出。

(2) 當條件為 "變數 1<變數 2" 時，會取出兩變數較小值輸出。

變數比較範例如下：

```
/************* 3_29.c ********************
*動作：P2 及 P3 輸入相比較，較大送入 P1
**********************************************/
#include "..\MPC82.h"  //暫存器及組態設定
main()
{  unsigned char i,j;  //定義變數
 loop:
  i=P2; j=P3;       //P2,P3 輸入
  P1=(i>j) ? i:j; //找出兩變數的較大值，由P1 輸出
 goto loop;
}
```
軟體 Debug 操作：同上。

3-2.2　switch-case-default 指令實習

switch 指令適合於有數字順序的條件判斷，如圖 3-27 所示。它的用法是先輸入數字，假如條件 1 符合時會執行 case1 動作，執行完強制用 break 退出。假如條件 2 符合時會執行 case2 動作，執行完強制用 break 退出。但若都不符

合則執行 default 的動作。

可使用字元如'a'，'b'等，不過它是以 ASCII 碼作為條件判斷的依據。

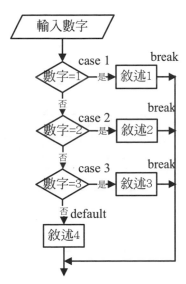

```
switch (數字)
{
  case 1:    //數字=1
    敘述 1
    break;   //退出迴圈
  case 2:    //數字=2
    敘述 2
    break;   //退出迴圈
  case 3:    //數字=3
    敘述 3
    break;   //退出迴圈
  default    //其它數字
    敘述 4
}
```

圖 3-27　switch 指令用法

switch 指令的用途如下：

1. 數字與資料的轉換：

```
/************* 3_30.c ****************
*動作：P1 輸入 1~3，P0=輸出字元 A~C
**********************************/
#include "..\MPC82.h"      //暫存器及組態設定
main()
{
  char a,i;      //宣告變數
 loop:
  a=P1;          //P1 輸入到變數 a
  switch(a)      //判斷變數 a 的數字
  {
    case 1:      //若數字=1
```

```
          i='A';   //變數 i=字元 A
          break;       //退出迴圈
        case 2:    //若數字=2
          i='B';   //變數 i=字元 B
          break;       //退出迴圈
        case 3:    //若數字=3，
          i='C';   //變數 i=字元 C
          break;       //退出迴圈
        default:   //其它數字，變數 i=字元 D
          i='D';
      }
    P0=i;             //變數 i 由 P0 輸出
  goto loop;
}
```

軟體 Debug 操作：由 P1 輸入，觀察變數及 P0 輸出的變化。

2. 由數字決定功能：

```
/******** 3_31.c *********************
*動作：P1 輸入 (限 1~3) 設定動作，令 P0 輸出不同的功能
*******************************************/
#include "..\MPC82.h" //暫存器及組態設定
main()
{
  char a,i=1;   //宣告變數
 loop:
   a=P1;            //P1 輸入到變數 a
   switch(a)
    {
     case 1:      //數字=1
       i++;       //i=i+1
       break;     //退出迴圈
     case 2:      //數字=2
       i=i*2;     //i=i*2
       break;     //退出迴圈
     case 3:      //數字=3
       i--;       //i=i-1
```

```
        break;      //退出迴圈
      default:     //其它數字，i=i/2
         i=i/2;        //i=i/2
      }
   P0=i; //變數 i 由 P0 輸出
 goto loop;
}
```

軟體 Debug 操作：同上。

3-2.3 while **指令實習**

while 是由條件來判斷程式是否要執行，如圖 3-28 所示。

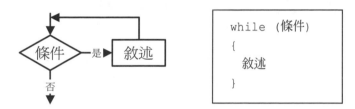

圖 3-28 　 while 指令用法

先判斷條件是否符合，若符合時會執行敘述，若不符合則跳過。它的用法有幾種：

1. 條件永久成立：若 while(1)表示條件永久成立，在 while(1)底下的程式會不斷的重覆執行，它可取代 goto 的功能，以後程式中盡量使用這種方式。

```
/************* 3_32.c ***********************
*動作：令 LED 輸出 0~255 不斷的循環
*硬體：SW1-3(P0LED)ON
*********************************************/
#include "..\MPC82.H"  //暫存器及組態設定
main()
{
  unsigned char i=0;
  P0M0=0; P0M1=0xFF; //設定 P0 為推挽式輸出(M0-1=01)
```

```
  while (1)    //條件永久成立，不斷的循環
  {
    LED=~i;
    Delay_ms(200);
    i++;
  }
}
```

軟體 Debug 操作：取消'~'。打開 P0 及 Locals 視窗。單步執行觀察變數 i 及 P0(LED) 輸出的變化。

2. 設定條件執行：若符合條件，即執行後面內的程式。假如程式僅有一行，則 "{} " 可省略。

```
/************ 3_33.c ***********************
*動作：令 LED 輸出 0~7 不斷的循環
*硬體：SW1-3(P0LED)ON
***********************************************/
#include "..\MPC82.H"  //暫存器及組態設定
main()
{
 unsigned char i=0;
 P0M0=0; P0M1=0xFF; //設定 P0 為推挽式輸出(M0-1=01)
 while(1)    //重覆執行
  {
    while(i<8)  //若 i<8，
    {
      LED=~i++; //LED 輸出，再 i+1
      Delay_ms(500);
    }
   i=0;          //i=8 不符合條件，i=0
  }
}
```

軟體 Debug 操作：同上

3. 兩層 while 執行程式：

```
/************** 3_34.c ***************************
*動作:令 LED 來回輸出霹靂燈,不斷的循環
*硬體:SW1-3(P0LED)ON
***********************************************/
#include "..\MPC82.H"  //暫存器及組態設定
main()
{
 unsigned char i=0x01;    //i=0x01
P0M0=0; P0M1=0xFF; //設定 P0 為推挽式輸出(M0-1=01)
 while(1)   //不斷的循環
  {
    while(i<0x80)   //繼續左移到 i=0x80
     {
       LED=i; Delay_ms(100);
       i=i<<1 ;   //左移 1-bit
     }
    while(i>0x01)   //繼續右移到 i=0x01
     {
       LED=i; Delay_ms(100);
       i=i>>1 ;   //右移 1-bit
     }
  }
}
```

軟體 Debug 操作:同上。

4. 令 16-bit 左右移輸出動作實習

```
/***********3_35.c ****************************
*動作:由 LED0-1 輸出 16-bit 的左右移動作
*硬體:SW1-3(P0LED)及 SW1-4(P1LED)ON
**********************************************/
#include "..\MPC82.H"  //暫存器及組態設定
main()
{
  unsigned int  i=0x0001; //定義整數
P0M0=0; P0M1=0xFF; //設定 P0 為推挽式輸出(M0-1=01)
```

```
while(1)      //重覆執行
 {
  while(i<0x8000)     //判斷是否移到最左邊
  {
    LED0=~i;         //低位元組輸出
    LED1=~(i>>8);    //高位元組輸出
    Delay_ms(100);   //延時
    i=i << 1 ;       //資料左移
  }

  while(i >0x0001)    //判斷是否移到最右邊
   {
    LED0=~i;         //低位元組輸出
    LED1=~(i>>8);    //高位元組輸出
    Delay_ms(100);   //延時
    i=i >> 1 ;       //資料右移
   }
 }
}
```

軟體 Debug 操作：取消'~'。打開 I/O 埠的 P0、P1 及 Locals 視窗。快速執行觀察變數及輸出的變化。

5. 用 while 達成自我執行空轉的功能。

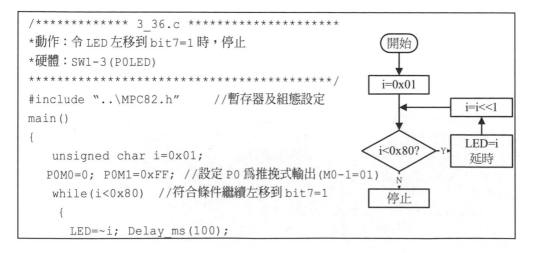

```
/************* 3_36.c ********************
*動作：令 LED 左移到 bit7=1 時，停止
*硬體：SW1-3(P0LED)
****************************************/
#include "..\MPC82.h"    //暫存器及組態設定
main()
{
    unsigned char i=0x01;
  P0M0=0; P0M1=0xFF; //設定 P0 為推挽式輸出(M0-1=01)
    while(i<0x80)  //符合條件繼續左移到 bit7=1
    {
      LED=~i; Delay_ms(100);
```

```
    i=i<<1;
   }
  while(1);    //左移到 bit7=1 時,自我空轉
}
```

軟體 Debug 操作:同上。

6. 用 while 巢狀迴圈的應用。

```
/*************** 3_37.c *****************************
*動作:巢狀迴圈求 9*9 乘法表
***************************************************/
main()
{
  char  i,j,k;  //宣告變數
  while(1)        //重覆執行
   {
      i=1; j=1;      //變數初值
      while(i<=9)    //外層迴圈 1~9
      {
        while(j<=9)  //內層迴圈 1~9
        {
          k=i*j;
          j++;
        }
        i++;
        j=1;
      }
   }
}
```

軟體 Debug 操作:打開 Locals 視窗,設定變數為 10 進制。單步執行觀察變數的變化。

7. while 可用於位元的控制。

```
/*************** 3_38.c ************************
*動作:LED 遞加輸出,若按下 KEY1~KEY4 則自我空轉
*硬體:SW1-3(P0LED)ON, 按 KEY1~KEY4 則 LED 停止
***************************************************/
```

```
#include "..\MPC82.H"  //暫存器及組態設定
main()
{
 unsigned char i=0;
 P0M0=0; P0M1=0xFF; //設定 P0 為推挽式輸出(M0-1=01)
 while(1)  //不斷的循環
  {
    while(KEY1==0); //按 KEY1(P32)自我空轉
    while(KEY2==0); //按 KEY2(P33)自我空轉
    while(KEY3==0); //按 KEY3(P43)自我空轉(軟體模擬無效)
    while(KEY4==0); //按 KEY4(P42)自我空轉(軟體模擬無效)
    LED=~i++;        //遞加輸出
    Delay_ms(100); //延時
  }
}
```

軟體 Debug 操作：取消 '~'。

(1) 打開 I/O 埠的 P0,P3 視窗。

(2) 單步或快速執行，由 P32(KEY1) 輸入來控制 P0(LED) 是否輸出方波。

8. 利用 while 指令輸出電子鐘的變化，如下所示：

```
/************** 3_39.c *********************
*動作:用 while 指令,由 P0-P2 輸出 24 小時電子鐘的變化
*硬體:SW1-3(P0LED)及 SW1-4(P1LED) ON
*****************************************/
#include "..\MPC82.h"     //暫存器及組態設定
main()
{ char hor=23,min=58,sec=58;//設定時、分、秒變數及時間
  P0M0=0; P0M1=0xFF; //設定 P0 為推挽式輸出(M0-1=01)
  while(1)    //重覆執行
   {
    P0=~((sec/10<<4)+(sec%10)); //秒十進位輸出
    P1=~((min/10<<4)+(min%10)); //分十進位輸出
    P2=~((hor/10<<4)+(hor%10)); //時十進位輸出
    Delay_ms(100);  //延時
    sec++;             //秒加一
    while(sec>59)  //若秒大於 59 往下執行
```

```
  {
    sec=0; min++; //若秒大於 59 則令秒=0，分+1
    while(min>59) //若分大於 59 往下執行
     {
       min=0; hor++; //若分大於 59 則令分=0，時+1
       while(hor>23) hor=0; //若時大於 23，則時=0
     }
}}}
```

軟體 Debug 操作：取消'~'。
(1) 開啓 P0、P1、P2 及 Locals 視窗，設定變數爲 10 進制。
(2) 單步或快速執行，令其不斷的循環觀察變數及輸出埠的變化

3-2.4 for 指令實習

for 指令可設定初值、條件及運算式。指令的格式：$\boxed{for(初值;條件;運算式)}$

它由初值開始，若條件符合則進行大括號{}內的敘述，將數值加以運算，再判斷條件，直到條件不符合，才往下執行，如圖 3-29 所示。

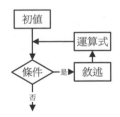

```
for (初值;條件;運算式)
  {
    敘述
  }
```

圖 3-29 for 指令用法

若無初值，則使用原來變數定義的初值或若無定義則內定爲 0。如下：

```
for( ;條件;運算式)
```

若無條件，則永久成立。如下：

```
for(初值;  ;運算式)
```

若三者均無則和 while(1)相同。如下：

```
for(;  ; )   //相當於 while(1)
```

1. for 指令輸出由 1~8 範例:

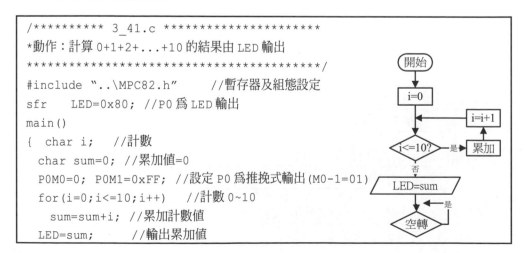

```
/************** 3_40.c ******************
*動作:令 LED 輸出由 1~8 後,自我空轉
*硬體:SW1-3(P0LED)ON
*******************************************/
#include "..\MPC82.h"      //暫存器及組態設定
main()
{
   char  i;   //計數
   P0M0=0; P0M1=0xFF; //設定 P0 為推挽式輸出(M0-1=01)
   for(i=1;i<=8;i++)  //重覆執行 8 次
    {
      LED=~i;         //變數輸出
      Delay_ms(100);
    }
   for(; ; );   //自我空轉
}
```

軟體 Debug 操作:取消'~'。
(1) 打開 I/O 埠的 LED 及 Locals 視窗。
(2) 單步執行令其不斷的循環,觀察變數 i 及 LED 輸出的變化。

2. for 指令計算累加範例

```
/********** 3_41.c *********************
*動作:計算 0+1+2+...+10 的結果由 LED 輸出
*******************************************/
#include "..\MPC82.h"      //暫存器及組態設定
sfr    LED=0x80; //P0 為 LED 輸出
main()
{ char i;    //計數
  char sum=0; //累加值=0
  P0M0=0; P0M1=0xFF; //設定 P0 為推挽式輸出(M0-1=01)
  for(i=0;i<=10;i++)   //計數 0~10
    sum=sum+i; //累加計數值
  LED=sum;      //輸出累加值
```

```
    for(; ; );    //自我空轉，停止執行
}
```

(1) 打開 I/O 埠的 P0(LED) 及 Locals 視窗。
(2) 單步執行令其不斷的循環，觀察變數及 P0(LED) 輸出的變化。

3. for 指令輸出霹靂燈範例：

```
/************** 3_42.c *********************
*動作：令 LED 來回輸出霹靂燈，不斷的循環
*硬體：SW1-3(P0LED)ON
*************************************************/
#include "..\MPC82.h"  //暫存器及組態設定
main()
{ unsigned char  j=0x01;  //輸出值
  char  i;         //計數
  P0M0=0; P0M1=0xFF; //設定 P0 為推挽式輸出(M0-1=01)
  for( ; ; )    //不斷的循環執行
  {
    for(i=1;i<8;i++)  //左移 7 次
     {
       LED=~j;      //變數 j 由 LED 輸出
       Delay_ms(100); //延時
       j=j<<1;  //變數 j 左移 1 bit
     }
    for(i=1;i<8;i++)  //右移 7 次
     {
       LED=~j;      //變數 j 由 LED 輸出
       Delay_ms(100);  //延時
       j=j>>1;  //變數 j 右移 1 bit
     }
  }
}
```

(1) 打開 I/O 埠的 P0(LED) 及 Locals 視窗。
(2) 單步執行令其不斷的循環，觀察變數及 P0(LED) 輸出的變化。

4. for 指令範例：令 LED 來回輸出 7 次。

```
/************ 3_43.c*************************
*動作：令 LED 來回輸出 7 次
*硬體：SW1-3(P0LED)ON
*******************************************/
#include "..\MPC82.h"  //暫存器及組態設定
main()
{
  unsigned char  j;    //輸出值
  char  i;             //計數
   P0M0=0;  P0M1=0xFF; //設定 P0 為推挽式輸出(M0-1=01)
   for(i=1;i<=7;i++)   //LED 來回輸出 7 次
    {
      for(j=0x01;j<0x80;j=j<<1) //左移到 bit7=1
       {
         LED=~j;             //變數 j 由 LED 輸出
         Delay_ms(100); //延時
       }
      for(j=0x80;j>0x01;j=j>>1)//右移到 bit0=1
       {
         LED=~j;             //變數 j 由 LED 輸出
         Delay_ms(100); //延時
       }
    }
  for( ;  ; );     //自我空轉
}
```

Debug 操作：同上。

5. for 巢狀迴圈範例。

```
/************ 3_44.c ************************
*動作：巢狀迴圈計算 9*9 乘法表
*******************************************/
#include "..\MPC82.h"  //暫存器及組態設定
main()
{
```

```
char  i;  //外圈計數
char  j;  //內圈計數
char  k;  //相乘總數
for(  ;  ;  )  //重覆執行
  {
    for(i=1;i<=9;i++)      //外層迴圈
      {
        for(j=1;j<=9;j++)  //內層迴圈
          k=i*j;
      }
  }
}
```

軟體 Debug 操作：

(1) 打開 Locals 視窗，設定變數為 10 進制。

(2) 單步執行，令其不斷的循環，觀察變數 i、j、k 的變化。

6. for 指令多重初值、條件及運算式範例：可定義多重的初值(i=1, j=1)、條件
   (i<10 && j<8)及運算式(i=i+2, j++)。

```
/************* 3_45.c *********************
*動作：令 i=1、3、5、7、9 由 P0 輸出，j=1~5 由 P1 輸出
************************************************/
#include "..\MPC82.h"      //暫存器及組態設定
main()
{ char  i,j;  //宣告 8bit 變數
  for(i=1,j=1;  i<10 && j<8 ; i=i+2,j++)
    {
      P0=i;  //變數 i=1、3、5、7、9 由 P0 輸出
      P1=j;  //變數 j=1、2、3、4、5 由 P1 輸出
    }
  for( ; ; );    //自我空轉
}
```

軟體 Debug 操作：

(1) 打開 P0、P1 及 Locals 視窗，設定變數為 10 進制。

(2) 單步執行，觀察 P0、P1 及變數 i、j 的變化。

7. for 指令無初值及條件範例：

　　for 指令中若無初值及條件，則由宣告變數時來定義初值，若無初值則為 0。

　　若無條件則表示永久成立，它會不停的執行運算子。如下：

```
/************ 3_46.c ***********************
*動作：令由 LED=0~255 輸出，不斷循環
*硬體：SW1-3(P0LED)ON
*********************************************/
#include "..\MPC82.h"      //暫存器及組態設定
main()
{
  unsigned char i=0;   //宣告計數初值
  P0M0=0; P0M1=0xFF;  //設定 P0 為推挽式輸出(M0-1=01)
  for(  ;  ;i++)  //計數=0，且條件永久成立，只執行 i++
  {
    LED=~i;  //計數由 LED 輸出
    Delay_ms(100); //延時
  }
}
```

軟體 Debug 操作：取消'~'，打開 P0(LED) 及 Locals 視窗，單步執行觀察 P0(LED) 及變數的變化。

8. 利用 for 指令也可以輸出電子鐘的變化，範例如下：

```
/************ 3_47.c ***********************
*動作：用 for 指令，由 P0-P2 輸出 24 小時電子鐘的變化
*硬體：SW1-3(P0LED) 及 SW1-4(P1LED)ON
*********************************************/
#include "..\MPC82.H"  //暫存器及組態設定
main()
{
 char hor,min,sec;//宣告時、分、秒變數
 P0M0=0; P0M1=0xFF; //設定 P0 為推挽式輸出(M0-1=01)
 for ( ; ; )      //重覆執行
  {
    for (hor=0;hor<=23;hor++)  //時 0~23
```

```
  {
   for (min=0;min<=59;min++)    //分 0~59
    {
      for (sec=0;sec<=59;sec++)  //秒 0~59
       {
         P0=~((sec/10<<4)+(sec%10)); //秒十進位輸出
         P1=~((min/10<<4)+(min%10)); //分十進位輸出
         P2=~((hor/10<<4)+(hor%10)); //時十進位輸出
         Delay_ms(100); //延時
       }
    }
  }
}
```

軟體 Debug 操作：取消'~'，打開 Locals 及 P0~2 視窗，快速執行觀察輸出埠的變化。

3-2.5　do-while 指令實習

　　do-while 指令的用法，如圖 3-30 所示。先執行敘述 1，再判斷條件是否符合，若符合時會重覆執行敘述 1，若不符合時則往下執行敘述 2。

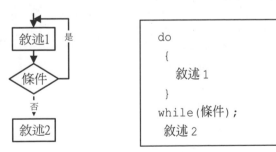

圖 3-30　do-while 指令用法

1. do-while 指令範例(1)

```
/************* 3_48.c ***********************
*動作：令由 LED=1~7 輸出，若超過則停止
*硬體：SW1-3(P0LED)ON
```

```
****************************************/
#include "..\MPC82.h"          //暫存器及組態設定
main()
{  char  i=1;    //宣告計數初值
   P0M0=0; P0M1=0xFF; //設定 P0 為推挽式輸出(M0-1=01)
   do
    {
      LED=~i;    //計數由 LED 輸出
      Delay_ms(100); //延時
      i++;        //計數遞加
    }
   while(i<8);  //若計數<8，則跳到 do 執行
   while(1);     //若計數=8，自我空轉
}
```

軟體 Debug 操作：取消 '~'。

(1) 打開 I/O 埠的 P0 及 Locals 視窗。

(2) 單步執行令其不斷的循環，觀察變數 i 及 P0(LED) 輸出的變化。

2. do-while 指令範例(2)

```
/************ 3_49.c ***********************
*動作：由 SW 輸入設定累加計數最大值，累加值由 LED 輸出
****************************************/
#include "..\MPC82.h"          //暫存器及組態設定
sfr    LED=0x80; //P0 為 LED 輸出
sfr    SW=0x90; //P1 為 SW 輸入
main()
{ unsigned char n;       //宣告最小輸入計數值
  unsigned char i;      //宣告計數值
  unsigned char sum; //宣告累加值
  while(1)    //重覆執行
  {
    i=1; sum=0;
    do
      n=SW;    //由 SW 輸入設定累加計數最大值
      while(n<=4); //若 n<=4 時重新輸入
```

```
    do              //若 n>4 往下執行
      {
        sum=sum+i;    //累加
        i++;
      }
    while(i<=n);    //當 i<=n 時,執行累加的動作
    LED=sum;          //當 i>n 時,累加值由 LED 輸出
  }
}
```

軟體 Debug 操作:
(1) 打開 I/O 埠的 P0(LED)、P1(SW) 及 Locals 視窗。
(2) 單步執行令其不斷的循環,由 P1(SW) 輸入,再觀察變數及 P0(LED) 輸出的變化。

3-2.6　break 指令實習

　　break(中斷)的作用是可以由程式迴圈中跳出來。

1. 由 while 程式迴圈中斷:

```
/***** 3_50.c ***while 迴圈中斷*****************
*動作:LED 輸出 1~7,若超過則停止
*硬體:SW1-3(P0LED)ON
*********************************************/
#include "..\MPC82.H"  //暫存器及組態設定
main()
{ char  i=1;    //宣告計數初值
  P0M0=0; P0M1=0xFF; //設定 P0 為推挽式輸出(M0-1=01)
  while(1)      //重覆執行
  {
    LED=~i;    //計數由 LED 輸出
    Delay_ms(500);
    i++ ;      //計數遞加
    if(i>7) break;  //若 i>7 跳出迴圈
  }
  while(1);  //自我空轉
}
```

開始

i=1

LED=i

i=i+1

i>7? 否

是

是

空轉

2. 由 do-while 程式迴圈中斷：

```
/****** 3_51.c ****do-while 迴圈中斷************
*動作：LED 輸出 1~7，若超過則停止
*硬體：SW1-3(P0LED)ON
**********************************************/
#include "..\MPC82.h"      //暫存器及組態設定
main()
{
  char  i=1;   //宣告計數初值
  P0M0=0; P0M1=0xFF; //設定 P0 為推挽式輸出(M0-1=01)
  do
    { LED=~i;  Delay_ms(500); //計數由 LED 輸出
     i++ ;       //計數遞加
     if(i>7) break;  //若 i>7 跳出迴圈，停止
    }
  while(1);  //重覆執行 do 的程式
  while(1);  //停止
}
```

開始

i=1

LED=i

否

i=i+1

i>7?

是 ← 是

空轉

3. 由 for 程式迴圈中斷：

```
/*********** 3_52.c*****for 迴圈中斷************
*動作：LED 輸出 1~7，若超過則停止
*硬體：SW1-3(P0LED)ON
**********************************************/
#include "..\MPC82.h"      //暫存器及組態設定
main()
{
  char  i;  //宣告計數

  P0M0=0; P0M1=0xFF; //設定 P0 為推挽式輸出(M0-1=01)
  for(i=1;i<=100;i++)   //設定的條件無作用
    {
```

```
    if(i>7) break; //假如 i>7 則中斷跳出迴圈
    LED=~i;        //計數由 LED 輸出
    Delay_ms(500); //延時
  }
  while(1);        //自我空轉
}
```

軟體 Debug 操作：取消'~'。

(1) 打開 I/O 埠的 P0 及 Locals 視窗。

(2) 單步執行令其不斷的循環，觀察變數 i 及 P0(LED) 輸出的變化。

3-2.7　continue 指令實習

程式執行 continue(繼續)指令時，不會再往下執行，而是立即跳到迴圈的開始位置"{"來重新執行。

```
/********* 3_53.c *****continue 指令********
*動作：LED 輸出 0~6，若超過則 LED=0
*硬體：SW1-3(P0LED)ON
**********************************************/
#include "..\MPC82.h"  //暫存器及組態設定
main()
{
  unsigned char  i=0;  //宣告計數
  P0M0=0; P0M1=0xFF; //設定 P0 為推挽式輸出(M0-1=01)
  while(1)
  {
    LED=~i;            //若不是 3 的倍數，計數由 LED 輸出
    Delay_ms(500);
    i++;               //計數遞加
    if(i<7) continue;  //若 i<7 則跳到函數的開始位置
    i=0;               //若 i=7 清除為 0
  }
}
```

流程圖：
開始 → i=0 → LED=i → i=i+1 → i<7? → (是) 迴圈回 LED=i / (否) i=0

軟體 Debug 操作：同上。

3-3 C 語言函數庫實習及假指令

　　C 語言中有許多的函數及假指令來提供使用者應用，如此可令程式較為精簡，其中函數可分為自定函數及內部的函數庫。

3-3.1 自定函數

　　使用自定函數時，要注意的事項如下：

◎在自定函數中的 void 表示無資料傳遞。

◎函數定義時，同時也要宣告變數的型式。

◎自訂函數一般須放置在主程式前面。

◎若要將自訂函數放在程式後面時，必須一開始就宣告函數。

◎傳入函數的引數值，和被傳入函數的引數值，兩者變數的型別須相同。

　　函數的格式如表 3-20 所示：

```
int Delay(int count)
回傳      傳入引數
```

表 3-20　函數的格式

函數格式	說　　明
void Delay(void)	無傳入引數，無回傳資料(無入無回)，如表 3-21(a)
void Delay(int count)	有傳入整數，無回傳資料(有入無回)，如表 3-21(b)
int Delay(void)	無傳入引數，有回傳整數(無入有回)，如表 3-21(c)
int Delay(int count)	有傳入整數，有回傳整數(有入有回)，如表 3-21(d)

表 3-21(a)　無傳入引數，無回傳資料

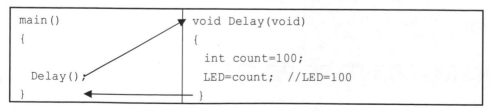

表 3-21(b)　有傳入整數，無回傳資料

main()	void Delay(int count)// count=100
{	{
	LED=count; //LED=100
Delay(100);	
}	}

表 3-21(c)　無傳入引數，有回傳整數

main()	int Delay(void)
{	{
int i;	int count=100; //count=100
i=Delay();//i=100	return count; //回傳 count
	}
}	

表 3-21(d)　有傳入整數，有回傳整數

main()	int Delay(int count) //count=100
{	{
int i;	count++; //count=101
i=Delay(100);//i=101	return count ; //回傳 count
}	}

1. 自訂函數一般須放置在主程式前面，範例如下：

```
/************ 3_54.c *********************
*動作：LED 遞加輸出，含延時函數
*硬體：SW1-3(P0LED)ON
***********************************************/
#include"..\MPC82.h"
void Delay(int count)//將 10000 存入 count 內，但不傳回值
{
   while(count--) ;  //count 遞減到 0 才退出函數
}
/***********************************************/
main()  //主程式
{
```

```
    unsigned char i=0;//計數值
    P0M0=0; P0M1=0xFF; //設定 P0 為推挽式輸出(M0-1=01)
    loop:
      LED=~i;        //計數值由 LED 輸出
      Delay(10000); //呼叫自訂延時函數
      i++;           //計數值遞加
     goto loop;
 }
```

軟體 Debug 操作：取消'~'。

(1) 打開 P0 及 Locals 視窗，設定變數為 10 進制。

(2) 單步執行令其不斷的循環，觀察變數 i、count 及 P0(LED) 輸出的變化。

2. 若要將自訂函數放在程式後面時，必須一開始就宣告函數。以 void Delay(int count) 函數為例，它有傳入整數資料，但不回傳資料，且傳入函數的引數值，和被傳入函數的引數值，其兩者變數的型別相同。實習範例如下：

```
/************* 3_55.c *******************
*動作：LED 遞加輸出，含延時函數
*硬體：SW1-3(P0LED)ON
*********************************/
#include"..\MPC82.h"
void Delay(int count);  //宣告自訂函數
main()
{   unsigned char i=0;  //計數值
    int dly=10000;       //空轉次數
    P0M0=0; P0M1=0xFF; //設定 P0 為推挽式輸出(M0-1=01)
    loop:
    LED=~i;
    Delay(dly);  //呼叫自訂延時函數，將整數變數送入函數內
    i++;
    goto loop;
}
/***************************************/
void  Delay(int count)//有傳入引數 count，不回傳資料
```

```
{
    while(count>0)    //空轉 count(dly)次
     count--;
}
```
軟體 Debug 操作：同上。

3. 若要回傳變數，則在函數內最後須加 return 變數 。範例如下：

```
/*********** 3_56.c ***********************
*動作：LED 遞加輸出，含延時函數
***********************************************/
#include"..\MPC82.h"
int Delay(int count);   //宣告自訂函數
main()
{
  int i=0;
loop:
  LED=i;
  i=Delay(i);    //將變數 i 送入函數內，有回傳變數 i
  goto loop;
}
//*********************************************
int Delay(int count) //有傳入引數到count，有回傳變數//count 到 i
{
    count=count+5;
    return count;      //將變數 count 的內容回傳到主程式
}
```
軟體 Debug 操作：同上。

4. 在函數中可以包含位元型態，函數回傳也可以用位元型態，範例如下：

```
/********** 3_57.C ****位元函數範例***********
*動作：位元函數應用輸出
***********************************************/
#include "..\MPC82.H" //暫存器及組態定義
void SEND(bit flag); //宣告位元函數
bit NOT(bit b1);       //宣告位元函數
```

```
main()
{
   bit b0=0;        //宣告位元變數 b0=0
 loop:
   SEND(0);      //P00=0
   SEND(1);      //P00=1
   b0=NOT(b0);//b0 反相由 P01 輸出
   goto loop;
}
//***************************************************
void SEND(bit flag)   //宣告位元函數，函數中有位元變數 flag
{
  P0_0=flag;      //位元變數由 P00 輸出
}
//***************************************************
bit NOT(bit b1)  //宣告位元函數，函數中有位元變數 b1
{
  P0_1=b1;        //位元變數由 P01 輸出
  b1=!b1;         //位元變數 b1 反相
  return b1;      //回傳位元變數 b1
}
```

軟體 Debug 操作：打開 P0 及 Locals 視窗，單步執行觀察 P00、P01 及位元變數的動作。

5. 在函數中可以包含指標變數，範例如下：

```
   /********* 3_58.C*****指標函數範例***********
*動作：以指標方式讀取 256 筆資料，由 LED 輸出後，停止執行
*硬體：SW1-3(P0LED)ON
*****************************************************/
#include "..\MPC82.H"  //暫存器及組態設定
#include "TABLE8.H"
/****************************************************
*名稱：Send()
*功能：由 LED 輸出陣列資料
*進入參數：point 要輸出的資料指標變數
*****************************************************/
void  Send(uint8 code *point)//陣列 TABLE 的開始位址放入指標變數
```

```
{  while(1)   //重覆執行
  {
    LED=~*point++;              //由 LED 輸出一筆資料,再換下一筆
    if(point > (TABLE+255)) break; //若陣列資料結束,則跳出迴圈
    Delay_ms(100);             //延時
  }
}
/*******************************************************
* 名稱:main()
* 功能:輸出陣列字串資料
********************************************************/
void main(void)
{
  P0M0=0; P0M1=0xFF; //設定 P0 為推挽式輸出(M0-1=01)
  Send(TABLE); //輸出所有陣列資料
  while(1);      //資料結束,停止執行
}
```
軟體 Debug 操作:取消'~',打開 P0 及 Watch 1 視窗,單步執行觀察 P0(LED) 及變數的動作。

3-3.2　系統函數

要使用內部系統函數之前,必須先包括(include)進來函數定義檔,Keil-C51 常用的內部系統函數定義檔,如表 3-22 所示:

表 3-22　內部系統函數

系統函數定義檔		說明
STDIO	.H	標準 I/O 函數
STRING	.H	字串函數
MATH	.H	算術函數
FLOAT	.H	浮點函數
CTYPE	.H	資料型態轉換函數
STDLIB	.H	標準函數庫
INTRINS	.H	邏輯運算函數庫

系統函數定義檔以標準 I/O 函數 stdio.h 及算術函數 math.h 為例，其中 stdio.h 內有許多輸出或輸入字元(串)的函數，表示它是藉由 UART 傳輸資料到電腦的鍵盤及顯示器來進行輸出入工作，在第七章會有詳細介紹，如表 3-23 所示：

表 3-23　stdio.h 及 math.h 格式

STDIO.H 內定函數格式		MATH.H 內定函數格式	
getkey　(void)	輸入一個鍵	cabs (char　val)	8-bit 絕對值
getchar (void)	輸入一個字元	abs (int　val)	16-bit 絕對值
ungetchar (char)	輸入一個字元	labs (long val)	32-bit 絕對值
putchar (char)	輸出一個字元	fabs (float val)	浮點數絕對值
printf (const char *, ...)	顯示輸出字串	sqrt (float val)	均方根
sprintf(char *, const char*, ...)	輸出字串	exp (float val)	指數
vprintf (const char *, char *)	輸出字串	log (float val)	自然對數
vsprintf(char*,const char*,char*)	輸出字串	log10(float val)	以 10 為底自然對數
*gets (char *, int n)	輸入字串	sin　 (float val)	正弦三角函數
scanf(const char *, ...)	輸入字串	cos (float val)	餘弦三角函數
sscanf(char*, const char*, .)	輸出字串	tan (float val)	正切三角函數
puts (const char *)	輸出字串	asin(float val)	反正弦三角函數
rand()	亂數	acos(float val)	反餘弦三角函數
		atan(float val)	反正切三角函數
		sinh (float val)	正弦三角函數
		cosh (float val)	餘弦三角函數
		tanh (float val)	正切三角函數

1.　亂數 rand()函數的應用

在 stdio.h 內有亂數 rand()函數，執行後會產生 0~32767 之間的亂數值，經除 6 取餘數後，產生 0~5 的數值，再加 1 則可變成 1~6 的擲骰子動作。範例如下：

```
/************ 3_59.c **********************
*動作：取亂數當成擲骰子
*硬體：SW1-3(P0LED)ON
*******************************************/
```

```
#include "..\MPC82.h"
#include <stdlib.h>  //將標準 I/O 的函數庫包括進來
#include <stdio.h>   //將標準 I/O 函數包括進來
main()
{ unsigned int i=0;
  P0M0=0; P0M1=0xFF; //設定 P0 為推挽式輸出(M0-1=01)
  while(1)
  {
      i=rand();    //取亂數 0~32767
      i=i % 6 + 1; //取亂數當成擲骰子 1~6 亂數
      LED=~i;
      Delay_ms(100);
  }
}
```

軟體 Debug 操作：打開 Locals 視窗，設定變數為 10 進制。單步執行觀察變數 i 的變化。
作業：請設計兩位數十進制輸出 00~99 的亂數。

2. 算術函數 abs()及 sqrt()的應用

執行 abs()函數後會取絕對值成正數，執行 sqrt()函數後會取均方根。範例如下：

```
/************* 3_60.c ********************
*動作：算數函數 abs()及 sqrt()的應用
*********************************************/
#include <math.h> //將算數函數包括進來
main()
{ char i=-5;
 loop:
   i=cabs(i);    //變數 i 取絕對值，成正數=5
   i=i*i;        //i=5*5=25
   i=sqrt(i); //變數 i 取開根號=5
   i=-i;         //變數 i 成負數=-5
 goto loop;
}
```

軟體 Debug 操作：同上。

3. 三角函數的應用，有正弦(sin)、餘弦(cos)、正切(tan)及反正弦(asin)、反餘弦(acos)、反正切(atan)，可將角度 0~359 經三角函數轉換為弧度(-1~0~1)。範例如下：

```
/************ 3_61.c ************************
*動作：三角函數的應用，計算角度 0~360 度的數值
***********************************************/
#include <math.h> //將算數函數包括進來
main()
{  float  x,y,z;    //計算結果
   int i=0;          //角度=0
   for(i=0; i<=360; i=i+15)  //計算 0~360 度，間隔 15 度
    {
     x=sin(i*3.14159/180);  //計算正弦的值
     y=cos(i*3.14159/180);  //計算餘弦的值
     z=tan(i*3.14159/180);  //計算正切的值
    }
  while(1);  //自轉
}
```

軟體 Debug 操作：
(1) 打開 Locals 視窗，設定變數為 10 進制。
(2) 單步執行令其不斷的循環，觀察變數 i、x、y、z 的變化。

4. 邏輯運算函數庫的應用：C 語言並無旋轉指令，可使用 Keil 的系統函數 intrins.h 來處理 8-bit、16-bit 及 32-bit 的旋轉動作，它有右旋轉(RR:Rotation Right)和左旋轉(RL:Rotation Left)指令，以無符號 8-bit 旋轉為例，如下所示。

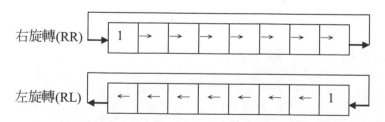

Keil 內部函數 intrins.h 所提供函數，內容如下：

```
#ifndef __INTRINS_H__
#define __INTRINS_H__

extern void        _nop_     (void); //空指令
extern bit         _testbit_ (bit); //位元測試
extern unsigned char _cror_ (unsigned char,unsigned char);//8-bit 右旋轉
extern unsigned int _iror_ (unsigned int,unsigned char);//16-bit 右旋轉
extern unsigned long _lror_ (unsigned long,unsigned char);//32-bit 右旋轉
extern unsigned char _crol_ (unsigned char,unsigned char);//8-bit 左旋轉
extern unsigned int _irol_ (unsigned int,unsigned char); //16-bit 左旋轉
extern unsigned long _lrol_ (unsigned long,unsigned char); //32-bit 左旋轉
extern unsigned char _chkfloat_(float);
extern void        _push_    (unsigned char _sfr);
extern void        _pop_     (unsigned char _sfr);
#endif
```

在 MPC82.h 內含#include <intrins.h>及重新定義函數 intrins.h 的旋轉指令，如下：

```
//********** MPC82.h *********************
//重新定義系統內部<intrins.h>函數
#include <intrins.h>  //包括邏輯運算函數庫設定
#define RR8(x) _cror_(x,1); //定義 8-bit 變數 x 右旋轉 1-bit
#define RR16(x) _iror_(x,1); //定義 16-bit 變數 x 右旋轉 1-bit
#define RR32(x) _lror_(x,1); //定義 32-bit 變數 x 右旋轉 1-bit

#define RL8(x) _crol_(x,1); //定義 8-bit 變數 x 左旋轉 1-bit
#define RL16(x) _irol_(x,1); //定義 16-bit 變數 x 左旋轉 1-bit
#define RL32(x) _lrol_(x,1); //定義 32-bit 變數 x 左旋轉 1-bit

#define NOP() _nop_;  //定義空指令，延時一個機械週期時間
```

旋轉函數範例，如下：

```
/******** 3_62.c ***旋轉函數範例***************
*動作：令 LED 左旋轉
*硬體：SW1-3(P0LED)ON
***********************************************/
#include "..\MPC82.H"  //暫存器及組態設定
main()
{
    unsigned char i=0x01; //定義 8-bit 變數
    P0M0=0; P0M1=0xFF; //設定 P0 為推挽式輸出(M0-1=01)
  loop:
    LED=~i;  //變數輸出
    Delay_ms(100); //延時
    i=RL8(i);     //8-bit 變數左旋轉
   goto loop;
}
```
軟體 Debug 操作：取消'~'，打開 P0 及 Locals 視窗，並觀察變數 i 及 P0 輸出變化
作業：修改程式令 P0 及 P1 左旋轉或右旋轉動作。

位元測試範例，如下：

```
/******** 3_63.c ***旋轉函數範例***************
*動作：由 KEY1(P32)輸入 bit 資料，到 P00 輸出
*硬體：SW1-3(P0LED)ON,按 KEY1
***********************************************/
#include "..\MPC82.H"  //暫存器及組態設定
main()
{   bit flag;  //宣告位元變數
    P0M0=0; P0M1=0xFF; //設定 P0 為推挽式輸出(M0-1=01)
  loop:
    flag=KEY1; //KEY1(P32)輸入 bit 資料
    P0_0=_testbit_(flag);//測試位元變數及輸出
    Delay_ms(100); //延時
    goto loop;
}
```
軟體 Debug 操作：打開 P0、P3 及 Locals 視窗，在 P32 輸入，觀察 flag 及 P0 輸出。
作業：修改程式由 KEY1 控制令 P0 及 P1 左旋轉或右旋轉動作。

3-3.3 前置處理假指令

前置處理假指令用於協助編譯器來處理程式碼,此假指令類似一個巨集指令,在編譯原始程式之前先進行某些動作。

前置處理假指令是以 "#" 符號為開頭,且一般是不會產生執行碼。如表 3-24 所示:

表 3-24 前置處理假指令

前置處理假指令	功能
#define	定義符號或前置處理的巨集指令
#elif	#else #if 的縮寫
#error	產出錯誤訊息
#if、#else、#endif	定義條件成立或不成立 所執行的設定
#ifdef	如果前置處理符號已定義,則執行其程式
#ifndef	如果前置處理符號未定義,則執行其程式
#include	將標頭檔的內容含入
#pragma	編譯器的特殊選項
#undef	取消先前定義的符號或前置處理巨集

1. 定義假指令(#define):用於定義某些名稱來代表字串或常數,如此可增加程式的可讀性。語法如下:

```
#define  名稱   數值或字串
#define  名稱   [\]數值或字串
```

其中如果無法在一行中寫完數值或字串,可以使用反斜線(\)表示還有更多的數值或字串。範例如下:

```
#define   i      40        //i=40
#define  NAME  "Henry"  // NAME=字串"Henry"
#define  SWAP(j,k)       //定義 j 及 k 內容交換
{
  int tmp;
  tmp=j;
```

```
    j=k;
    k=tmp;
  }
```

2. 條件編譯假指令(#if、#else 及#endif)：

   (1) #if 和#endif 作為條件編譯程式的假指令，而編譯時以是否符合 "條件"來決定編譯那些程式。

   (2) #else 提供二選一的編譯方式，此假指令可省略。

   (3) 如果條件成立，編譯程式 1，否則編譯程式 2。語法如下：

```
#if 條件              //判斷條件是否成立
    原始程式 1          //若條件成立，編譯及執行程式 1
  [#else 原始程式 2]   //若條件不成立，編譯及執行程式 2 (可省略)
#endif
```

範例：

```
#define  i  2       //定義 i=2
#if  i>0            //判斷是否 i>0
    #define  j  1  //假如 i>0,定義 j=1
  #else
    #define  j  2  //假如不是 i>0,定義 j=2
#endif             //結束判斷
```

3. 錯誤假指令(#error)：會顯示自已所定義的錯誤訊息(message)。語法如下：

```
#error  "message-string"  //錯誤訊息
```

範例：

```
#if  i > 10  //若 i>10 顯示錯誤訊息
  #error  "Too many count."  //錯誤訊息
#endif      //結束判斷
```

4. 條件編譯假指令(#ifdef 及#else)：#ifdef 類似#if，但它用於檢查所指定的符號是否已經被定義。如果符號已經被定義則原始程式 1 將被編譯，否則編譯原始程式 2 。

#else 假指令提供二選一的編譯方式，可省略。語法如下：

```
#ifdef 符號    //檢查符號是否被定義
    原始程式 1   //若有被定義則編譯原始程式 1
 [#else 原始程式 2] //否則編譯原始程式 2
#endif   //結束 if 判斷
```

範例如下：

```
#ifdef  MODE                //檢查 MODE 是否被定義
    #define  count  100   //若是 count=100
#endif   //結束 if 判斷
```

5. 條件編譯假指令(#ifndef)：相當於反相的#ifdef。

6. 條件編譯假指令(#elif)：#elif 要配合#if 一起使用，它提供第三種條件編譯方式。語法如下：

```
#if 條件 1
    原始程式 1
 #elif 條件 2
     原始程式 2
    [#else  原始程式 3]
#endif   //結束判斷
```

範例：

```
#if  i==1              //若 i=1
    #define  j  1     //若 i=1，則定義 j=1
 #elif  i==2          //若 i≠1，但 i=2
    #define  j  2     //若 i=2，則定義 j=2
    #else #define j  3 //若 i≠1 及 i≠2，則定義 j=3
#endif   //結束判斷
```

7. 條件編譯假指令(defined)：單一運算元的運算子 defined 可以使用在#if 或#elif 中。其中#ifdef 相當於#if defined，而#ifndef 則等於#if !defined。語法

如下：

```
#if  defined  符號
    原始程式 1
  [#else 原始程式 2 ]    //可省略
#endif   //結束判斷
```

範例：

```
#if  defined  i  //檢定符號 i 是否有定義
  #define  j  50 //若有 j=50
#endif    //結束判斷
```

8. 條件編譯假指令(#undef)：會將已定義的符號清除，相當於此符號沒有被定義。語法如下：

```
#undef   符號(symbol)
```

範例：

```
#define  i  100  //定義 i=100
#undef   i      //清除 i 的定義
#define  i  50  //重新定義 i=50
```

3-4 多個程式編譯實習

　　Keil-C51 允許將數個程式整合在專案內一起編譯,可以將大型的程式分成若干個小程式分開來撰寫及編譯,最後再一起連結。如此較容易管理及維護,其操作步驟如下:

3-4.1 單一檔案多個程式

　　可以將常用的函數放置在 MPC82.h 內,當在主程式有使用此函數時,它會代表一小段程式提供主程式一起編譯。但主程式中若有未用到的函數,編譯會產生警告。同時單步執行時,若進入函數內將無法顯示其程式的動作。

1. 主程式-單一檔案多個程式,如下:

```
//*********3_64.C********自定多個程式*******************
//動作:令 LED 遞加輸出延時
//硬體:SW1-3(P0LED)ON
//**********************************************
#include "..\MPC82.H"  //暫存器及組態定義
main()
{
  unsigned char i=0;
  P0M0=0; P0M1=0xFF; //設定 P0 為推挽式輸出(M0-1=01)
  while(1)  //重覆執行
  {
    LED=~i++;      //遞加輸出
    Delay_ms(200);//延時 0.2 秒
  }
}
```

軟體 Debug 操作:取消'~',同上。
作業:請設計以 100nS 為單位的延時函數

2. 在暫存器及組態設定(MPC82.h)內的 Delay_ms 函數,如下:

```
/**********************************************
```

```
*函數名稱：Delay_ms
*功能描述：延時以 1mS 為單位，石英晶體為 22.1184MHz
*********************************************/
void Delay_ms(unsigned int dly)
{
  unsigned  int dly1;//內循環變數
  while(dly--)   //外循環，遞減至 0
  { dly1=950;  while(dly1--);};//內循環，延時 1ms
}
```

3-4.2 多檔案程式範例

可以將常用的函數放置在 io.c 內，同時必須用 extern 宣告這些函數是在外面。然後將 io.c 與主程式一起編譯。當在主程式執行到此函數時，它會進入 io.c 內執行函數。多檔案程式編譯實習範例如下：

1. 主程式範例如下：

```
//*********3_65.C********多檔案程式範例*****************
//功能：令 LED 遞加輸出延時
//附加：io.c 或 io.lib
//硬體：SW1-3(P0LED)ON
//**********************************************************
#include "..\MPC82.H"  //暫存器及組態定義
extern void Delay(unsigned int dly) ; //宣告 Delay 函數在外面
main()
{ unsigned char i=0;
  P0M0=0; P0M1=0xFF; //設定 P0 為推挽式輸出(M0-1=01)
  while(1) //重覆執行
  {
    LED=~i++;     //遞加輸出
    Delay(200);   //延時
  }
}
軟體 Debug 操作：同上
```

2. io.c 程式如下：

```
/*******************************************
*函數名稱: Delay
*功能描述: 延時以 1mS 為單位，石英晶體為 22.1184MHz
*******************************************/
void Delay(unsigned int dly)
{ unsigned  int dly1;//內循環變數
  while(dly--)   //外循環，遞減至 0
   { dly1=950;  while(dly1--);};//內循環，延時 1ms
 }
```

3-4.3 程式庫的應用

可以將常用的函數放置在程式庫(***.lib)內，再和主程式一起編譯及連結。

1. 建立新專案(IO.uvproj)，按 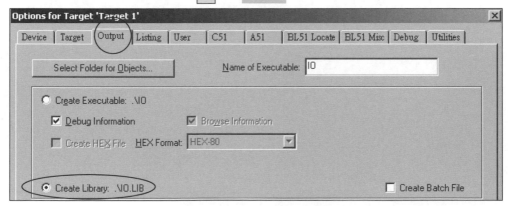 → Output 產生程式庫檔(IO.lib)，如圖 3-31：

圖 3-31　產生程式庫檔

2. 加入 io.c 到專案(IO.uvproj)內，編譯及連結後會產生程式庫檔(IO.lib)。

3. 再開啟專案檔(CH3.uvproj)，加入程式庫檔(IO.lib)及主程式(3_65.c)一起編譯及連結後，即可執行。同時單步執行時，可顯示函數內容。

4. 僅有正式版 Keil 所產生的程式庫檔才可使用，否則編譯時會產生錯誤。

CHAPTER 4

輸出入控制實習

本章單元

- 基本輸出入實習
- 步進馬達控制實習
- 七段顯示器輸出實習
- 點矩陣顯示器掃描控制
- 文字型 LCD 控制實習
- 繪圖型 LCD 控制實習

MPC82G516 的 I/O 埠接腳有 32 支(DIP 包裝)、36 支(PLCC、PQFP 包裝)或 40 支(LQFP 包裝)，如圖 4-1。

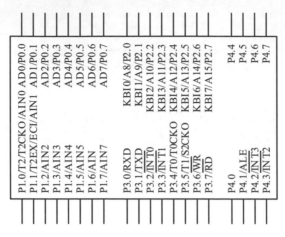

圖 4-1　IO 埠接腳

4-1　基本輸出入實習

IO 操作模式預定為標準雙向(Quasi-bidirectional)I/O，其 I_{OH} 很小，在 P0 接上 LCD 及有用到驅動電路 UN2003 時，最好能改為推挽式輸出。

為配合本章各項實驗，實習板的開關(SW1~SW3)，不用時請向下切換為 off。

4-1.1　基本實習

只要令輸出腳的邏輯準位固定每隔一段時間反相一次，即可輸出對稱的方波，例如要輸出 500Hz 的方波。如圖 4-2 所示：

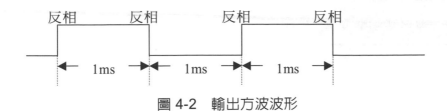

圖 4-2　輸出方波波形

請將 SW3-5(P10)或 SW3-6(P12)短路，將 P10 或 P12 埠設定爲推挽式輸出，再經 UN2003 來驅動喇叭，電路如圖 4-3 所示：

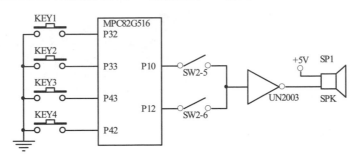

圖 4-3　開關及喇叭實習電路圖

在 MPC82.H 內接腳定義如下：

```
//按鍵接腳
sbit   KEY=P3^2;   //P32 按鍵開關輸入
sbit   KEY1=P3^2;  //P32 按鍵開關輸入
sbit   KEY2=P3^3;  //P33 按鍵開關輸入
sbit   KEY3=P4^3;  //P43 按鍵開關輸入
sbit   KEY4=P4^2;  //P42 按鍵開關輸入
//喇叭接腳
sbit   SPEAK=P1^0;  //P10 喇叭輸出
sbit   SPK=P1^0;    //P10 喇叭輸出
sbit   SPK1=P1^2;   //P12 喇叭輸出
```

開啓專案檔 C:\MPC82\CH04_IO\CH4.uvproj，並加入各範例程式，如下：

1. 令喇叭輸出嗶嗶聲，範例如下：

```
/********** 4_1.c ***************************
*動作：喇叭(SPEAK)輸出嗶嗶聲
*硬體：SW2-5(SPK)ON
***************************************/
#include "..\MPC82.H"    //暫存器及組態定義
#define F      600 //定義音頻常數
#define T      600 //定義音長常數
#define STOP  1000    //定義停止時間常數
main()
{ unsigned int i,dly;
  P1M0=0;    P1M1=0x01; //設定 P10(SPK)為推挽式輸出(M0-1=01)
  while(1)
  {
   for(i=0;i<T;i++)  //輸出反相次數，決定音長
    {
     SPEAK=!SPEAK;  //SPEAK 反相,令喇叭發出聲音
     dly=F; while(dly--);  //音頻延時
    }
    SPEAK=0; Delay_ms(STOP);  //喇叭停止，間隔時間
  }}
```

軟體 Debug：打開邏輯分析視窗，觀察 P10(SPEAK)輸出波形變化，如圖 4-4 所示。
作業：請調整嗶嗶聲的音頻及長短。

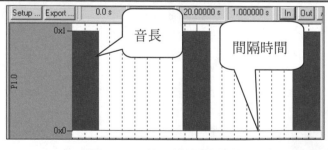

圖 4-4　喇叭輸出嗶嗶聲

2. 控制喇叭輸出嗶聲的次數，按 KEY1 喇叭停止，範例如下：

```
/********** 4_2.c **************************
*動作：喇叭(SPEAK)輸出嗶嗶聲，按下 KEY1 時，喇叭停止
*硬體：SW2-5(SPK)ON，按 KEY1
**********************************************/
#include "..\MPC82.H"   //暫存器及組態定義
#define F      600 //定義音頻常數
#define T      600 //定義音長常數
#define STOP1  300     //定義嗶聲的間隔時間
#define STOP2  1000    //定義間隔時間
void beep(unsigned char i);
main()
{
  P1M0=0;    P1M1=0x01; //設定 P10(SPK)為推挽式輸出(M0-1=01)
  while(1)
  {
    beep(1);         //嗶一聲
    SPEAK=0; Delay_ms(STOP2); //喇叭停止，間隔時間
    beep(2);         //嗶二聲
    SPEAK=0; Delay_ms(STOP2); //喇叭停止，間隔時間
    beep(3);         //嗶三聲
    SPEAK=0; Delay_ms(STOP2); //喇叭停止，間隔時間
  }
}
/**********************************************/
void beep(unsigned char i)
{
  unsigned int  j,dly;//SPEAK 反相次數
  while(i--)    //嗶聲次數
  {
    for(j=0;j<T;j++) //輸出反相次數，決定音長
    {
```

```
        while(KEY1==0) SPEAK=0; // 按下 KEY1 時，喇叭停止
        SPEAK=!SPEAK; //SPEAK 反相,令喇叭發出聲音
        dly=F; while(dly--);//音頻延時
      }
   SPEAK=0; Delay_ms(STOP1);//喇叭停止，嗶聲的間隔時間
  }
}
```

軟體 Debug：打開 P3 及邏輯分析視窗，觀察 P10(SPEAK) 輸出波形變化，P32=0 時，則
　　　　停止，如圖 4-5 所示。
作業：請調整嗶嗶聲的音頻及長短(如三長兩短)。

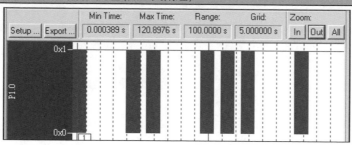

圖 4-5　喇叭輸出嗶嗶聲

3. 輸出可改變時間的方波，範例如下：

```
/******************** 4_3.c ********************
*動作：由按鍵控制喇叭音頻,按 KEY1 增加,若按 KEY2 減少延時時間
*硬體：SW2-5(SPK)ON, 按 KEY1 及 KEY2 控制音頻
***********************************************/
#include "..\MPC82.H"   //暫存器及組態定義
main()
{  unsigned int dly,i=1000;
   P1M0=0;    P1M1=0x01; //設定 P10(SPK)為推挽式輸出(M0-1=01
  while(1)  //重覆執行
  {
   if(KEY1==0) { i++;    //若按 KEY1 則加長延時
                if(i>65500) i=65500;//限制最長時間
```

```
                    }
    if(KEY2==0)  {
                    i--;        //若按 KEY2 則縮短延時
                    if(i<100)   i=100;    //限制最短時間
                    }
    dly=i; while(dly--);   //改變延時
    SPEAK=!SPEAK;    //SPEAK 反相,令喇叭發出聲音
    }
}
```

軟體 Debug：打開 P3 及邏輯分析視窗，由 P32 及 P33 控制，觀察 P10 輸出波形變化。
作業：請再增加由 LEY3 及 KEY4 控制喇叭的動作。

4. 防止按鍵開關機械跳動實習範例

　　以按鍵開關(KEY)作為輸入信號時，因其開及關均會有機械跳動的現象，致使在按鍵及放鍵的過程中會產生數個脈波。此時可在機械跳動時，執行延時程式，在這一段時間內不處理開關的動作，如圖 4-6 所示。

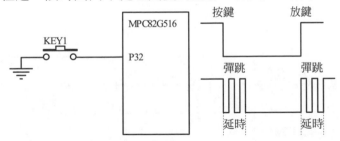

圖 4-6　按鍵開關輸入時的機械跳動現象

```
/********** 4_4.C **************************
*動作：由 KEY1 按鍵開關輸入具防止機械彈跳，令 LED 遞加輸出
*硬體：SW1-3(P0LED)ON, 按 KEY1
*********************************************/
#include "..\MPC82.H"   //暫存器及組態定義
main()
```

```
{  unsigned char i=0;
   P0M0=0;  P0M1=0xFF; //設定 P0 為推挽式輸出(M0-1=01)
   while(1)  //重覆執行
   {
    LED=~i++;    //LED 遞加
    do
     {
      while(KEY1==1);//若未按鍵，KEY1=1 空轉
      //Delay_ms(1);    //若有按鍵，延時避開機械跳動
     }
    while(KEY1 == 1);//延時後，若 KEY1 仍為 1，跳到 do 重新檢查

    do
     {
      while(KEY1==0);//若未放鍵，KEY1=0 空轉
      //Delay_ms(1);   //若有放鍵，延時避開機械跳動
     }
    while(KEY1== 0);  //延時後，若 KEY 仍為 0，跳到 do 重新檢查
   }
}
```

實習步驟：取消"~"。

先取消延時，觀察按 KEY1 時，LED 是否會亂跳。加上延時，再按 KEY1 時，觀察 LED 是否有改善。

5. 位元旗標(flag)實習範例：

可設定位元旗標(flag)，每按一次 KEY1 按鍵令 flag 反相，來控制 LED 遞加輸出或停止。實習範例如下：

```
/********** 4_5.C *********************
*動作：每按一次按鍵，控制 LED 遞加輸出或停止
*硬體：SW1-3(P0LED)ON, 按 KEY1
*************************************/
```

```
#include "..\MPC82.H"    //暫存器及組態定義
bit flag=1;    //設定 bit 變數
main()
{  unsigned char i=0;
   P0M0=0; P0M1=0xFF; //設定 P0 為推挽式輸出(M0-1=01)
   while(1)        //重覆執行
    {               //若 flag=0，直接跳到此處
      if(KEY1==0)        //若有按鍵，flag 反相
      {
        Delay_ms(1);  //延時，防止機械彈跳
        flag=!flag;     //flag 反相
        while(KEY1==0);  //若未放開鍵，空轉
        Delay_ms(1);  //延時，防止機械彈跳
      }
      if(flag==0) continue;//若 flag=0，直接跳到迴圈最前面
      LED=~i++;               //若 flag=1,LED 遞加輸出
      Delay_ms(100);  //延時
    }
}
```

開始

LED=0

有按鍵 → Y → flag反相 → 未放鍵 (是/否)

是否

flag=0 → N → LED+1

軟體 Debug 操作：取消'~'。
(1) 打開 P0、P3 及 Watch 視窗。在 Watch 視窗的 locals 設定變數 i 及在 Watch#1
    設定位元變數 flag。
(2) 快速執行，由 P32(KEY) 輸入，控制 P0(LED)的動作。並觀察變數 i 及 flag。
作業：請再增加由 P33 控制遞加或遞減。

4-1.2 紅黃綠燈輸出實習

　　紅黃綠燈是個典型的循序控制，每輸出一個動作會伴隨著一個延時時間，然後循序漸近、週而覆始的執行，依此觀察可應用在一般性的工業控制。紅黃綠燈動作變化，如圖 4-7 所示。

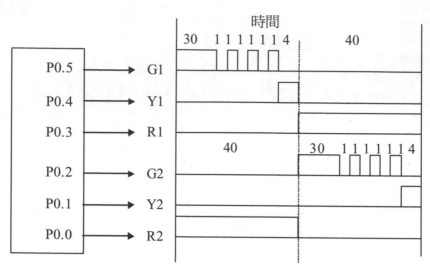

圖 4-7　紅黃綠燈變化時序圖

將兩組紅黃綠燈的變化，轉爲輸出資料，如表 4-1 所示：

表 4-1　紅黃綠燈的輸出資料

順序	LED 資料	7 6 5 4 3 2 1 0 綠黃紅綠黃紅	時間	順序	LED 資料	7 6 5 4 3 2 1 0 綠黃紅綠黃紅	時間
0	0x21	○○１○○○○１	30	8	0x0C	○○○○１１○○	30
1	0x01	○○○○○○○１	1	9	0x08	○○○○１○○○	1
2	0x21	○○１○○○○１	1	10	0x0C	○○○○１１○○	1
3	0x01	○○○○○○○１	1	11	0x08	○○○○１○○○	1
4	0x21	○○１○○○○１	1	12	0x0C	○○○○１１○○	1
5	0x01	○○○○○○○１	1	13	0x08	○○○○１○○○	1
6	0x21	○○１○○○○１	1	14	0x0C	○○○○１１○○	1
7	0x11	○○○１○○○１	4	15	0x0A	○○○○１○１○	4

　　在實習板的紅黃綠燈電路由低電位驅動 LED 發亮，故程式中必須反相輸出，如圖 4-8 所示

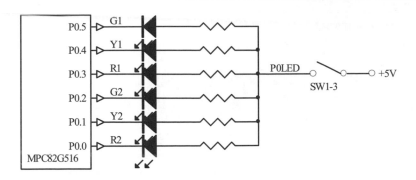

圖 4-8　紅黃綠燈控制電路圖-實習板

1.　紅黃綠燈範例(1)

```
/********** RYG1.c ***************************
*動作：令 LED 輸出紅黃綠燈的變化
*硬體：SW1-3(P0LED)ON
**********************************************/
#include "..\MPC82.H"   //暫存器及組態定義
char code light[]=    //紅黃綠燈的變化資料
{ 0x21,0x01,0x21,0x01,0x21,0x01,0x21,0x11,
  0x0C,0x08,0x0C,0x08,0x0C,0x08,0x0C,0x0A};
char code time[] =    //每一個變化的時間
{30,1,1,1,1,1,1,4,30,1,1,1,1,1,1,4};
main()
{
  char i;    //資料計數
  P0M0=0; P0M1=0xFF;  //設定 P0 為推挽式輸出(M0-1=01)
  while(1)   //永久循環執行
   {
     for (i=0;i<16;i++)  //設定 0~15 個變化
      {
       LED=~light[i];   //紅黃綠燈資料由 LED 輸出
       Delay_ms(time[i]*200);//將每一個變化的時間送到延時函數
```

```
      }
    }
}
```

軟體 Debug：取消"~"。打開邏輯分析模視窗，載入 RYG.UVL，執行工作如圖 4-9 所示。
作業：請自行設計循序控制的步驟及時間長短。

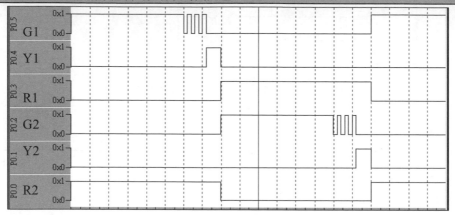

圖 4-9　軟體模擬-紅黃綠燈輸出

2. 紅黃綠燈範例(2)：當陣列資料為 0 時，重新開始。

```
/********** RYG2.c ****************************
*動作：令 LED 輸出紅黃綠燈的變化
*硬體：SW1-3(P0LED)ON
*************************************************/
#include "..\MPC82.H"    //暫存器及組態定義
char code Table[] =
{ 0x21,30,0x01,1,0x21,1,0x01,1,0x21,1,0x01,1,0x21,1,0x11,4,
  0x0C,30,0x08,1,0x0C,1,0x08,1,0x0C,1,0x08,1,0x0C,1,0x0A,4,
  0};//資料 0 為重新開始

main()
{
```

```
    char i;      //資料計數
    P0M0=0; P0M1=0xFF; //設定 P0 為推挽式輸出(M0-1=01)
    while(1)
     {
       i=0;      //資料計數=0
       while(1)  //永久循環執行
        {
          if(Table[i]==0) break; //若資料=0，退出迴圈重新開始
          LED=~Table[i++];   //紅黃綠燈資料反相輸出,計數+1
          Delay_ms(Table[i++]*200);//時間送到延時函數,計數+1
        }
      }
}
```

軟體 Debug：取消"~"。同上。

3. 輸出紅黃綠燈的變化，由 KEY(P32)偵測來車控制號誌動作。

```
/********** RYG3.c ****************************
*動作：令 LED 輸出紅黃綠燈變化，當 KEY1=0 時黃燈互閃
*硬體：SW1-3(P0LED)ON,按 KEY1
***********************************************/
#include "..\MPC82.H"   //暫存器及組態定義
char code light[]=   //紅黃綠燈的變化資料
{0x21,0x01,0x21,0x01,0x21,0x01,0x21,0x11,
 0x0C,0x08,0x0C,0x08,0x0C,0x08,0x0C,0x0A};
char code time[] =   //每一個變化的時間
{30,1,1,1,1,1,1,4,30,1,1,1,1,1,1,4};
main()
{
 char i;  //資料計數
  P0M0=0; P0M1=0xFF; //設定 P0 為推挽式輸出(M0-1=01)
  while(1)  //永久循環執行
  {
    if(KEY1==1)    //KEY1=1，紅黃綠燈動作
```

```
    {
     for (i=0;i<16;i++)  //設定 0~15 個變化
     {
        if(KEY1==0) break;//若當 KEY1=0 時，跳出迴圈，黃燈互閃
        LED=~light[i];   //紅黃綠燈資料反相輸出
        Delay_ms(time[i]*100);//將每一個變化的時間送到延時函數
     }
   }
  else
    {
      if(KEY1==1) break;//若當 KEY1=1 時，跳出迴圈，紅黃綠燈動作
      LED=~0x10;  Delay_ms(100);      //黃燈互閃
      LED=~0x02; Delay_ms(100);
    }
  }
}
```

軟體 Debug：取消"~"。同上，由 P32 控制為黃燈互閃。

作業：請設計由兩個開關(P32 及 P33)，控制紅黃綠燈變化。

4-2 步進馬達控制實習範例

步進馬達本身是以寸動(每次走一步)的方式來工作,具有無慣性作用、高精密度的旋轉角度及容易控制等優點,尤其適用於微處理機的控制,雖然速度稍嫌緩慢及力量較小外,不失為一良好控制元件。

4-2.1 步進馬達控制

步進馬達控制電路,如圖 4-10 所示。

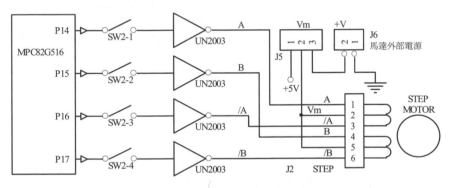

圖 4-10 步進馬達驅動電路

在 MPC82.H 內接腳定義如下:

```
//步進馬達接腳
 sfr    STEP=0x90; //步進馬達由 P14-7 輸出
```

目前市面上的步進馬達大部份為四相六線式及每圈 200 步,其工作電路若是 0.3A 以下的步進馬達可直接以 UNL2003 來驅動。同時若步進達使用+5V 工作,可將 J5 的 1-2 短路。若不是須將 J5 的 2-3 短路,即可由 J6 外加電源。

步進馬達的驅動方式一般分為三種，只要依照順序去驅動步進馬達的每一組線圈，就可以改變它的正反轉及速度，驅動數碼如表 4-2 所示：

表 4-2　步進馬達驅動數碼

正轉	反轉	單相全步運轉				雙相全步運轉				單雙相半步運轉			
		步	A	B	/A	/B	步	A	B	/A	/B	步	A	B	/A	/B

正轉	反轉	步	A	B	/A	/B	步	A	B	/A	/B	步	A	B	/A	/B
		0	0	0	0	1	0	0	0	1	1	0	1	0	0	1
		1	0	0	1	0	1	0	1	1	0	1	0	0	0	1
		2	0	1	0	0	2	1	1	0	0	2	0	0	1	1
		3	1	0	0	0	3	1	0	0	1	3	0	0	1	0
		0	0	0	0	1	0	0	0	1	1	4	0	1	1	0
		1	0	0	1	0	1	0	1	1	0	5	0	1	0	0
		2	0	1	0	0	2	1	1	0	0	6	1	1	0	0
		3	1	0	0	0	3	1	0	0	1	7	1	0	0	0

4-2.2　步進馬達輸出實習

1.步進馬達實習範例(1)：

```
/*********** STEP1.C ************************
*動作：將驅動數碼存在陣列資料，由 STEP 輸出驅動步進馬達運轉
*接線：步進馬達輸出：P14=A,P15=B,P16=/A,P17=/B
*硬體：SW1-3(P0LED)ON 及 SW2-1~4(STEP)ON
*********************************************/
#include "..\MPC82.H"   //暫存器及組態定義//驅動數碼
   unsigned char run_Table[]={0x1,0x2,0x4,0x8};//單相全步運轉
//unsigned char run_Table[]={0x3,0x6,0xC,0x9};//雙相全步運轉
//unsigned char run_Table[]={0x9,0x1,0x3,0x2,0x6,0x4,0xC,0x8};
                          //單雙相半步運轉，改為 8 步
void main()
{  char i;      //定義資料計數
```

```
  P1M0=0; P1M1=0xF0; //設定 P17-4(STEP)為推挽式輸出(M0-1=01)
  STEP=0x00;    //步進馬達初值：P17-4=0000
  while(1)
   {
     for(i=0;i<=3;i++)   //資料計數由 0-->3,步進馬達正轉
   //for(i=3;i>=0;i--)   //資料計數由 3-->0,步進馬達反轉
     { LED=~run_Table[i];     //讀取驅動數碼由 LED 輸出
       STEP=run_Table[i]<<4;  //讀取驅動數碼由步進馬達輸出
       Delay_ms(100);   //延時時間
     }
   }
}
```

軟體 Debug 操作：
(1)打開 P0、P1 及 Watch 視窗。單步執行，並觀察變數及輸出的變化。
(2)在邏輯分析模擬載入 STEP.UVL，快速執行，觀察 P1.4-7 輸出波形如圖 4-11 所示。
作業：
(1)將 for(i=0;i<=3;i++) 改為 for(i=3;i>=0;i--) 會形成反轉。
(2)請改用雙相全步運轉及單雙相半步運轉(須將 3 改為 7) 來驅動步進馬達。
(3)請設計步進馬達正轉一段時間後改為反轉，再反轉一段時間後改為正轉。

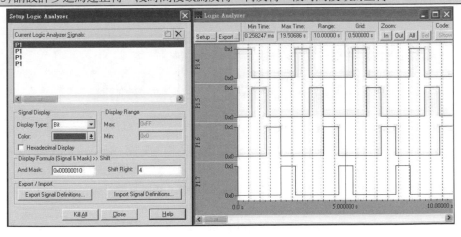

圖 4-11 邏輯分析模擬-步進馬達輸出

2.步進馬達手動控制：可由 KEY1-4 控制步進馬達正反轉、速度及停止，如下：

```
/*********** STEP2.C ********************************
*動作：將驅動數碼存在陣列資料內，以手動方式控制步進馬達運轉
*       KEY1=控制正反轉，1=正轉，0=反轉。
*       KEY2=控制運轉/停止，1=運轉，0=停止
*       KEY3=控制減速，1=不變，0=減速
*       KEY4=控制加速，1=不變，0=加速
*硬體：SW1-3(P0LED)ON 及 SW2-1~4(STEP)ON,按鍵 KEY1~4
****************************************************/
#include "..\MPC82.H"    //暫存器及組態定義
unsigned char run_Table[]={0x1,0x2,0x4,0x8};//驅動數碼
void main()
{
  char i;        //定義資料計數
  unsigned int speed=100; //定義馬達速度變數初值
  P0M0=0; P0M1=0xFF; //設定 P0 為推挽式輸出(M0-1=01)
  P1M0=0; P1M1=0xF0; //設定 P17-4(STEP)為推挽式輸出(M0-1=01)
  STEP=0x0F;     //步進馬達初值：P17-4=0000
  while(1)
   {
     while(KEY2==0);    //若 KEY2=0，停止運轉
    if(KEY3==0)       //若 KEY3=0 減速科，
    {speed++; if(speed>1000) speed=1000;} // 限制時間

    if(KEY4==0)       //若 KEY4=0 加速
    {speed--; if(speed<10) speed=10;} // 限制時間

    if(KEY1==1)         //若 KEY2=1，KEY1=1，馬達正轉
    {
      if(i>3)  i=0;        //若資料計數>3，從 0 開始
      LED=~run_Table[i];    //讀取驅動數碼由 LED 輸出
```

```
     STEP=run_Table[i]<<4;   //讀取驅動數碼由步進馬達輸出
     Delay_ms(speed);     //延時時間
     i++;                 //資料計數+1
   }
     else                 //若 KEY2=1，KEY1=0，馬達反轉
      {
      if(i<0)  i=3;       //若資料計數<0，從 3 開始
      LED=~run_Table[i];   //讀取驅動數碼由 LED 輸出
      STEP=run_Table[i]<<4;  //讀取驅動數碼由步進馬達輸出
      Delay_ms(speed);    //延時時間
      i--;                //資料計數-1
     }
   }
}
```

軟體 Debug：取消'~'，打開 P0、P3 及 Watch 視窗。由 P3 輸入，觀察輸出。
作業：請設計增加 KEY1-4 控制其它功能。

3. 步進馬達自動控制：步進馬達的各種動作可放置於陣列內，再依序執行，
   形成自動正反及停止控制，如下：

```
/*********** STEP3.C *******************************
*動作：將各種動作存在陣列資料內，以自動方式控制步進馬達運轉
*       第一個為功能資料：0=從頭開始,1=正轉 CW,2=反轉 CCW，3=停止
*       第二個為步數資料：指定步進馬達行進步數
*       第三個為延時資料：指定步進馬達每步的時間，或停止的時間
*硬體：SW1-3(POLED)ON 及 SW2-1~4(STEP)ON
***********************************************/
#include "..\MPC82.H"   //暫存器及組態定義
unsigned char run_Table[]={0x1,0x2,0x4,0x8};//驅動數碼

unsigned int code func_Table[]  //步進馬達動作
   = {1,30,100,  //正轉,step=30,delay=0.1sec
      3,1000,    //停止,delay=10sec
```

```
    2,20,100, //反轉,step=20,delay=0.1sec
    3,2000,    //停止,delay=20sec
    0};        //從頭開始

void main()
{
  char   i=0;   //動作計數
  char   j=0;   //驅動數碼資料計數
  char   func;  //功能
  unsigned char   step;  //步數
  P0M0=0; P0M1=0xFF; //設定 P0 為推挽式輸出(M0-1=01)
  P1M0=0; P1M1=0xF0; //設定 P17-4(STEP)為推挽式輸出(M0-1=01)
  STEP=0x0F;    //步進馬達初值：P17-4=0000
  while(1)
   {
    func=func_Table[i]; //讀取功能資料
    switch(func)        //執行功能
     {
      case 0:         //若功能=0，從頭開始讀取
       i=0;           //動作計數=0，從頭開始讀取
      break;          //退出

      case 1:              //若功能=1,正轉
       i++;                //動作計數+1
       step=func_Table[i]; //讀取步數資料
       i++;                //動作計數+1
       while(step--)       //步數-1,若大於 0 則繼續運轉
        {
         j++;              //驅動數碼資料+1
         if (j>3) j=0;     //正轉資料計數>3,j=0
         LED=~run_Table[j];      //讀取驅動數碼由 LED 輸出
         STEP=run_Table[j]<<4; //讀取驅動數碼由步進馬達輸出
```

```
        Delay_ms(func_Table[i]);//延時時間,實際電路須加長
    }
  i++;                //動作計數+1
  break;              //退出


  case 2:             //若功能=2,反轉
  i++;                //動作計數+1
  step=func_Table[i]; //讀取步數資料
  i++;                //動作計數+1
  while(step--)       //步數-1,若大於0則繼續運轉
   {
     j--;             //驅動數碼資料-1
     if (j<0) j=3;    //反轉資料計數<0,j=3
     LED=~run_Table[j];    //讀取驅動數碼由LED輸出
     STEP=run_Table[j]<<4; //讀取驅動數碼由步進馬達輸出
     Delay_ms(func_Table[i]);//延時時間,實際電路須加長
   }
  i++;             //動作計數+1
  break;           //退出


  case 3:          //若功能=3,停止
  i++;             //動作計數+1
  Delay_ms(func_Table[i]); //停止時間,實際電路須加長
  i++;             //動作計數+1
  break;           //退出
   }
 }
}
```

軟體Debug：取消'~'。同上。

作業：請修改程式，當改變方向是會產生嗶嗶聲。

4-3 七段顯示器輸出實習

七段顯示器是由 8 個 LED 所組成的,其接法可分爲共陽極及共陰極兩種,
如圖 4-12(a)(b)所示:

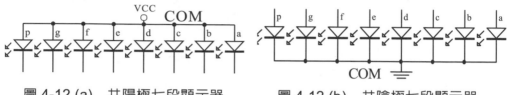

圖 4-12 (a)　共陽極七段顯示器　　圖 4-12 (b)　共陰極七段顯示器

共陽極七段顯示器由陰極以低電位驅動發亮,而共陰極七段由陽極以高電
位發亮驅動。加以組合即可形成數字。以共陰極爲例,如表 4-3 所示:

表 4-3　共陰極七段顯示器數碼表

	數字	pgfedcba	數碼	數字	pgfedcba	數碼
	0	00111111	0x3f	8	01111111	0x7f
	1	00000110	0x06	9	01101111	0x6f
	2	01011011	0x5b	A	01110111	0x77
	3	01001111	0x4f	B	01111100	0x7c
	4	01100110	0x66	C	00111001	0x39
	5	01101101	0x6d	D	01011110	0x5e
	6	01111101	0x7d	E	01111001	0x79
	7	00000111	0x07	F	01110001	0x71

4-3.1 七段顯示器實習

1. 共陰極及共陽極的七段顯示器的接線電路,如圖 4-13 所示:

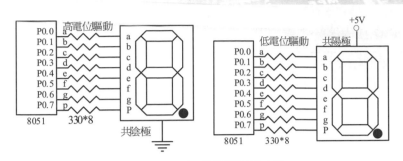

圖 4-13 七段顯示器電路

　　圖中共陰極七段顯示器使用高電位來驅動 LED 發亮。而共陽極七段顯示器使用低電位來驅動 LED 發亮，所以陣列資料必須加以反相後輸出到共陽極七段顯示器才能顯示出正確的數字。

　　將 SW1-1(SEG7)ON，由 P0 低電位輸出資料及 P43-0 低電位驅動 PNP 電晶體導通，令+5V 送到七段顯示器的共陽極(S3-0)選擇數字發亮。如圖 4-14。

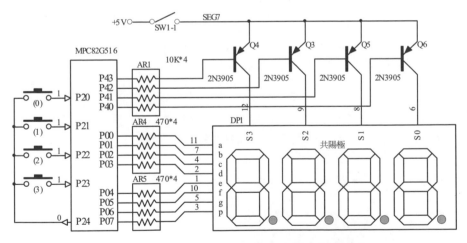

圖 4-14 　4 個七段式 LED(共陽)實習電路

在 MPC82.H 內接腳定義如下：

```
//七段顯示器接腳
sfr     Data=0x80;  //P0 七段顯示器資料
sfr     SEG7=0xE8;  //P4 七段顯示器共陽極數字選擇
sbit    S3=P4^3;     //P43 七段顯示器千位數選擇
sbit    S2=P4^2;     //P42 七段顯示器百位數選擇
sbit    S1=P4^1;     //P41 七段顯示器十位數選擇
sbit    S0=P4^0;     //P40 七段顯示器個位數選擇
```

單一數字七段顯示器，範例程式如下：

```
/*******************SEG1.C********************
*動作：送出數碼資料到 a~g，令共陽極七段顯示器顯示 0~F
*接線：Data=七段顯示器低電位輸出=Pgfedcba
*       低電位掃描：S3~0=千、百、十、個位數
*硬體：SW1-1(SEG7)ON
*********************************************/
#include "..\MPC82.H"   //暫存器及組態定義
 unsigned char code Table[] //七段顯示器 0~F 數碼資料
  ={0x3f,0x06,0x5b,0x4f,0x66,0x6d,0x7d,0x07,
    0x7f,0x6f,0x77,0x7c,0x39,0x5e,0x79,0x71};
void main()
{
  char i;   //資料計數
  P0M0=0;  P0M1=0xFF; //設定 P0 為推挽式輸出(M0-1=01)
  S0=0;     //令單個七段顯示器亮
  while(1)  //重覆執行
   {
    for(i=0;i<16;i++)  //計數=0~15
     {
       Data=~Table[i];//讀取顯示器數碼資料低電位輸出
       Delay_ms(500);   //延時
```

```
          }
      }
  }
```

作業：請修改數碼資料，輪流顯示 10 個不同的英文字母。

2. 四位數掃瞄七段顯示器範例：

　　若每個數字均須 8 支腳來驅動，則數字較多時則會浪費許多的 I/O 腳，此時可採用掃瞄技巧來處理，如圖 4-14 所示：

　　圖中將所有數字的 a~p 接腳並聯在一起，由 P0 低電位輸出七段顯示器數碼資料。再用 P43-0(S3-0)輸出低電位經 PNP 電晶體以掃瞄方式來推動四個共陽極的七段顯示器選擇那一個數字發亮。如 S0(P40)=0 時個位數字發亮，S1(P41)=0 時十位數字發亮，由右至左不斷重覆掃瞄。如此可節省 I/O 腳，也可減少耗電。

　　其中每送出一個數碼資料，隨後須再加上掃瞄延時來決定其掃瞄的速度，若太快顯示器會較暗，若太慢顯示器會閃爍。同時每送出一個計數值時，實際電路必須重覆掃瞄若干次後才換下一個計數，數字才會停滯在顯示器一段時間。

```
/*********** SEG2.C *************************
*動作：四位數掃描計數器，以十六進制顯示 0000~ffff
*接線：Data=七段顯示器低電位輸出=Pgfedcba
*     低電位掃描：S3~0=千、百、十、個位數 V
*硬體：SW1-1(SEG7)ON
***********************************************/
#include "..\MPC82.H"   //暫存器及組態定義
 unsigned char code Table[] //0~F數碼資料
  ={0x3f,0x06,0x5b,0x4f,0x66,0x6d,0x7d,0x07,
```

```
    0x7f,0x6f,0x77,0x7c,0x39,0x5e,0x79,0x71};

main()
{
  unsigned char scan;  //掃描次數
  unsigned int count=0x1234; //計數初值
  unsigned char i;     //擷取計數的個、十、百、千位數
  P0M0=0; P0M1=0xFF; //設定 P0 為推挽式輸出(M0-1=01)
  while(1)       //重覆執行
    {
     for(scan=0;scan<100;scan++) //重覆掃描次數
      {
       S0=S1=S2=S3=1; //遮沒
       i=count & 0x000f; //取出個位數
       Data=~Table[i];//讀取個位數碼資料輸出
       S0=0;        //選擇個位數顯示器
       Delay_ms(1);   //掃描延時

       S0=S1=S2=S3=1; //遮沒
       i=(count & 0x00f0)>>4; //取出十位數
       Data=~Table[i];//讀取十位數碼資料輸出
       S1=0;        //選擇十位數顯示器
       Delay_ms(1);   //掃描延時

       S0=S1=S2=S3=1; //遮沒
       i=(count & 0x0f00)>>8; //取出百位數
       Data=~Table[i];//讀取百位數碼資料輸出
       S2=0;        //選擇百位數顯示器
       Delay_ms(1);   //掃描延時

       S0=S1=S2=S3=1; //遮沒
       i=(count & 0xf000)>>12;//取出千位數
```

```
        Data=~Table[i];//讀取千位數碼資料輸出
        S3=0;        //選擇千位數顯示器
        Delay_ms(1);   //掃描延時
      }
      count++;  //計數+1
    }
}
```

作業：請在四位數七段顯示器，顯示"HELP"字型。

3. 四位數掃瞄七段顯示器，十進制計數範例：

這個程式不改變原有的計數值，僅在輸出時以十進制顯示出來，且當計數值太小時，會遮蔽高計數值(如千、百、十)。範例如下：

```
/*********** SEG3.C **************************
*動作：四位數掃描計數器，以十進制顯示 0000~9999
*接線：Data=七段顯示器低電位輸出=Pgfedcba
*      低電位掃描：S3~0=千、百、十、個位數
*硬體：SW1-1(SEG7)ON
***********************************************/
#include "..\MPC82.H"   //暫存器及組態定義
 unsigned char code Table[] //0~F 數碼資料
  ={0x3f,0x06,0x5b,0x4f,0x66,0x6d,0x7d,0x07,
    0x7f,0x6f,0x77,0x7c,0x39,0x5e,0x79,0x71};
 main()
{
  unsigned char scan;         //掃描次數
  unsigned int count=1234;  //計數十進制初值
  unsigned char i;        //擷取計數的個、十、百、千位數
  P0M0=0; P0M1=0xFF; //設定 P0 為推挽式輸出(M0-1=01)
  while(1)      //重覆執行
    {
      for(scan=0;scan<100;scan++)  //重覆掃描次數
```

```
    {
      S0=S1=S2=S3=1;        //遮沒
      i=count % 10;         //取出個位數
      Data=~Table[i];       //讀取個位數碼資料輸出
      S0=0;                 //選擇個位數顯示器
      Delay_ms(1);          //掃描延時

      S0=S1=S2=S3=1;        //遮沒
      i=(count % 100)/10;   //取出十位數
      Data=~Table[i];       //讀取十位數碼資料輸出
      if(count>9)  S1=0;    //若計數>9，顯示十位數
      Delay_ms(1);          //掃描延時

      S0=S1=S2=S3=1;        //遮沒
      i=(count % 1000)/100; //取出百位數
      Data=~Table[i];       //讀取百位數碼資料輸出
      if(count>99)  S2=0;   //若計數>99，顯示百位數
      Delay_ms(1);          //掃描延時

      S0=S1=S2=S3=1;        //遮沒
      i=count/1000;         //取出千位數
      Data=~Table[i];       //讀取千位數碼資料輸出
      if(count>999)  S3=0;  //若計數>999，顯示千位數
      Delay_ms(1);          //掃描延時
    }
    count++;               //計數+1
    if(count>9999) count=0; //若計數超過 9999，計數=0
  }
}
```

作業：請改為顯示−1999~1999 的計數值。

4-3.2 七段顯示器應用實習

1. 四位數掃瞄七段顯示器，顯示電子鐘的分及秒時間值：

```
/********** SEG4.C **************************
*動作：由四位數七段顯示器顯示電子鐘的分及秒時間值
*接線：Data=七段顯示器低電位輸出=Pgfedcba
*      低電位掃描：S3~0=千、百、十、個位數
*硬體：SW1-1(SEG7)ON
***************************************/
#include "..\MPC82.H"    //暫存器及組態定義
code unsigned char Table[] //七段顯示器 0~9 數碼資料
={0x3f,0x06,0x5b,0x4f,0x66,0x6d,0x7d,0x07,0x7f,0x6f};

char hor=23,min=58,sec=52; //設定時、分、秒時間
void Display(char scan); //七段顯示器顯示時間值
main()
{  char scan=100;   //七段顯示器掃描次數，決定延時時間
  P0M0=0; P0M1=0xFF; //設定 P0 為推挽式輸出(M0-1=01)
  while(1)
   {
    Display(scan); //七段顯示器顯示時間
    sec++;              //秒加一
    if (sec < 60) continue; //若秒小於 60 到迴圈最上處
    sec=0; min++;          //秒等於 60 則令秒=0，分加一
    if (min < 60) continue; //若分小於 60 到迴圈最上處
    min=0; hor++;          //若分等於 60 則令分=0，時加一
    if (hor <24) continue; //若時小於 24 到迴圈最上處
    hor=0;min=0; sec=0; //若時等於 24 則令時、分、秒=0
   }
}
//********************************************
void Display(char scan) //四位數七段顯示器顯示步數
```

```
{  while(scan--)  //重覆掃描次數
  {
    S0=S1=S2=S3=1;  //遮沒
    Data=~Table[sec%10];//讀取秒個位數數碼資料輸出
    S0=0;        //選擇個位數顯示器
    Delay_ms(1);  //掃描延時

   S0=S1=S2=S3=1;  //遮沒
    Data=~Table[sec/10];//讀取秒十位數數碼資料輸出
    S1=0;        //選擇十位數顯示器
    Delay_ms(1);    //掃描延時

    S0=S1=S2=S3=1;  //遮沒
    Data=~Table[min%10];//讀取分個數數碼資料輸出
    S2=0;        //選擇百位數顯示器
    Delay_ms(1);    //掃描延時

    S0=S1=S2=S3=1;  //遮沒
    Data=~Table[min/10];//讀取分十位數數碼資料輸出
    S3=0;        //選擇千位數顯示器
    Delay_ms(1);    //掃描延時
  }
}
```

作業：請改為具有上下午功能電子鐘顯示。

2. 用矩陣式按鍵控制步進馬達運轉，同時在七段顯示器顯示步數：

```
/********** SEG5.C *******************************
*動作：手動控制步進馬達運轉，同時在七段顯示器顯示步數
*接線：Data=七段顯示器低電位輸出=Pgfedcba
*      低電位掃描：S3~0=千、百、十、個位數
*      矩陣式按鍵(0)P20=控制正反轉，1=正轉，0=反轉。
*      矩陣式按鍵(1)P21=控制運轉/停止，1=運轉，0=停止
*      矩陣式按鍵(2)P22=控制加速，1=不變，0=加速
```

```
*        矩陣式按鍵(3)P23=控制減速,1=不變,0=減速
*硬體:SW1-1(SEG7)及SW2-1~4(STEP)ON,按鍵(0)~(3)
********************************************************/
#include "..\MPC82.H"   //暫存器及組態定義
code char run_Table[] = {0x01,0x02,0x04,0x08}; //步進馬達驅動數碼
code unsigned char Table[] //七段顯示器0~9數碼資料
 ={0x3f,0x06,0x5b,0x4f,0x66,0x6d,0x7d,0x07,0x7f,0x6f};
int step=0;  //步進馬達行進步數=0
void Display(char scan); //七段顯示器顯示步數
void main()
{ int scan=100; //四位數七段顯示器掃描次數
  char  i=0;  //步進馬達驅動數碼計數=0
  P0M0=0; P0M1=0xFF; //設定P0為推挽式輸出(M0-1=01)
  P1M0=0; P1M1=0xF0; //設定P17-4(STEP)為推挽式輸出(M0-1=01)
  STEP=0x0f;    //步進馬達輸出=0
  P2_4=0;        //選擇按鍵(0)~(3)
  while(1)
  { Display(scan);      //七段顯示器顯示步數
   while(P2_1==0) Display(scan); //若P21=0停止運轉,掃描顯示器
    if(P2_0==1)       //若P21=1,P20=1,馬達正轉
     {
      if(i>3) i=0;     //若資料計數>3,從0開始
      STEP=run_Table[i]<<4; //讀取驅動數碼由STEP輸出
      i++; step++;     //資料計數+1及步數+1
      if(step > 9999) step=0;
     }
    else            //若P21=1,P20=0,馬達反轉
    {
     if(i<0) i=3;     //若資料計數<0,從3開始
     STEP=run_Table[i]<<4; //讀取驅動數碼由STEP輸出
     i--; step--;       //資料計數-1及步數-1
    if(step < 0) step=9999;
    }
```

```
   if(P2_2==0){scan--;if(scan< 10)  scan=10;}//P22=0 加速，限制加速
   if(P2_3==0){scan++;if(scan > 999) scan=999;}//P23=0 減速，限制減速
   }
}
//***************************************************
void Display(char scan) //四位數七段顯示器顯示步數
{ unsigned char i; //七段顯示器數碼資料計數
  while(scan--) //重覆掃描次數
  {
    S0=S1=S2=S3=1;       //遮沒
     i=step % 10;       //取出個位數
     Data=~Table[i]; //讀取個位數碼資料輸出
     S0=0;              //選擇個位數顯示器
     Delay_ms(1);     //掃描延時
    S0=S1=S2=S3=1;   //遮沒
     i=(step % 100)/10; //取出十位數
     Data=~Table[i];//讀取十位數碼資料輸出
     S1=0;             //選擇十位數顯示器
     Delay_ms(1);     //掃描延時
    S0=S1=S2=S3=1;     //遮沒
     i=(step % 1000)/100; //取出百位數
    Data=~Table[i];    //讀取百位數碼資料輸出
    S2=0;              //選擇百位數顯示器
    Delay_ms(1);        //掃描延時
    S0=S1=S2=S3=1;      //遮沒
     i=step/1000;      //取出千位數
     Data=~Table[i]; //讀取千位數碼資料輸出
     S3=0;              //選擇千位數顯示器
     Delay_ms(1);     //掃描延時
    }
}
```

4-4 點矩陣 LED 顯示器控制與實習

若要顯示大型的廣告字幕，使用點矩陣 LED 顯示器是最佳的選擇，它可顯示字母、符號、中文及圖形，具有成本低、變化大及省電等優點。

4-4.1 點矩陣顯示器掃描控制

點矩陣顯示器是以掃描技巧來顯示字型，一般點矩陣顯示器都是 8*8 個 LED 來組成的，分為共陰極及共陽極兩種，如圖 4-15 所示：

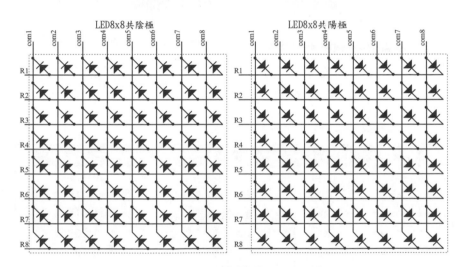

圖 4-15　　8*8 點矩陣 LED 顯示器

圖中若使用 com1-8 作為掃描，及 R1-8 為字型資料，則形成垂直掃描的點矩陣 LED 顯示器，如圖 4-16 所示。

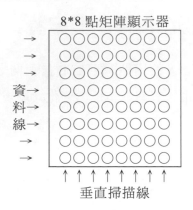

8*8 點矩陣顯示器

資→
料→
線→

垂直掃描線

圖 4-16　點矩陣顯示器垂直掃描

圖中 8*8 點矩陣顯示器有 8 條垂直掃描線及 8-bit 的資料線，掃描時必須要有 8 筆資料及 8 次的掃描。例如要顯示 "A" 字，其外型及資料如表 4-4 所示。

表 4-4　8*8 點矩陣顯示器垂直掃描顯示字型

字型資料	位元資料	共陰極	共陽極
○○○●○○○○	R1	00010000	11101111
○○●○●○○○	R2	00101000	11010111
○●○○○●○○	R3	01000100	10111011
●○○○○○●○	R4	10000010	01111101
●●●●●●●○	R5	11111110	00000001
●○○○○○●○	R6	10000010	01111101
●○○○○○●○	R7	10000010	01111101
●○○○○○●○	R8	10000010	01111101

隨著 LED 極性的不同，資料線和掃描線的極性也不一樣，以共陽極 8*8 點矩陣顯示器為例，要完成一個完整的字型，必須要有下列工作步驟，如圖 4-17 所示為垂直掃瞄字型的前三步驟，其餘依此類推。

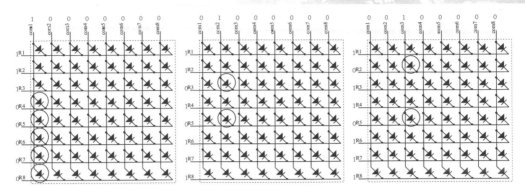

圖 4-17　共陽極 8*8 點矩陣顯示器垂直掃瞄字型前三步驟

　　在整個過程中每次僅亮一行(COM)，因為"視覺暫留影"的現像；當掃描速度夠快時，字型會完整的顯現出來。一般而言每秒掃描 100 次較為恰當。

　　MPC82G516 以掃瞄方式來處理其硬體電路，以 8*8 共陽極點矩陣顯示器驅動電路為例，如圖 4-18 所示：

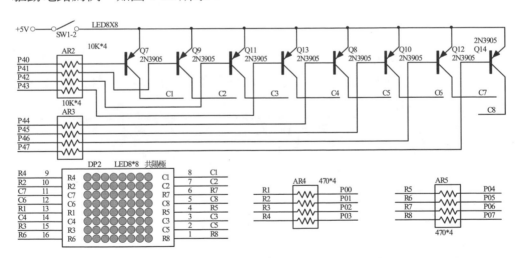

圖 4-18　8*8 點矩陣 LED(共陽)實習板驅動電路

圖中 P0 輸出低電位經電阻(470Ω)為 R1-8 送到共陽極點矩陣顯示器(LED8*8)的陰極。由 P4 輸出低電位經電阻(10KΩ)及 PNP 電晶體(2N3905)反相放大後成為 C0-7 送出高電位到共陽極矩陣顯示器的陽極(C1-8)，然後應用掃描技巧令 8*8 點矩陣 LED 顯示圖形或文字。

在 MPC82.H 內接腳定義如下：

```
//點矩陣 LED 接腳
sfr    Scan=0xE8; //P4 點矩陣 LED 掃描輸出
sfr    Data=0x80;// P0 點矩陣 LED 字型資料輸出
```

4-4.2　點矩陣顯示器掃描實習

8*8 點矩陣顯示器的垂直掃描與水平掃描均必須要有 8 筆資料及 8 次的掃描。兩者大致雷同，僅有顯示字型會呈現相差 90 度而已，程式稍加修改即可。

1. 測試 8*8 點矩陣顯示器實習

由 P0(Data)輸出資料為 0x00，再由 P47-0(Scan)以 "0" 由左而右垂直掃描，令單排點矩陣顯示器發亮，如此顯示幕會重覆掃描，並測試每個 LED 顯示是否正常。範例如下：

```
/***** DOT1.c ******8*8 點矩陣掃瞄範例*****
*動作：8*8 點矩陣 LED 由右到左掃瞄輸出
*接線：Scan 低電位掃描輸出，由 Data 低電位輸出資料
*硬體：SW1-2(LED8X8)ON
********************************************/
#include "..\MPC82.H"    //暫存器及組態定義
main()
{ P0M0=0; P0M1=0xFF; //設定 P0 為推挽式輸出(M0-1=01)
  Scan=0x7F;          //由 com1 開始掃瞄輸出
```

```
  while(1)
  { Data=0x00;          //整行全亮
    Delay_ms(500);      //延時
    Scan=RR8(Scan);     //換掃瞄下一行
  }
}
```

作業：
(1) Data 改爲 P4 及 Scan 改爲 P0，則顯示會轉 90 度，形成由上而下掃描。
(2) 請在畫面上顯示斜線。

2. 圖形碼產生器實習：

在資料夾 C:\MPC82\CH04_IO 內有提供圖形碼產生器(BMP2Code.EXE)，可自行設計所要顯示的圖形或字型，操作方式如圖 4-19 所示：

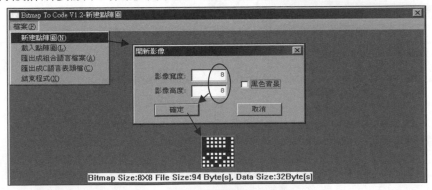

圖 4-19　圖形碼產生器操作

(1) 執行 BMP2Code.EXE，選擇 檔案(F) → 新建點陣圖(N) → 設定影像寬度：8 及影像高度：8 → 確定，則會出現 8*8 的空白點陣圖。

(2) 因 BMP2Code.EXE 字型資料的位元排列上下相反(鏡射)，故在 8*8 的空白點陣圖內，若用左鍵點選圖形或字型時，會在 8*8 點矩陣顯示器呈現上下相反的字型。此時可在 8*8 的空白點陣圖內點選上下相反字型(如 A)，如此才會顯示正常的字型。

(3) 再選擇 檔案(F) → 匯出成 C 語言表頭檔(C) → 檔名(如 font) → 儲存，如圖 4-20 所示：

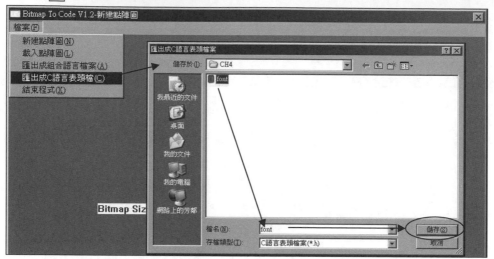

圖 4-20 產生圖形碼檔

(4) 會在資料夾 C:\MPC82\CH04_IO 產生圖形碼檔(font.h)，它內含 C 語言的陣列資料，可應用於 8051 或非 8051 的陣列資料格式，內容如下：

```
#ifndef _font_h_   //檢查陣列資料檔
 #define _font_h_
 #ifdef __C51__    //判斷是否為 8051 的 C 語言格式
  const unsigned char code font[8]={  //8051 的 C 語言陣列格式
 #else
  const unsigned char font[8]={        //非 8051 的 C 語言陣列格式
 #endif          //結束判斷
0xe0,0xd7,0xb7,0x77,0xb7,0xd7,0xe0,0xff};//字型 A 陣列反相資料
#endif          //結束判斷
```

(5) 在 C 語言程式中，須加入#include "font.h"，然後使用陣列變數 font[i] 來讀取字型檔。

4. 顯示固定字型實習：要顯示固定字型，必須將字型資料重覆掃描，如此週而覆始即完成。如下：

```
/***** DOT2.c ******8*8 點矩陣固定字型範例*****
*動作：輸出陣列字型資料，顯示字型
*接線：Scan 低電位掃描輸出，由 Data 低電位輸出資料
*硬體：SW1-2(LED8X8)ON
**************************************/
#include "..\MPC82.H"   //暫存器及組態定義
#include "font.h"  //字型資料檔
main()
{ char i;  //定義陣列資料計數
  P0M0=0; P0M1=0xFF; //設定 P0 為推挽式輸出(M0-1=01)
  Scan=0x7F;         //由 com1 開始掃瞄輸出
  while(1)
  {for(i=0;i<8;i++)   //讀取 8 筆資料掃瞄 8 次
    {
      Data=font[i];   //讀取陣列資料輸出
      Delay_ms(1);    //延時
      Data=0xFF;      //全暗
      Scan=RR8(Scan); //換掃瞄下一行
    }
  }
}
```
作業：請在畫面上顯示學號後兩碼。

5. 顯示固定字型上下鏡射實習：可將 BMP2Code.exe 產生之上下鏡射的字型資料檔調整回來。如下：

```
/***** DOT2A.c ******8*8點矩陣固定字型上下鏡射範例*****
*動作:輸出陣列字型資料,顯示字型-A,利用位元定址區(bdata)
      將BMP2Code.exe產生之上下鏡射的字型資料檔調整回來
*接線:Scan低電位掃描輸出,由Data低電位輸出資料
*硬體:SW1-2(LED8X8)ON
**************************************************/
#include "..\MPC82.H"    //暫存器及組態定義
#include "font.h"  //字型資料檔

char bdata j;      //宣告變數在位元定址區

sbit b0=j^0;//設定位元變數
sbit b1=j^1;
sbit b2=j^2;
sbit b3=j^3;
sbit b4=j^4;
sbit b5=j^5;
sbit b6=j^6;
sbit b7=j^7;

main()
{
  char i; //定義陣列資料計數
  Scan=0x7F;        //由com1開始掃瞄輸出

  while(1)
  {
    for(i=0;i<8;i++)    //讀取8筆資料掃瞄8次
    {
      j=font[i]; //將字型陣列資料讀出,放入j中

      P0_0 = b7; //P0_0~P0_7對應到位元定址區的b7~b0
```

```
        P0_1 = b6;
        P0_2 = b5;
        P0_3 = b4;
        P0_4 = b3;
        P0_5 = b2;
        P0_6 = b1;
        P0_7 = b0;

      //Data=font[i]; //若將字型資料直接輸出時，會上下鏡射
      Delay_ms(1);    //延時
      Data=0xFF;      //全暗
      Scan=RR8(Scan); //換掃瞄下一行
    }
  }
}
```

作業：請在畫面上顯示上下鏡射的學號後兩碼。

6. 顯示反白閃爍字型實習：要顯示反白閃爍字型，必須將字型重覆掃描一段時間後，再將字型反白重覆掃描，如此週而覆始即完成。範例如下：

```
/***** DOT3.c ****點矩陣顯示器反白閃爍字型**************
*動作：顯示字型反白閃爍字型
*接線：Scan 低電位掃描輸出，由 Data 輸出資料
*硬體：SW1-2(LED8X8)ON
*************************************************************/
#include "..\MPC82.H"   //暫存器及組態定義
#include "font.h"   //字型資料檔
main()
{ char i;          //定義陣列資料計數
  unsigned char repeat;   //定義重覆掃描次數
  bit invert=0;              //定義反白顯示旗標
  P0M0=0; P0M1=0xFF; //設定 P0 為推挽式輸出(M0-1=01)
  Scan=0x7F; //由 com1 開始掃瞄
```

```
while(1)
{
 for(repeat=0;repeat<200;repeat++)  //重覆掃瞄次數
   {
     for(i=0;i<8;i++)    //讀取 8 筆資料掃瞄 8 次
      {
         if(invert==0) Data=font[i];//若旗標=0，讀取陣列資料輸出
         else Data=~font[i]; //若旗標=1，讀取陣列資料反相輸出
         Delay_ms(1);    //延時
          Data=0xFF;      //全暗
         Scan=RR8(Scan); //換掃瞄下一行
      }
    }
  invert=!invert;       //反白旗標反相
 }
}
```

7. 顯示切換字型實習：要顯示切換字型，必須將字型重覆掃描一段時間後，
   再切換到下一個陣列字型，如此週而覆始即完成，如表 4-5 所示：

表 4-5　切換字型表

字型 A	字型 B	字型 C	字型 D
○○○●○○○○	●●●●●○○	○○●●○○○	●●●●●○○○
○○●○●○○	●○○○○●○	○●○○●○○	●○○○○●○
○●○○○●○	●○○○○●○	●○○○○●○	●○○○○●○
●○○○○○●○	●●●●●○○	●○○○○○●○	●○○○○●○
●●●●●●○	●○○○○●○	●○○○○●○	●○○○○●○
●○○○○○●○	●○○○○●○	●○○○○●○	●○○○○●○
●○○○○●○	●●●●●○○	○○●●○●○	●●●●●○○
○○○○○○○○	○○○○○○○○	○○○○○○○○	○○○○○○○○

要應用 BMP2Code.EXE 產生 4 個字圖形碼，必須設定影像寬度：32 及影

像高度：8 ，會出現 32*8 的點陣圖。以上下位置相反填入字型，再存入

檔案(如 font4.h)，如此才會顯示正常的字型，操作方式如圖 4-21 所示：

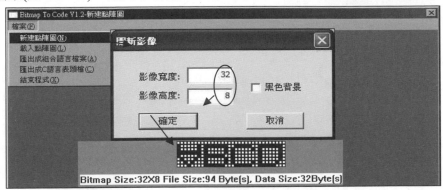

圖 4-21　圖形碼產生 4 個字操作

```
/******* DOT4.C *****點矩陣顯示器切換字型************
*動作：顯示切換字型
*接線：Scan 低電位掃描輸出，由 Data 低電位輸出資料
*硬體：SW1-2(LED8X8)ON
****************************************************/
#include "..\MPC82.H"  //暫存器及組態定義
#include "font4.h"  //字型 ABCD 資料檔
main()
{
  unsigned char i;        //定義陣列資料計數
  unsigned char repeat;  //定義重覆掃描次數
  unsigned char j=0;     //定義陣列啟始計數
  P0M0=0; P0M1=0xFF; //設定 P0 為推挽式輸出(M0-1=01)
  Scan=0x7F;              //由 com1 開始掃瞄輸出
  while(1)
   {
    j=0;
```

```
    while(j<8*4)          //設定顯示 4 個字
    {
      for(repeat=0;repeat<200;repeat++)  //重覆掃瞄次數
      {
        for(i=j;i<j+8;i++) //讀取 8 筆資料掃瞄 8 次
        {
          Data=font4[i]; //讀取陣列資料
          Delay_ms(1);     //延時
        Data=0xFF;       //全暗
          Scan=RR8(Scan); //換掃瞄下一行
        }
      }
      j=j+8; //換下一個字
    }
  }
}
```

動作：會輪流顯示 A、B、C、D 字型。
作業：請在畫面上顯示學號後 6 碼。

8. 顯示左移位一個字型實習：

　　要顯示移位字型，必須將每筆字型資料先右移位 7 次再輸出，重覆掃描一段時間後，將移位次數遞減，如此週而覆始即可完成移位的動作，如圖 4-22 所示：

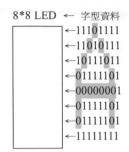

圖 4-22 左移位字型動作

```
/***** DOT5.c ****點矩陣顯示器左移位字型*********
*動作：顯示左移位字型
*接線：Scan 低電位掃描輸出，由 Data 低電位輸出資料
*硬體：SW1-2(LED8X8)ON
***********************************************/
#include "..\MPC82.H"    //暫存器及組態定義
#include "font.h"   //字型 A 資料檔
main()
{
  unsigned char scan=0x80;//定義掃瞄變數
  unsigned char i;         //定義陣列資料計數
  unsigned char repeat;   //定義重覆掃描次數
  unsigned char shift;     //定義移位計數
  P0M0=0; P0M1=0xFF; //設定 P0 為推挽式輸出(M0-1=01)
  while(1)
  { for(shift=7;shift>0;shift--)  //移位計數=7~0
    {
    for(repeat=0;repeat<200;repeat++)//重覆掃瞄次數
     {
      for(i=0;i<8;i++)    //讀取 8 筆資料掃瞄 8 次
       {
         Data=font[i];    //讀取陣列資料輸出
```

```
            Delay_ms(1);    //延時
            Data=0xff;      //全暗
            scan=RR8(scan); //換掃瞄下一行
            Scan=~(scan>>shift); //掃瞄右移後輸出
          }
        }
      }
  //------------------------------------------
   for(shift=0;shift<7;shift++)      //移位計數=0~7
    {for(repeat=0;repeat<100;repeat++)//重覆掃瞄次數
     {for(i=0;i<8;i++)     //讀取 8 筆資料掃瞄 8 次
       {
         Data=font[i];    //讀取陣列資料輸出
         Delay_ms(1);     //延時
         Data=0xff;       //全暗
         scan=RR8(scan);  //換掃瞄下一行
         Scan=~(scan<<shift);//掃瞄左移後輸出
       }
      }
     }
  }}
```
作業：請修改為顯示右移位字型動作。

9. 顯示左移位四個字型實習：

　　另一種要顯示左移位字型方式，必須先設定每次讀取的啟始資料計數 (start)，重覆掃描一段時間後，然後將啟始計數(start)逐次加一，如此即可形成上移位的動作。例如先令 start=0 顯示 0→7 重覆掃描一段時間後，令 start=1 顯示 1→8，令 start=2 顯示 2→9，依此類推週而覆始的執行，如圖 4-23 所示：

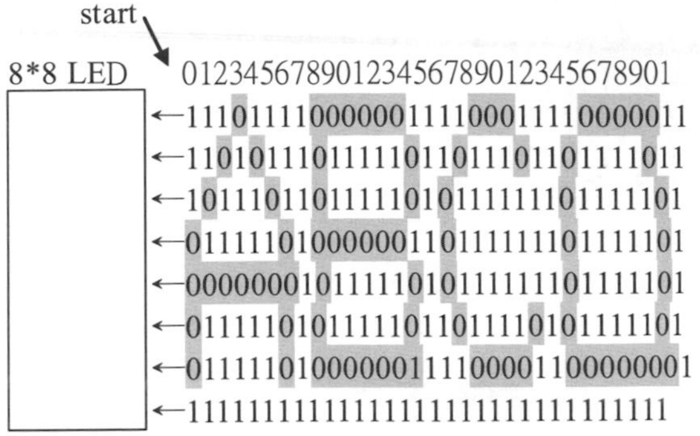

圖 4-23 左移位四個字型動作

顯示左移位四個字型，範例如下：

```
/***** DOT6.c ****點矩陣顯示器左移位字型********
*動作：顯示左移位四個字
*接線：Scan 低電位掃描輸出，由 Data 低電位輸出資料
*硬體：SW1-2(LED8X8)ON
//************************************************/
#include "..\MPC82.H"  //暫存器及組態定義
#include "font4.h"  //字型 ABCD 資料檔
main()
{  unsigned char i;      //定義陣列資料計數
   unsigned char repeat;//定義重覆掃描次數
   unsigned char start;  //定義左移位字型開始讀取計數
   P0M0=0; P0M1=0xFF; //設定 P0 為推挽式輸出(M0-1=01)
   Scan=0x7F;  //由 com1 開始掃瞄
 while(1)
 {for(start=0;start<24;start++)  //開始計數限定 4 個字型
   {
    for(repeat=0;repeat<200;repeat++)   //重覆掃瞄次數
     {
       for(i=0;i<8;i++)    //讀取 8 筆資料掃瞄 8 次
       {
```

```
        Data=font4[start+i];//讀取開始計數之後的陣列資料輸出
        Delay_ms(1);        //延時
        Data=0xff;        //全暗
        Scan=RR8(Scan);  //換掃瞄下一行
      }
    }
   }
  }
}
```

作業：請修改爲顯示右移位四個字動作。

10. 顯示布簾下拉字型實習：

要顯示布簾下拉字型，必須先保留掃描線(Scan)的 bit7，其餘 bit 遮沒。重覆掃描一段時間後，再保留 bit7-6→bit7-5→..→bit7-0 依序重覆執行，即可形成布簾下拉的動作，如圖 4-24 所示：

11101111	11101111	11101111	11101111	11101111	11101111	11101111	11101111
11111111	11011011	11011011	11011011	11010111	11010111	11010111	11010111
11111111	11111111	10111101	10111101	10111011	10111011	10111011	10111011
11111111	11111111	11111111	01111110	01111101	01111101	01111101	01111101
11111111	11111111	11111111	11111111	00000001	00000001	00000001	00000001
11111111	11111111	11111111	11111111	11111111	01111101	01111101	01111101
11111111	11111111	11111111	11111111	11111111	11111111	01111101	01111101
11111111	11111111	11111111	11111111	11111111	11111111	11111111	01111101

圖 4-24　布簾下拉字型動作

顯示布簾下拉字型，範例如下：

```
/***** DOT7.c ****點矩陣顯示器布簾下拉字型*************
*動作：顯示布簾下移位字型
*接線：Scan 低電位掃描輸出，由 Data 低電位輸出資料
*硬體：SW1-2(LED8X8)ON
```

```
**************************************************/
#include "..\MPC82.H"   //暫存器及組態定義
#include "font.h"   //字型 A 資料檔
main()
{ unsigned char i;        //定義陣列資料計數
  unsigned int repeat; //定義重覆掃描次數
  unsigned char mask;    //定義遮蔽資料
  P0M0=0; P0M1=0xFF; //設定 P0 為推挽式輸出(M0-1=01)
  Scan=0x7F;   //由 com1 開始掃瞄
  mask=0xFF;    //全部遮蔽
  while(1)
  {
   mask=mask >> 1;//減少要遮蔽部份
   for(repeat=0;repeat<100;repeat++)  //重覆掃瞄次數
     {
       for(i=0;i<8;i++)   //讀取 8 筆資料掃瞄 8 次
       {
        Data=font[i] | mask;//讀取陣列資料，並遮蔽輸出
        Delay_ms(1);    //延時
        Data=0xff;      //全暗
       Scan=RR8(Scan);//換掃瞄下一行
       }
     }
   if(mask==0) mask=0xFF;    //若移位到 0，全部遮蔽
  }
}
```

作業：請修改為顯示布簾上移位字型。

4-5 文字型液晶顯示器控制與實習

文字型液晶顯示器又稱爲 LCD(Liquid Crystal Display)，在市面上的消費性產品應用得非常多。且控制方式大致雷同分成控制器、驅動電路及顯示器三大部門。其接腳如圖 4-25 所示。

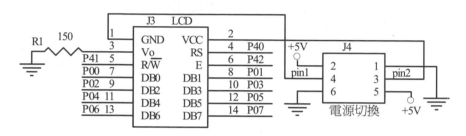

圖 4-25 文字型 LCD 接腳圖

在 MPC82.H 內接腳定義如下：

```
//LCD 接腳
sfr    Data=0x80;//文字型 LCD 資料 BUS 輸出
sbit   RS=P4^0;  //文字型 LCD 指令/資料控制,DI=0 指令，DI=1 資料
sbit   RW=P4^1;  //文字型 LCD 讀取/寫入控制,R/W=0 寫入，R/W=1 讀取
sbit   EN=P4^2;  //文字型 LCD 致能輸出,EN=0 禁能 LCD，EN=1 致能 LCD
```

圖中內含資料線(DB0-7)、控制線(RS、EN、R/W)。其中市售 LCD 模組的電源(VCC)及地線(GND)在 pin1-2，此兩腳可能會相反，此時可用 J4 的 pin3-4 往上或往下短路來切換正確的電源及地線。如表 4-6 所示

表 4-6　LCD 接腳定義

腳位	名稱	功 能 描 述	動 作
1	GND	電源接地	0V(部份為+5V)
2	VCC	電源正端	+5V(部份為 GND)
3	Vo	亮度調整	電壓愈低螢幕愈亮，平常接地
4	RS	暫存器 選擇信號	選擇 DB0~7 傳送為資料或命令 1=送到資料暫存器，0=送到命令暫存器
5	R/W	Read/Write 信號線	選擇 DB0~7 對 LCD 為讀取或寫入 1=Read 讀取，0=Write 寫入
6	E	致能信號	1=致能 LCD，0=禁能 LCD
7-14	DB0~7	匯流排	可用 8 bit 輸入資料、命令及位址

　　LCD 是由 E、R/W 及 RS 三支腳共同配合來控制資料匯流排的流向，如表 4-7 所示。其時序是要先送暫存器選擇信號(RS)及讀寫信號(R/W)固定為 0，再等 140ns 後，才能再送出致能信號(E)，如此才能完成資料或命令的寫入動作。

表 4-7　LCD 的控制接腳

E	R/W	RS	DB0-7
0	X	X	無法存取 LCD
1	0	0	寫入命令到指令暫存器(IR)
1	1	0	讀取忙碌旗標(BF)到 DB7
1	0	1	寫入資料到資料暫存器(DR)
1	1	1	讀取資料暫存器(DR)的資料

4-5.1 文字型 LCD 控制

1. 文字型 LCD 內部功能介紹

　　LCD 內部方塊如圖 4-26 所示。

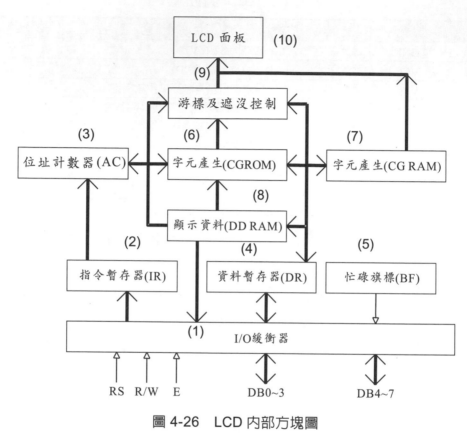

圖 4-26　LCD 內部方塊圖

(1) I/O 緩衝器(Buffer)：由 LCD 接腳送入的資料會儲存在此。

(2)指令暫存器(IR：Instruction Register)：RS=0 時，會將指令由 DB0-7 送
　　到此。經解碼後變成位址及控制信號。

(3)位址計數器(AC：Address Counter)：會送位址到 DD RAM 或 CG RAM。

(4)資料暫存器(DR：Data Register)：RS=1 時，會將資料由 DB0-7 送到此。

(5)忙碌旗標(BF：Busy Flag)：接腳信號是讀取忙碌旗標(BF：Busy Flag)時，會將 BF 位元由 DB7 輸出。

(6)字元產生器 ROM(CG ROM：Character Generator ROM)：如表 4-8 所示。

表 4-8　CG ROM 字型表

低4位元	高4位元												
	0	2	3	4	5	6	7	A	B	C	D	E	F
0	(1)	空	О	@	P	＼	p	空	―	タ	ミ	α	p
1	(2)	!	1	A	Q	a	q	。	ア	チ	ム		q
2	(3)	”	2	B	R	b	r	「	イ	ツ	メ	β	θ
3	(4)	#	3	C	S	c	s	」	ウ	テ	モ	ε	∞
4	(5)	$	4	D	T	d	t	、	エ	ト	ヤ	μ	Ω
5	(6)	%	5	E	U	e	u	・	オ	ナ	ユ	σ	Σ
6	(7)	&	6	F	V	f	v		カ	ニ	ヨ	ρ	Σ
7	(8)	’	7	G	W	g	w	ア	キ	ヌ	ラ	g	π
8	(1)	(	8	H	X	h	x	イ	ク	ネ	リ	∨	x
9	(2)	)	9	I	Y	i	y	ウ	ケ	ノ	ル	-1	y
A	(3)	*	:	J	Z	j	z	エ	コ	ハ	レ	J	千
B	(4)	+	:	K	〔	k	{	オ	サ	ヒ	ロ	х	万
C	(5)	’	<	L	Y	l	「	ャ	シ	フ	ワ	Ø	丹
D	(6)	―	=	M	)	m	}	ュ	ス	ヘ	ン	%	%
E	(7)	・	>	N	＾	n	→	ョ	セ	ホ	”		空
F	(8)	／	?	O	_	o	←	ッ	ソ	マ	。		■

祇要寫入資料(ASCII 碼)即可取出各種字型，其中寫入的資料為高 4-bit(上方)+低 4-bit(左邊)，例如字型"A"=0100 0001=0x41，其字型位址分配下：

(a) CG RAM：(1)~(8)表示可讀取在 CGRAM 所造的的 8 個字型，位址在 0x00-0x07 或 0x08-0x0F 的字型均相同。

(b) ASCII 碼：資料為 0x21-0x7F 的 5*7 點矩陣字型。

(c) 日文字：資料爲 0xA1-0xDF 的 5*7 點矩陣字型。

(d) 大型字：資料爲 0xE0-0xFF 的 5*10 點矩陣字型共 32 個。

(7) 字元產生器 RAM(CG RAM：Character Generator RAM)，由 8*5*8bit 所組成，可在指令暫存器(IR)寫入 CG RAM 的位址及在資料暫存器(DR 寫入字型資料，來設計 8 個 5*8 的點矩陣字型，這些字型可藉由 CG ROM 的資料(0x00-0x07)或(0x08-0x0F)把它讀取出來。其中 CG RAM 資料長度爲 5-bit，所以 DB7-DB5 可不用理會。如表 4-9 所示。

表 4-9　CG RAM 自定字型

CG ROM 讀取字型	CG RAM 寫入位址(IR)	CG RAM 寫入資料(DR)	字型
資料碼	543210	43210	
0x00	**000000	***00100	ㄅ
	**000001	***01000	
	**000010	***11111	
	**000011	***00001	
	**000100	***00001	
	**000101	***00010	
	**000110	***10100	
	**000111	***01000	
0x01	**001000	***00010	ㄆ
	**001001	***00100	
	**001010	***11111	
	**001011	***00001	
	**001100	***10010	
	**001101	***01100	
	**001110	***01010	
	**001111	***10001	

(8) 顯示資料 RAM(DD RAM：Display Data RAM)：在面板上顯示的位置。

(9) 游標及遮沒控制（Courser/Blink Controller）：我們可在 IR 寫入指令，控制游標及遮沒的工作。

(10)LCD 面板(Panel)：分別有 16*2、20*2 及 40*2 等各種顯示方式。

2. 文字型 LCD 指令碼工作

在指令暫存器寫入指令及位址來處理 LCD 內部的工作，如表 4-10 所示。

表 4-10　LCD 指令碼控制表　　＊：無作用

項目	指令動作	RS	RW	D7	D6	D5	D4	D3	D2	D1	D0	時間
1	清除顯示幕	0	0	0	0	0	0	0	0	0	1	1.64ms
2	游標回原點	0	0	0	0	0	0	0	0	1	＊	1.64ms
3	設定進入模式	0	0	0	0	0	0	0	1	ID	S	40us
4	顯示幕開關	0	0	0	0	0	0	1	D	C	B	40us
5	顯示/游標移位	0	0	0	0	0	1	SC	RL	＊	＊	40us
6	功能設定	0	0	0	0	1	DL	N	F	＊	＊	40us
7	設定 CGRAM 位址	0	0	0	1	A5	A4	A3	A2	A1	A0	40us
8	設定 DDRAM 位址	0	0	1	A6	A5	A4	A3	A2	A1	A0	40us
9	忙碌旗標/位址	1	0	D7	D6	D5	D4	D3	D2	D1	D0	40us
10	寫入資料暫存器	1	0	D7	D6	D5	D4	D3	D2	D1	D0	40us
11	讀取資料暫存器	1	1	D7	D6	D5	D4	D3	D2	D1	D0	40us

指令碼格式如下：

(1) 清除顯示幕(Clear Display)：

RS	R/W	DB7	DB6	DB5	BD4	DB3	DB2	DB1	DB0
0	0	0	0	0	0	0	0	0	1

(2) 重置(Reset)：游標回原點(左上方)：但 DD RAM 內容不變。

RS	R/W	DB7	DB6	DB5	BD4	DB3	DB2	DB1	DB0
0	0	0	0	0	0	0	0	1	＊

(3) 設定進入(Input)模式：

RS	R/W	DB7	DB6	DB5	BD4	DB3	DB2	DB1	DB0
0	0	0	0	0	0	0	1	ID	S

I/D(INC/DEC): 1=顯示完 DD RAM 位址自動遞加(游標右移)

0=顯示完 DD RAM 位址自動遞減(游標左移)

S(Shift): 1=游標移位致能

(4) 顯示幕開關(Display On/Off)：

RS	R/W	DB7	DB6	DB5	BD4	DB3	DB2	DB1	DB0
0	0	0	0	0	0	1	D	C	B

D(Display): 1=顯示幕 ON，0=OFF，但 DD RAM 仍保留。

C(Cursor): 1=顯示游標，0=不顯示游標。

B(Blink): 1=游標閃爍，0=游標不閃爍。

(5) 顯示/游標移位(Display/Cursor Shift)：

RS	R/W	DB7	DB6	DB5	BD4	DB3	DB2	DB1	DB0
0	0	0	0	0	1	SC	RL	*	*

S/C(Display/cursor):1=整個顯示幕，0=游標

R/L(Right/Left):1=右移，0=左移

S/C	R/L	動　　　　作
0	0	游標左移(顯示完位址自動遞加)
0	1	游標右移(顯示完位址自動遞減)
1	0	整個顯示幕及游標左移
1	1	整個顯示幕及游標右移

(6) 功能設定(Function Set)：此指令必須最先執行。

RS	R/W	DB7	DB6	DB5	BD4	DB3	DB2	DB1	DB0
0	0	0	0	1	DL	N	F	*	*

DL(Data Length)資料長度:1=8 bit，0=4 bit(DB0-DB3)。

N(Number of Display):1=顯示 2 行，0=顯示 1 行。

F(Font)字型:1=5*10 點矩陣字型，0=5*7 點矩陣字型。

(7) 字元產生器 RAM(CG RAM)位址設定：其中 A0~A5 可設定 0x00~0x3F
　　共 64 個位址空間，緊接著必須要寫入的資料。

RS	R/W	DB7	DB6	DB5	BD4	DB3	DB2	DB1	DB0
0	0	0	1	A5	A4	A3	A2	A1	A0

(8) 顯示資料 RAM(DD RAM)位址設定：字型要顯示的位置，可設定
　　00-0x7F 共 128 個位址。

RS	R/W	DB7	DB6	DB5	BD4	DB3	DB2	DB1	DB0
0	0	1	A6	A5	A4	A3	A2	A1	A0

其中 A0~A6 可輸入位址 00-0x7F，可在 IR 寫入位址及在 DR 寫入 CG ROM
的字型資料，即可在相關位置上顯示 CG ROM 的字型，其 DD RAM 相關位
置和位址之間的關係如下所示。

00	01	02	03	04	05	06	07	08	09	0A	0B	0C	0D	0E	0F	.........3F
40	41	42	43	44	45	46	47	48	49	4A	4B	4C	4D	4E	4F	.........7F

　　但它會受限於 LCD 面板的長度，以 16*2 為例，第一行僅能顯示 0x00~0x0F
及第二行僅能顯示 0x40~0x4F，若超過則不顯示，但內部 DD RAM 仍然保持
記憶。

　　但因 DB7=1，故第一行須設定 0x80~0x8F 及第二行須設定 0xC0~0xCF，

則顯示資料的位置和位址之間的關係如下：

| 80 | 81 | 82 | 83 | 84 | 85 | 86 | 87 | 88 | 89 | 8A | 8B | 8C | 8D | 8E | 8F | ....BF |
| C0 | C1 | C2 | C3 | C4 | C5 | C6 | C7 | C8 | C9 | CA | CB | CC | CD | CE | CF | ....FF |

(9) 忙碌旗標/位址計數器讀取(Busy Flag/Address Counter)

RS	R/W	DB7	DB6	DB5	BD4	DB3	DB2	DB1	DB0
0	1	BF	A6	A5	A4	A3	A2	A1	A0

若程式測試忙碌旗標並無結果，可用延時來取代。

(10)寫入資料暫存器：位址設定後，再寫入資料到 CG RAM 來造字或 CG ROM 來讀取字型。

RS	R/W	DB7	DB6	DB5	BD4	DB3	DB2	DB1	DB0
1	0	D7	D6	D5	D4	D3	D2	D1	D0

(11)讀取資料暫存器：位址設定後，再由 CG RAM 或 DD RAM 讀取資料。

RS	R/W	DB7	DB6	DB5	BD4	DB3	DB2	DB1	DB0
1	1	D7	D6	D5	D4	D3	D2	D1	D0

3. 文字型 LCD 指令碼工作順序

(1) 當開啓電源 VDD 上升至 4.5V 時，LCD 內部會開機重置(Power On Reset) 及立即進行自我初始化的工作；此期間忙碌位元(BF=1)，不得接受任何資料；直到再延時 10mS 後才令忙碌位元(BF=0)，允許 LCD 工作。

(2) LCD 資料的傳輸可分為八位元(DB0-7)及四位元(DB0-3)，其中後者因資料須分兩次來傳，故速度會較慢，但可節省接腳。

(3) 八位元 LCD 的資料傳輸初始化工作順序流程，如圖 4-27 所示。

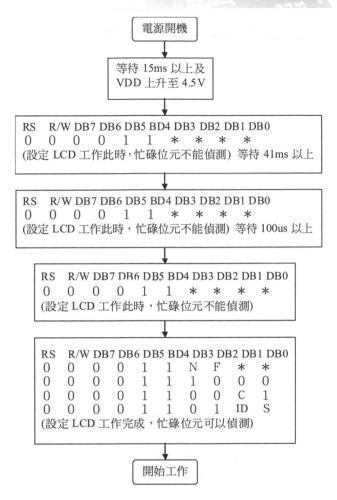

圖 4-27　八位元初始化工作順序流程圖

4-5.2 文字型 LCD 實習

本節實習程式中，在 MPC82.H 內宣告 LCD 函數，如下：

```
//宣告 LCD 函數
void  LCD_init(void);              //LCD 的啓始程式
void  LCD_Data(unsigned char Data); //傳送資料到 LCD
void  LCD_Cmd(unsigned char Cmd);    //傳送命令到 LCD
void  Cmd_Init(unsigned char Cmd); //啓始傳送命令到 LCD
```

1. 由 LCD 顯示兩行文字。

```
/*************** LCD1.C ********************************
*動作:由 LCD 顯示兩行文字,令其閃爍或移位
************************************************/
#include "..\MPC82.H"   //暫存器及組態定義
void main(void)
{
  unsigned char i;         //資料計數
  LCD_init();     //重置及清除 LCD
  //LCD_Cmd(0x0F);//0000 1111
                   //bit2:D=1,顯示幕 ON
                   //bit1:C=1,顯示游標
                   //bit0:B=1,游標閃爍
  //LCD_Cmd(0x04); //0000 0100,
                   //bit1:I/D=0,游標左移反向顯示

  LCD_Cmd(0x85); //游標由第一行第 5 個字開始顯示
  for(i='0'; i<= '9';i++)//字元 0~9
   {
    LCD_Data(i);  //字元送到 LCD 顯示
    Delay_ms(100);//延時,慢速逐一顯示
   }

  LCD_Cmd(0xC5); //游標由第二行第 5 個字開始顯示
  for(i='A'; i<= 'J';i++)//LCD 顯示字元 A~J
   {
```

```
      LCD_Data(i);   //字元送到 LCD 顯示
      Delay_ms(100);//延時，慢速逐一顯示
   }

   while(1)    //不停的循環執行
     {  //選擇以下其中功能來執行
       //LCD_Cmd(0x08); Delay_ms(500);//D=0 關閉顯示器
       //LCD_Cmd(0x0c); Delay_ms(500);//D=1 開啟顯示器
       //LCD_Cmd(0x1c); Delay_ms(100);//SC=1 及 RL=1 顯示幕右移
       //LCD_Cmd(0x18); Delay_ms(100);//SC=1 及 RL=0 顯示幕左移
     }
}
/************************************************************
*函數名稱: LCD_Data
*功能描述: 傳送資料到文字型 LCD
*輸入參數: dat
*************************************************************/
void LCD_Data(unsigned char dat)   //傳送資料到 LCD
{
   unsigned char dly=2;
  Data=dat;        //資料送到 BUS
  RS=1;RW=0;EN=1;//資料寫入到 LCD 內
  while(dly--);
  EN=0;           //禁能 LCD
  LCD_wait();     //LCD 等待寫入完成
}
/************************************************************
*函數名稱: LCD_Cmd
*功能描述: 傳送命令到文字型 LCD
*輸入參數: Cmd
*************************************************************/
void LCD_Cmd(unsigned char Cmd) //傳送命令到 LCD
{
```

```
    unsigned char dly=2;
    Data=Cmd;          //命令送到 BUS
    RS=0;RW=0;EN=1;  //命令寫入到 LCD 內
    while(dly--);
    EN=0;              //禁能 LCD
    LCD_wait(); //LCD 等待寫入完成
}
/*************************************************************
*函數名稱: LCD_Cmd
*功能描述: 傳送命令到文字型 LCD
*輸入參數: Cmd
*************************************************************/
void LCD_Cmd_Init(unsigned char Cmd) //傳送命令到 LCD
{
    Data=Cmd;          //命令送到 BUS
    RS=0;RW=0;EN=1;  //命令寫入到 LCD 內
    Delay_ms(1);
    EN=0;              //禁能 LCD
    Delay_ms(1);
}
/*************************************************************
*函數名稱: LCD_init
*功能描述: 啟始化文字型 LCD
*************************************************************
/
void LCD_init(void)     //LCD 的啟始程式
{
    LCD_Cmd_Init(0x38);//0011 1000,8bit 傳輸,顯示 2 行,5*7 字型
    LCD_Cmd_Init(0x38);//bit4:DL=1,8bit 傳輸,
    LCD_Cmd_Init(0x38);//bit3:N=1,顯示 2 行
                       //bit2:F=0,5*7 字型
    LCD_Cmd_Init(0x0c);/*0000 1100,顯示幕 ON,不顯示游標,游標不閃爍
```

```
                                bit2:D=1,顯示幕 ON
                                bit1:C=0,不顯示游標
                                bit0:B=0,游標不閃爍*/
    LCD_Cmd_Init(0x06);/*0000 0110,//顯示完游標右移,游標移位禁能
                                bit1:I/D=1,顯示完游標右移,
                                bit0:S=0,游標移位禁能*/
    LCD_Cmd_Init(0x01);  //清除顯示幕
    LCD_Cmd_Init(0x02);  //游標回原位
}
/*****************************************************
*函數名稱: LCD_wait
*功能描述: LCD 等待忙碌旗標 BF
*****************************************************/
void LCD_wait(void)
{
  unsigned char status;  //定義 LCD 讀取狀態
  Data=0xff; //P0 設定為輸入埠
  do
  {
    RS=0;RW=1;EN=1;  //讀取命令
    status= Data;    //輸入 LCD 的命令
    EN=0;            //禁能 LCD
  }
  while(status & 0x80); //等待忙碌旗標 BF=0
}
```

操作:修改 LCD 的各種控制命令,觀察文字型 LCD 的變化。

作業:請修改為顯示畫面為左右移動作。

2. 顯示"COUNT="及計數 00000~65535,如下:

```
/************** LCD2.C *************************
*動作:在 LCD 顯示"COUNT=",再重覆顯示 00000~65535
*********************************************/
#include "..\MPC82.H"  //暫存器及組態定義
```

```
char code  Table[]="COUNT=";  //第一行陣列字元
void LCD_Disp(unsigned int disp);  // LCD 十進制 5 位數顯示

void main(void)
{
   unsigned int count=12345;  //顯示計數十進制初值
   char i;                    //陣列資料計數
   LCD_init();                //重置及清除 LCD
   LCD_Cmd(0x80);             //游標由第一行開始顯示
   for(i=0; i<6; i++)  //讀取陣列"COUNT= "字元到 LCD 顯示出來
     LCD_Data(Table[i]);
   while(1)                   //重覆執行
   {
     LCD_Cmd(0x86);          //游標由第一行第 6 字開始顯示
     LCD_Disp(count++);//顯示 5 位數十進制計數及計數遞加
     Delay_ms(300);
   }
}
/***********************************************************
*函數名稱: LCD_Disp(unsigned int disp)
*功能描述: LCD 顯示 5 位數十進制數字
*輸入參數：disp
***********************************************************/
void LCD_Disp(unsigned int disp)  // LCD 十進制 5 位數顯示
{
 if(disp>9999) LCD_Data(disp /10000+'0');     //顯示萬位數
 if(disp>999)  LCD_Data(disp % 10000/1000+'0');//顯示千位數
 if(disp>99)   LCD_Data(disp % 1000/100+'0');  //顯示百位數
 if(disp>9)    LCD_Data(disp % 100/10+'0');    //顯示十位數
               LCD_Data(disp % 10+'0');        //顯示個位數
}(後面省略)
```

作業：請修改爲顯示有正負值 4 位數動作。

3. LCD 顯示電子鐘動作。範例如下：

```
//************** LCD3.c ********************
//*動作：在 LCD 顯示 24 小時電子鐘的變化
//***************************************
#include "..\MPC82.H"   //暫存器及組態定義
main()
{
  char hor=23,min=58,sec=52;//設定時、分、秒初值
  LCD_init();              //重置及清除 LCD
  while(1)  //重覆顯示
  {
   LCD_Cmd(0x80);          //由第一行開始顯示
   LCD_Data(hor/10+'0'); //時的十位數到 LCD 顯示
   LCD_Data(hor%10+'0'); //時的個位數到 LCD 顯示
   LCD_Data(':');

   LCD_Data(min/10+'0'); //分的十位數到 LCD 顯示
   LCD_Data(min%10+'0'); //分的個位數到 LCD 顯示
   LCD_Data(':');

   LCD_Data(sec/10+'0'); //秒的十位數到 LCD 顯示
   LCD_Data(sec%10+'0'); //秒的個位數到 LCD 顯示

   Delay_ms(500);
   sec++;                    //秒加一
   if (sec < 60) continue; //若秒小於 60 重覆顯示
   sec=0; min++;             //秒等於 60 則令秒=0，分加一
   if (min < 60) continue; //若分小於 60 重覆顯示
   min=0; hor++;             //若分等於 60 則令分=0，時加一
   if (hor <24)  continue; //若時小於 24 重覆顯示
   hor=0;min=0; sec=0;       //若時等於 24 則令時、分、秒=0
  }
```

```
}  (後面省略)
```

作業 1：請修改爲 12 小時制，顯示有 AM 及 PM 的時、分、秒。
作業 2：請修改爲第一行顯示年、月、日，第二行顯示時、分、秒。

4. LCD 顯示電子鐘動作年、月、日。範例如下：

```
//************** LCD4.C *********************
//*動作：在文字型 LCD 上顯示"2007 年 07 月 15 日
//*******************************************
#include "..\MPC82.H"    //暫存器及組態定義
char code mes[]="2009\00008\00115\002";//2008 年 08 月 15 日
char code Table[]={
 0x10,0x1f,0x02,0x0f,0x0a,0xff,0x02,0x00, //年
 0x0f,0x09,0x0f,0x09,0x0f,0x09,0x13,0x00, //月
 0x0f,0x09,0x09,0x0f,0x09,0x09,0x0f,0x00};//日
main()
{
  char i;             //陣列資料計數
  LCD_init();     //重置及清除 LCD
  for(i=0x0;i<=23;i++)  //寫入年月日字型
   {
     LCD_Cmd(0x40+i);     //指定 CGRAM 位址
     LCD_Data(Table[i]); //寫入 CGRAM 資料
   }
  LCD_Cmd(0x80);          //指定第一行顯示
  for(i=0;i<11;i++) LCD_Data(mes[i]);//顯示年月日
  while(1);    //停止
}  (後面省略)
```

作業：請修改爲顯示時、分、秒。

5. LCD 顯示中文字，其中每個中文字必須由 4 個自創圖形所組成，如下所示：

0	1	2	3
4	5	6	7

顯示中文字型範例程式，如下：

```
/****** LCD5.C ******* LCD 顯示中文字型範例*******
*動作：由 LCD 顯示自創的資工字型
************************************************/
#include "..\MPC82.H"   //暫存器及組態定義
unsigned char code Table[]=   //自創資工字型
 {0x00,0x00,0x19,0x02,0x08,0x11,0x07,0x04,//資的左上字
  0x00,0x10,0x1f,0x09,0x14,0x02,0x1c,0x04,//資的右上字
  0x00,0x0f,0x00,0x00,0x00,0x00,0x01,0x01,//工的左上字
  0x00,0x1e,0x08,0x08,0x10,0x10,0x00,0x00,//工的右上字
  0x07,0x04,0x07,0x04,0x07,0x02,0x04,0x00,//資的左下字
  0x1c,0x04,0x1c,0x04,0x1c,0x08,0x04,0x00,//資的右下字
  0x00,0x00,0x00,0x01,0x02,0x02,0x1f,0x00,//工的左下字
  0x10,0x10,0x10,0x00,0x00,0x00,0x1f,0x00  //工的右下字
```

```
    };
main()
{  unsigned char i;
    LCD_init();                 //重置及清除 LCD
    for(i=0x0;i<=0x3f;i++) //寫入 CGRAM 位址
     {
       LCD_Cmd(0x40+i);     //指定 CGRAM 位址
       LCD_Data(Table[i]); //寫入 CGRAM 資料
     }
    LCD_Cmd(0x80);       //指定第一行顯示的位址
    for(i=0;i<4;i++)    LCD_Data(i);//讀取 CGROM 位址 0-3 的自創圖形資料
    LCD_Cmd(0xc0);       //指定第二行顯示的位址
    for(i=4;i<8;i++)    LCD_Data(i); //讀取 CGROM 位址 4-7 的自創圖形資料
    while(1);   //停止
} (後面省略)
```

作業：請修改爲顯示自已姓名後兩字。

6. LCD 顯示小綠人步行圖型，如下所示：

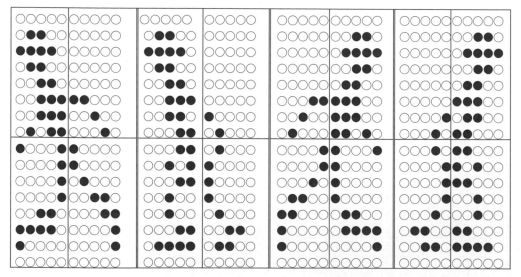

顯示小綠人步行，範例如下：

```
/***************** LCD 顯示自創圖形範例**********
*檔名：LCD6.C
*動作：自創 4 個圖形，並令 LCD 顯示小綠人動畫
**********************************************/
#include "..\MPC82.H"   //暫存器及組態定義
unsigned char  code Table[]= {    //自創 4 個小綠人圖形
    0x00,0x0c,0x1e,0x0c,0x06,0x07,0x07,0x0b, //圖 0 左上(向左行步 1)
    0x00,0x00,0x00,0x00,0x00,0x18,0x04,0x02, //圖 0 右上
    0x11,0x01,0x01,0x01,0x06,0x1e,0x10,0x00, //圖 0 左下
    0x10,0x10,0x08,0x06,0x03,0x01,0x01,0x00, //圖 0 右下

    0x00,0x0c,0x1e,0x0c,0x06,0x07,0x06,0x03, //圖 1 左上(向左行步 2)
    0x00,0x00,0x00,0x00,0x00,0x00,0x10,0x08, //圖 1 右上
    0x03,0x05,0x03,0x04,0x04,0x03,0x0f,0x00, //圖 1 左下
    0x08,0x10,0x10,0x10,0x08,0x06,0x0c,0x00, //圖 1 右下

    0x00,0x00,0x00,0x00,0x00,0x03,0x04,0x08, //圖 2 左上(向右行步 1)
    0x00,0x06,0x0f,0x06,0x0c,0x1c,0x1c,0x1a, //圖 2 右上
    0x01,0x01,0x02,0x0c,0x18,0x10,0x10,0x00, //圖 2 左下
    0x11,0x10,0x10,0x10,0x0c,0x0f,0x01,0x00, //圖 2 右下

    0x00,0x00,0x00,0x00,0x00,0x00,0x01,0x02, //圖 3 左上(向行步右 2)
    0x00,0x06,0x0f,0x06,0x0c,0x1c,0x0c,0x18, //圖 3 右上
    0x02,0x01,0x01,0x01,0x02,0x0c,0x06,0x00, //圖 3 左下
    0x18,0x14,0x18,0x04,0x04,0x18,0x1e,0x00, //圖 3 右下
    };

 void DISPLAY(unsigned char i);  //在指定 i 位置
 void write(unsigned char word);   //寫入指定字型資料到 CGRAM
 //**************************************************
void main(void)
```

```
{
  unsigned char shift;
  LCD_init();              // 重置及清除 LCD
  while(1)
  {
    for(shift=14;shift>0;shift=shift-2)  // 由右向左移位
    {
    write(32*0);  DISPLAY(shift);        // 寫入圖 0，移位顯示
    write(32*1);  DISPLAY(shift-1);      // 寫入圖 1，移位顯示
    }
     for(shift=0;shift<14;shift=shift+2)  // 由左向右移位
    {
    write(32*2);  DISPLAY(shift);        // 寫入圖 2，移位顯示
    write(32*3);  DISPLAY(shift+1);      // 寫入圖 3，移位顯示
    }
  }
}
//************************************************
void write(unsigned char word)      // 寫入指定圖形資料到 CGRAM
{
  unsigned char addr;
  for (addr=0x0;addr<=0x1f;addr++)  // 寫入位址
  {
    LCD_Cmd(0x40+addr);             // 指定 CGRAM 位址
    LCD_Data(Table[addr+word]);// 寫入指定圖形資料到 CGRAM
  }
}
//************************************************
void DISPLAY(unsigned char i) // 指定移位的位置，顯示自造圖形
{
  unsigned char count;
  LCD_Cmd(0x80+i);     // 指定第一行 i 位置顯示
```

```
for(count=0;count<2;count++)
    LCD_Data(count); // 讀取 CGROM 位址 0-1(圖上)顯示

LCD_Cmd(0xc0+i);     // 指定第二行 i 位置顯示
for(count=2;count<4;count++)
    LCD_Data(count); // 讀取 CGROM 位址 2-3(圖下)顯示

Delay_ms(100);       // 延時，圖形停滯時間
LCD_Cmd(0x01);LCD_Cmd(0x02);//清除顯示幕
}(後面省略)
```

作業：請修改為顯示其它動畫圖形。

4-6 繪圖型液晶顯示器控制與實習

繪圖型 LCD 與文字型 LCD 控制方式雷同，但它無內含字型，必須自行設計每一點的圖素，來形成圖形或字型。以 DG-128064 為例，它圖素的分佈 Y 軸(左右)為 128 點及 X 軸(上下)為 64 點，其接腳有資料線(DB0-7)、控制線(D/I、R/W、EN)、左右半部選擇(CS1、CS2)及背光(A、K)，如圖 4-28 及表 4-11。

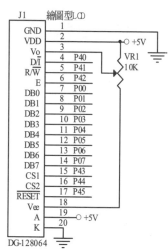

圖 4-28　繪圖型 LCD 外型及電路圖

表 4-11　繪圖型 LCD 接腳

腳位	名稱	功能描述	動作
1	Vss	電源接地	0V
2	V_{DD}	電源正端	+5V
3	Vo	亮度調整	由可變電阻來調整
4	D/I	暫存器選擇信號	DB0~7 對 LCD 傳送資料或命令：1=資料，0=命令

腳位	名稱	功 能 描 述	動 作
5	R/W	Read/Write 信號線	DB0~7 對 LCD 讀取或寫入命令：1=讀取，0=寫入
6	E	致能信號	1=致能 LCD，0=禁能 LCD
7-14	DB0~7	8 位元匯流排	可輸入資料、命令及位址
15	CS1	晶片選擇 1	1=選擇繪圖型 LCD 的左半部
16	CS2	晶片選擇 2	1=選擇繪圖型 LCD 的右半部
17	/RESET	重置信號	0=重置繪圖型 LCD
18	Vee	負電壓輸出	可用來控制亮度
19-20	A-K	背光 LED	提供 LCD 背面的亮光(在側面，可省略)

繪圖型 LCD 是由 E、R/W 及 D/I 三支腳共同配合來控制資料匯流排的流向，如表 4-12 所示。其時序是要先送暫存器選擇信號(D/I)及讀寫信號(R/W)，再等一段時間後，再令致能信號(E)負緣(1→0)時，才能完成資料或命令的寫入動作。

表 4-12　　繪圖型 LCD 控制接腳

D/I	R/W	E	DB0-7
X	X	0	無法改變 LCD 的動作
0	0	1→0	寫入命令到指令暫存器(IR)
0	1	1→0	讀取忙碌旗標(BF)到 DB7
1	0	1→0	寫入資料到資料暫存器(DR)
1	1	1→0	讀取資料暫存器(DR)的資料

4-6.1　繪圖型 LCD 內部功能介紹

繪圖型 LCD(DG-128064)是由兩片 64*64 點結合而成 128*64 點的螢幕，故使用時必須將螢幕分成左右兩部份來控制，再輸入水平 Y 軸位址及垂直 X 頁位址，最後垂直寫入 byte 資料，即可在螢幕上顯示圖形或字型。其內部方塊如圖 4-29 及位址分佈如圖 4-30 所示。

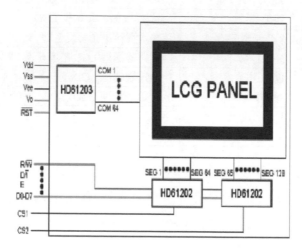

圖 4-29　繪圖型 LCD 內部方塊圖

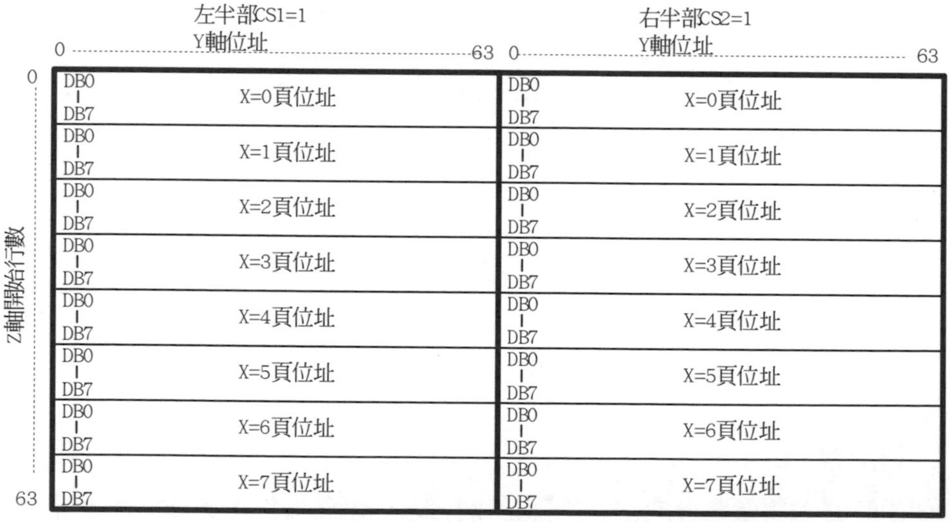

左半部CS1=1 Y軸位址		右半部CS2=1 Y軸位址	
0 ------------------- 63		0 ------------------- 63	
DB0 I DB7	X=0頁位址	DB0 I DB7	X=0頁位址
DB0 I DB7	X=1頁位址	DB0 I DB7	X=1頁位址
DB0 I DB7	X=2頁位址	DB0 I DB7	X=2頁位址
DB0 I DB7	X=3頁位址	DB0 I DB7	X=3頁位址
DB0 I DB7	X=4頁位址	DB0 I DB7	X=4頁位址
DB0 I DB7	X=5頁位址	DB0 I DB7	X=5頁位址
DB0 I DB7	X=6頁位址	DB0 I DB7	X=6頁位址
DB0 I DB7	X=7頁位址	DB0 I DB7	X=7頁位址

圖 4-30　繪圖型 LCD 圖素 128*64 位址分佈圖

1. 由 CS1=1 控制左半部及 CS2=1 控制右半部的螢幕。

2. 當 EN=1→0 及 RW=0 時，可令 D/I=0 由 DB0-7 腳寫入指令(Instruction)或位址，或令 D/I=1 寫入資料(Data)。

3. 當 EN=1→0 及 RW=1 時，可令 D/I=0 讀取 LCD 內部的旗標，或令 D/I=1 讀取 LCD 內部的資料。

4. 可設定 Y 軸位址(0~63)及 X 頁位址(0~7)，再輸入垂直(由上而下為 DB0~DB7) 的資料，即可在指定的位置顯示圖形或字型。

5. 可設定 Z 軸的開始行數 0~63，用以指定圖形或字型，從該行開始往下顯示整圖畫面。

4-6.2 繪圖型 LCD 指令碼工作

在繪圖型 LCD 可存取指令、位址及資料來處理其工作，其指令碼控制表，如表 4-13 所示。

表 4-13 繪圖型 LCD 指令碼控制表

指令動作	DI	RW	D7	D6	D5	D4	D3	D2	D1	D0	動作
顯示幕開關	0	0	0	0	1	1	1	1	1	D	D：0=OFF，1=ON
設定 Y 軸位址	0	0	0	1	A5	A4	A3	A2	A1	A0	Y 軸位址=0~63
設定 X 頁位址	0	0	1	0	1	1	1	A2	A1	A0	X 頁位址=0~7
開始顯示行數	0	0	1	1	A5	A4	A3	A2	A1	A0	Z 軸開始行數=0~63
讀取旗標	0	1	BF	0	On	Rst	0	0	0	0	檢查內部工作
寫入顯示資料	1	0	D7	D6	D5	D4	D3	D2	D1	D0	輸入圖形或字型
讀取顯示資料	1	1	D7	D6	D5	D4	D3	D2	D1	D0	讀取圖形或字型

1. 顯示幕開關(Display On/Off)：可控制螢幕的開始或關閉。

D/I	R/W	DB7	DB6	DB5	BD4	DB3	DB2	DB1	DB0
0	0	0	0	1	1	1	1	1	D

D(Display): 1=顯示幕開啓，0=顯示幕關閉。

2. 設定 Y 軸位址：A5~A0 可設定 00-0x3F(0~63)共 64 個位址空間。

D/I	R/W	DB7	DB6	DB5	BD4	DB3	DB2	DB1	DB0
0	0	0	1	A5	A4	A3	A2	A1	A0

3. 設定 X 軸頁位址：A2~A0 可設定 0-7 頁位址空間。

D/I	R/W	DB7	DB6	DB5	BD4	DB3	DB2	DB1	DB0
0	0	1	0	1	1	1	A2	A1	A0

4. 設定開始顯示行數：又稱爲 Z 軸，A5~A0 可設定 0x00-0x3F(0~63)表示用來指定整個畫面往上移多少行才開始顯示。

D/I	R/W	DB7	DB6	DB5	BD4	DB3	DB2	DB1	DB0
0	0	0	1	A5	A4	A3	A2	A1	A0

例如設定開始行數=0~3，在繪圖型 LCD 顯示結果如圖 4-31(a)~(d)所示。由圖中可知，當開始行數遞增時，其整個螢幕的圖形會往上移動。

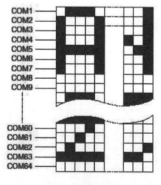

圖 4-31(a) 開始行數=0

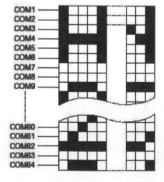

圖 4-31(b) 開始行數=1

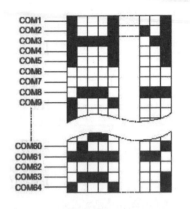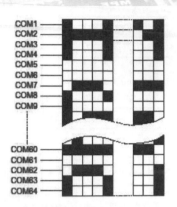

圖 4-31(c) 開始行數=2　　　　圖 4-31(d) 開始行數=3

5. 旗標讀取(Flag)：可讀取旗標用來檢查 LCD 內部的工作狀態，包括忙碌 (Busy)、螢幕開關(On/Off)及重置(Reset)，如下：

DI	R/W	DB7	DB6	DB5	BD4	DB3	DB2	DB1	DB0
0	1	BF	0	On	Rst	0	0	0	0

(1) 忙碌旗標(BF：Busy Flag)：當向 LCD 寫入指令或資料時，可讀取旗標 的 DB7 詢問是否忙碌中(BF=1)或已處理完畢(BF=0)。若已處理完畢才 可以寫入下一個指令或資料。

(2) 螢幕關閉旗標(On：On/Off Flag)：可讀取旗標的 DB5 詢問顯示目前 LCD 是否處於開啟(On=0)或關閉(On=1)。

(3) 重置旗標(Rst：Reset Flag)：LCD 開機時必須立即重置，來進行內部的 初始工作，此時可讀取旗標的 DB4 詢問顯示目前 LCD 是否正在重置 中(Rst=1)或已重置完畢(Rst=0)，可進行後續的工作。

6. 寫入資料暫存器：寫入 X、Y 軸位址後，再寫入資料，並以由上而下(DB0~7) 的垂直方式來顯示圖形或字型。

D/I	R/W	DB7	DB6	DB5	BD4	DB3	DB2	DB1	DB0
1	0	D7	D6	D5	D4	D3	D2	D1	D0

7. 讀取資料暫存器：寫入 X、Y 軸位址後，可讀取 LCD 內部該點的圖素資料。

D/I	R/W	DB7	DB6	DB5	BD4	DB3	DB2	DB1	DB0
1	1	D7	D6	D5	D4	D3	D2	D1	D0

4-6.3 繪圖型 LCD 實習

本節實習程式中，在 MPC82.H 有宣告使用的函數。如下：

```
//宣告繪圖型 LCD 函數
void LCD_Data(char dat);          //傳送資料到繪圖型 LCD
void LCD_Cmd(unsigned char Cmd);//傳送命令到繪圖型 LCD
void LCD_wait(void);//LCD 等待忙碌旗標 BF
void LCD_clear(void);//LCD 繪圖型清除畫面
```

1.在繪圖型 LCD 顯示一橫線，往上移動。

```
/*****GLCD1.C****繪圖型 LCD 實習板範例******
*動作：在繪圖型 LCD 最低下顯示橫線，往上移動
***************************************************/
#include "..\MPC82.H"    //暫存器及組態定義
unsigned char i;  //定義計數變數
unsigned x_page;   //定義 LCD 顯示 X 頁位址
main()
{
  RST=0; Delay_ms(1);RST=1; //重置繪圖型 LCD
  CS1=1;CS2=1;          //開啓繪圖型 LCD 左右半部
  Delay_ms(5);         //等待 LCD 開機時間
  LCD_Cmd(0x3f);       //0011111D，D=1 開啓螢幕
  LCD_clear();         //清除繪圖型 LCD 整個畫面
```

```
    LCD_Cmd(0xb8+7);  //10111xxx+0~7,X頁位址=7 最下頁
    LCD_Cmd(0x40+0);  //01xxxxxx+0~63,Y軸位址=0 最左邊
    for(i=0;  i< 64 ;i++)  //寫入64筆
      LCD_Data(0x80);//寫入資料10000000,最低下一橫線
    while(1)
    {
      for(i=0;  i<64 ;i++)  //計數=0~63
    {
      //LCD_Cmd(0xC0+i);  //11xxxxxx+0~63,開始行數=0~63 往上移
        Delay_ms(100);
    }
      }
}
/*******************************************
*函數名稱: LCD_clear()
*功能描述: 清除繪圖型 LCD 整個畫面
*********************************************/
void LCD_clear(void)
{ for(x_page=0;x_page<8;x_page++)//X頁位址=0-7
  {
     LCD_Cmd(0xb8+x_page);  //10111xxx+0~7,
     LCD_Cmd(0x40+0);  //01xxxxxx+0~63,Y軸位址=0 最左邊
     for(i=0;  i< 64 ;i++) LCD_Data(0x0);//寫入資料00
  }
}
/*******************************************
*函數名稱: LCD_Cmd
*功能描述: 寫入命令到繪圖型 LCD
*輸入參數: cmd
*********************************************/
void LCD_Cmd(unsigned char cmd)
{ unsigned char dly=40;
```

```
 Data=cmd;   //輸出命令
 D_I=0;RW=0;EN=1;while(dly--);EN=0;  //寫入命令
 LCD_wait();      //等待忙碌旗標 BF
}
/**********************************************
*函數名稱: LCD_Data
*功能描述: 寫入資料到繪圖型 LCD
*輸入參數: dat
**********************************************/
void LCD_Data(char dat)
{ unsigned char dly=40;
 Data=dat;            //輸出資料
 D_I=1;RW=0;EN=1;while(dly--);EN=0;//寫入資料
 LCD_wait();      //等待忙碌旗標 BF
}
```

作業:

(1) 請修改 CS1、CS2、X 頁位址、Y 軸位址及寫入資料觀察螢幕上橫線的位置。

(2) 加入 LCD_Cmd(0xC0+i);開始行數=0~63,觀察螢幕上橫線的上下移動。

2. 在繪圖型 LCD 寫入 4 個橫排中文字。

執行 C:\MPC82\CH4_IO 內中文字產生器(MatrixFont 20 個 16x16 字型.exe),操作方式如圖 4-32 所示:

圖 4-32　中文字產生器操作

(1) 按 程式(P) → 輸入文字(I) : (如 : 笙泉科技)再按確定會顯示字型。

(2) 最後按 程式(P) → 匯出檔案(O) →檔名(如 : test)。

(3) 會產生字型檔(test.H)內容如下所示:

```
#ifndef _test_h_
#define _test_h_
#ifdef __C51__   (檢查是否為 8051 的 C 語言格式)
const unsigned char code test[128]={  (使用 8051 的 C 語言的宣告)
#else
const unsigned char test[128]={  (使用非一般 C 語言的宣告)
#endif
0x0,0x0,   (左邊偶數資料為上半部字型，右邊奇數資料為下半部字型)
0x20,0x88,
(中間省略)
0x98,0x80,
0x10,0x80};
#endif   (結束 if)
```

範例程式如下:

```
/*****GLCD2.C****繪圖型 LCD 實習板範例******
*動作 : 在繪圖型 LCD 上顯示"笙泉科技"
*步驟 : 用 MatrixFont 20 個 16x16 字型.exe，輸入四個中文字,匯出檔案 test。
**********************************************/
#include "..\MPC82.H"    //暫存器及組態定義
#include "test.H"
unsigned char i;  //定義計數變數
unsigned x_page;   //定義 LCD 顯示 X 頁位址
unsigned y_addr;   //定義 LCD 顯示 Y 軸位址
main()
{
  CS1=1;CS2=1;           //開啟繪圖型 LCD 左右半部
```

```
  Delay_ms(5);        //等待 LCD 開機時間
  LCD_Cmd(0x3f);      //0011111D，D=1 開啓螢幕
  LCD_clear();          //清除繪圖型 LCD 整個畫面


  CS1=1;CS2=0;          //開啓繪圖型 LCD 左半部
  LCD_Cmd(0xb8+0);  //10111xxx+0~7，X 頁位址=0 (字的上半部)
  LCD_Cmd(0x40+0);  //01xxxxxx+0~63，Y 軸位址=0 最左邊
  for(i=0;  i< 16*4 ;i++)  //寫入 64 筆
   {
     LCD_Data(test[i*2]);//寫入偶數資料(字的上半部)
     Delay_ms(10);
   }
  LCD_Cmd(0xb8+1);  //10111xxx+0~7，X 頁位址=1 (字的下半部)
  LCD_Cmd(0x40+0);  //01xxxxxx+0~63，Y 軸位址=0 最左邊
  for(i=0;  i< 16*4 ;i++)  //寫入 64 筆
   {
     LCD_Data(test[i*2+1]);//寫入奇數資料(字的下半部)
      Delay_ms(10);
   }
  while(1);  //停止
}
(後面省略)
```

作業：請修改顯示中文字型。

3. 在繪圖型 LCD 寫入 4 個橫排中文字。

應用 MatrixFont 20 個 16x16 字型.exe，輸入兩組 8 個中文字，範例程式如下：

```
/*****GLCD3.C****繪圖型 LCD 實習板範例******
*動作：在繪圖型 LCD 上顯示 16 個中文字
*步驟：用 MatrixFont 20 個 16x16 字型.exe，輸入兩組 8 個中文字，
*      匯出檔案 test1 及 test2。
**************************************************/
```

```
#include "..\MPC82.H"   //暫存器及組態定義
#include "test1.h"  //第一組 8 個中文字型
#include "test2.h"  //第二組 8 個中文字型


unsigned char i;  //定義計數變數
unsigned x_page;  //定義 LCD 顯示 X 頁位址
unsigned y_addr;  //定義 LCD 顯示 Y 軸位址
/***********************************************
*函數名稱:FillHWAN
*功能描述:寫入資料到繪圖型 LCD 的上或下半部,顯示 4 個中文字
*輸入參數:*pp
***********************************************/
void FillHWAN(unsigned char code *pp,char xp_start)
{
  char y_addr;  //定義 LCD 顯示 Y 軸位址
  for(y_addr=0; y_addr < 64; y_addr++)  //X 軸位址 0,32
  {
    LCD_Cmd(0xb8+xp_start+0);  //Y 軸位址 0,間隔 32,分開上下
    LCD_Cmd(0x40+y_addr);  //X 頁位址 0~7
    LCD_Data(*pp++);  //以指標方式讀取資料,寫入由左而右 2 個字
    LCD_Cmd(0xb8+xp_start+1);  //Y 軸位址 0,間隔 32,分開上下
    LCD_Cmd(0x40+y_addr);  //X 頁位址 0~7
    LCD_Data(*pp++);  //以指標方式讀取資料,寫入由左而右 2 個字
  }
}
/***********************************************/
main()
{
  CS1=CS2=1;  //開啓繪圖型 LCD 上下半部控制
  Delay_ms(5);  //等待 LCD 開機時間
  LCD_Cmd(0x3f);  //0011111D,D=1 開啓螢幕
  LCD_clear();  //清除繪圖型 LCD 整個畫面
```

```
CS1=1; CS2=0;       //開啓繪圖型 LCD 左半部顯示
FillHWAN(&test1[0],0);//以指標方式讀取資料，寫入前 4 個字型

CS1=0; CS2=1;       //開啓繪圖型 LCD 右半部顯示
FillHWAN(&test1[128],0);//以指標方式讀取資料，寫入後 4 個字型

CS1=1; CS2=0;       //開啓繪圖型 LCD 左半部顯示
FillHWAN(&test2[0],2);//以指標方式讀取資料，寫入前 4 個字型

CS1=0; CS2=1;       //開啓繪圖型 LCD 右半部顯示
FillHWAN(&test2[128],2);//以指標方式讀取資料，寫入後 4 個字型

 while(1);    //停止
}
(後面省略)
```

作業：請修改顯示中文字型。

CHAPTER

5

中斷控制與外部中斷實習

本章單元

- 瞭解 MPC82G516 中斷控制
- 熟悉外部中斷控制
- 熟悉按鍵中斷控制
- 熟悉鍵盤掃描控制
- 熟悉省電模式控制

微處理機的輸出入(I/O)處理方式有三種：

◎程式 I/O：在程式迴圈中必須不斷的用指令去偵測輸入腳的狀態，在第四章中就是這種方式來處理。

　優點：程式簡單、容易維護。

　缺點：會浪費 CPU 的時間，且程式必須執行到輸入指令時，才會偵測輸入端，若輸入端的信號來的太過快速，CPU 將無法即時偵測到，致使輸入信號漏失。

◎中斷(Interrupt)I/O：致能中斷後，即可不用理會輸入端。有中斷輸入信號時，會立即通知 CPU 停止目前的工作，去執行中斷函數。執行完後，回原主程式繼續執行。此章將詳細介紹。

　優點：不用去偵測輸入端，不會浪費 CPU 時間，且能偵測到快速的輸入信號。

　缺點：若應用於大量的資料傳輸時會疲於奔命，較不適合。

◎直接記憶存取(DMA：Direct Memory Access)：在個人電腦中的週邊設備如軟碟及硬碟等工作時，會透過 DMA 控制器來通知 CPU 持住(hold)，此時 CPU 會切除對外的 BUS 線，停止對外部週邊及記憶體的溝通。而由 DMA 控制器取代 CPU 來控制 BUS 線，令磁碟機直接和 RAM 存取資料。它適合用於整批大量資料的存取，在一般低階的單晶片微電腦中較少使用。

　　MCS-51 以中斷為主，這些中斷來自內部與外部的週邊裝置，使其能夠各自獨立工作，令控制變得更強而有力。

5-1 MPC82G516 中斷控制

傳統的 8052 有 6 個中斷源，而 MPC82G516 有 14 個中斷源，當有其中一個中斷成立時，程式會跳到指定的位址來執行中斷副程式(函數式)，此謂之「中斷向量」。各中斷源的向量位址，如表 5-1 所示。

表 5-1　MPC82G516 各中斷源的向量位址

中斷編號	中斷源	說　　明	向量位址	中斷優先
0	INT0	外部中斷腳 0(P3.2)	0x03	0
1	Timer0	Timer 0 溢位中斷(P3.4)	0x0B	1
2	INT1	外部中斷腳 1(P3.3)	0x13	2
3	Timer1	Timer 1 溢位中斷(P3.5)	0x1B	3
4	UART1	串列埠 1 中斷(P3.0 及 P3.1)	0x23	4
5	Timer2	Timer 2 溢位或 T2EX 中斷	0x2B	5
6	INT2	外部中斷腳 2(P4.3)	0x33	6
7	INT3	外部中斷腳 3(P4.2)	0x3B	7
8	SPI	串列週邊界面-傳輸完成中斷	0x43	8
9	ADC	ADC 轉換完成中斷	0x4B	9
10	PCA	PCA-比較中斷	0x53	10
11	Brownout Detection	電源電壓偵測中斷	0x5B	11
12	UART2	串列埠 2 中斷(P1.2 及 P1.3)	0x63	12
13	Keypad Interrupt	按鍵中斷	0x6B	13

※每一個中斷源均有其固定的「中斷函數編號」、「中斷向量位址」及「優先順序」，當其中有一個中斷源成立時，會跳到指定的位址來執行中斷函數。[中斷函數編號]0~5 為傳統 8052 中斷源，以後僅 MPC82G516 才有此功能。

※[中斷函數編號]的表示方式為：中斷向量位址=(中斷函數編號*8)+3，例如 INT1 的中斷函數編號=2，則中斷向量位址=2*8+3=19=0x0013。

※若要改變預定的中斷優先順序，可在中斷優先暫存器(IP)重新設定。

5-1.1 MPC82G516 中斷暫存器

在特殊功能暫存器(SFR)內和中斷相關的暫存器，如表 5-2 所示。這其中粗體字部份為 MPC82G516 專屬。(IP 與 IE)及(AUXIP、AUXIE 與 AUXIPH)的中斷源是相對應，同時分成低優先(IP、AUXIP)及高優先(IPH、AUXIPH)四層優先順序。

表 5-2　和中斷相關的暫存器

暫存器	位址	D7	D6	D5	D4	D3	D2	D1	D0
TCON 計時控制	0x88	未使用				IE1	IT1	IE0	IT0
IE 中斷致能	0xA8	EA	-	ET2	ES	ET1	EX1	ET0	EX0
IP 低中斷優先	0xB8	-	-	PT2	PS	PT1	PX1	PT0	PX0
IPH 高中斷優先	0xB7	**PX3H**	**PX2H**	**PT2H**	**PSH**	**PT1H**	**PX1H**	**PT0H**	**PX0H**
XICON 外部中斷控制	0xC0	**PX3**	**EX3**	**IE3**	**IT3**	**PX2**	**EX2**	**IE2**	**IT2**
AUXIE 輔助中斷致能	0xAD	-	-	**EKBI**	**ES2**	**EBD**	**EPCA**	**EADC**	**ESPI**
AUXIP 低中斷優先	0xAE	-	-	**PKBI**	**PS2**	**PBD**	**PPCA**	**PADC**	**PSPI**
AUXIPH 高中斷優先	0xAF	-	-	**PKBIH**	**PS2H**	**PBDH**	**PPCAH**	**PADCH**	**PSPIH**

1. 中斷致能(Interrupt Enable)暫存器：分為 IE、XICON 及 AUXIE，設定該位元為 " 1 "時表示致能中斷。如表 5-3 所示：

表 5-3　IE 中斷致能暫存器(位址 0xA8)

D7	D6	D5	D4	D3	D2	D1	D0
EA=1	-	ET2	ES	ET1	EX1	ET0	EX0

位元	名稱	功　　　能	
D7	EA	1=允許各別中斷的設定	0=禁止所有中斷工作
D5	ET2	1=致能 Timer 2 中斷	0=除能 Timer 2 中斷
D4	ES	1=致能 UART 串列中斷	0=除能 UART 串列中斷
D3	ET1	1=致能 Timer 1 中斷	0=除能 Timer 1 中斷
D2	EX1	1=致能外部 INT1 腳中斷	0=除能外部 INT1 腳中斷
D1	ET0	1=致能 Timer 0 中斷	0=除能 Timer 0 中斷
D0	EX0	1=致能外部 INT0 腳中斷	0=除能外部 INT0 腳中斷

中斷致能暫存器在 MPC82.H 內定義名稱，如下所示。

```
sfr IE   = 0xA8;  //中斷致能暫存器
sbit EA  = IE^7;  //0=禁能所有中斷
sbit ET2 = IE^5;  //1=致能 Timer2 中斷
sbit ES  = IE^4;  //1=致能 UART 中斷
sbit ET1 = IE^3;  //1=致能 Timer1 中斷
sbit EX1 = IE^2;  //1=致能 INT1 中斷
sbit ET0 = IE^1;  //1=致能 Timer0 中斷
sbit EX0 = IE^0;  //1=致能 INT0 中斷
```

2.中斷優先暫存器(IP：Interrupt Priority)：可以改變其預設中斷的優先順序，
   若設定 IP 的該位元為 "1" 表示中斷為最優先，若僅有一個中斷則可省略，
   如表 5-4 所示：

表 5-4　IP 中斷優先暫存器 (位址 0xB8)

D7	D6	D5	D4	D3	D2	D1	D0
-	-	PT2	PS	PT1	PX1	PT0	PX0

位元	名稱	功　能
D5	PT2	1=Timer2 中斷致能優先。
D4	PS	1=UART 串列中斷致能優先。
D3	PT1	1= Timer 1 中斷致能優先。
D2	PX1	1=外部 INT1 腳中斷致能優先。
D1	PT0	1= Timer 0 中斷致能優先。
D0	PX0	1=外部 INT0 腳中斷致能優先。

中斷優先暫存器在 MPC82.H 內定義名稱，如下所示。

```
sfr  IP  = 0xB8;  //中斷優先暫存器
sbit PT2 = IP^5;  //1=Timer2 中斷優先
sbit PS  = IP^4;  //1=UART 中斷優先
sbit PT1 = IP^3;  //1=Timer1 中斷優先
sbit PX1 = IP^2;  //1=INT1 中斷優先
sbit PT0 = IP^1;  //1=Timer0 中斷優先
sbit PX0 = IP^0;  //1=INT0 中斷優先
```

3. TCON(計時/計數控制暫存器)：可設定及顯示外部中斷工作，如表 5-5 所示。

表 5-5　TCON 計時/計數器控制暫存器(位址 0x88)

D7	D6	D5	D4	D3	D2	D1	D0
未用				IE1	IT1	IE0	IT0=1

位元	名稱	功　　能
D3	IE1	外部中斷 INT1 顯示旗標，INT1 中斷成立時 IE1=1，中斷執行完畢時 IE1=0
D2	IT1	外部中斷 INT1 中斷信號選擇，1=為負緣觸發輸入，0=為 0 準位輸入
D1	IE0	外部中斷 INT0 顯示旗標，INT0 中斷成立時 IE0=1，中斷執行完畢時 IE0=0
D0	IT0	外部中斷 INT0 中斷信號選擇，1=為負緣觸發輸入，0=為 0 準位輸入

　　TCON 有關外部中斷控制在 MPC82.H 內定義名稱，如下所示。

```
sfr TCON  = 0x88; //Timer0-1 控制暫存器
sbit IE1  = TCON^3;   //INT1 顯示旗標,1=INT1 中斷成立
sbit IT1  = TCON^2;   //INT1 中斷信號選擇,1=負緣觸發輸入,0=低準位輸入
sbit IE0  = TCON^1;   //INT0 顯示旗標,1=INT0 中斷成立
sbit IT0  = TCON^0;   //INT0 中斷信號選擇,1=負緣觸發輸入,0=低準位輸入
```

4. XICON(外部中斷控制暫存器)：可設定 INT2 及 INT3 工作，如表 5-6 所示。

表 5-6　XICON 外部中斷控制暫存器(位址 0xC0)

D7	D6	D5	D4	D3	D2	D1	D0
PX3	EX3	IE3	IT3	PX2	EX2	IE2	IT2

位元	名稱	功　　能
D7	PX3	INT3 外部中斷優先，1=設定 INT3 外部中斷優先
D6	EX3	1=致能 INT3 外部中斷，0=除能 INT3 外部中斷
D5	IE3	外部中斷 INT3 顯示旗標，INT3 中斷成立時 IE3=1，中斷執行完畢時 IE3=0
D4	IT3	外部中斷 INT3 中斷信號選擇，1=為負緣觸發輸入，0=為 0 準位輸入
D3	PX2	INT2 外部中斷優先，1=設定 INT2 外部中斷優先
D2	EX2	1=致能 INT2 外部中斷，0=除能 INT2 外部中斷
D1	IE2	外部中斷 INT2 顯示旗標，INT2 中斷成立時 IE2=1，中斷執行完畢時 IE2=0
D0	IT2	外部中斷 INT2 中斷信號選擇，1=為負緣觸發輸入，0=為 0 準位輸入

外部中斷控制暫存器在 MPC82.H 內定義名稱，如下所示。

```
sfr XICON  = 0xC0;   //(MPC82G516 Only)
sbit PX3   = XICON^7; //INT3 中斷優先
sbit EX3   = XICON^6; //致能 INT3 中斷
sbit IE3   = XICON^5; //INT3 中斷旗標
sbit IT3   = XICON^4; //INT3 中斷腳輸入選擇
sbit PX2   = XICON^3; //INT2 中斷優先
sbit EX2   = XICON^2; //致能 INT2 中斷
sbit IE2   = XICON^1; //INT2 中斷旗標
sbit IT2   = XICON^0; //INT2 中斷腳輸入選擇
```

5.IPH(高中斷優先暫存器)：可設定高層的中斷優先順序，如表 5-7 所示。

表 5-7   IPH(高中斷優先暫存器) (位址 0xB7)

D7	D6	D5	D4	D3	D2	D1	D0
PX3H	PX2H	PT2H	PSH	PT1H	PX1H	PT0H	PX0H

位元	名稱	功　　能
D7	PX3H	INT3 外部中斷高優先，1=設定 INT3 外部中斷高優先
D6	PX2H	INT2 外部中斷高優先，1=設定 INT2 外部中斷高優先
D5	PT2H	Timer2 計時中斷高優先，1= Timer2 計時中斷高優先
D4	PSH	UART 串列傳輸中斷高優先，1= UART 串列傳輸中斷高優先
D3	PT1H	Timer1 計時中斷高優先，1= Timer1 計時中斷高優先
D2	PX1H	INT1 外部中斷高優先，1=設定 INT1 外部中斷高優先
D1	PT0H	Timer0 計時中斷高優先，1= Timer0 計時中斷高優先
D0	PX0H	INT0 外部中斷高優先，1=設定 INT0 外部中斷高優先

高中斷優先暫存器在 MPC82.H 內定義名稱，如下所示。

```
sfr IPH  = 0xB7;    //高中斷優先暫存器
#define PX3H 0x80  // INT3 外部中斷高優先
#define PX2H 0x40  // INT2 外部中斷高優先
#define PT2H 0x20  // Timer2 計時中斷高優先
#define PSH  0x10  // UART 串列傳輸中斷高優先
#define PT1H 0x08  // Timer1 計時中斷高優先
```

```
#define PX1H   0x04   // INT1 外部中斷高優先
#define PT0H   0x02   // TTimer0 計時中斷高優先
#define PX0H   0x01   // INT0 外部中斷高優先
```

6. AUXIE(輔助中斷致能)：可致能其他中斷源，如表 5-8 所示。

表 5-8　　AUXIE(輔助中斷致能) (位址 0xAD)

D7	D6	D5	D4	D3	D2	D1	D0
-	-	EKBI	ES2	EBD	EPCA	EADC	ESPI

位元	名稱	功　能
D5	EKBI	1=按鍵中斷致能，0=按鍵中斷除能
D4	ES2	1= UART2 中斷致能，0= UART2 中斷除能
D3	EBD	1=電源偵測中斷致能，0=電源偵測中斷除能
D2	EPCA	1=PCA 中斷致能，0=PCA 中斷除能
D1	EADC	1=ADC 中斷致能，0=ADC 中斷除能
D0	ESPI	1=SPI 中斷致能，0=SPI 中斷除能

輔助中斷致能暫存器在 MPC82.H 內定義名稱，如下所示。

```
sfr AUXIE   = 0xAD; //輔助中斷致能暫存器
#define EKBI   0x20   //按鍵中斷致能
#define ES2    0x10   //UART2 中斷致能
#define EBD    0x08   //電源偵測中斷致能
#define EPCA   0x04   //PCA 中斷致能
#define EADC   0x02   //ADC 中斷致能
#define ESPI   0x01   //SPI 中斷致能
```

7. AUXIP(輔助中斷優先)：可設定輔助中斷源的低層優先順序，如表 5-9 所示。

表 5-9　　AUXIP(輔助中斷優先) (位址 0xAE)

D7	D6	D5	D4	D3	D2	D1	D0
-	-	PKBI	PS2	PBD	PPCA	PADC	PSPI

位元	名稱	功　能
D5	PKBI	1=按鍵中斷優先

D4	PS2	1= UART2 中斷優先
D3	PBD	1=電源偵測中斷優先
D2	PPCA	1=PCA 中斷優先
D1	PADC	1=ADC 中斷優先
D0	PSPI	1=SPI 中斷優先

輔助中斷優先在 MPC82.H 內定義名稱，如下所示。

```
sfr AUXIP   = 0xAE; //優先輔助暫存器
#define PKBI   0x20  // 按鍵中斷優先
#define PS2    0x10  // UART2 中斷優先
#define PBD    0x08  // 電源偵測中斷優先
#define PPCA   0x04  // PCA 中斷優先
#define PADC   0x02  // ADC 中斷優先
#define PSPI   0x01  // SPI 中斷優先
```

8.AUXIPH(高輔助中斷優先暫存器)：可設定輔助中斷源的高層優先順序，如表 5-10 所示。

表 5-10　　AUXIPH(高輔助中斷優先) (位址 0xAF)

D7	D6	D5	D4	D3	D2	D1	D0
-	-	PKBIH	PS2H	PBDH	PPCAH	PADCH	PSPIH

位元	名稱	功　　能
D5	PKBIH	1=按鍵中斷高優先
D4	PS2H	1= UART2 中斷高優先
D3	PBDH	1=電源偵測中斷高優先
D2	PPCAH	1=PCA 中斷高優先
D1	PADCH	1=ADC 中斷高優先
D0	PSPIH	1=SPI 中斷高優先

高輔助中斷優先暫存器在 MPC82.H 內定義名稱，如下所示。

```
sfr AUXIPH  = 0xAF; //高優先輔助暫存器，1=高優先
#define EKBII  0x20  //Keypad 中斷高優先，1=高優先
#define ES2I   0x10  //UART2 中斷高優先，1=高優先
```

```
#define ELVI  0x08  //電源偵測中斷高優先，1=高優先
#define EPCAI 0x04  //PCA 中斷高優先，1=高優先
#define EADCI 0x02  //ADC 中斷高優先，1=高優先
#define ESPII 0x01  //SPI 中斷高優先，1=高優先
```

5-1.2 中斷的設定

MPC82G516 有 14 個中斷源，其設定，如表 5-11 所示：

表 5-11 各中斷源設定

中斷編號	中斷源	致能位元	中斷旗標位元	中斷優先位元	中斷位址
0	INT0 外部中斷	EX0	IE0	PX0H, PX0	0x03
1	Timer 0 計時中斷	ET0	TF0	PT0H, PT0	0x0B
2	INT1 外部中斷	EX1	IE1	PX1H, PX1	0x13
3	Timer 1 計時中斷	ET1	TF1	PT1H, PT1	0x1B
4	UART 串列中斷	ES	RI, TI	PSH, PS	0x23
5	Timer 2 計時中斷	ET2	TF2, EXF2	PT2H, PT2	0x2B
6	INT2 外部中斷	EX2	IE2	PX2H, PX2	0x33
7	INT3 外部中斷	EX3	IE3	PX3H, PX3	0x3B
8	SPI 串列週邊中斷	ESPI	SPIF	PSPIH, SPI	0x43
9	ADC 中斷	EADC	ADCI	PADCH, PADC	0x4B
10	PCA 計時/計數中斷	EPCA	CF, CCF1-6	PPCAH, PPCA	0x53
11	電源偵測	EBD	OPF, CPF	PBDH, PBD	0x5B
12	UART2 串列中斷	ES2	S2RI, S2TI	PS2H, PS2	0x63
13	Keypad 按鍵中斷	EKBI	KBIF	PKBIH, PKBI	0x6B

各中斷源工作的設定方式，如圖 5-1 所示：

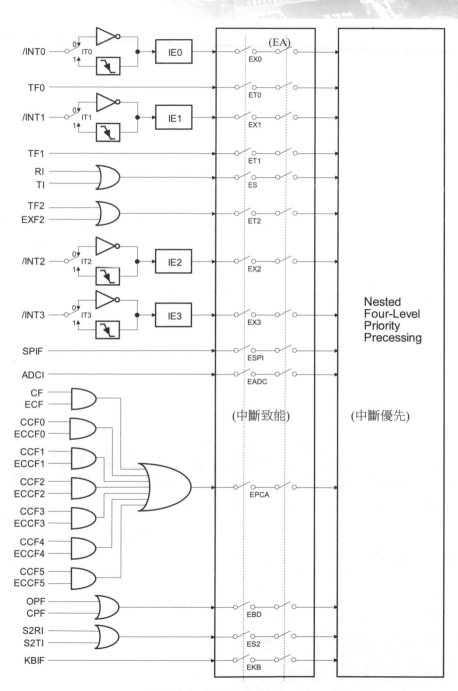

圖 5-1　中斷工作設定

要設定中斷工作必須透過幾個步驟：

1. 中斷致能：以外部中斷 INT0-3 為例，分別在 IE 及 XICON，設定該位元為
   "1"時表示致能中斷。其中 EA(Enable All)用於致能所有的中斷，若 EA=0
   會禁能所有的中斷，以致能 INT0 及 INT1 中斷為例，如表 5-12(a)所示：

表 5-12(a)　外部中斷 INT0-1 致能(IE)

D7	D6	D5	D4	D3	D2	D1	D0
EA=1	-	ET2	ES	ET1	EX1=1	ET0	EX0=1

以致能 INT2 及 INT3 中斷為例，如表 5-12(b)所示：

表 5-12(b)　外部中斷 INT2-3 致能(XICON)

D7	D6	D5	D4	D3	D2	D1	D0
PX3	EX3=1	IE3	IT3	PX2	EX2=1	IE2	IT2

2. 中斷優先設定 ：可以改變其預設中斷的優先順序，若設定 IP 及 XICON 的
   該位元為"1"表示中斷為最優先，其餘優先順序不變。若僅有一個中斷即
   可省略。以設定 INT0 及 INT1 中斷優先為例，如表 5-13(a)所示：

表 5-13(a)　外部中斷 INT0-1 優先(IP)

D7	D6	D5	D4	D3	D2	D1	D0
-	-	ET2	ES	ET1	EX1=1	ET0	EX0=1

以設定 INT2 及 INT3 中斷優先為例，如表 5-13(b)所示：

表 5-13(b)　外部中斷 INT2-3 優先(XICON)

D7	D6	D5	D4	D3	D2	D1	D0
PX3=1	EX3	IE3	IT3	PX2=1	EX2	IE2	IT2

3. 外部中斷腳選擇為負緣觸發(IT0-3)及中斷旗標(IE0-3)，如表 5-14(a)(b)所示。

表 5-14(a)　外部中斷 INT0 及 INT1 接腳(TCON)

D7	D6	D5	D4	D3	D2	D1	D0
未用				IE1	IT1=1	IE0	IT0=1

表 5-14(b)　　外部中斷 INT2-3 接腳(XICON)

D7	D6	D5	D4	D3	D2	D1	D0
PX3	EX3	IE3	IT3=1	PX2	EX2	IE2	IT2=1

4. 設定中斷函數的名稱、編號及使用暫存器庫,如此會指向各個中斷函數的程式位址及指定使用那一組暫存器庫(R0~R7)。發生中斷時能依據優先順序(Priority),找出自己所要執行的中斷函數。如下:

> 中斷函數名稱()interrupt 中斷函數編號 using 暫存器庫

(1) 中斷函數名稱:可自行設定名稱,若接受中斷時,會進入本中斷函數。

(2) 中斷函數編號:可設定 0~13,有中斷時會進入不同的中斷向量位址。

(3) 暫存器庫:可設定 1~3,表示該中斷函數所使用的暫存器庫(R0-R7),若省略時預定爲 "1 "。

5. 以外部中斷 INT0 爲例,在主程式內若有致能中斷,則可不必再用程式來偵測輸入腳的狀況,僅執行主程式動作即可。當 INT0 腳有中斷信號輸入時,會立即跳到中斷向量位址 interrupt 0,也就是跳到程式位址 0x0003 去執行外部中斷函數。程式撰寫方式如下:

```
main()
{
    設定 IE,致能 INT0 中斷
    {
        主程式
    }
}
/*****************************************/
函數名稱() interrupt 0 using 1 //中斷函數編號0,使用暫存器庫 1
{
    中斷函數
}
```

5-1.3 中斷程式的工作方式

中斷程式的工作方式有三種：

1. 僅有一個中斷工作時，如圖 5-2 所示：

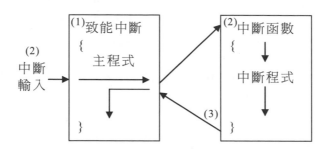

圖 5-2　僅有一個中斷工作時

(1) 先致能中斷，才執行主程式，不須再用程式去偵測中斷輸入。

(2) 有中斷輸入時，會暫停目前主程式的執行，而自動跳到指定的中斷函數去執行。

(3) 中斷程式執行完畢，會回主程式原來產生中斷位置的下一行繼續執行。

(4) 對主程式而言，除了時間稍為耽擱外，其原有工作不受影響。對使用者而言感覺好像是同時在做兩件事情。

2. 有兩個中斷工作時，但最優先的中斷 1 先輸入，如圖 5-3 所示：

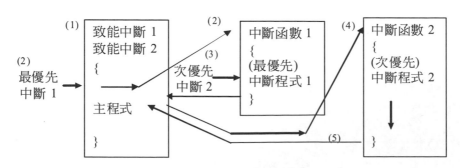

圖 5-3　最優先中斷先輸入

(1) 先致能中斷 1 及中斷 2，且中斷 1 較優先。才執行主程式。

(2) 有最優先的中斷 1 輸入時，會暫停目前主程式的執行，而自動跳到中斷函數 1 去執行。

(3) 在執行中斷函數 1 時，若有次優先中斷 2 輸入，因它的優先順序較低，所以不會立即產生中斷動作，直到中斷函數 1 執行完畢後，回到主程式。

(4) 回到主程式，立即再到跳到中斷函數 2 去執行。

(5) 中斷程式 2 執行完畢後，才回原主程式的中斷點，繼續執行。

2. 有兩個中斷工作，但次優先的中斷 2 先輸入，如圖 5-4 所示：

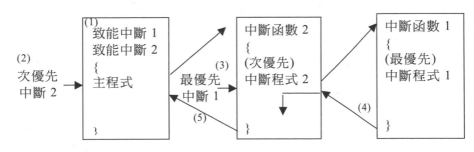

圖 5-4　次優先中斷先輸入

(1) 先致能中斷 1 及中斷 2，同時設定中斷 1 較優先。才執行主程式。

(2) 有次優先中斷 2 輸入時，會暫停目前程式，自動跳到中斷函數 2 執行。

(3) 在中斷函數 2 中，若有最優先中斷 1 輸入，因它的優先順序較高，所以會立即產生中斷動作，而跳到中斷函數 1 去執行。

(4) 中斷函式 1 執行完畢後，才回中斷函式 2 繼續執行，

(5) 中斷函式 2 執行完畢後，回原主程式的中斷點，繼續執行。

5-2　外部中斷與按鍵中斷控制實習

外部中斷控制應用於最優先順序的緊急控制，它可以接受快速的輸入信

號,一旦中斷被致能(Enable)後,CPU 不用再去理會輸入端。如果輸入信號成立,則 CPU 暫停目前的工作,而去執行外部中斷所要求的動作。它分為外部中斷及按鍵中斷相關接腳,如圖 5-5 所示:

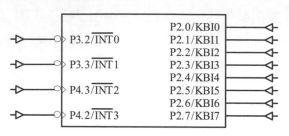

圖 5-5　外部中斷及按鍵中斷接腳

5-2.1　外部中斷控制與實習

外部中斷(INT0~3)的輸入信號可設定為低準位或負緣觸發,如圖 5-6 所示:

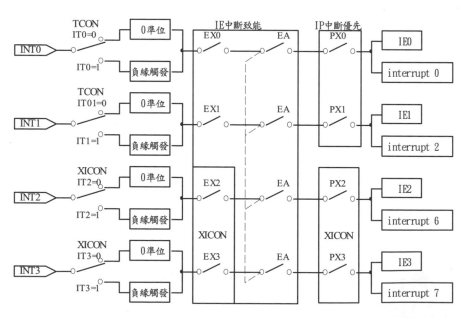

圖 5-6　外部中斷控制圖

外部中斷控制電路，如圖 5-7 所示。

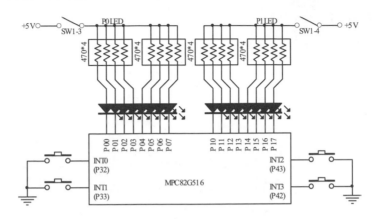

圖 5-7　外部中斷控制電路

開啟專案檔 C:\MPC82\CH05_INT\CH5.uvproj，並加入各範例程式：

1. 以設定外部中斷腳 INT0 及輸入負緣觸發信號爲例，如下：

(1) 首先在 TCON(計時/計數控制暫存器)內，可設定外部中斷輸入腳的信號，一旦中斷成立後會在 IE0 顯示出來，如表 5-15 所示。先設定 IT0=1 表示輸入負緣觸發信號，若省略內定爲 0，表示爲低準位輸入。

表 5-15　TCON 計時/計數器控制暫存器(位址 0x88)

D7	D6	D5	D4	D3	D2	D1	D0
未用				IE1	IT1	IE0	IT0=1

(2) 在 IE 致能 INT0 中斷，令 EA=1 及 EX0=1，如表 5-16 所示。

表 5-16　IE 中斷致能暫存器(位址 0xA8)

D7	D6	D5	D4	D3	D2	D1	D0
EA=1	-	ET2	ES	ET1	EX1	ET0	EX0=1

(3) 如果僅有一個中斷，則 IP 中斷優先暫存器即可省略。

(4) 此時 CPU 不須再用程式去偵測 INT0 腳，僅執行主程式即可。

(5) 一旦 INT0 腳輸入為負緣觸發(1→0)信號時，會令 IE0=1，才跳到 interrupt 0 中斷函數去執行。完畢後，會自動令 IE0=0，才回主程式工作。

2. 外部 INT0 的中斷 0 準位或負緣觸發輸入控制

設定由 INT0 腳輸入外部中斷，它預設為 0 準位輸入。主程式為 P0 遞加，當 INT0(P32)腳輸入為 "0" 時，會進入 interrupt 0 中斷函數，令埠 2 的輸出閃爍 5 次。須注意的是，若 INT0(P32)輸入持續為 "0" 時，會不斷的重新進入中斷函數。此時須改為負緣觸發輸入控制。

```
/********** EINT1.c ********外部中斷範例***************
* 動作：LED0 遞加，INT0 腳輸入 0 準位或負緣觸發時，LED1 閃爍 5 次
* 硬體：SW1-3(P0LED)及 SW1-4(P1LED)ON，按 KEY1(INT0)
**************************************************/
#include "..\MPC82.H"   //暫存器及組態定義
main()
{ unsigned char i=0; //定義變數=0
  P0M0=0; P0M1=0xFF; //設定 P0 為推挽式輸出(M0-1=01)
  EA=1;       //致能整體中斷
  EX0=1;      //致能外部 INT0 中斷
  IT0=1; //0=0 準位輸入，1=負緣觸發輸入
  while(1)    //不斷循環，等待 INT0 外部中斷
   {
     LED0=~i++;  //變數遞加由 LED0 反相輸出
     Delay_ms(500);//同時等待 INT0 中斷輸入
   }
}
//********INT0 中斷函數，使用暫存器庫 1**********
void EX0_int(void) interrupt 0  using 1
 {
    unsigned char i=5;      //定義閃爍 5 次
    unsigned int  dly; //定義延時變數
    while(i--)   //閃爍次數
```

```
    {
      LED1=0x00; dly=50000; while(dly--);//全亮，延時
      LED1=0xff; dly=50000; while(dly--);//全暗，延時
    }
  }
```

程式說明：

(1) 主程式及中斷函數都使用變數 i，但兩者並無相關。因兩者均為區域變數，故不會衝突。

(2) 主程式及中斷函數，不能使用同一個延時函數，否則延時時間會產生錯亂。

軟體 Debug 操作：取消 "~"。

(1) 打開 P0、P1、P3 及中斷系統 (Interrupt System) 視窗的 P3.2/int0。

(2) 單步執行，此時會先致能 INT0 腳外部中斷令 IT0=1、EA=1 及 EX0=1。

(3) 主程式 P0 不斷遞加。由 P32(INT0) 輸入負緣觸發，會使 IE0=1，同時進入中斷函數 0，使 P1 閃 5 次才回主程式。

(4) 觀察 Interrupt System 視窗內 P3.2/int0 各個中斷位元及 P0、P1 輸出變化，如圖 5-8 所示。

作業：請改為由 INT1 中斷輸入。

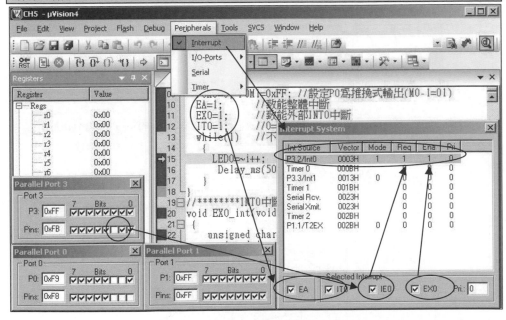

圖 5-8　外部 INT0 中斷控制模擬

3. 外部 INT0 及 INT1 負緣觸發中斷輸入控制模擬

將 INT0 及 INT1 腳設定為負緣觸發中斷輸入，且 INT1 優先。動作順序如下：

(1) 有兩個中斷工作時，但最優先的 INT1 中斷先輸入，如圖 5-9 所示：

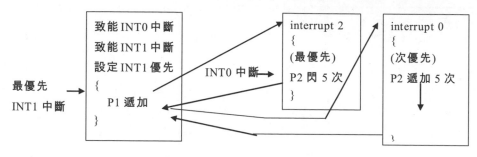

圖 5-9　最優先中斷先輸入

(a) 先致能 INT0 中斷及 INT1 中斷，且 INT1 中斷最優先。才執行主程
式令 P0 遞加。

(b) 有最優先的 INT1 中斷輸入時，會暫停主程式的工作，跳到 interrupt
2 去執行 P1 閃爍。

(c) 在 P1 閃爍當中，若有次優先的 INT0 中斷輸入，會暫時不理會。

(d) 直到 interrupt 2 執行完畢，回到主程式後，才會跳到 interrupt 0 去執
行 P0 遞加 5 次動作。

(e) interrupt 0 執行完畢後，直接回原主程式的中斷點，繼續執行。

(2) 有兩個中斷工作，但次優先的 INT0 中斷先輸入，如圖 5-10 所示：

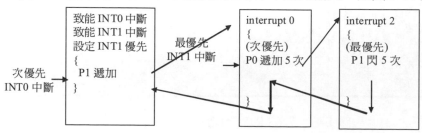

圖 5-10　次優先中斷先輸入

(a) 先致能 INT0 中斷及 INT1 中斷，且 INT1 中斷最優先。才執行主程式令 P0 遞加。

(b) 次優先的 INT0 中斷輸入時，會暫停主程式的工作，跳到 interrupt 0 去執行 P0 遞加。

(c) 在 P0 遞加當中，若有最優先的 INT1 中斷輸入，會跳立即到 interrupt 2 去執行 P0 閃爍 50 次動作。

(d) interrupt 2 執行完畢後，會回到 interrupt 0 繼續執行 P0 遞加 50 次。

(e) interrupt 0 執行完畢後才回原主程式的中斷點，繼續執行 P0 遞加。

```
/********* EINT2.c ********外部中斷範例********************
*動作：INT0(P32)腳輸入負緣觸發時，LED0 閃爍 50 次
*      INT1(P33)腳輸入負緣觸發時，LED0 遞加 50 次
*      INT2(P43)腳輸入負緣觸發時，LED1 閃爍 50 次
*      INT3(P42)腳輸入負緣觸發時，LED1 遞加 50 次
*硬體：反相輸出，將 SW1-3(P0LED)及 SW1-4(P1LED)短路，按 KEY1-4 鍵。
*******************************************************/
#include "..\MPC82.H"    //暫存器及組態定義
main()
{ unsigned char  j=0;       //定義變數=0
  P0M0=0; P0M1=0xFF; //設定 P0 為推挽式輸出(M0-1=01)
  EA=1;          //致能整體中斷
  EX0=1; EX1=1;  EX2=1;EX3=1;//致能外部 INT0~3 中斷
  IT0=1; IT1=1;  IT2=1;IT3=1;//設定 INT0~3 腳負緣觸發中斷
  PX1=1;         //設定 INT1 中斷優先
  while(1);       //等待 INT0-3 中斷
}
/********************************/
void EX0_int(void) interrupt 0   //INT0 中斷函數 0
{ char i;
  for(i=0;i<50;i++)  //閃爍計數
   { LED0=0x00;Delay_ms(100);
     LED0=0xff;;Delay_ms(100);
```

```
  }
}
/***********************************************/
void EX1_int(void) interrupt 2    //INT1 中斷函數 2
{ char i;
  unsigned int dly;
  for(i=0;i<50;i++)    //計數遞加
   { LED0=~i;
     dly=50000; while(dly--);
   }
}
/***********************************************/
void EX2_int(void) interrupt 6    //INT2 中斷函數 6
{ char i;
  unsigned int dly;
  for(i=0;i<50;i++)   //閃爍計數
   { LED1=0x00;dly=50000; while(dly--);
     LED1=0xff;dly=50000; while(dly--);
   }
}
/***********************************************/
void EX3_int(void) interrupt 7    //INT3 中斷函數 7
{  char i;
  unsigned int dly;
  for(i=0;i<50;i++)    //計數遞加
   { LED1=~i;
     dly=50000; while(dly--);
   }}
```

軟體 Debug 操作：取消"~"。

(1) 將 MCU 改為 MPC89E54，打開 P0、P1、P3、P4 及 Interrupt System 視窗。

(2) 由 P32(INT0) 及 P33(INT1) 輸入負緣觸發，會有優先順序的控制 P0 動作。

(3) 由 P43(INT2) 及 P42(INT3) 輸入負緣觸發，會有優先順序的控制 P1 動作。

(4) 觀察 Interrupt System 視窗內的 INT0~INT3 各個中斷位元及 P0、P1 輸出的變化，如圖 5-11(a) 所示。

硬體 Debug 操作：開啟中斷視窗，再按 KEY1-4，觀察暫存器的變化，如圖 5-11(b) 所示。

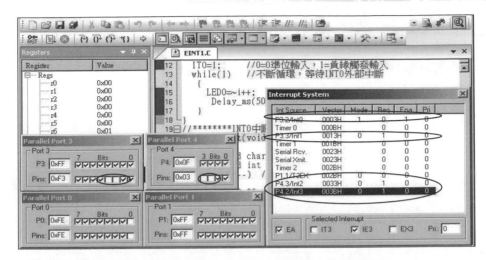

圖 5-11(a)　INT0~INT3 中斷控制-軟體模擬

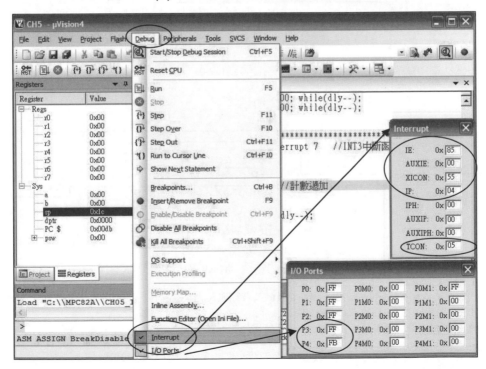

圖 5-11(b)　外部 INT0-INT3 中斷控制-硬體模擬

5-2.2 按鍵中斷(KBI)控制實習

外部按鍵中斷(KBI)腳有 8 支 KBI0-7 預定為 P20-7，僅 MPC82G516 才有此功能，當 P2 輸入的資料與預定的數值相比較，若相符時則產生中斷。

和 KBI 相關暫存器，如表 5-17 所示。

表 5-17　和 KBI 相關的暫存器

暫存器	位址	D7	D6	D5	D4	D3	D2	D1	D0	預定
AUXR1	0xA2	P4KBI	未用	未用	未用	未用	-	-	未用	00
IE	0xA8	EA	-	未用	未用	未用	未用	未用	未用	00
AUXIE	0xAD		-	EKBI	未用	未用	未用	未用	未用	00
AUXIP	0xAE		-	PKBI	未用	未用	未用	未用	未用	00
AUXIPH	0xAF		-	PKBIH	未用	未用	未用	未用	未用	00
KBCON	0xD6	-	-	-	-	-	-	PATNS	KBIF	0x00
KBPATN	0xD5	bit 7-0								0xFF
KBMASK	0xD7	bit 7-0								0x00

按鍵中斷控制電路，如圖 5-12 所示：

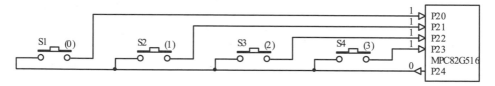

圖 5-12　按鍵中斷控制電路

1.按鍵中斷預定為 P2.0-7，可令輔助暫存器(AUXR1)的 P4KBI=1，改為 P4.0-7。

2.以設定 P2.0-3 為按鍵中斷腳(KBI0-3)為例，如下：

(1) 在按鍵中斷控制(KBCON)暫存器，令 PATNS=1，如表 5-18 所示。

表 5-18　按鍵中斷控制致能暫存器(KBCON)

D7	D6	D5	D4	D3	D2	D1	D0
-	-	-	-	-	-	PATNS=1	KBIF

位元	名稱	功　　　能
D1	PATNS	式樣極性匹配選擇，1=P2 輸入須與 KBPATN 暫存器內容相符，0=不須。
D0	KBIF	按鍵中斷旗標，1=按鍵中斷成立

KBCON 暫存器在 MPC82.H 內定義名稱，如下所示。

```
sfr KBCON  = 0xD6;        //(MPC82G516 Only)
#define PATNS  0x02        //Keypad 有比較功能
#define KBIF   0x01        //鍵中斷 Keypad 中斷旗標
```

(2) 按鍵中斷式樣(KBPATN: Keypad pattern)暫存器：當 PATNS=1 時，設定
須和暫存器 KBPATN 的內容相比較。

(3) 按鍵中斷遮蔽(KBMASK: Keypad mask)暫存器：當 PATNS=1 時，可設定
那些位元遮蔽不用比較。

(4) 如果僅有一個中斷，則 AUXIP(低輔助中斷優先暫存器)內的位元 PKBI
及 AUXIPH(高輔助中斷優先暫存器)內的位元 PKBIH 不用設定。

(5) 此時 CPU 不須再用程式去偵測 P2(KBI)腳，僅執行主程式即可。

(6) 一旦 P2 輸入資料和 KBPATN 內容及 KBMASK 設定相符時，則令 KBIF
=1，才跳到 interrupt 13(位址 0x6B)中斷函數去執行。完畢後，須用軟體
設定 KBIF=0，才回主程式工作。

3.按鍵中斷輸入範例(1)：若 P21-0 其中一個為 0，則按鍵中斷成立。

```
/************** KBI1.C ******Keypad 中斷實習*********
*動作：LED1 遞加，若 P21-0 其中一個為 0，則按鍵中斷成立，清除 LED1
*硬體：SW1-4(P1LED)，壓按鍵(0)或(1)，產生按鍵中斷，清除 LED1
*****************************************************/
#include "..\MPC82.H"
   unsigned char i=0; //定義全域變數
void main()
{
```

```
    EA=1;  AUXIE=EKBI;//致能 KBI 中斷
    KBMASK = 0x03;    //選擇 P21-0 有按鍵中斷
    P2_4=0;           //由按鍵(0)~(3)輸入
    while(1)
    {
      LED1=~i++;        //LED1 遞加
      Delay_ms(100);
    }
}
//*************************************************
void KBI_Interrupt() interrupt 13   //Keypad 中斷函數
{
    i=0;
    LED1=~i;    //清除 LED1
    KBCON &= ~KBIF;  //清除按鍵中斷旗標 KBIF=0
}
```

硬體 Debug 操作:
(1) 打開 P0、中斷(Interrupt)及按鍵中斷(Keypad Interrupt)視窗,如圖 5-13。
(2) 單步執行,會先致能按鍵中斷及設定 KBMASK,壓按鍵(0)或(1)改變 KBCON 內容來
    清除 LED。。
作業:請修改 P23 為鍵中斷控制

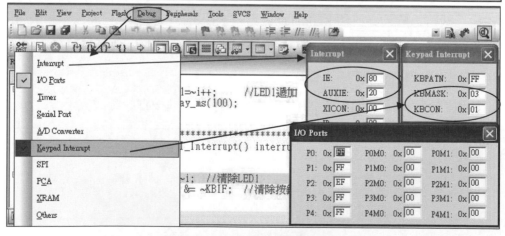

圖 5-13　按鍵中斷-硬體模擬

4.按鍵中斷輸入範例(2)：KBI 和數值比較，若相符則按鍵中斷成立。

```
/************* KBI2.C *******Keypad 中斷實習**********
*動作：LED 遞加，若 P21-0=00，則按鍵中斷成立，清除 LED1
*硬體：SW1-4(P1LED),同時壓按鍵(0)~(1)，產生按鍵中斷，清除 LED1
****************************************************/
#include "..\MPC82.H"
 unsigned char i=0; //定義全域變數
void main()
{
  EA = 1;            //致能所有中斷
  AUXIE = EKBI;      //致能 KBI 中斷
  KBMASK = 0x03 ;    //選擇 P21-0 有按鍵中斷

  KBCON = PATNS;     //P2 有比較功能
  KBPATN = 0x0C ;    //設定若同時 P21-0=00，則中斷成立

  P2_4=0;    //選擇按鍵(0)~(3)
  while(1)
  { LED1=~i++;      //LED1 遞加
    Delay_ms(100);
  }
}
//************************************************
void KBI_Interrupt() interrupt 13    //Keypad 中斷函數
{  i=0;
  LED1=~i;   //清除 LED1
  KBCON &= ~KBIF; //清除按鍵中斷旗標 KBIF=0
}
```

硬體 Debug 操作：
 (1)打開 P0、中斷(Interrupt)及按鍵中斷(Keypad Interrupt)視窗。
 (2)執行，會先致能按鍵中斷及設定 KBPATN 與 KBMAS 內容，同時壓按鍵(0)及(1)改變
    KBCON 與 KBPATN 內容相符時會清除 LED。
作業：請修改 P22-0=010 數值比較功能鍵中斷控制

5-3 鍵盤掃描實習

要讀取鍵盤上按鍵的資料,最有效的方法是採用掃描原理來處理,以 4*4 的鍵盤為例,可分成列(ROW0~3)及行(COL0~3)來進行掃描。

5-3.1 鍵盤掃描控制

1. 偵測鍵盤是否按鍵:用 "0" 重覆掃描 ROW0→1→2→3,平時 COL0~3(P2) 內含有提升電阻接 V_{DD},使無按鍵時 COL0~3 均為 "1",如圖 5-14(a)。

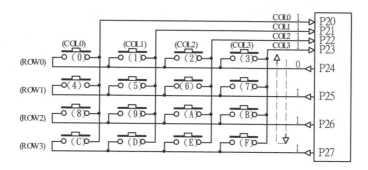

圖 5-14(a) 4*4 的鍵盤電路圖未按鍵時的動作

當有按鍵時會令 COL0~3 其中一個為 "0"。如按下 5 鍵,則當掃描輸出到 ROW1=0 時,同時也令輸入 COL1=0。如圖 5-14(b)所示:

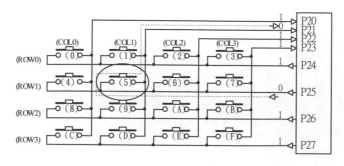

圖 5-14(b) 4*4 的鍵盤電路的動作

2. 由 ROW0~3 掃描輸出及 COL0~3 按鍵輸入的位置，可產生相對應按鍵的數碼，此時以電路加以掃描，即可讀取按鍵的資料。如表 5-19 所示。

表 5-19　相對應按鍵的數碼

按鍵	掃描輸出 ROW 3 2 1 0	按鍵輸入 COL 3 2 1 0	按鍵	掃描輸出 ROW 3 2 1 0	按鍵輸入 COL 3 2 1 0
0	1 1 1 0	1 1 1 0	8	1 0 1 1	1 1 1 0
1	1 1 1 0	1 1 0 1	9	1 0 1 1	1 1 0 1
2	1 1 1 0	1 0 1 1	A	1 0 1 1	1 0 1 1
3	1 1 1 0	0 1 1 1	B	1 0 1 1	0 1 1 1
4	1 1 0 1	1 1 1 0	C	0 1 1 1	1 1 1 0
5	1 1 0 1	1 1 0 1	D	0 1 1 1	1 1 0 1
6	1 1 0 1	1 0 1 1	E	0 1 1 1	1 0 1 1
7	1 1 0 1	0 1 1 1	F	0 1 1 1	0 1 1 1

3. 去除按鍵機械彈跳：偵測到鍵盤有按鍵後，必須使用軟體來延時，以避開這一段機械彈跳的時間。

4. 讀取鍵盤電路方法有二種：

(1) 輪詢法：ROW0~3 用 "0" 去掃描，未按鍵時已知 COL0~3=1111。在每一固定時間去讀取 COL0~3，來判斷是否有按鍵。當 COL0~3 其中一個 bit=0 時，表示有按鍵，再去讀取 COL0~3 及 ROW0~3 資料判斷是按那一個鍵。

(2) 中斷法：將 COL0~3 一起 AND 再送到外部中斷腳(INTx)作為中斷源。先用 "0" 去掃描 ROW0~3，當掃瞄其中一個有按鍵時會令 INTx=0 而產生中斷要求。同時會立即執行中斷函數式來判斷是按那一個鍵，再去讀取按鍵資料。

5. 偵測鍵盤是否未放開鍵：檢查 COL0~3 輸入，若其中有一個為 0 時，表示鍵盤未放開鍵必須再等待。當 COL0~3=1111 時，表示鍵盤均已放開，可以往下執行，避免重覆產生數碼。

5-3.2 鍵盤掃描實習

在 MPC82.H 內接腳定義如下：

```
//矩陣式按鍵開關接腳
sfr    ROW =0xA0; //P2 按鍵掃描接腳
sbit   ROW3=P2^7; //P27-4 為掃描輸出接腳
sbit   ROW2=P2^6;
sbit   ROW1=P2^5;
sbit   ROW0=P2^4;

sbit   COL3=P2^3;       //P23-0 為按鍵輸入接腳
sbit   COL2=P2^2;
sbit   COL1=P2^1;
sbit   COL0=P2^0;
```

1. 令 ROW0~3 掃描輸出，每間隔一段時間掃描一行，COL0~3 為按鍵輸入。有按鍵被按下時，按鍵資料會由 LED 輸出，放開按鍵後才繼續掃描。

```
/******** KEY1.C******4*4 鍵盤實習範例***************
*動作：ROW0~3 掃描輸出,COL0~3 按鍵輸入,LED=按鍵資料輸出
*硬體：將 SW1-3(P0LED)短路，按 S1~S16
**********************************************/
#include "..\MPC82.H"    //暫存器及組態定義
void dataout(char keyout);//按鍵資料輸出
void main()
{
  P0M0=0; P0M1=0xFF; //設定 P0 為推挽式輸出(M0-1=01)
  LED=0xFF;          //LED 暗
  while(1)    //重覆執行
  {
   ROW=0xFF;
   ROW0=ROW1=ROW2=ROW3=1;ROW0=0; //僅掃描輸出 ROW0=0
```

```
    if(COL0-=0)  dataout(0);//若檢查 COL0=0，按鍵資料輸出=0
    if(COL1==0)  dataout(1);//若檢查 COL1=0，按鍵資料輸出=1
    if(COL2==0)  dataout(2);//若檢查 COL2=0，按鍵資料輸出=2
    if(COL3==0)  dataout(3);//若檢查 COL3=0，按鍵資料輸出=3

    ROW0=ROW1=ROW2=ROW3=1;ROW1=0;  //僅掃描輸出 ROW1=0
    if(COL0==0)  dataout(4);//若檢查 COL0=0，按鍵資料輸出=4
    if(COL1==0)  dataout(5);//若檢查 COL1=0，按鍵資料輸出=5
    if(COL2==0)  dataout(6);//若檢查 COL2=0，按鍵資料輸出=6
    if(COL3==0)  dataout(7);//若檢查 COL3=0，按鍵資料輸出=7

    ROW0=ROW1=ROW2=ROW3=1;ROW2=0;    //僅掃描輸出 ROW2=0
    if(COL0==0)  dataout(8);   //若檢查 COL0=0，按鍵資料輸出=8
    if(COL1==0)  dataout(9);   //若檢查 COL1=0，按鍵資料輸出=9
    if(COL2==0)  dataout(0xA);//若檢查 COL2=0，按鍵資料輸出=A
    if(COL3==0)  dataout(0xB);//若檢查 COL3=0，按鍵資料輸出=B

    ROW0=ROW1=ROW2=ROW3=1;ROW3=0;   //僅掃描輸出 ROW3=0
    if(COL0==0)  dataout(0xC);//若檢查 COL0=0，按鍵資料輸出=C
    if(COL1==0)  dataout(0xD);//若檢查 COL1=0，按鍵資料輸出=D
    if(COL2==0)  dataout(0xE);//若檢查 COL2=0，按鍵資料輸出=E
    if(COL3==0)  dataout(0xF);//若檢查 COL3=0，按鍵資料輸出=F
  }
}
/*************************************************************
*函數名稱: dataout
*功能描述: 按鍵輸出資料送到 LED 顯示數字，檢查是否放開按鍵
*輸入參數：keyout
*************************************************************/
void dataout(char keyout)
{
  LED=~keyout;        //按鍵資料由 LED 輸出
  Delay_ms(1);     //延時
  while(!(COL0 & COL1 & COL2 & COL3));//若 COL0~3≠1111 未放開按鍵
  Delay_ms(1);     //延時
}
```

2. 將按鍵資料由七段顯示器輸出，令 ROW0~3 掃描輸出，每間隔一段時間掃描一行，再由 COL0~3 按鍵輸入。有按鍵被按下時，按鍵資料會由 P0(Data) 送到七段顯示器輸出。範例如下：

```
/*************** KEY2.C*****4*4 鍵盤實習範例********
*動作：ROW0~3 掃描輸出,COL0~3 按鍵輸入,在七段顯示器輸出
*硬體：將 SW1-1(SEG7) 短路，按 S1~S16
*************************************************/
#include "..\MPC82.H"   //暫存器及組態定義
void dataout(char keyout); //按鍵資料輸出

unsigned char code Table[] //七段顯示器 0~F 的資料
 ={ 0x3f,0x06,0x5b,0x4f,0x66,0x6d,0x7d,0x07,
    0x7f,0x6f,0x77,0x7c,0x39,0x5e,0x79,0x71};

void dataout(char keyout); //按鍵資料輸出
void main()
{
 char count=0;    //按鍵計數=0
 unsigned char scan=0xEF;  //按鍵掃描令 ROW0=0，其餘為 1
 P0M0=0; P0M1=0xFF;        //設定 P0 為推挽式輸出(M0-1=01)
 S0=0; Data=~Table[0];  //七段顯示器，顯示 0
 while(1)    //重覆執行
  {
   if(count>15){scan=0xEF;count=0;}//若計數>15，從頭開始
   ROW=scan;              //掃描輸出
   if(COL0==0) dataout(count);//檢查 COL0 列，若是計數輸出
   count++; Delay_ms(1);      //若不是，計數+1
   if(COL1==0) dataout(count);//檢查 COL1 列，若是計數輸出
   count++; Delay_ms(1);      //若不是，計數+1
   if(COL2==0) dataout(count);//檢查 COL2 列，若是計數輸出
   count++; Delay_ms(1);      //若不是，計數+1
   if(COL3==0) dataout(count);//檢查 COL3 列，若是計數輸出
   count++; Delay_ms(1);      //若不是，計數+1
   scan=RL8(scan); //左旋轉，換掃下一列，令 ROW0~3 輪流為 0
```

```
    }
}
/*********************************************************
*函數名稱: dataout
*功能描述: 按鍵輸出資料送到七段顯示器顯示數字，檢查是否放開按鍵
*輸入參數: keyout
*********************************************************/
void dataout(char keyout)
{
  Data=~Table[keyout];    //送到七段顯示器輸出
  Delay_ms(1);            //處理按鍵跳動之延遲
  while(!(COL0 & COL1 & COL2 & COL3));//若COL0~3≠1111 未放開按鍵
  Delay_ms(1);            //處理按鍵跳動之延遲
}
```

3. 鍵盤掃描-在 LCD 顯示 4 位數，範例如下：。

```
/*******KEY3.C*******4*4 鍵盤實習範例**********
*動作: 在 LCD 顯示"KEY="，按鍵由 LCD 顯示 4 位數
*硬體: 按 S1~S16
*********************************/
#include "..\MPC82.H"   //暫存器及組態定義
char code  Table[]="KEY="; //第一行陣列字元

void dataout(uint8 keyout); //按鍵資料輸出
char i=0;  //LCD 顯示位置
void main()
{ char count=0;    //按鍵計數=0
 unsigned char scan=0xEF;  //按鍵掃描令 ROW0=0，其餘為 1
 LCD_init();      // 重置及清除 LCD
 LCD_Cmd(0x80);      //游標由第一行開始顯示
 for(i=0; i<4; i++) //讀取陣列"KEY= "字元到 LCD 顯示出來
   LCD_Data(Table[i]);
 while(1)    //重覆執行
  {
    if(count>15){scan=0xEF;count=0;}//若計數>15，從頭開始
```

```
        ROW=scan;                //掃描輸出
    if(COL0==0) dataout(count);//檢查 COL0 列，若是計數輸出
      count++; Delay_ms(1);        //若不是，計數+1
      if(COL1==0) dataout(count);//檢查 COL1 列，若是計數輸出
      count++; Delay_ms(1);        //若不是，計數+1
      if(COL2==0) dataout(count);//檢查 COL2 列，若是計數輸出
      count++; Delay_ms(1);        //若不是，計數+1
      if(COL3==0) dataout(count);//檢查 COL3 列，若是計數輸出
      count++; Delay_ms(1);        //若不是，計數+1
      scan=RL8(scan); //左旋轉，換掃下一列,令 ROW0~3 輪流為 0
    }
}
/************************************************************
*函數名稱：dataout
*功能描述：按鍵輸出資料送到 LCD 顯示數字，檢查是否放開按鍵
*輸入參數：keyout
*************************************************************/
void dataout(char keyout)
{ if(i>=4){i=0;LCD_Cmd(0x84);} //LCD 顯示 4 個數字
  if(keyout>9) keyout=keyout+7; //數字超過 9 修正顯示 A~F
  LCD_Data(keyout+'0');  //送到七段顯示器輸出
  Delay_ms(1);           //處理按鍵跳動之延遲
  while(!(COL0 & COL1 & COL2 & COL3));//若 COL0~3≠1111 未放開按鍵
  Delay_ms(1);           //處理按鍵跳動之延遲
  i++;
  } (後面省略)
```

4. 按鍵令 LCD 顯示 4 位數移位動作，範例如下：

```
/******** KEY4.C******4*4 鍵盤實習範例***************
*動作：在 LCD 顯示"KEY="，按鍵由 LCD 顯示 4 位數移位動作
*硬體：按 S1~S16
*******************************************/
#include "..\MPC82.H"    //暫存器及組態定義
char code  Table[]="KEY="; //第一行陣列字元
void LCD_Disp(unsigned int disp);  // LCD 顯示 4 位數
void dataout(uint8 keyout); //按鍵資料輸出
```

```
unsigned char i=0;        //LCD 顯示位置
unsigned long lcd_count;  //LCD 顯示數字
void main()
{
 char count=0;     //按鍵計數=0
 unsigned char scan=0xEF;  //按鍵掃描令 ROW0=0，其餘為 1
 LCD_init();       // 重置及清除 LCD
 LCD_Cmd(0x80);        //游標由第一行開始顯示
 for(i=0; i<4; i++) //讀取陣列"KEY= "字元到 LCD 顯示出來
   LCD_Data(Table[i]);
 LCD_Disp(lcd_count); //LCD 顯示 4 位數十進制數字
 while(1)    //重覆執行
  {
   if(count>15){scan=0xEF;count=0;}//若計數>15，從頭開始
   ROW=scan;            //掃描輸出
  if(COL0==0) dataout(count);//檢查 COL0 列，若是計數輸出
   count++; Delay_ms(1);     //若不是，計數+1
   if(COL1==0) dataout(count);//檢查 COL1 列，若是計數輸出
   count++; Delay_ms(1);     //若不是，計數+1
   if(COL2==0) dataout(count);//檢查 COL2 列，若是計數輸出
   count++; Delay_ms(1);     //若不是，計數+1
   if(COL3==0) dataout(count);//檢查 COL3 列，若是計數輸出
   count++; Delay_ms(1);     //若不是，計數+1
   scan=RL8(scan); //左旋轉，換掃下一列,令 ROW0~3 輪流為 0
  }
}
/************************************************************
*函數名稱: dataout
*功能描述: 按鍵輸出資料送到 LCD 顯示數字，檢查是否放開按鍵
*輸入參數：keyout
************************************************************/
void dataout(char keyout)
{ LCD_Cmd(0x84);
  if(keyout<=9)  //限制輸入 0~9 鍵
   {
    lcd_count=(lcd_count*10)+keyout;   //數字進位
```

```
                    //若計數超過 9999 僅顯示後四碼
    if(lcd_count>9999) lcd_count=lcd_count % 10000;
    LCD_Disp(lcd_count); //LCD 顯示 4 位數十進制數字
    }
  Delay_ms(1);        //處理按鍵跳動之延遲
  while(!(COL0 & COL1 & COL2 & COL3));//若 COL0~3≠1111 未放開按鍵
  Delay_ms(1);        //處理按鍵跳動之延遲
}
/*************************************************
* 函數名稱: LCD_Disp(unsigned int disp)
* 功能描述: LCD 顯示 4 位數十進制數字
* 輸入參數: disp
*************************************************/
void LCD_Disp(unsigned int disp)  // LCD 顯示 4 位數十進制數字
{if(disp>999) LCD_Data(disp /1000+'0');    //顯示千位數
 if(disp>99)  LCD_Data(disp%1000/100+'0');//顯示百位數
 if(disp>9)   LCD_Data(disp%100/10+'0');   //顯示十位數
              LCD_Data(disp % 10+'0');     //顯示個位數
} (後面省略)
```

作業:請用 4*4 鍵盤改變數字,在 LCD 顯示計算機加、減、乘、除的動作。

5. 藉由外部中斷(INT0),掃瞄 4*4 鍵盤,如圖 5-15 所示:

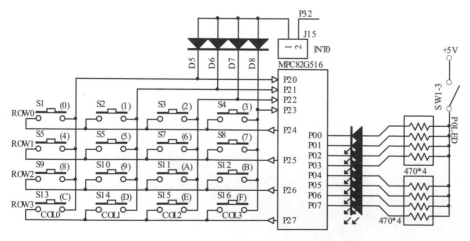

圖 5-15　4*4 的鍵盤外部中斷(INT0)電路

```
/******** KEY5.C******4*4 外部中斷實習範例***************
*動作：ROW0~3 掃描輸出,COL0~3 按鍵輸入,在 LED 輸出
*硬體：SW1-3(P0LED)短路，J15(INT0)短路，按 S1~S16
***********************************************/
#include "..\MPC82.H"   //暫存器及組態定義
unsigned char count=0;   //基數=0
void main()
{
 unsigned char scan=0xEF;   //按鍵掃描令 ROW0=0，其餘為 1
 P0M0=0; P0M1=0xFF; //設定 P0 為推挽式輸出(M0-1=01)
 EA=1; EX0=1;   //致能外部中斷
 LED=~count;     //初始顯示 0
 while(1)       //重覆執行
  {
    if(count>15){scan=0xEF;count=0;}//若基數>15,從頭掃描
    ROW=scan;            //掃描輸出
    Delay_ms(1);
    scan=RL8(scan); //左旋轉，換掃下一列,令 ROW0~3 輪流為 0
    count=count+4;    //基數+4
  }
}
 //***********************************************
void INT0_Interrupt() interrupt 0   //INT0 中斷函數
{
   unsigned int dly;
   unsigned char key;   //宣告按鍵計數
   key=count;             //基數存入按鍵計數內
   if(COL0==0) LED=~key; //檢查 COL0 列,若有按鍵計數輸出
   key++;                //若不是按鍵計數遞加
   if(COL1==0) LED=~key; //檢查 COL1 列,若有按鍵計數輸出
   key++;                //若不是按鍵計數遞加
   if(COL2==0) LED=~key; //檢查 COL2 列,若有按鍵計數輸出
   key++;                //若不是按鍵計數遞加
   if(COL3==0) LED=~key; //檢查 COL3 列,若有按鍵計數輸出

   dly=1200;  while(dly--);//處理按鍵跳動之延遲
```

```
    while(!(COL0 & COL1 & COL2 & COL3));//若 COL0~3≠1111 未放開按鍵
    dly=1200;  while(dly--);//處理按鍵跳動之延遲
    }
```

6. 藉由按鍵中斷(KBI)，掃瞄 4*4 鍵盤，範例如下：

```
/***** KEY6.C******4*4 掃描按鍵中斷(KBI)實習範例***************
*動作：ROW0~3 掃描輸出,COL0~3 按鍵輸入,在 LED 輸出
*硬體：SW1-3(P0LED)短路，按 S1~S16
***********************************************************/
#include "..\MPC82.H"   //暫存器及組態定義
unsigned char count=0;  //基數=0
void main()
{ unsigned char scan=0xEF;  //按鍵掃描令 ROW0=0，其餘為 1
  P0M0=0; P0M1=0xFF; //設定 P0 為推挽式輸出(M0-1=01)
  EA=1;                //致能所有中斷
  AUXIE = EKBI;       //致能 KBI 中斷
  KBMASK = 0x0F ;      //選擇 P23-0 有按鍵中斷
  LED1=~count;         //初始顯示 0
  while(1)   //重覆執行
   {
     if(count>15){scan=0xEF;count=0;}//若基數>15,從頭掃描
     ROW=scan;            //掃描輸出
     Delay_ms(1);
     scan=RL8(scan); //左旋轉，換掃下一列, 令 ROW0~3 輪流為 0
     count=count+4;     //基數+4
   }
}
 //**********************************************
void KBI_Interrupt() interrupt 13   //Keypad 中斷函數
{
   unsigned int dly;
   unsigned char key;  //宣告按鍵計數
   key=count;               //基數存入按鍵計數內
   if(COL0==0) LED=~key; //檢查 COL0 列，若有按鍵計數輸出
   key++;                   //若不是按鍵計數遞加
   if(COL1==0) LED=~key; //檢查 COL1 列，若有按鍵計數輸出
```

```
    key++;              //若不是按鍵計數遞加
    if(COL2==0) LED=~key; //檢查 COL2 列，若有按鍵計數輸出
    key++;                //若不是按鍵計數遞加
    if(COL3==0) LED=~key; //檢查 COL3 列，若有按鍵計數輸出

    dly=1200;  while(dly--);//處理按鍵跳動之延遲
    while(!(COL0 & COL1 & COL2 & COL3));//若 COL0~3≠1111 未放開按鍵
    dly=1200;  while(dly--);//處理按鍵跳動之延遲
    KBCON &= ~KBIF;  //清除按鍵中斷旗標 KBIF=0
}
```

7. 按鍵在 LCD 顯示四則運算功能，功能按鍵分配，如圖 5-16 所示：

圖 5-16　四則運算按鍵分配

四則運算範例如下：

```
/******** KEY7.C*********************************
*動作：按鍵由 LCD 顯示 4 位數四則運算
*操作：按鍵 A=(+),B=(-),C=(*),D=(/),E=(=),F=(CLR)
***********************************************/
#include "..\MPC82.H"  //暫存器及組態定義
void dataout(uint8 keyout); //按鍵資料輸出
void LCD_Disp8(unsigned long disp);//LCD 顯示 8 位數十進制數字
unsigned char i=0;
unsigned long lcd_count;
unsigned long lcd_count1;
void main()
{
 char count=0;    //按鍵計數=0
```

```
unsigned char scan=0xEF;  //按鍵掃描令 ROW0=0，其餘為 1
LCD_init();         // 重置及清除 LCD
LCD_Cmd(0x80);        //游標由第一行開始顯示
while(1)    //重覆執行
 {
   if(count>15){scan=0xEF;count=0;}//若計數>15，從頭開始
   ROW=scan;            //掃描輸出
  if(COL0==0) dataout(count);//檢查 COL0 列，若是計數輸出
   count++; Delay_ms(1);      //若不是，計數+1
   if(COL1==0) dataout(count);//檢查 COL1 列，若是計數輸出
   count++; Delay_ms(1);      //若不是，計數+1
   if(COL2==0) dataout(count);//檢查 COL2 列，若是計數輸出
   count++; Delay_ms(1);      //若不是，計數+1
   if(COL3==0) dataout(count);//檢查 COL3 列，若是計數輸出
   count++; Delay_ms(1);      //若不是，計數+1
   scan=RL8(scan); //左旋轉，換掃下一列,令 ROW0~3 輪流為 0
  }
}
/*************************************************************
*函數名稱: dataout
*功能描述: 按鍵輸出資料送到 LCD 顯示數字，檢查是否放開按鍵
*輸入參數：keyout
*************************************************************/
void dataout(char keyout)
{
 LCD_Cmd(0x01);LCD_Cmd(0x02); //清除顯示幕,游標回原位
 //LCD_init();
 if(keyout==10) {i=1;LCD_Disp8(lcd_count); LCD_Data('+');}
 if(keyout==11) {i=2;LCD_Disp8(lcd_count); LCD_Data('-');}
 if(keyout==12) {i=3;LCD_Disp8(lcd_count); LCD_Data('*');}
 if(keyout==13) {i=4;LCD_Disp8(lcd_count); LCD_Data('/');};
 if(keyout<=9) //限制輸入 0~9 鍵
  {
    if(i==0)
    {
     lcd_count=(lcd_count*10)+keyout; //數字進位
```

```
                     //若計數超過 9999 僅顯示後四碼
    if(lcd_count>9999) lcd_count=lcd_count % 10000;
    LCD_Disp8(lcd_count); //LCD顯示 4 位數十進制數字
  }
else
  {
   lcd_count1=(lcd_count1*10)+keyout;   //數字進位
    //若計數超過 9999 僅顯示後四碼
    if(lcd_count1>9999) lcd_count1=lcd_count1 % 10000;
    if(i==1) {LCD_Disp8(lcd_count); LCD_Data('+');}
    if(i==2) {LCD_Disp8(lcd_count); LCD_Data('-');}
    if(i==3) {LCD_Disp8(lcd_count); LCD_Data('*');}
    if(i==4) {LCD_Disp8(lcd_count); LCD_Data('/');}
    LCD_Disp8(lcd_count1); //LCD顯示 4 位數十進制數字
    }
}

if(keyout==14)
{
 if(i==1) {
          LCD_Disp8(lcd_count);
          LCD_Data('+');
          LCD_Disp8(lcd_count1);
          LCD_Data('=');
          lcd_count1=lcd_count + lcd_count1; }

    if(i==2) {
          LCD_Disp8(lcd_count);
           LCD_Data('-');
           LCD_Disp8(lcd_count1);
           LCD_Data('=');
           lcd_count1=lcd_count - lcd_count1;}
    if(i==3) {
          LCD_Disp8(lcd_count);
          LCD_Data('*');
          LCD_Disp8(lcd_count1);
```

```
                    LCD_Data('=');
                    lcd_count1=lcd_count * lcd_count1; }
         if(i==4) {
                    LCD_Disp8(lcd_count);
                    LCD_Data('/');
                    LCD_Disp8(lcd_count1);
                    LCD_Data('=');
                    lcd_count1=lcd_count / lcd_count1; }
         i=0;
         LCD_Disp8(lcd_count1);
         lcd_count=0;
         lcd_count1=0;
       }

  Delay_ms(1);          //處理按鍵跳動之延遲
  while(!(COL0 & COL1 & COL2 & COL3));//若COL0~3≠1111 未放開按鍵
  Delay_ms(1);          //處理按鍵跳動之延遲
}
/************************************************************
* 函數名稱: LCD_Disp8(unsigned int disp)
* 功能描述: LCD 顯示 8 位數十進制數字
* 輸入參數：disp
************************************************************/
void LCD_Disp8(unsigned long disp)  // LCD 顯示 8 位數十進制數字
{
 if(disp>9999999) LCD_Data(disp / 10000000+'0');
 if(disp>999999) LCD_Data(disp % 10000000/1000000+'0');
 if(disp>99999) LCD_Data(disp % 1000000/100000+'0');
 if(disp>9999) LCD_Data(disp % 100000/10000+'0');
 if(disp>999) LCD_Data(disp % 10000/1000+'0');
 if(disp>99) LCD_Data(disp % 1000/100+'0');
 if(disp>9)LCD_Data(disp % 100/10+'0');
 LCD_Data(disp % 10+'0');
}(後面省略)
```

5-4 省電模式控制與模擬實習

省電模式可應用於如大哥大、BB CALL 等產品，當產品停止操作一段時間後，會自動進入省電的睡眠狀態。有外部信號觸發喚醒時，才恢復工作。

MPC82G516 有另一種功能，可降低 MCU 的系統頻率(Fosc)，來減少耗電。

5-4.1 外部中斷喚醒省電模式

省電功能有閒置(IDLE)及電源下降(Power Down)兩種模式，如下：

◎ IDLE：當 PCON(電源控制暫存器)內的位元 IDL=1 時，會進入 IDLE 省電功能。此時會中止 CPU 的時脈信號，停止 CPU 內部程式的執行，但所有的 RAM、暫存器及輸出入值均保留不變，同時週邊電路外部中斷、計時器、看門狗計時器及串列埠仍然維持工作。進入 IDLE 省電模式後，它的耗電約為 8.1~10mA(F_{SYS}=24MHz 及 V_{DD}=5.5V 時)。直到有其中任一個中斷信號輸入或系統重置時，才會恢復正常工作模式。

◎ Power Down：當 PCON(電源控制暫存器)內的位元 PD=1 時，會進入 Power Down 省電功能。此時會中止所有的時脈信號，停止 CPU 及週邊電路所有的工作。僅有保留內部的 RAM、SFR 及 I/O 埠的輸出入值，且可用較低的 V_{DD} 來維持，它的耗電最大約為 1~10uA(F_{SYS}=24MHz 及 V_{DD}=2.7V~5.5V 時)。僅有外部中斷、按鍵中斷及系統重置才能夠恢復正常工作模式。重置後，它內部 RAM 的內容仍然保留不變。

1.由電源控制暫存器(PCON：Power Control Register)來設定：如表 5-20 所示。

表 5-20　PCON 電源控制暫存器(位址 0x87)

D7	D6	D5	D4	D3	D2	D1	D0
未用	未用	-	POF	GF1	GF0	PD	IDL

位元	名稱	功　　能
D4	POF	開機(Power-ON)旗標位元，1=硬體重置(預定)，0=重置為軟體所引起
D3	GF1	一般通用存取位元
D2	GF0	一般通用存取位元
D1	PD	電源下降(Power Down)位元，PD=1 則進入 Power Down 省電模式
D0	IDL	閒置(IDLE)位元，IDL=1 則進入 IDLE 省電模式

　　　PCON 電源控制暫存器在 MPC82.H 內有定義其名稱，如下所示。

```
sfr PCON    = 0x87;    //功率控制暫存器
#define POF     0x10  //開機(Power-ON)旗標位元
#define GF1     0x08  //通用存取位元
#define GF0     0x04  //通用存取位元
#define PD      0x02  //1=進入 power down 省電模式
#define IDL     0x01  //1=進入 idle 省電模式
```

2. 外部中斷喚醒範例程式，如下：

```
/******************* IDL1.c *******************
*動作：P0 遞加超過 6 會進入省電模式，停止執行，在 INT0(P32)
*     腳輸入負緣觸發時，會喚醒閃爍 5 次後，才回主程式
*硬體：將 SW1-3(P0LED)短路，按 KEY1(INT0)鍵。
*************************************************/
#include "..\MPC82.H"   //暫存器及組態定義
main()
{   char i=0;
  P0M0=0; P0M1=0xFF; //設定 P0 為推挽式輸出(M0-1=01)
  EA=1;        //致能整體中斷
  EX0=1;       //致能外部 INT0 斷
  IT0=1;       //設定 INT0 腳為負緣觸發輸入
 while(1)  //重覆執行
 { for(i=0;i<6;i++)
    { LED=~i;
      Delay_ms(1000); //延時
    }
  PCON=IDL;     //進入 idle 省電模式
  //PCON=PD;       //進入 power down 省電模式
```

```
 }
}
//*******INT0 中斷函數 0,使用暫存器庫 1*******
void EX1_int(void) interrupt 0 using 1
{ char i=0;          //定義閃爍計數變數
  unsigned int dly;
  for(i=0;i<5;i++)  //閃爍計數 0~4
   {
     LED=0x00; for(dly=0;dly<20000;dly++);
     LED=0xff; for(dly=0;dly<20000;dly++);
   }}
```

軟體 Debug 操作:取消"~"。

(1) 打開 P0、P3 及 Watch 視窗視窗,在 Watch#1 輸入 PCON 觀察電源控制暫存器。

(2) 單步執行,此時會先致能 INT0 腳外部中斷及 P0 遞加。

(3) P0 遞加超過 6 後,執行 PCON=0x01 表示 IDL=1 會進入 IDL 省電模式,此時程式停止運轉。再由 P32(INT0) 輸入負緣觸發(由 1 到 0),會退出省電模式,進入中斷函數 0,令 P0 閃 5 次才回主程式。

(4) 觀察 Watch#1 視窗內 PCON 及 P0 輸出的變化,如圖 5-17 所示。

作業:

(1) 將 PCON=IDL; 改為 PCON=PD;

(2) 進入 Power Down 省電模式時,外部中斷無作用(硬體電路可以),按 Reset 也無作用,須退出 Debug 再重新進入。

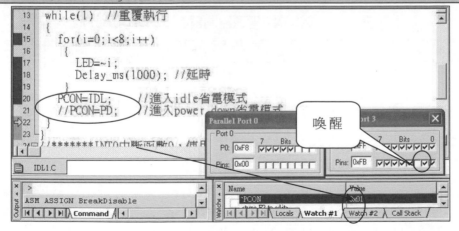

圖 5-17　省電模式控制-軟體模擬

5-4.2 降低系統頻率省電模式

當應用於低速的成品時，可降低系統工作頻率，以便降低耗電。

1.系統時脈的控制方式，如圖 5-18 所示：

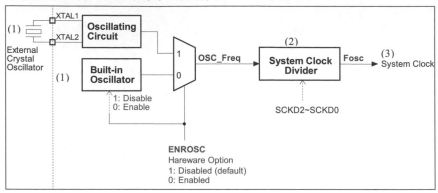

圖 5-18 系統時脈(Fosc)設定

(1) 預定使用外部石英晶體(ENROSC=1)，在 XTAL1 及 XTAL2 外接石英晶體 22.1184MHz 來提供系統頻率。

(2) 石英晶體可經電源控制暫存器(PCON2)的位元 SCKD2-0 設定除頻 1~128 倍，成為系統時脈(System Clock)Fosc 提供 CPU，如表 5-21 所示。

表 5-21 PCON2 電源控制暫存器(位址 0xC7)

D7	D6	D5	D4	D3	D2	D1	D0
-	-	-	-	-	SCKD2	SCKD1	SCKD0

可將石英晶體(Fosc)除頻成為系統工作頻率，設定 SCKD2-0=000~111，令系統頻率為 Fosc/1~ Fosc/128。PCON2 在 MPC82.H 內定義名稱，如下所示。

```
sfr PCON2 = 0xC7;     //SCKD2-0=系統除頻控制位元
#define SCKD1    0  //SCKD2-0=000，系統工作頻率=Fosc/1(預定)
#define SCKD2    1  //SCKD2-0=001，系統工作頻率=Fosc/2
#define SCKD4    2  //SCKD2-0=010，系統工作頻率=Fosc/4
#define SCKD8    3  //SCKD2-0=011，系統工作頻率=Fosc/8
#define SCKD16   4  //SCKD2-0=100，系統工作頻率=Fosc/16
```

```
#define SCKD32   5  //SCKD2-0=101，系統工作頻率=Fosc/32
#define SCKD64   6  //SCKD2-0=110，系統工作頻率=Fosc/64
#define SCKD128  7  //SCKD2-0=111，系統工作頻率=Fosc/128
```

2. 降低系統工作頻率範例程式如下：

```
/******************* IDL2.c *******************
*動作：LED0 遞加輸出，由 KEY1-2 控制系統頻率(Fosc)調整速度，
*        在 LED1 顯示系統頻率(Fosc)除頻倍數
*硬體：將 SW1-3(P0LED)及 SW1-4(P1LED)短路，按 KEY1(P32)
***********************************************/
#include "..\MPC82.H"   //暫存器及組態定義
main()
{ unsigned char i=0;
 char Fosc=0;
 P0M0=0; P0M1=0xFF; //設定 P0 為推挽式輸出(M0-1=01)
 PCON2=Fosc;        //Fosc=0~7,石英晶體除頻 1~128 倍為系統頻率(Fosc)
 while(1)           //重覆執行
 { LED0=~i++;       //LED0 遞加輸出
   LED1=~Fosc;      //LED1 顯示 Fosc 除頻
   if(KEY1==0)      //減速
     {
      Fosc++;         //系統頻率(Fosc)除頻增加
      if(Fosc>7) Fosc=7; //限制除頻 128 倍
      PCON2=Fosc; //設定系統頻率(Fosc)
     }
   if(KEY2==0)      //加速
     {
      Fosc--;         //系統頻率(Fosc)除頻減少
      if(Fosc<0) Fosc=0; //限制除頻 1 倍
      PCON2=Fosc; //設定系統頻率(Fosc)
     }
   Delay_ms(100); //Fosc除頻 1 倍的延時時間
  }
}
```

說明：當除頻倍數愈高時，LED 遞加速度愈慢，對 KEY1 的反應也愈遲緩，須按久一點。

CHAPTER

6

計時器控制與實習

本章單元

- 熟悉計時器 Timer0/1 控制實習

- 熟悉計時器 Timer2 控制實習

- 熟悉輸出頻率及音樂操作

- 看門狗計時器控制

　　MPC82G516 內部有三組 16-bit 的計時器為 Timer0-2，具有的功能如下：

◎ 將石英晶體由 PCON2 的位元 SCKD2-0 除頻 1~128 倍後為系統頻率(Fosc)。

◎ 可設定 Timer0-1 的基本計時時脈為系統頻率(Fosc/1)或 Fosc/12(預定)，而 Timer2 的基本計時時脈固定為 Fosc/12。

◎ 基本計時時脈送入 Timer0-2 進行內部計時，且具有數種計時模式。

◎ 可由外部接腳控制 Timer0-2 的外部計數工作，如圖 6-1 所示。

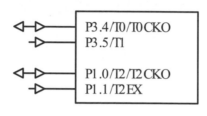

圖 6-1　計時器控制接腳

※T0：Timer0 可設定由 T0(P34)輸入脈波。

※T1：Timer1 可設定由 T1(P35)輸入脈波。

※T2：Timer2 可設定由 T2(P10)輸入脈波。

※T2EX：可設定 T2EX 輸入觸發脈波，來捕捉或重新載入 Timer2 的計時值。

以下僅 MPC82G516 接腳才有此功能：

※T0CKO：可設定當 Timer0 溢位時，令 T0CKO(P34)腳反相輸出脈波。

※T2CKO：可設定當 Timer2 溢位時，令 T2CKO(P10)腳反相輸出脈波。

◎ Timer1-2 可用設定串列埠 UART 的傳輸速率。

　　計時器外部接腳在 MPC82.H 內有定義其名稱，如下所示。

```
sbit T0   = P3^4;  //Timer0 外部計數輸入腳(P34)
sbit T1   = P3^5;  //Timer1 外部計數輸入腳(P35)
sbit T2   = P1^0;  //Timer2 外部計數輸入腳(P10)
sbit T2EX = P1^1;  //Timer2 外部捕捉/重新載入觸發輸入腳(P11)
```

6-1 計時器 Timer0-1 控制實習

在 SFR 內和 Timer0-1 相關的暫存器，如表 6-1 所示。

表 6-1　和 Timer0-1 相關的暫存器

暫存器	位址	D7	D6	D5	D4	D3	D2	D1	D0	預定
TCON	0x88	TF1	TR1	TF0	TR0	未用	未用	未用	未用	00
TMOD	0x89	GATE	C/T	M1	M0	GATE	C/T	M1	M0	00
TL0	0x8A	bit 7-0								00
TL1	0x8B	bit 7-0								00
TH0	0x8C	bit 15-8								00
TH1	0x8D	bit 15-8								00
IE	0xA8	EA	-	ET2	ES	ET1	EX1	ET0	EX0	00
AUXR2	0xA6	T0X12	T1X12	未用	未用	未用	未用	未用	T0CKOE	00
PCON2	0xC7	-	-	-	-	-	SCKD2	SCKD1	SCKD0	00

計時器 Timer0-1 的控制暫存器如下：

◎TCON 計時/計數控制暫存器，用於啟動計時器及檢查計時是否溢位(時間到)，如表 6-2 所示。

表 6-2　TCON 計時/計數控制暫存器(位址 0x88)

D7	D6	D5	D4	D3	D2	D1	D0
TF1	TR1	TF0	TR0	未用			

位元	名稱	功　能
D7	TF1	T1 溢位旗標：Timer1 溢位時，令 TF1=1。此時必須用軟體令 TF1=0，下次才可以再工作。若是用計時中斷，跳到中斷副程式後會自動令 TF1=0。
D6	TR1	T1 啟動位元：TR1=1 令 Timer1 開始工作。
D5	TF0	T0 溢位旗標：Timer0 溢位時，令 TF0=1。此時必須用軟體令 TF0=0，下次才可以再工作。若是計時中斷，跳到中斷副程式後會自動令 TF0=0。
D4	TR0	T0 啟動位元：TR0=1 令 Timer0 開始工作。

TCON 暫存器有關計時控制在 MPC82.H 內定義名稱，如下所示。

```
sfr TCON  = 0x88;  //Timer0-1 控制暫存器
sbit TF1  = TCON^7;    //T1 溢位旗標,Timer1 溢位時,令 TF1=1
sbit TR1  = TCON^6;    //T1 啓動位元,=1 令 Timer1 開始工作
sbit TF0  = TCON^5;    //T0 溢位旗標,Timer0 溢位時,令 TF0=1
sbit TR0  = TCON^4;    //T0 啓動位元,TR0=1 令 Timer0 開始工作
```

◎TMOD 計時/計數器模式暫存器,用於設定 Timer0-1 的工作,如表 6-3 所示。

表 6-3 TMOD 計時/計數模式暫存器(位址 0x89)

D7	D6	D5	D4	D3	D2	D1	D0
GATE	C/T	M1	M0	GATE	C/T	M1	M0
Timer1 模式選擇				Timer0 模式選擇			

位元	名稱	功　　能			
D7	GATE	決定是否由外部 INT1(P33)腳啓動 Timer1,當 GATE=1 時 Timer1 由外部 INT1 腳及 TR1 一起啓動計時。若 GATE=0 僅由 TR1 啓動 Timer1。			
D6	C/T	計數(Counter)及計時(Timer)1 的選擇:C/T=0 為内部計時,C/T=1,由外部 T1(P35)腳輸入脈波來計數。			
D5	M1	M1	M0	模式	Timer1 操作模式
		0	0	0	13-bit 計時/計數器
D4	M0	0	1	1	16-bit 計時/計數器
		1	0	2	8-bit 計時/計數器,可自動載入
		1	1	3	停止動作
D3	GATE	決定是否由外部 INT0(P32)腳啓動 Timer0,當 GATE=1 時 Timer 0 由外部 INT0 腳及 TR0 一起啓動計時。若 GATE=0 僅由 TR0 啓動 Timer0。			
D2	C/T	計數(Counter)及計時(Timer)0 的選擇:C/T=0 為内部計時,C/T=1 由外部 T0(P34)腳輸入脈波來計數。			
D1	M1	M1	M0	模式	Timer0 操作模式
		0	0	0	13-bit 計時/計數器
D0	M0	0	1	1	16-bit 計時/計數器
		1	0	2	8-bit 計時/計數器,可自動載入
		1	1	3	Timer0 變成兩組 8-bit 計時/計數器

在 MPC82.H 內定義 TMOD 暫存器名稱,如下所示:

```
sfr TMOD = 0x89;  //Timer 模式暫存器
#define T1_GATE  0x80 // Timer1 模式
#define T1_CT    0x40
#define T1_M1    0x20
#define T1_M0    0x10

#define T0_GATE  0x08 // Timer0 模式
#define T0_CT    0x04
#define T0_M1    0x02
#define T0_M0    0x01
```

◎AUXR2 輔助暫存器，用於設定 Timer0-1 的輔助工作，如表 6-4 所示。

表 6-4　　AUXR2 輔助暫存器(位址 0xA6)

D7	D6	D5	D4	D3	D2	D1	D0
T0X12	T1X12	未用	未用	未用	未用	未用	T0CKOE
RW-0	RW-0	RW-0	RW-0	RW-0	RW-0	RW-0	RW-0

位元	名稱	功　　能
D7	T0X12	0=Timer0 時脈為系統頻率/12(預定)，1=Timer0 時脈為系統頻率/1
D6	T1X12	0=Timer1 時脈為系統頻率/12(預定)，1=Timer1 時脈為系統頻率/1
D0	T0CKOE	1=致能 Timer0 溢位時，令 T0(P3.4)腳反相輸出時脈

在 MPC82.H 內定義 AUXR2 有關 Timer0-1 的控制位元名稱，如下所示：

```
sfr AUXR2  = 0xA6;       //輔助暫存器
#define  T0X12   0x80 //1=T0 時脈為 Fosc/1，0=T0 時脈為 Fosc/12
#define  T1X12   0x40 //1=T1 時脈為 Fosc/1，0=T1 時脈為 Fosc/2
#define  T0CKOE  0x01 //1=致能 T0 溢位時由 P34 腳反相輸出
```

6-1.1　Timer0-1 控制

計時器的控制方式以 Timer0 為例，如圖 6-2 所示：

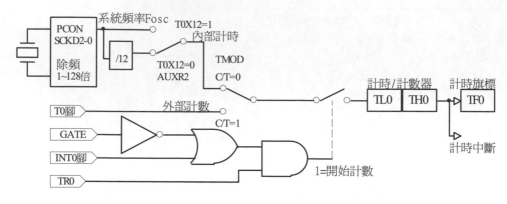

圖 6-2　計時器方塊圖

1. 由 TMOD 內的計時/計數(C/T)位元切換為內部計時或外部計數。

 (1) 預定 C/T=0 為內部計時，若石英晶體為 24MHz 經 PCON2 暫存器的位元 SCKD2-0 除頻(如 1 倍)為系統頻率(Fosc)，預定 T0X12=0 再除 12 倍後為 2MHz(0.5uS)作為內部基本的計時時間。

 (2) 當 C/T=1 時為外部計數，由外部接腳 T0(P34)輸入脈波作為計數輸入用。

2. 計時/計數的啟動，由 TMOD 的閘(GATE)位元、TCON 的啟始位元(TR0)及外部 INT0(P32)腳來決定，如表 6-5 所示。

表 6-5　計時/計數的開始計時/計數控制

GATE 閘	外部 INT0 腳	TR0 啟動	動作
0	無作用	1	開始計時/計數
1	1	1	開始計時/計數
X	X	0	停止計時/計數

 (1) GATE 位元決定是否由外部接腳 INT0(P32)來控制，內定 GATE=0，此時 INT0 腳無作用，TR0=1 會開始計時。

 (2) 若 GATE=1，必須令接腳 INT0=1 及內部位元 TR0=1 時才開始計時/計數。

3. 在 TMOD 的位元 M1 及 M0 可設定計時的操作模式(mode)，如表 6-6 所示。

表 6-6　計時的操作模式

M1	M0	模式	操作模式
0	0	0	Mode0 為 13-bit 計時/計數器
0	1	1	Mode1 為 16-bit 計時/計數器
1	0	2	Mode2 為 8-bit 計時/計數器，可自動載入
1	1	3	Mode3 會將 Timer0 變成兩組 8-bit 計時/計數器，Timer1 無作用

　　計時/計數器為上數形式，必須設定初值才開始往上計數，以 mode 1 內部計時及基本計時=0.5uS，設定計時=0.5uS *10000=5000uS 為例，如圖 6-3 所示。

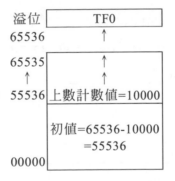

圖 6-3　計時/計數器上數動作

(1) 先設定計數的初值為 65536-10000=55536。

(2) 開始計數時，會由 55536 開始上數，隨著每 0.5uS 時間令計時/計數器遞加 1 次，往上數 10000 次後，計數值為 65536 會產生溢位，令 TF0=1。故實際計上數時間為 10000*0.5uS=5000uS=5ms。如果事先有致能計時中斷，此時會立即去執行計時中斷函數。

6-1.2　Timer0-1 實習

　　開啓專案檔　C:\MPC82\CH06_TIME\CH6.uvproj，使用石英晶體為 22.1184MHz，並加入各範例程式：

1. 計時 mode0 實習：

計時 mode0 為 13-bit 計時/計數器，計數值為 2^{13}=8192=0~8191，分為 5-bit 的低位元組 TLx 及 8-bit 的高位元組 THx，如圖 6-4 所示。

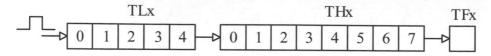

圖 6-4　計時 mode0 計時/計數器

其中 TLx 為 5-bit=2^5=32 及 THx 為 8-bit=256，從內部計時或外部接腳輸入時脈信號，送到 TLx 往上計數，當 TLx 計數超過 32 時會往 THx 進位。若 THx 也溢位時，會令計時旗標 TFx=1。以 Timer0 的 mode0 內部計時為例，計時模式 TMOD 設定如下：

D7	D6	D5	D4	D3	D2	D1	D0
GATE	C/T	M1	M0	GATE	C/T	M1	M0
				0	0	0	0
Timer1 模式選擇				Timer0 模式選擇			

Timer0 的 mode0 模擬程式如下：

```
/********** 6_1.c *************************
*動作：SPEAK 輸出方波，設定 Timer0、mode0 進行延時動作
*硬體：高頻 SW2-5(SPK)ON,低頻 SW1-4(P1LED)ON
****************************************/
#include "..\MPC82.H"   //暫存器及組態定義
                //Fosc=22.1184MHz，Timer 時脈=Fosc/12=1.8432MHz
#define T 7200  //Timer 延時時間=(1/1.8432MHz)*7200=3906.25uS
main()
{
  PCON2=7;//Fosc=Fosc/128，延時時間=3906.25uS*128=0.5 秒(軟體模擬無效)
  //AUXR2=T0X12;  //Timer0 頻率=Fosc(軟體模擬無效)
  TMOD=0x00;  /*0000 0000 設定 Timer0 為 mode0 內部計時
              bit3:GATE=0,不使用 INT0 腳控制
```

```
                bit2:C/T=0,內部計時
                bit1-0:MODE=00，模式 0 */
 TR0=1;          //啓動 Timer0
 while (1)       //不斷循環執行
  {
   SPEAK=!SPEAK; //SPEAK 反相
   TL0=(8192-T) % 32; //將低 5-bit 計數值存入 TL0
   TH0=(8192-T) / 32; //將高 8-bit 計數值存入 TH0
   while(TF0==0);        //等待計時溢位，若 TF0=0 自我循環
   TF0=0;                //若計時溢位 TF0=1，清除 TF0=0
  }
}
```

軟體 Debug 操作：

(1) 打開 Timer0 視窗。單步執行，當 TR0=1 開始啓動計時，若 TF0=1 表示溢位。

(2)開啓邏輯分析視窗，快速執行，並觀察 P1.0 輸出波形及週期時間，如圖 6-5 所示。

硬體 Debug 操作：打開 Timer 及 Other 視窗，如圖 6-6 所示。

作業：請修改爲 Timer1 的 mode0 內部計時，時間爲 400uS。

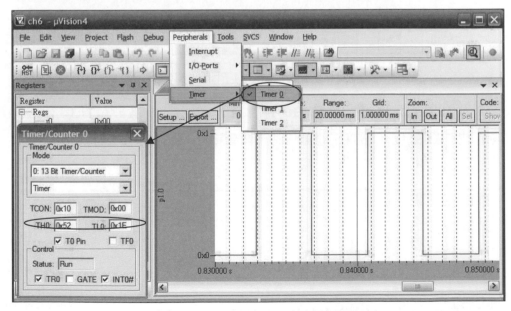

圖 6-5　Timer0 的 mode0 軟體模擬

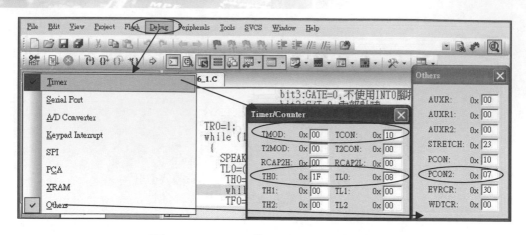

圖 6-6　Timer0 的 mode0 硬體模擬

2. 計時 mode1 實習

計時 mode1 為 16-bit 計時/計數器，計數值為 2^{16}=65536=0~65535，分為 TLx 及 THx 兩組 8-bit 上數計數器，如圖 6-7 所示。

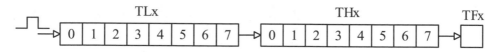

圖 6-7　計時 mode1 計時/計數器

以 Timer1 為例，輸入的時脈信號由 TL1 輸入往上計數，當 TL1 超過 255 時會往 TH1 進位，當 TH1 也溢位時，會令計時旗標 TF1=1。若要 Timer1 工作於 mode1 內部計時，TMOD 設定如下：

D7	D6	D5	D4	D3	D2	D1	D0
GATE	C/T	M1	M0	GATE	C/T	M1	M0
0	0	0	1				

Timer1 的 mode1 模擬程式如下：

```
/********** 6_2.c ***************************
*動作：SPEAK 輸出方波，設定 Timer1、mode1 進行延時動作
```

```
*硬體:高頻 SW2-5(SPK)ON,低頻 SW1-4(P1LED)ON
********************************************/
#include "..\MPC82.H"    //暫存器及組態定義
             //Fosc=22.1184MHz,Timer 時脈=Fosc/12=1.8432MHz
#define T  57600  //Timer 延時時間=(1/1.8432MHz)*57600=31250uS
main()
{  PCON2=5;  //Fosc=Fosc/32,延時時間=31250uS*32=1 秒(軟體模擬無效)
  //AUXR2=T1X12;  //Timer1 頻率=Fosc (軟體模擬無效)
  TMOD=0x10;  /*0001 0000,設定 Timer1 為 mode1 內部計時
             bit7:GATE=0,不使用 INT1 腳控制
             bit6:C/T=0,內部計時
             bit5-4:MODE=01,mode1 */
  TR1=1;      //啟動 Timer1
  while (1)  //不斷循環執行
   { SPEAK=!SPEAK;           //SPEAK 反相
    TL1= (65536-T) % 256; //將低 8-bit 計數值存入 TL1
    TH1= (65536-T) / 256; //將高 8-bit 計數值存入 TH1
    while(TF1==0);         //等待溢位,若 TF1=0 自我循環
    TF1=0;                 //若計時溢位 TF1=1,清除 TF1=0
   }
}
```

軟體 Debug 操作:
(1) 打開 Timer1 視窗,單步執行,觀察 Timer1 暫存器的變化。
(2) 開啟邏輯分析視窗,快速執行,並觀察 P1.0 輸出波形及時間。
作業:改變 Fosc 除頻及改用不同的延時時間。

3. 由外部 INT 腳來啟動計時 mode1 實習

以 Timer1 為例,當在 TMOD 的 GATE=1 時,必須由外部 INT1(P33)腳及內部 TR1 位元共同來啟動計時器。若 Timer1 工作於 mode1 內部計時及外部 INT1 腳控制計時,TMOD 設定如下:

D7	D6	D5	D4	D3	D2	D1	D0
GATE	C/T	M1	M0	GATE	C/T	M1	M0
1	0	0	1				
Timer1 模式選擇				Timer0 模式選擇			

INT1 腳來啟動計時模擬程式如下：

```
/********** 6_3.c **************************
*動作：LED 遞加，設定以 Timer1、mode1、由 INT1 腳啟
*       動計時的延時動作
*硬體：SW1-3(P0LED)ON，按住 KEY2(INT1)停止
***********************************************/
#include "..\MPC82.H"   //暫存器及組態定義
void Delay(void);  //宣告延時函數
               //Fosc=22.1184MHz，Timer 時脈=Fosc/12=1.8432MHz
#define T  57600  //Timer 延時時間=(1/1.8432MHz)*57600=31250uS
main()
{   unsigned char i=0;
   P0M0=0; P0M1=0xFF;  //設定 P0 為推挽式輸出(M0-1=01)
   PCON2=5;  //Fosc=Fosc/32，延時時間=31250uS*32=1 秒(軟體模擬無效)
   TMOD=0x90;  /*1001 0000,設定 Timer1 的 GATE=1 及 mode1
                  bit7:GATE=1,使用 INT1 腳啟動計時
                  bit6:C/T=0,內部計時
                  bit5-4:MODE=01，mode1  */
   TR1=1;          //啟動 Timer1
   while(1)        //不斷循環執行
   {
     LED=~i++;    //LED 遞加輸出
     Delay();      //延時函數
   }
}
/***********************************************/
void Delay(void)   //延時函數
{  TL1=65536-T;      //將低 8 位元計數值存入 TL1
  TH1=(65536-T)>>8;  //將高 8 位元計數值存入 TH1
  while(TF1==0);     //等待計時溢位，若 TF1=0 自我循環
  TF1=0;     //若計時溢位 TF1=1，清除 TF1=0
}
```

軟體 Debug 操作：取消"~"。
(1) 打開 P0、P3 及 Timer1 視窗。

(2) 快速執行等待計時溢位。當 INT1#=0 或 P33=0，會令計時器的狀態(Status)為 Stop 停止計時。

(3) 觀察 P0 輸出及 Timer1 視窗內暫存器的變化，如圖 6-8 所示。

作業：請修改為由 INT0 控制 Timer0 的 mode1 計時。

圖 6-8　INT1 腳啟動 Timer1 的 mode1 模擬動作

4. 外部計數 mode1 實習

以 Timer1 為例，當在 TMOD 的 C/T=1 時，必須由外部接腳 T1(P35)輸入脈波來進行計數的工作。若 Timer1 為 mode1 外部計數，TMOD 設定如下：

D7	D6	D5	D4	D3	D2	D1	D0
GATE	C/T	M1	M0	GATE	C/T	M1	M0
0	1	0	1				

外部計數模擬程式如下：

```
/*************** 6_4.c **************************
*動作：設定 Timer1 為 mode1 及外部計數，
*      由 P10 輸出脈波，送到 T1(P35) 腳作為外部計數，
*      P10 反相 20 次，輸入 10 個脈波後，才令 LED 遞加。
*硬體：P10 連接 P35 腳，SW1-3(P0LED)ON，SW1-4(P1LED)ON
***************************************************/
#include "..\MPC82.H"   //暫存器及組態定義
#define T  10  //T0 計數 10 次，設定輸入脈波數
main()
{
```

```
    unsigned char i=0;
    P0M0=0; P0M1=0xFF; //設定 P0 為推挽式輸出(M0-1=01)
    TMOD=0x50; /*0101 0000,設定 Timer1 為 mode1 外部計數
                bit7:GATE=0,不使用 INT1 腳啟動計時
                bit6:C/T=1,外部計數
                bit5-4:MODE=01,mode1 */
   while(1)    //不斷循環執行
   {
      LED=~i++;  //令 LED 遞加
     TL1=65536-T;         //將低 8 位元計數值存入 TL1
     TH1=(65536-T)>>8; //將高 8 位元計數值存入 TH1
     TR1=1;               //啟動 Timer1
     while(TF1==0)        //若 TF1=0,等待 P10 反相 20 次,令計數溢位
     {
        P1_0=!P1_0;    //P10 反相 ,送到 T1(P35)
        Delay_ms(500);
     }
     TF1=0;        //若計數溢位 TF1=1,清除 TF1=0
   }
}
```

軟體 Debug 操作:取消"~"。

(1) 打開 P0 及 Timer1 視窗。由 T1 Pin 或 P35 輸入脈波使 TL1 計數遞增,輸入 10 個脈波後會令計數溢位時令 TF1=1,同時 P0 遞增。

(2) 觀察 TL1 計數、P0 輸出及 Timer1 視窗內暫存器的變化,如圖 6-9 所示。

作業:請修改為由外部 T0(P34) 輸入脈波控制 Timer0 外部計數。

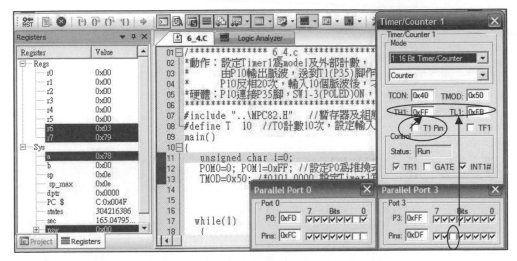

圖 6-9　由 T1 腳外部計數 Timer1 的 mode1 模擬動作

5. 計時 mode2 實習：計時 mode2 為兩組 8-bit 計時/計數器，且具有自動載入的功能，它大部份用於串列埠 UART 傳輸速率的設定，如圖 6-10 所示。

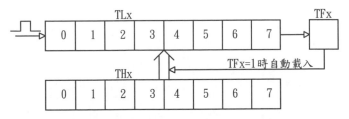

圖 6-10　計時 mode2 計時/計數器

　　以 Timer1 為例，一開始令 TL1 及 TH1 均為同樣的計時內容，由 TL1 輸入往上計數，當 TL1 溢位時，會令計時旗標 TF1=1。同時令 TH1 的內容自動載入 TL1 內重新計數，如此可節省用程式重新再載入的時間，使計時更精確。若 Timer1 工作於 mode2 內部計時，TMOD 設定如下：

D7	D6	D5	D4	D3	D2	D1	D0
GATE	C/T	M1	M0	GATE	C/T	M1	M0
0	0	1	0				

計時 mode2 模擬程式如下：

```
/********** 6_5.c ****************************
*動作：設定 Timer1 的 mode2 進行延時動作
*硬體：高頻 SW2-5(SPK)ON,低頻 SW1-4(P1LED)ON
***************************************************/
#include "..\MPC82.H"   //暫存器及組態定義
             //Fosc=22.1184MHz，Timer 時脈=Fosc/12=1.8432MHz
#define T  225  //Timer 延時時間=(1/1.8432MHz)*225=122.0703125uS
main()
{
 PCON2=7;//Fosc=Fosc/128，時間=122.0703125uS*128=15625uS(軟體模擬無效)
  TMOD=0x20;  /*0010 0000,設定 Timer1 為 mode2 內部計時
               bit7:GATE=0,不使用 INT1 腳啟動計時
               bit6:C/T=0,內部計時
               bit5-4:MODE=10，mode2 */
  TL1=TH1=256-T;  //將 8 位元計數值存入 TL1 及 TH1
  TR1=1;           //啟動 Timer1
  while (1)        //不斷循環執行
   {
     SPEAK=!SPEAK;  //SPEAK 反相
      while(TF1==0);  //等待計時溢位，若 TF1=0 自我循環
     TF1=0;   //若計時溢位 TF1=1，TH1 自動載入 TL1，清除 TF1=0
   }
}
```

軟體 Debug 操作：
(1)打開 Watch 及 Timer1 視窗。
(2)單步執行，當計時溢位 TF1=1 時，會令 TH1 數值自動載入 TL1，重新計時。
(3)開啟邏輯分析視窗，快速執行，並觀察 P1.0 輸出波形及週期時間。
作業：請修改為由 Timer0 及 mode2 進行延時動作

6-1.3　Timer0-1 中斷實習

在 SFR 內和計時中斷相關的暫存器，如表 6-7 所示。

表 6-7 Timer0-1 中斷相關暫存器

暫存器	位址	D7	D6	D5	D4	D3	D2	D1	D0	預定
IE	0xA8	EA	ES1	ET2	ES0	ET1	EX1	ET0	EX0	00
TCON	0x88	TF1	TR1	TF0	TR0	IE1	IT1	IE0	IT0	00

計時中斷的設定，如表 6-8 所示：

表 6-8 IE 中斷致能暫存器(位址 0xA8)

D7	D6	D5	D4	D3	D2	D1	D0
EA	未用	ET2	未用	ET1	未用	ET0	未用

位元	名稱	功　　能
D7	EA	0=禁止所有中斷工作，1=允許各別中斷的設定。
D5	ET2	1=致能 Timer2 中斷或捕捉中斷。
D3	ET1	1=致能 Timer1 中斷。
D1	ET0	1=致能 Timer0 中斷。

MPC82.H 定義中斷源，如下所示。

```
sfr IE   = 0xA8;  //中斷致能暫存器
sbit EA  = IE^7;  //0=禁能所有中斷
sbit ET2 = IE^5;  //1=致能 Timer2 中斷
sbit ET1 = IE^3;  //1=致能 Timer1 中斷
sbit ET0 = IE^1;  //1=致能 Timer0 中斷
```

計時中斷源設定，如表 6-9 所示：

表 6-9 計時中斷源設定

中斷編號	中斷源	致能位元	中斷旗標位元	中斷優先位元	中斷位址	優先順序
1	Timer 0	ET0	TF0	PT0H, PT0	0x0B	2
3	Timer 1	ET1	TF1	PT1H, PT1	0x1B	4
5	Timer 2	ET2	TF2, EXF2	PT2H, PT2	0x2B	6

1.計時中斷的工作步驟：

(1)先致能計時中斷，再令 TRx=1 開始計時，不用去偵測 TF。

(2)當計時溢位時會產生中斷，跳到計時中斷函數執行。

(3)計時中斷函數執行完畢後，自動令 TFx=0，再會回主程式。

2. Timer0 的 mode1 中斷實習

以 Timer0 為例，當 Timer0 溢位產生中斷時，跳到計時中斷函數 interrupt 1 執行，回主程式後會自動令 TF0=0，範例程式如下：

```
/********** 6_6.c *********************
*動作：以 Timer0 計時中斷 mode1、定時令啦喇反相輸出
*硬體：高頻 SW2-5(SPK)ON,低頻 SW1-4(P1LED)ON
************************************/
#include "..\MPC82.H"    //暫存器及組態定義
             //Fosc=22.1184MHz，Timer 時脈=Fosc/12=1.8432MHz
#define T  57600  //Timer 延時時間=(1/1.8432MHz)*57600=31250uS
main()
{
  P0M0=0; P0M1=0xFF; //設定 P0 為推挽式輸出(M0-1=01)
  PCON2=5; //Fosc=Fosc/32，時間=31250uS*32=1 秒(軟體模擬無效)
  TMOD = 0x01; /*0000 0001，設定 Timer0 為 mode1 內部計時
                  bit3:GATE=0,不使用外部 INT0 接腳
                  bit2:C/T0=0,內部計時
                  bit1-0:MODE=01,使用模式 1 工作*/
  TL0=65536-T; TH0=(65536-T)>>8; //設定 Timer0 計數值
  EA=1;ET0=1;    //致能 Timer0 中斷
  TR0=1;        //啟動 Timer0 開始計時
  while(1);      //自我空轉，表示此時可作其它事情
}
/**********************************************************/
void T0_int(void) interrupt 1  //Timer0 中斷函數
  {
   TL0=65536-T; TH0=(65536-T)>>8; //重新設定 Timer0 計數值
   SPEAK = !SPEAK;        //啦喇反相輸出
  }
```
軟體 Debug 操作：取消"~"。

(1) 打開 Timer0 及 Interrupt System 視窗。
(2) 單步執行，當計時溢位 TF0=1 時，產生計時中斷。
(3) 觀察 Timer0 及 Interrupt System 視窗內暫存器的變化。
(4) 開啓邏輯分析視窗，快速執行，並觀察 P1.0 輸出波形。
作業 1：Timer1 計時中斷 mode0、定時令 P0 遞加。
作業 2：用中斷方式，令 Timer1 的 mode2 來設計 5ms 延時程式。

3. Timer0 的 mode3 中斷實習

在 Timer0 設定計時 mode3 時，會將 Timer0 變成兩組 8 位元計時/計數器，如圖 6-11 所示。

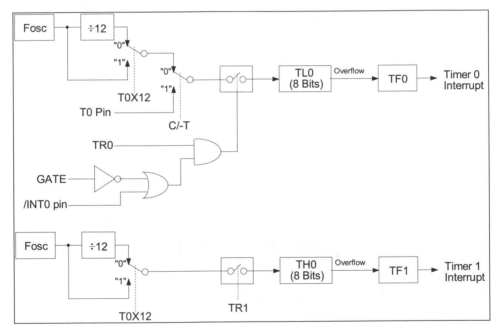

圖 6-11　計時 mode3 計時/計數器

計時 mode3 的 TL0 及 TH0 均爲 8-bit 上數計數器，它由 TR0 啓動 TL0 及由 TR1 啓動 TH0。輸入的時脈信號分別由 TL0 及 TH0 輸入往上計數，當 TL0 溢位時，會令計時旗標 TF0=1。當 TH0 溢位時，會令計時旗標 TF1=1。TMOD 內 Timer1 的 mode3 內部計時，設定如下：

D7	D6	D5	D4	D3	D2	D1	D0
GATE	C/T	M1	M0	GATE	C/T	M1	M0
0	0	1	1				

計時 mode3 模擬程式如下：

```
/********** 6_7.c ******mode3 中斷實習*********
*動作：設定以 Timer0、mode3 進行中斷延時動作
*硬體：高頻 SW2-5(SPK) 或 SW2-6(SPK)ON，低頻 SW1-4(P1LED) ON
***************************************************/
#include "..\MPC82.H"    //暫存器及組態定義
                //Fosc=22.1184MHz，Timer 時脈=Fosc/12=1.8432MHz
#define T10  225  //TL0 延時時間=(1/1.8432MHz)*225=122.0703125uS
#define T12  112  //TH0 延時時間=(1/1.8432MHz)*112=60.76uS
main()
{  PCON2=7;// TH0 時間=67.8uS*128=7777.7uS(軟體模擬無效)
         //TL0 時間=122.0703125uS*128=15625uS
  TMOD = 0x03;  /*0000 0011，設定 Timer0 為 mode3 內部計時
                bit3:GATE=0,不使用 INT1 腳啟動計時
                bit2:C/T=0,內部計時
                bit1-0:MODE=11，mode3 */
  TL0=255-T10;       //設定 TL0 計數值
  TH0=T12;           //設定 TH0 計數值
  EA=1; ET0=1 ;ET1=1; //致能 Timer0 及 Timer1 中斷
  TR0=1;          //啟動 TL0 計時
  TR1=1;          //啟動 TH0 計時
  while (1);       //不斷循環執行
}
/***************************************************/
void T0_int(void) interrupt 1  //Timer0 中斷函數
  {
   TL0=255-T10; //重新設定 TL0 計數值
   P1_0=!P1_0;  //P10 反相輸出
   TF0=0;
  }
```

```
/***********************************************************/
void T1_int(void) interrupt 3  //Timer1 中斷函數
  {
    TH0=T12;        //重新設定 TH0 計數值
    P1_2=!P1_2;     //P12 反相輸出
    TF1=0;
  }
```

軟體 Debug 操作：

(1) 打開 P1、Timer0 及 Timer1 視窗。

(2) 單步執行等待計時溢位。

(3) 並觀察 P1 輸出、Timer0 及 Timer1 視窗內暫存器的變化。

(4) 開啓邏輯分析視窗，快速執行，並觀察 P1.0 及 P1.2 輸出波形。

6-1.4　輸出頻率實習

微處理機之所以會輸出頻率及產生音樂，主要是藉由輸出有節奏的音階頻率及配合節拍時間的長短，而形成悅耳的聲音。首先要令輸出腳的電位固定每隔一段時間反相一次，即可輸出對稱的方波，再送到喇叭發出聲音。

例如要輸出 1KHz 的音頻，它的週期時間 T=1mS，只要重覆令它每半週期時間 t=500uS 反相輸出即可。

將石英晶體的頻率(Fosc)除 12 後，爲內部基本的計時頻率及計時時間，再求其半週期的頻率，然後除以指定的頻率，即可將頻率轉換爲計時器的內容，計算方法如下：

$$計時器內容 \qquad t = 65536 - \frac{(Fosc/12)/2}{指定頻率}$$

1. 以 Timer0 計時中斷輸出指定的頻率。

```
/********** fre1.c **************************
*動作：設定以 Timer0 計時中斷，令喇叭輸出指定的頻率
*硬體：SW2-5(SPK)ON
```

```
*************************************************/
#include "..\MPC82.H"  //暫存器及組態定義


#define  F 1000          //定義輸出頻率=1KHz
#define  T 22118400/12/2 //T=Fosc/12/2=基本頻率
#define  t 65536-(T/F) //t=半週期頻率的計時器內容
main()
{
 EA=1;ET0=1;          //致能 Timer0 計時中斷
 TMOD=0x01;           //設定 Timer0 為 mode1
 TL0=t; TH0=t >> 8; //設定時間
 TR0=1;               //啓動 Timer0 開始計時
 while(1);            //空轉，等待計時溢位
}
/*************************************************/
void T0_int(void) interrupt 1  //Timer0 中斷函數
{
  TL0=t; TH0=t >> 8;    //重新設定時間
  SPEAK = !SPEAK;       //啦喇反相輸出
}
```

軟體 Debug 操作：開啓邏輯分析視窗，快速執行，並觀察 P1.0 輸出波形的頻率。
作業：請設計由 P1.2 輸出 500Hz 的方波。

2. 以 Timer0 及 Timer1 的 mode1 計時中斷，輸出兩個指定的頻率，如下：

```
/********** fre2.c *******************************
*動作：設定 Timer0 及 Timer1 的 mode1 計時中斷，令 P10
*     及 P12 輸出指定的頻率
*硬體：SW2-5(SPK)ON 或 SW2-6(SPK)ON
*************************************************/
#include "..\MPC82.H"   //暫存器及組態定義
#define F0  1000          //定義 F0 輸出頻率=1KHz
#define F1  4000          //定義 F1 輸出頻率=4KHz
#define T   22118400/12/2 //T=Fosc/12/2=基本頻率
#define t0 65536-T/F0    //F0 計時器內容
#define t1 65536-T/F1    //F1 計時器內容
```

```
main()
{
 TMOD = 0x11;         //設定 Timer0 及 Timer1 為 mode1
 EA=1;ET0=1; ET1=1;//致能 Timer0 及 Timer1 計時中斷
 PT1=1;              //設定較高頻的 Timer1 計時中斷優先
 TR0=1; TR1=1;       //啟動 Timer0-1 開始計時
 while(1);           //空轉，等待計時溢位
}
/*****************************************************/
void T0_int(void) interrupt 1    //Timer0 中斷函數
{
  TL0= t0; TH0=t0 >> 8; //重新設定 Timer0 時間
  P1_0 = !P1_0;      //P10 反相輸出
}
/*****************************************************/
void T1_int(void) interrupt 3    //Timer1 中斷函數
{
  TL1= t1; TH1= t1 >> 8; //重新設定 Timer1 時間
  P1_2 = !P1_2;      //P12 反相輸出
}
```

軟體 Debug 操作：開啟邏輯分析視窗，快速執行，並觀察 P10 及 P12 輸出波形。
作業：請設計由 P10 及 P12 輸出 2KHz 及 3KHz 的方波。

3. 以 Timer0 及 Timer1 mode2 計時中斷，輸出兩個指定的頻率，範例如下：

```
/********** fre3.c ******************************
*動作：設定 Timer0 及 Timer1 的 mode2 計時中斷，令 P10
*      及 P12 輸出指定的頻率
*硬體：SW2-5(SPK)ON 或 SW2-6(SPK)ON
*********************************************************/
#include "..\MPC82.H"   //暫存器及組態定義
#define  F0   4000           //定義 F0 輸出頻率=4KHz
#define  F1   8000           //定義 F1 輸出頻率=8KHz
#define  T    22118400/12/2 //T=Fosc/12/2=基本頻率
#define  t0   256-T/F0      //F0 計時器內容
#define  t1   256-T/F1           //F1 計時器內容
main()
```

```
{ EA=1;ET0=1;ET1=1;  //致能 Timer0 及 Timer1 計時中斷
 PT1=1;              //致能較高頻的 Timer1 中斷優先
 TMOD=0x22;          //設定 Timer0-1 為 mode2
 TH0=t0; TH1=t1;     //設定 Timer0-1 計時值
 TR0=1;  TR1=1;      //啟動 Timer0-1 開始計時
 while(1);           //空轉，等待計時溢位
}
/*******************************************/
void T0_int(void) interrupt 1  //Timer0 中斷函數
{ P1_0 = !P1_0; }     //P10 反相輸出
/*******************************************/
void T1_int(void) interrupt 3  //Timer1 中斷函數
{ P1_2 = !P1_2; }     //P12 反相輸出
```

軟體 Debug 操作：同上。
作業：請設計由 P10 及 P12 輸出 10KHz 及 20KHz 的方波。

4. Timer0 時脈輸出實習：

藉由 Timer0 的溢位可設定令 T0CKO(P34)腳反相輸出時脈，如圖 6-12 所示：

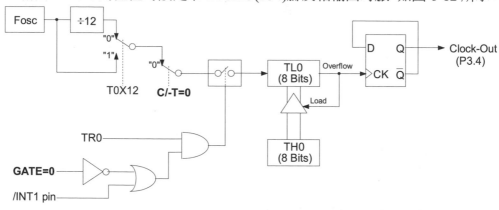

圖 6-12　　Timer0 時脈輸出方塊圖

若設定 AUXR2 暫存器的位元 T0CKOE=1，則當 Timer0 溢位時，令 T0CKO(P34)腳反相輸出脈波，設定公式如下：

$$輸出頻率 Fo = \frac{系統頻率 Fosc}{n*(256-TH0)} \quad \begin{array}{l} 若 T0X12=0，n=24 \\ 若 T0X12=1，n=2 \end{array}$$

範例程式如下：

```
/********** FRE4.c ***************************
*動作：令 Timer0 由 T0CKO(P34) 輸出方波
*硬體：T0CKO(P34) 腳連接 P10，低頻 SW1-4(P1LED)ON，高頻 SW2-5(SPK)ON
***********************************************/
#include "..\MPC82.H"  //暫存器及組態定義
                //T0CKO 頻率=Fosc/24/(256-TH0)
#define T  225  //T0CKO 頻率=22118400/24/225=4096Hz
main()
{
  PCON2=7;    //Fosc=Fosc/128，T0CKO 頻率=4096Hz/128=32Hz
  AUXR2=T0CKOE; //致能 T0CKO(P34) 輸出方波
  TMOD=0x02;   //設定 Timer0 為 mode2 內部計時
  TH0=256-T;   //將計數值存入 TH1
  TR0=1;      //啟動 Timer1
  while (1);   //空轉，此時 T0CKO(P34) 腳不斷輸出方波
}
```

作業：修改 T0CKO(P34) 輸出頻率，測量其頻率值

6-1.5 輸出音樂實習

各種音階以鋼琴鍵的音階為例，如圖 6-13(a)所示。

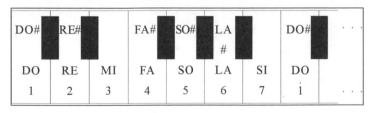

圖 6-13(a) 鋼琴音階位置圖

要產生音樂之前，首先必須知道各種音階的頻率。如表 6-10 所示。

表 6-10　音階頻率表(單位：Hz)

八度音	DO	DO#	RE	RE#	MI	FA	FA#	SO	SO#	LA	LA#	SI
第 0 度	65	69	73	78	82	87	93	98	104	110	116	123
第 1 度	131	139	147	156	165	175	185	196	208	220	233	247
第 2 度	262	277	294	311	330	349	370	392	415	440	466	494
第 3 度	523	554	587	622	659	698	740	784	831	880	932	988
第 4 度	1046	1109	1175	1245	1318	1397	1480	1568	1661	1760	1865	1976
第 5 度	2093	2217	2349	2489	2637	2794	2960	3136	3322	3520	3729	3951
第 6 度	4186	4435	4699	4978	5274	5587	5919	6271	6645	7040	7459	7902

1. 將這些音階建立在陣列資料內，依順序輸出，即可演奏音樂。若重覆放置同樣音階，即可加長其節拍的長短，再接上擴音器及喇叭即可輸出電腦音樂。音樂輸出實習範例如下：

```
/********** music1.c *********************************
*動作：設定以 Timer0 計時中斷 mode1、令喇叭輸出指定音頻
*硬體：SW2-5(SPK)ON
****************************************************/
#include "..\MPC82.H"   //暫存器及組態定義

#define  t      22118400/12/2 //T=Fosc/12/2=基本頻率
#define  DO     65536-t/523    //各種音頻的計時器內容
#define  RE     65536-t/587
#define  MI     65536-t/659
#define  FA     65536-t/698
#define  SO     65536-t/785
#define  LA     65536-t/880
#define  SI     65536-t/998

unsigned int  code Table[] //音頻的陣列資料
     = { DO,RE,MI,FA,SO,LA,SI };
unsigned int  Temp;
main()
{
```

```
 char i;
 EA=1;ET0=1;     //致能 Timer0 中斷
 TMOD=0x01;      //設定 Timer0 的 mode1 工作
 while(1)        //重覆執行
  {
   for(i=0;i<7;i++) //輸出 7 個音階
    {
     Temp=Table[i]; //讀取陣列音頻資料
     TL0=Temp; TH0=Temp >> 8; //音頻資料存入計時值
     TR0=1;            //啓動 Timer0 開始計時
     Delay_ms(500); //延時，發音的時間
     TR0=0;            //停止 Timer0 計時
    }
   Delay_ms(1000);    //延時，停止發音的時間
  }
}
/**********************************************/
void T0_int(void) interrupt 1  //Timer0 中斷函數
{
   TL0=Temp;  TH0=Temp >> 8;    //重新設定計時值
   SPEAK=!SPEAK;    //喇叭反相發出聲音
}
```

軟體 Debug 操作：開啓邏輯分析視窗，快速執行，並觀察 P1.0 輸出波形的頻率。
作業：請改爲其它有規律的頻率。

2. 我們可以將所有的音頻事先定義在 MUSIC.H 內，如下：

```
/******** MUSIC.H********/
#define  T  22118400/12/2 //T=Fosc/12/2=基本頻率

/*---第 0 八度音階---*/
#define  DO1      65536-T/65
#define  DO_1     65536-T/69 //DO1#
#define  RE1      65536-T/73
#define  RE_1     65536-T/78 //RE1#
#define  MI1      65536-T/82
#define  FA1      65536-T/87
```

```
#define   FA_1     65536-T/93  //FA1#
#define   SO1      65536-T/98
#define   SO_1     65536-T/104 //SO1#
#define   LA1      65536-T/110
#define   LA_1     65536-T/116 //LA1#
#define   SI1      65536-T/123
/*---第 1 八度音階---*/
#define   DO2      65536-T/131
(後面省略)
```

音樂輸出實習範例如下：

```
/********** music2.c ***************************
*動作：設定以 Timer0 計時中斷，令喇叭輸出各種音頻
*硬體：SW2-5(SPK)ON
***************************************************/
#include "..\MPC82.H"   //暫存器及組態定義

#include "music.h"  //音頻定義
unsigned int  code Table[]  //定義音頻陣列資料,0 為休止符
   ={DO3,0,RE3,0,MI3,0,FA3,0,SO3,0,LA3,0,SI3,0,DO4,0};
char i;    //資料計數
main()
{
 TMOD=0x01;    //設定 Timer0 為 mode1 內部計時
 EA=1;ET0=1;  //致能 Timer0 中斷
 while (1)     //不斷循環執行
  {
   for(i=0; i<16; i++)    //陣列計數由 0~15 遞加
    {
     if(Table[i]==0) TR0=0; //若資料=0 為停止 Timer0 計時
     else
     {
      TL0=Table[i];TH0=Table[i] >>8; //設定計時值
       TR0=1;              //啟動 Timer0 開始計時
     }
     Delay_ms(1000);     //音長
     TR0=0;              //停止 Timer0 計時
```

```
      }
   }
}
/**********************************/
void T0_int(void) interrupt 1  //Timer0 中斷函數
{
  TL0=Table[i] ; TH0=Table[i] >>8; //重新設定計時值
  SPEAK=!SPEAK;      //喇叭反相輸出
}
```

軟體 Debug 操作：同上。
作業：請修改上述程式的陣列資料，令其演奏一首音樂。

3. 電子琴音樂：由 4*4 按鍵輸入 0~9，令 Timer0 計時中斷使喇叭輸出不同的音頻，如圖 6-13(b)所示。

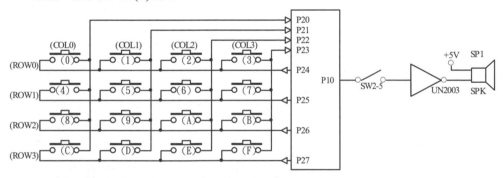

圖 6-13(b) 電子琴

電子琴音樂輸出實習範例如下：

```
/**********MUSIC3.c**** 電子琴範例**********
*動作：按鍵 0~9，令喇叭輸出各種音頻
*硬體：SW2-5(SPK)ON，按鍵 S1~S10
************************************************/
#include "..\MPC82.H"  //暫存器及組態定義
#include "music.h" //音頻定義
void dataout(char keyout);   //按鍵輸出
unsigned int  code Table[] //音頻的列表資料，按鍵 0~9 的音頻
      = {SI2,DO3,RE3,MI3,FA3,SO3,LA3,SI3,DO4,RE4};
```

```
unsigned char   i=0;     //資料計數
void main()
{
   unsigned char count=0;  //按鍵計數
   unsigned char scan=0xEF;  //按鍵掃描令 ROW0=0，其餘為 1

   TMOD=0x01;    //設定 Timer0 為 mode1 內部計時
   EA=1;ET0=1;   //致能 Timer0 中斷
   while(1)    //重覆執行
  {
   if(count>15){scan=0xEF;count=0;}//若計數>15，從頭開始
   ROW=scan;         //掃描輸出
   if(COL0==0) dataout(count);//檢查 COL0 列，若是計數輸出
   count++; Delay_ms(1);      //若不是，計數+1
   if(COL1==0) dataout(count);//檢查 COL1 列，若是計數輸出
   count++; Delay_ms(1);      //若不是，計數+1
   if(COL2==0) dataout(count);//檢查 COL2 列，若是計數輸出
   count++; Delay_ms(1);      //若不是，計數+1
   if(COL3==0) dataout(count);//檢查 COL3 列，若是計數輸出
   count++; Delay_ms(1);      //若不是，計數+1
   scan=RL8(scan); //左旋轉，換掃下一列,令 ROW0~3 輪流為 0
  }
}
/************************************************************
*函數名稱: dataout
*功能描述: 按鍵讀取音頻資料發出聲音，檢查是否放開按鍵
*輸入參數：keyout
*************************************************************/
void dataout(char keyout)
{
   i=keyout; //按鍵計數存入資料計數
   TL0=Table[i];TH0=Table[i] >>8; //設定計時值
   TR0=1;              //啓動 Timer0 開始計時, 發出聲音
   Delay_ms(1);        //處理按鍵跳動之延遲
   while(!(COL0 & COL1 & COL2 & COL3));//若 COL0~3≠1111 未放開按鍵
   Delay_ms(1);             //處理按鍵跳動之延遲
```

```
     TR0=0;               //停止 Timer0 計時，停止輸出音頻
}
/***************************************/
void T0_int(void) interrupt 1  //Timer0 中斷函數
{
  TL0=Table[i]; TH0=Table[i] >>8; //重新設定計時值
  SPEAK=!SPEAK;        //喇叭反相輸出
}
```

作業：請修改成不同的音階。

6-2 Timer2 控制實習

Timer2 具有自動載入、捕捉計時及鮑率產生器的功能。它有兩支輸入控制腳，其中 T2(P10)作為外部計數輸入，T2EX(P11)作為重新載入及捕捉計時的輸入控制。在 SFR 內和 Timer2 相關的暫存器，如表 6-11 所示。

表 6-11　Timer2 相關暫存器

暫存器	位址	D7	D6	D5	D4	D3	D2	D1	D0	預定
IE	0xA8	EA	ES1	ET2	ES0	ET1	EX1	ET0	EX0	00
T2CON	0xC8	TF2	EXF2	RCLK	TCLK	EXEN2	TR2	C/T	CP/RL	00
RCAP2L	0xCA	bit 7-0								00
RCAP2H	0xCB	bit 15-8								00
TL2	0xCC	bit 7-0								00
TH2	0xCD	bit 15-8								00
T2MOD	0Xc9	-	-	-	-	-	-	DCEN	T2OE	00

在 MPC82.H 內 Timer2 可定義 16-bit 的暫存器，如下所示：

```
sfr   T2CON  = 0xC8;   //Timer2 控制暫存器
sfr16 RCAP2  = 0xCA;   //16-bit 的 Timer2 重新載入/捕捉暫存器
sfr   RCAP2L = 0xCA;   //Timer2 重新載入/捕捉暫存器低位元組
sfr   RCAP2H = 0xCB;   //Timer2 重新載入/捕捉暫存器高位元組
sfr16 T2R    = 0xCC;   //16-bit 的 Timer2 計時/計數暫存器
```

```
sfr TL2    = 0xCC;  //Timer2 計時/計數暫存器低位元組
sfr TH2    = 0xCD;  //Timer2 計時/計數暫存器高位元組
sfr T2MOD  = 0xC9;  //Timer2 模式暫存器(僅 MPC82G516)
```

Timer2 控制暫存器 T2CON，如表 6-12 所示。

表 6-12　T2CON Timer2 控制暫存器(位址 0xC8)

D7	D6	D5	D4	D3	D2	D1	D0
TF2	EXF2	RCLK	TCLK	EXEN2	TR2	C/T2	CP/RL2

位元	名稱	功　能
D7	TF2	T2 的溢位旗標：Timer2 溢位時，令 TF2=1。須由軟體設定 TF2=0，但 RCLK=1 或 TCLK=1 時 TF2 不能設定。跳到中斷副程式時 TF2=0。
D6	EXF2	T2 的外部旗標：由外部接腳 T2EX(P11)腳輸入負緣觸發，所產生的自動載入或捕捉動作時，會令 EXF2=1。若有致能 T2 中斷，此時會立即執行中 Timer2 中斷函數。此 EXF2 僅能由軟體清除為 0。
D5	RCLK	接收時脈致能(Receive clock enable)： RCLK=0 選用 T1，RCLK=1 選用 T2 作為串列埠接收時鮑率設定。
D4	TCLK	發射時脈致能(Transmit clock enable)： TCLK=0 選用 T1，TCLK=1 選用 T2 作為串列埠發射時鮑率設定。
D3	EXEN2	Timer2 外部腳致能(Timer 2 external enable)： EXEN2=1 致能外部 T2EX 腳輸入負緣觸發，來啟動捕捉及重新載入。
D2	TR2	T2 的啟動位元，TR2=1 令 Timer 2 開始工作。
D1	C/T2	C/T2=0，Timer2 內部計時。 C/T2=1，Timer2 由外部 T2(P10)腳輸入負緣觸發來計數。
D0	CP/RL2	T2EX 腳輸入負緣觸發時，T2 的重新載入(Reload)或捕捉(Capture)選擇 CP/RL2=0 選擇重新載入功能，CP/RL2=1 選擇捕捉功能

在 MPC82.H 內 T2CON 暫存器定義，如下所示：

```
sfr T2CON = 0xC8;   //Timer2 控制暫存器
sbit TF2  = T2CON^7;    //Timer2 溢位旗標
sbit EXF2 = T2CON^6;    //T2EX 腳輸入旗標
sbit RCLK = T2CON^5;    //0=串列埠接收時脈使用 Timer1，1=使用 Timer2
sbit TCLK = T2CON^4;    //0=串列埠發射時脈使用 Timer1，1=使用 Timer2
sbit EXEN2= T2CON^3;    //1=致能 T2EX 腳輸入負緣觸發
sbit TR2  = T2CON^2;    //1=開始計時
```

```
sbit C_T2 = T2CON^1;    //0=計時(Timer),1=計數(Counter)
sbit CP_RL2= T2CON^0;    //0=重新載入(Reload),1=捕捉(Capture)
```

Timer2 的工作，如表 6-13(a)(b)所示：

表 6-13(a)　Timer2 工作(串列埠鮑率產生)

RCLK	TCLK	C/T2	EXEN2	CP/RL2	T2EX	TR2	動作	TF2	EXF2
1	0	0	X	X	X	1	接收鮑率產生	1	0
0	1	0	X	X	X	1	發射鮑率產生	1	0
X	X	X	X	X	X	0	停止鮑率產生	0	0

表 6-13(b)　Timer2 工作 (TCLK=0 及 RCLK=0 時)

C/T2	EXEN2	CP/RL2	T2EX 腳	TR2	動作	TF2	EXF2
0	0	X	X	1	內部計時，溢位重新載入	1	0
0	1 T2EX	0 載入	負緣觸發 重新載入	1	內部計時，T2EX 腳觸發重新載入，從頭計時	0	1
0	1 T2EX	1 捕捉	負緣觸發 捕捉時間	1	內部計時，T2EX 腳觸發捕捉 Timer2 現在計時時間	0	1
1	0	X	X	1	外部計數，溢位重新載入	1	0
1	1 T2EX	0 載入	負緣觸發 重新載入	1	外部計數，T2EX 腳觸發重新載入	0	1
1	1 T2EX	1 捕捉	負緣觸發 捕捉時間	1	外部計數，T2EX 腳觸發捕捉 Timer2 現在計數	0	1
X	X	X	X	0	停止計時/計數	0	0

Timer2 模式暫存器，僅 MPC82G516 才有此功能，如表 6-14 所示：

表 6-14　T2MOD Timer2 模式暫存器(位址 0xC9)

D7	D6	D5	D4	D3	D2	D1	D0
-	-	-	-	-	-	DCEN	T2OE

位元	名稱	功　能
D1	DCEN	1=Timer2 下數計數致能，0=Timer2 上數計數(預定)
D0	T2OE	1=Timer2 時脈輸出致能，0=Timer2 時脈輸出除能(預定)

在 MPC82.H 內 T2MOD 暫存器定義，如下所示：

```
sfr T2MOD  = 0xC9; //Timer2 模式暫存器(僅 MPC82G516)
#define DCEN  0x02  //1=Timer2 下數計數致能
#define T2OE  0x01  //1=Timer2 時脈輸出致能
```

6-2.1 Timer2 自動重新載入實習

Timer2 自動重新載入動作，其中 MPC82G516 另外具有下數功能。它可選擇三種工作方式：內部計時溢位自動重新載入、外部計數溢位自動重新載入及內部計時由外部接腳控制重新載入

1. 內部計時上數溢位自動重新載入，如圖 6-14 所示

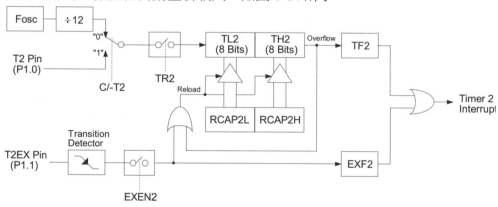

圖 6-14 Timer2 上數自動重新載入方塊圖(DCEN=0)

(1) T2CON (Timer2 控制暫存器)內部計時溢位自動重新載入，設定 C/T2=0(內部計時)及 EXEN2=0(T2EX 腳無作用)，如下：

D7	D6	D5	D4	D3	D2	D1	D0
TF2	EXF2	RCLK	TCLK	EXEN2	TR2	C/T2	CP/RL2
0	0	0	0	0	0	0	0

(2) 預定 T2MOD 暫存器內的位元 DCEN=0(上數)。

'(3) 當 TR2=1 即開始計時,令 Timer2 由初值往上數。

(4) 當計數溢位時,會令 TF2=1,同時會將 RCAP2H/L 的內容自動重新載入
到 TH2:TL2 內。這動作與 T0 及 T1 的 mode2 類似,但它是 16-bit 計數的
自動載入。Timer2 上數內部計時程式如下:

```
/********** Timer2_1.c *****************************
*動作:SPEAK 反相輸出,設定 Timer2 做延時動作溢位重新載入
*硬體:高頻 SW2-5(SPK)ON,低頻 SW1-4(P1LED)ON
*************************************************/
#include "..\MPC82.H"   //暫存器及組態定義
                    //Fosc=22.1184MHz,Timer 時脈=Fosc/12=1.8432MHz
#define T  57600  //Timer 延時時間=(1/1.8432MHz)*57600=31250uS
main()
{ PCON2=5; //Fosc=Fosc/32,延時時間=31250uS*32=1 秒(軟體模擬無效)
  T2CON=0x00; /* 0000 0000,設定為內部計時,溢位重新載入
                bit3:EXEN2=0,不使用外部 T2EX 接腳
                bit1:C/T2=0,內部計時 */
  RCAP2=T2R=65536-T; //設定 Timer2 及重新載入時間
  TR2=1;       //啟動 Timer2 開始計時
  while (1)    //不斷循環執行
   {
     SPEAK=!SPEAK;  //SPEAK 反相輸出
     while(TF2==0); //等待 Timer2 計時溢位,若 TF2=0 自我循環
     TF2=0; //若計時溢位 TF2=1,RCAP2 自動重新載入 T2,清除 TF2=0
   }}
```

軟體 Debug 操作:
(1) 打開 Timer2 視窗,單步執行,溢位時,會將 RCAP2 的內容自動重新載入到 T2 內,
(2) 開啟邏輯分析視窗,快速執行,並觀察 P1.0 輸出波形及週期時間。如圖 6-15 所示。
作業:請應用 Timer2 設計 5ms 延時程式。

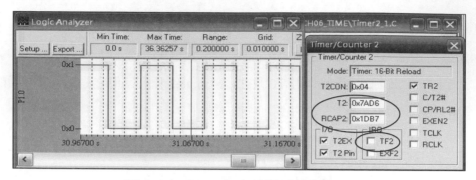

圖 6-15　Timer2 內時計時控制實習

2. 內部計時下數溢位自動重新載入，如圖 6-16 所示：

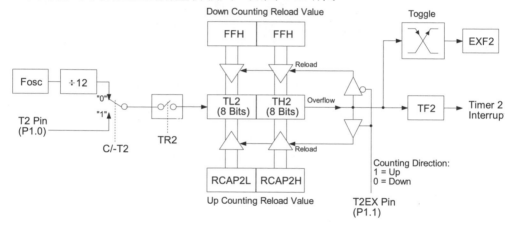

圖 6-16　Timer2 下數自動重新載入方塊圖(DCEN=1)

(1) 設定 C/T2=0(內部計時)及 EXEN2=0(T2EX 腳無作用)。

(2) 設定 DCEN=1(下數)及 TR2=1 即開始計時，令 Timer2 由初值往下數。

(3) 若外部接腳 T2EX=1，當下數至 TH2:TL2=0x0000 時，會令 TF2=1，同時會將 RCAP2H/L 的內容自動重新載入到 TH2:TL2 內。

(4) 若外部接腳 T2EX=0，當下數至 TH2:TL2=0x0000 時，會令 TF2=1，同時令 TH2:TL2=0xFFFF。

3. 外部計數溢位自動重新載入

若設定 C/T2=1(外部計數)及 EXEN2=0(T2EX 腳無作用)，由外部接腳 T2(P10)
輸入時脈信號令 Timer2 上數，當 Timer2 計數溢位時會令 TF2=1，同時會將
RCAP2H/L 的內容自動重新載入到 TH2:TL2 內。Timer2 控制暫存器 T2CON
設定下：

D7	D6	D5	D4	D3	D2	D1	D0
TF2	EXF2	RCLK	TCLK	EXEN2	TR2	C/T2	CP/RL2
0	0	0	0	0	0	1	0

Timer2 外部計數範例程式如下：

```
/********** Timer2_2.c *****************************
*動作：設定 Timer2 爲外部計數，
*      由 P12 輸出脈波，送到 T2(P10)腳作爲外部計數，
*      P12 反相 20 次，輸入 10 個脈波後，才令 LED 遞加。
*硬體：P12 連接 P10 腳,SW1-3(P0LED)ON,SW1-4(P1LED)ON
****************************************************/
#include "..\MPC82.H"   //暫存器及組態定義
#define T 10   //T0 計數 10 次，設定輸入脈波數
main()
{
  unsigned char i=0;
  P0M0=0; P0M1=0xFF; //設定 P0 爲推挽式輸出(M0-1=01)
  C_T2=1;          // C/T2=1 外部計數
  RCAP2=T2R=65536-T; //設定 Timer2 及重新載入計數值
  TR2=1;             //啓動 Timer2 開始計數
  while (1)          //不斷循環執行
   {
     LED=~i++;      //LED 遞加
     while(TF2==0) //等待外部計數 10 次，若 TF2=0 表示未溢位自我循環
      {
        P1_2=!P1_2;    //P12 反相，送到 T2(P10)
       Delay_ms(500);
```

```
        }
    TF2=0;  //若計時溢位 TF2=1，RCAP2 自動重新載入 T2，清除 TF2=0
    }
}
```

軟體 Debug 操作：取消"~"。

(1)打開 P0 及 Timer2 視窗，快速執行，由 T2 Pin 或 P1.0 輸入脈波作為外部計數。

(2)觀察 P0 輸出及 Timer2 視窗內暫存器 RCAP2 的變化，如圖 6-17 所示。

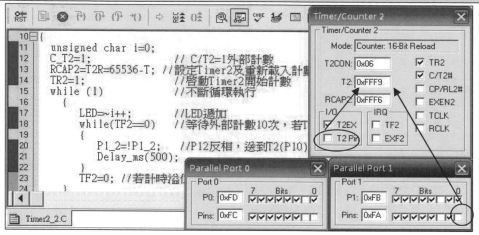

圖 6-17　Timer2 外部計數控制實習

3. 內部計時由外部接腳控制重新載入

若設定 C/T2=0(內部計時)、EXEN2=1(致能 T2EX 腳)及 CP/RL2=0(自動載入)時，除了計時溢位外，也可以用 T2EX(P11)腳輸入負緣觸發令 EXF2=1，同時將 RCAP2H/L 的內容立即重新載入到 TH2:TL2 內。T2CON (Timer2 控制暫存器)設定下：

D7	D6	D5	D4	D3	D2	D1	D0
TF2	EXF2	RCLK	TCLK	EXEN2	TR2	C/T2	CP/RL2
0	0	0	0	1	0	0	0

外部接腳控制重新載入範例程式如下：

```
/********** Timer2_3.c ****************************
```

```
*動作:若是計時溢位令 LED0 遞加,並重新載入
*       若是 T2EX(P11)腳輸入負緣觸發,令 P12 反相,強迫重新載入
*硬體:P32 連接 P11(T2EX)腳,高頻 SW2-5(SPK)或 SW2-6(SPK)ON,
*       低頻 SW1-4(P1LED)ON,按 KEY1(P32),產生 T2EX 腳輸入負緣觸發
*************************************************/
#include "..\MPC82.H"    //暫存器及組態定義
                //Fosc=22.1184MHz,Timer 時脈=Fosc/12=1.8432MHz
#define T  57600  //Timer 延時時間=(1/1.8432MHz)*57600=31250uS
main()
{
  unsigned char i=0;
  PCON2=5; //Fosc=Fosc/32,時間=31250uS*32=1 秒(軟體模擬無效)
  P1=0xFF;
  T2CON=0x08;/* 0000 1000,由 T2EX 腳輸入負緣觸發會重新載入
                    bit3:EXEN2=1,致能外部 T2EX 接腳
                    bit1:C/T2=0,內部計時
                    bit0:CP/RL2=0,重新載入*/
  RCAP2=T2R=65536-T; //設定 Timer2 及重新載入時間
  TR2=1;
  while (1)     //不斷循環執行
   {
     if(TF2==1)    //若是計時溢位 LED0 遞加,並重新載入
      {
        LED=~i++;  //LED0 遞加
        TF2=0;     //清除 TF2=0
      }
     if(EXF2==1)  /*若是 T2EX 腳輸入負緣觸發令 P01 反相,強迫重新載入*/
      {
        P1_2=!P1_2; //P12 反相
        EXF2=0;     //清除 EXF2=0
      }
   }
}
```

軟體 Debug 操作:
(1) 打開 P1 及 Timer2 視窗。
(2) 快速執行,當 Timer2 計時溢位時,會令 TF2=1 使 P0 遞加。

(3) 由 T2EX 或 P11 輸入負緣觸發時，會令 EXF2=1 使 P1.2 反相，並重。

(4) 並觀察 P0 輸出及 Timer2 視窗內暫存器的變化，如圖 6-18 所示。

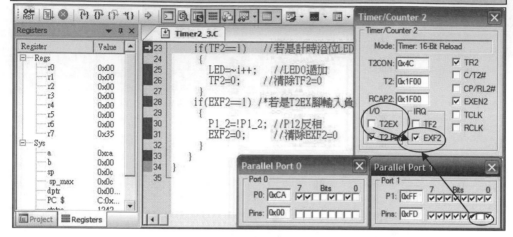

圖 6-18 Timer2 內時計時外部接腳控制重新載入實習

6-2.2 Timer2 計時捕捉實習

Timer2 計時捕捉動作，如圖 6-19 所示：

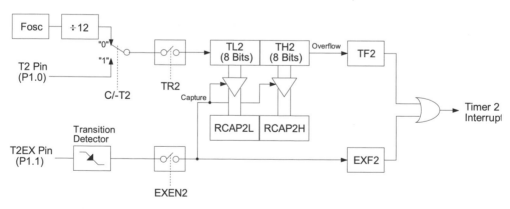

圖 6-19 Timer2 計時捕捉方塊圖

當 C/T2=0 及 TR2=1 時，會令 Timer2 開始上數計時，同時 EXEN2=1 及 CP/RL2=1 時，可以用 T2EX 腳輸入負緣觸發令 EXF2=1，同時會捕捉現在

TH2:TL2 的內容載入到 RCAP2H/L 內。T2CON (Timer2 控制暫存器)計時捕捉
動作設定，如下：

D7	D6	D5	D4	D3	D2	D1	D0
TF2	EXF2	RCLK	TCLK	EXEN2	TR2	C/T2	CP/RL2
0	0	0	0	1	0	0	1

　　Timer2 計時捕捉範例程式如下：

```
/********Timer2_4.c ****************************
*動作：T0CKO(P34)輸出脈波，由 T2EX(P11)腳輸入負緣觸發
*      捕捉 Timer2 計時器到 LCD 顯示狀態週期數及頻率
*硬體：T0CKO(P34)連接 T2EX(P11)
***********************************************/
#include "..\MPC82.H"  //暫存器及組態定義
              //T0CKO 頻率=Fosc/24/(256-TH0)
#define T   225 //T0CKO 頻率=22118400/24/225=4096Hz
void LCD_Disp(unsigned int disp); // LCD 十進制 5 位數顯示
char code  Table[]="States="; //第一行陣列字元
char code  Table1[]="Frequency="; //第二行陣列字元

main()
{
  char i;          //陣列資料計數
  LCD_init();        //重置及清除 LCD
  LCD_Cmd(0x80);     //游標由第一行開始顯示
  for(i=0; i<7; i++) //顯示"States= "
    LCD_Data(Table[i]);

  LCD_Cmd(0xc0);      //游標由第二行開始顯示
  for(i=0; i<10; i++) //顯示"frequency="
    LCD_Data(Table1[i]);

  AUXR2=T0CKOE; //致能 T0CKO(P34)輸出方波
  TMOD=0x02;     //設定 Timer0 為 mode2 內部計時
```

```
    TH0=256-T;      //將計數值存入 TH0
    TR0=1;          //啓動 Timer0

    T2CON=0x09;  /* 0000 1001,T2EX 輸入負緣觸發捕捉計時器
                    bit3:EXEN2=1,使用外部 T2EX 接腳
                    bit1:C/T2=0,內部計時
                    bit0:CP/RL2=1,捕捉計時器 */
    T2R =0;         //設定 Timer2=0
    TR2=1;          //啓動 Timer2 開始計時
    while (1)       //不斷循環執行
    {
    while(EXF2==0);  //等待第一次 T2EX 腳輸入負緣觸發
    EXF2=0;             //清除旗標
      T2R =0;              //設定 Timer2=0

    while(EXF2==0);  //等待第二次 T2EX 腳輸入負緣觸發,捕捉 Timer2
    EXF2=0;             //清除旗標
    EXEN2=0;            //顯示時,停止 T2EX 腳輸入負緣觸發

    LCD_Cmd(0x87);      //游標由第一行第 7 字開始顯示
    LCD_Disp(RCAP2+2); //顯示輸入波形的狀態週期數

    LCD_Cmd(0xCA);      //游標由第二行第 10 字開始顯示
     LCD_Disp(22118400/12/(RCAP2+2));//顯示輸入波形的頻率值
    LCD_Data('H');LCD_Data('z');

    EXEN2=1;            //重新開始 T2EX 腳輸入負緣觸發
    }
}
/***************************************************
*函數名稱: LCD_Disp(unsigned int disp)
*功能描述: LCD 顯示 5 位數十進制數字
*輸入參數: disp
***************************************************/
void LCD_Disp(unsigned int disp)  // LCD 十進制 5 位數顯示
{
```

```
if(disp>9999) LCD_Data(disp /10000+'0');        //顯示萬位數
if(disp>999) LCD_Data(disp % 10000/1000+'0');   //顯示千位數
if(disp>99) LCD_Data(disp % 1000/100+'0');      //顯示百位數
if(disp>9) LCD_Data(disp % 100/10+'0');         //顯示十位數
LCD_Data(disp % 10+'0');                        //顯示個位數
}(後面省略)
```

硬體操作：請將"#define T   225"改為其它數值，測試是否正確。

6-2.3　Timer2 計時中斷實習

當 Timer2 溢位或由 T2EX(P11)輸入負緣觸發時均會產生中斷，自動重新載入計時內容值。且跳到計時中斷函數後，必須用軟體令 TF2=0 或 EXF2=0，才可以會回主程式，範例程式如下：

```
/********** Timer2_5.c ****************************
*動作：設定以 Timer2 計時中斷，若是計時溢位令 LED 遞加，溢位重新載入
*     若 T2EX(P11)腳輸入負緣觸發令 LED=0，強迫重新載入
*硬體：P32 連接 T2EX(P11)，SW1-3(P0LED)ON，按 KEY1(P32)
********************************************/
#include "..\MPC82.H"   //暫存器及組態定義
             //Fosc=22.1184MHz，Timer 時脈=Fosc/12=1.8432MHz
#define T 57600  //Timer 延時時間=(1/1.8432MHz)*57600=31250uS
unsigned char i=0;
main()
{  P0M0=0; P0M1=0xFF; //設定 P0 為推挽式輸出(M0-1=01)
   //PCON2=5; //Fosc=Fosc/32，時間=31250uS*32=1 秒(軟體模擬無效)
   T2CON = 0x08; /*0000 1000，由 T2EX 腳輸入負緣觸發會重新載入
                    bit3:EXEN2=1,使用外部 T2EX 接腳
                    bit1:C/T=0,內部計時
                    bit0:CP/RL2=0,重新載入*/
   RCAP2=T2R=65536-T;     //設定 Timer2 及 T2 自動載入暫存器
   TR2 = 1;          //啟動 Timer2 開始計時
   EA=1;ET2=1;       //致能 Timer2 中斷
   while (1);        //自我空轉，表示此時可作其它工作
```

```
    }
//*****************************************************
 void T2_int (void) interrupt 5   //Timer2 中斷函數
  { if (TF2 ==1)  //若是計時溢位令 LED 遞加，溢位重新載入
    { TF2=0;       //清除 TF2=0
      LED=~i++;  //LED 遞加輸出
    }
   else  //若是 T2EX 腳輸入負緣觸發令 LED=0，強迫重新載入
    { EXF2=0;     //清除 EXF2=0
     i=0;        //i=0
     LED=~i;
    }
 }
```

軟體 Debug 操作：取消"~"。

(1) 打開 P0、P1、Interrupt System 及 Timer2 視窗。

(2) 快速執行，當 Timer2 計時溢位 TF2=1 時，產生計時中斷，令 P0 遞加。

(3) 由 T2EX 或 P11 輸入負緣觸發時，會令 EXF2=1 清除 P0。

(4) 觀察 Interrupt System 及 Timer2 視窗內暫存器的變化，如圖 6-20 所示。

作業：用中斷方式，令 Timer2 的設計 5ms 延時程式。

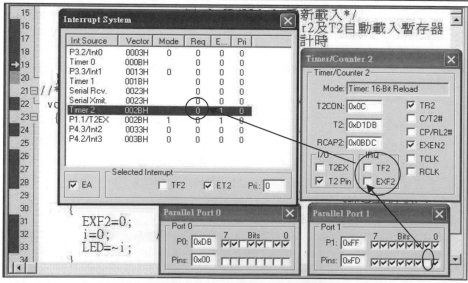

圖 6-20　Timer2 計時中斷模擬

6-2.4 Timer2 時脈輸出音樂實習

設定 T2OMD 暫存器的位元 T2OE=1，可藉由 Timer2 的溢位令 T2CKO(P10)

腳反相輸出，如圖 6-21 所示：

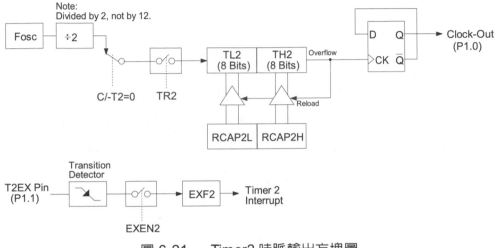

圖 6-21　　Timer2 時脈輸出方塊圖

將系統頻率(Fosc)除 2 後，為基本計時頻率，再求其半週期的頻率，計算

方法如下：

$$輸出頻率 Fo = \frac{系統頻率 Fosc}{4*(65536 - RCAP2)}$$

1. 以 Timer2 計時輸出指定的頻率。

```
/********* Timer2_6.C *************************
*動作：令 Timer2 由 T2CKO(P10)輸出方波
*硬體：高頻 SW2-5(SPK)ON,低頻 SW1-4(P1LED)ON
********************************************/
#include "..\MPC82.H"  //暫存器及組態定義
             //T2CKO 頻率=Fosc/4/(65536-T2)
#define T 43200 //T2CKO 頻率=22118400/4/43200=128Hz
main()
{
```

```
  PCON2=7;    //Fosc=Fosc/128，T2CKO 頻率=128Hz/128=1Hz
  T2CON=0x00;  /* 0000 0000，設定爲內部計時，溢位重新載入
                    bit3:EXEN2=0,不使用外部 T2EX 接腳
                  bit1:C/T2=0,內部計時 */
  RCAP2=T2R=65536-T; //設定 Timer2 及重新載入時間
  TR2=1;             //啓動 Timer2 開始計時
  T2MOD=T2CKOE;  //致能 T2CKO(P10)輸出方波
  while (1);     //自我空轉，表示此時可作其它事情
}
```
作業：由 T2CKO(P10) 輸出 200Hz。

2. 以 Timer2 時脈輸出來產生音樂，不須計時中斷，即可由 T2CKO(P10)腳輸
   出音頻。但在 music2.h 基本頻率必須設定爲 T=Fosc/4=22118400/4。

```
/********** Timer2_7.C **************************
*動作：令 Timer2 由 T2CKO(P10)輸出音樂
*硬體：SW2-5(SPK)ON
************************************************/
#include "..\MPC82.H"  //暫存器及組態定義
#include "music2.h"     //T2CKO 音頻定義
unsigned int  code Table[]  //定義音頻陣列資料,0 爲休止符
  ={DO3,0,RE3,0,MI3,0,FA3,0,SO3,0,LA3,0,SI3,0,DO4,0};
char i;    //資料計數
main()
{ T2CON=0x00;  /* 0000 0000，設定爲內部計時，溢位重新載入
                    bit3:EXEN2=0,不使用外部 T2EX 接腳
                    bit1:C/T2=0,內部計時 */
  T2MOD=T2CKOE;  //致能 T2CKO(P10)輸出方波
  while (1)      //不斷循環執行
  {
   for(i=0; i<16; i++)    //陣列計數由 0~15 遞加
    {
     if(Table[i]==0) TR2=0; //若資料=0 爲停止 Timer2 計時
      else
      {
        RCAP2=T2R=Table[i]; //設定 Timer2 及重新載入時間
```

```
    TR2=1;              //啟動 Timer2 開始計時
    }
  Delay_ms(1000);      //音長
  TR2=0;               //停止 Timer2 計時
  }
 }
}
```

作業：請由 T2CKO(P10)輸出一首音樂。

6-2.5　萬年曆電子鐘

　　以 Timer2 計時中斷處理秒遞加工作，與電子鐘的顯示分開執行，如此計時時間非常精準，如下：

1.以計時中斷進行電子鐘的顯示。

```
//************* calendar1.c *******************************
//動作：以 Timer2 計時中斷，在 LCD 顯示電子鐘時、分、秒
//********************************************************
#include "..\MPC82.H"   //暫存器及組態定義
                //Fosc=22.1184MHz，Timer 時脈=Fosc/12=1.8432MHz
#define T  57600  //Timer 延時時間=(1/1.8432MHz)*57600=31250uS
 unsigned char dly_sec=32; //設定計時重覆次數,時間=31250uS*32=1 秒
 unsigned char hor=13,min=32,sec=55;  //設定時、分秒初值

main()
{
  EA=1; ET2=1; //致能 Timet2 計時溢位中斷
  T2CON=0x00; //設定為內部計時，溢位重新載入
  RCAP2=T2R=65536-T; //設定 Timer2 及重新載入時間
  TR2=1;       //啟動 Timet2

  LCD_init();              //重置及清除 LCD

  while(1)      //開始顯示及計算萬年曆
  {
```

```
        LCD_Cmd(0x80);    //顯示第一行位置
        LCD_Data(hor/10+'0');LCD_Data(hor%10+'0'); //顯示時
        LCD_Data(':');

      LCD_Data(min/10+'0');LCD_Data(min%10+'0'); //顯示分
      LCD_Data(':');

        LCD_Data(sec/10+'0'); LCD_Data(sec%10+'0');//顯示秒

      if (sec < 60) continue; //若秒小於 60 到 while(1)處
      sec=0; min++;             //秒等於 60 則令秒=0，分加一

      if (min < 60) continue; //若分小於 60 到 while(1)處
      min=0; hor++;             //若分等於 60 則令分=0，時加一

      if (hor <24)  continue; //若時小於 24 到 while(1)處
      hor=0; min=0; sec=0;     //若時等於 24 則令時、分、秒=0
   }
}
/************************************************************/
void T2_int(void) interrupt 5  //Timet2 中斷函數
{
  dly_sec--;           //計時重覆次數遞減
  if(dly_sec==0)         //若秒時間到
   {sec++; dly_sec=32;} //秒遞加及重覆次數(設中斷點)
   TF2=0;      //清除 TF2=0
}(後面省略)
```

軟體 Debug 操作：
(1) 在{sec++; dly_sec=32;}設中斷點。
(2) 快速執行，觀察暫存器視窗內時間(Sec)的變化是否誤差在 1uS 之內。

2.以計時中斷進行萬年曆電子鐘顯示年、月、日、時、分、秒、星期，
　此程式編譯後容量會超過 2K-byte，但仍可執行及 Debug，如下：

```
//************** calendar2.c *****************************
//以 Timer2 計時中斷，進行萬年曆電子鐘顯示年、月、日、時、分、秒、星期
```

```
//年、月、日、時、分、秒可自由設定,星期由程式判斷自行產生
//作者:游景翔(青輔會青年職訓中心100期電子應用班)
//********************************************************
#include "..\MPC82.H"   //暫存器及組態定義
                        //Fosc=22.1184MHz,Timer時脈=Fosc/12=1.8432MHz
#define T  57600   //Timer延時時間=(1/1.8432MHz)*57600=31250uS
 unsigned char dly_sec=32; //設定計時重覆次數,時間=31250uS*32=1秒
 unsigned char sec=55;  //設定秒初值

char code mes[]="\000\001\002";//0=年、1=月、2=日
char code Table[]={
  0x10,0x1f,0x02,0x0f,0x0a,0xff,0x02,0x00, //年
  0x0f,0x09,0x0f,0x09,0x0f,0x09,0x13,0x00, //月
  0x0f,0x09,0x09,0x0f,0x09,0x09,0x0f,0x00};//日

main()
{
   int year=2009;       //設定年
   char mon=1,day=20;   //設定月、日
   char hor=13,min=32;  //設定時、分值
   char i;              //變數宣告
   int y,m,d;           //陣列資料計數

   EA=1; ET2=1; //致能Timet2計時溢位中斷
   T2CON=0x00; //設定為內部計時,溢位重新載入
   RCAP2=T2R=65536-T; //設定Timer2及重新載入時間
   TR2=1;      //啟動Timet2

   LCD_init();          //重置及清除LCD
   for(i=0x0;i<=0x3f;i++) //寫入年月日字型
   {
     LCD_Cmd(0x40+i);    //指定CGRAM位址
     LCD_Data(Table[i]); //寫入CGRAM資料
   }
   while(1)      //開始顯示及計算萬年曆
   {
```

```
    LCD_Cmd(0x80);     //顯示第一行位置
    LCD_Data(year/1000+'0');  //年的千位數到 LCD 顯示
    LCD_Data(year%1000/100+'0');  //年的百位數到 LCD 顯示
    LCD_Data(year%100/10+'0');  //年的十位數到 LCD 顯示
    LCD_Data(year%10+'0');  //年的個位數到 LCD 顯示
    for(i=0;i<1;i++) LCD_Data(mes[i]);  //顯示年
    LCD_Data(' ');     LCD_Data(' ');  //空格

     LCD_Data(mon/10+'0');  //月的十位數到 LCD 顯示
     LCD_Data(mon%10+'0');  //月的個位數到 LCD 顯示
     for(i=1;i<2;i++) LCD_Data(mes[i]);  //顯示月
     LCD_Data(' ');  LCD_Data(' ');        //空格

     LCD_Data(day/10+'0');  //日的十位數到 LCD 顯示
     LCD_Data(day%10+'0');  //日的個位數到 LCD 顯示
     for(i=2;i<3;i++) LCD_Data(mes[i]);  //顯示日

    LCD_Cmd(0xc0);  //顯示第二行位置
    if(hor==12)  //12 時上午轉下午
      {LCD_Data('P'); LCD_Data('M'); LCD_Data(' ');}  //顯示 PM
    if(hor==24)  //24 時下午轉上午
      {LCD_Data('A'); LCD_Data('M'); LCD_Data(' ');}  //顯示 AM

    if(hor<12)  //時小於 12
      {LCD_Data('A'); LCD_Data('M'); LCD_Data(' ');}   //顯示 AM
     else if(hor>12 && hor<=23)  //小時介於 12-23 之間
       {LCD_Data('P');  LCD_Data('M');  LCD_Data(' ');}  //顯示 PM

  if(hor<=12)            //時小於/等於 12
   {
      LCD_Data(hor/10+'0');LCD_Data(hor%10+'0');  //顯示時
      LCD_Data(':');
   }
   else    //時大於 12
   {
    LCD_Data((hor-12)/10+'0'); LCD_Data((hor-12)%10+'0');  //顯示時
```

```
   LCD_Data(':');
 }

   LCD_Data(min/10+'0');LCD_Data(min%10+'0');  //顯示分
   LCD_Data(':');
   LCD_Data(sec/10+'0');  LCD_Data(sec%10+'0');//顯示秒
   LCD_Data(' ');

if(year%4==0)  //閏年
{
 y=((year-1)+(year-1)/4-(year-1)/100+(year-1)/400);
 switch (mon)    //逢4年閏年,逢百不閏,逢400年閏年
 {
     case 1:   m=day; break;        //1月
     case 2:   m=(day+31); break;  //2月
     case 3:   m=(day+60); break;  //3月
     case 4:   m=(day+91); break;  //4月
     case 5:   m=(day+121); break; //5月
     case 6:   m=(day+152); break; //6月
     case 7:   m=(day+182); break; //7月
     case 8:   m=(day+213); break; //8月
     case 9:   m=(day+244); break; //9月
     case 10:  m=(day+274); break; //10月
     case 11:  m=(day+305); break; //11月
     case 12:  m=(day+335); break; //12月
   }
 }
else if(year%4==1||2||3)       //非閏年
 {
 y=((year-1)+(year-1)/4-(year-1)/100+(year-1)/400);
  switch (mon)
  {
     case 1:  m=day;        break; //1月
     case 2:  m=(day+31);  break; //2月
     case 3:  m=(day+59);  break; //3月
     case 4:  m=(day+90);  break; //4月
```

```
        case 5:  m=(day+120); break; //5 月
        case 6:  m=(day+151); break; //6 月
        case 7:  m=(day+187); break; //7 月
        case 8:  m=(day+212); break; //8 月
        case 9:  m=(day+243); break; //9 月
        case 10: m=(day+273); break; //10 月
        case 11: m=(day+304); break; //11 月
        case 12: m=(day+334); break; //12 月
    }
}
d=(y+m)%7; //總天數除以 7 的餘數
if(d==1)  //星期一
  { LCD_Data('M');LCD_Data('o');LCD_Data('n');} //顯示 Mon

if(d==2)  //星期二
  { LCD_Data('T');LCD_Data('u');LCD_Data('e');} //顯示 Tue

if(d==3)  //星期三
  { LCD_Data('W');LCD_Data('e');LCD_Data('d');} //顯示 Wed

if(d==4)  //星期四
  { LCD_Data('T');LCD_Data('h');LCD_Data('u');} //顯示 Thu

if(d==5)  //星期五
  { LCD_Data('F');LCD_Data('r');LCD_Data('i');} //顯示 Fri

if(d==6)   //星期六
  { LCD_Data('S');LCD_Data('a');LCD_Data('t');} //顯示 Sat

if(d==0)   //星期日
  { LCD_Data('S');LCD_Data('u');LCD_Data('n');} //顯示 Sun

 if (sec < 60) continue; //若秒小於 60 到 while(1)處
 sec=0; min++;              //秒等於 60 則令秒=0,分加一
 if (min < 60) continue; //若分小於 60 到 while(1)處
 min=0; hor++;              //若分等於 60 則令分=0,時加一
```

```
  if(hor==24)
   {
    switch (day)  //檢查日
     {
        case 28:   //日=28
       if(year%4==0 && mon==2) day++;//29天//閏年2月
         else if(mon==2) { day=0; mon++;}//28天
           else day++;      break;

     case 29: //日=29
       if(year%4==0 && mon==2) { day=0;mon++; }
         else day++;     break;

     case 30: //日=30
       if(mon==4 || mon==6 || mon==9 || mon==11)
          {day=0;mon++;}     //4.6.9.11月30天
          else day++;
     break;

     case 31: //日=31
       if(mon==1||mon==3||mon==5||mon==7||mon==8||mon==10)
          { day=0;mon++; }   //1.3.5.7.8.10月31天
             else if(mon==12)
               { day=0; mon=1;year++;}      //過年
             break;
          }
       if(day<28) day++;    //日<28
       }
     if (hor <25)  continue; //若時小於24到while(1)處
     hor=1;min=0; sec=0;//若時等於24則令時、分、秒=0
   }
}
/**********************************************************/
void T2_int(void) interrupt 5  //Timer2中斷函數
{
  dly_sec--;        //計時重覆次數遞減
```

```
    if(dly_sec==0)          //若秒時間到
     { sec++; dly_sec=32;}//秒遞加及重覆次數(設中斷點)
    TF2=0;                  //清除計時溢位 TF2=0
  }(後面省略)
```
軟體 Debug 操作：同上

6-3　看門狗計時器控制實習

看門狗計時器(WDT：Watch Dog Timer)內含 8-bit 預除器及 15-bit 上數計數器，如圖 6-22 所示：

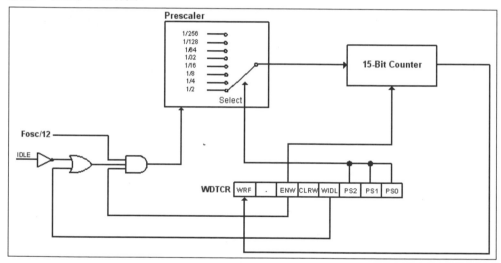

圖 6-22　看門狗計時器(WDT)

由系統頻率(Fosc)除 12 後輸入時脈，經預除器(Prescaler)除頻 2~256 倍後，送到 15-bit 的上數計數器。當致能 WDT 開始上數時，除了開機重置及進入 IDLE 模式外，WDT 計時將無法停止。

程式執行中必須在 WDT 尚未溢位前加以清除重新計數，若程式當機無法將 WDT 清除，而令 WDT 溢位時，會自動將系統重置(Reset)，避免系統當機時間過長而產生嚴重後果。

6-3.1　WDT 控制

WDT 控制方式步驟，如下：

1. 先在 WDT 控制暫存器(WDTCR: Watch-Dog-Timer Control Register)，設定
   WDT 工作，如表 6-15 所示：

表 6-15　WDT 控制暫存器(WDTCR) (位址：0xE1)

D7	D6	D5	D4	D3	D2	D1	D0
WRF	-	ENW	CLRW	WIDL	PS2	PS1	PS0

位元	名稱	說明
7	WRF	WDT 重置旗標，當 WDT 溢位時，WRF=1，必須軟體清除為 0
5	ENW	1=WDT 致能，必須硬體重置或重新開機才會清除為 0
4	CLRW	1=清除 WDT 的 15-bit 計數器為 0
3	WIDL	1=進入 IDLE 模式時 WDT 繼續上數，0=進入 IDLE 模式時 WDT 停止上數
2-0	PS2~0	預除器(Prescaler)選擇 000~111，除頻 2~256 倍

WDTCR 暫存器在 MPC82.H 內定義名稱，如下所示。

```
sfr WDTCR  = 0xE1; //WDT 控制暫存器
#define WRF   0x80 //1=WDT 溢位重置(reset)旗標
#define ENW   0x20  //1=致能 WDT 計數
#define CLRW  0x10  //1=清除 WDT 計數器為 0
#define WIDL  0x08  //1=在 Idle 模式 WDT 仍計數,0=在 Idle 模式 WDT 停止計數
#define PS2_0 0x01 //預除倍數 000=2, 001=4, 010=8,  011=16
            //        100=32,101=64,110=128,111=256
```

2. 若頻率 Fosc=22.1184MHz，經除 12 及預除後，再送到 15-bit 的計數器
   不停的上數，若預除 8 倍，WDT 時間=1/(22118400/12/8/32768)=142mS。

3. 設定預除器及令 ENW=1 致能 WDT 開始計時，同時預定 WIDL=0，如此
   在進入 IDLE 省電模式時，會停止 WDT 計時，以免產生硬體重置。

4. 程式執行中，必須在 WDT 計時未超過 142 mS 之前，令 CLRW=1 清除

看計數器為 0 重新計時。

5. 若程式未在 WDT 計時溢位之前，清除 WDT 上數計數器，會產生硬體重置。

6-3.2 WDT 範例實習

設定 WDT 看門狗計時器時間，若延時太長，會令程式不斷重置。範例如下：

```
/********** WDT.C ****看門狗計時器****************************
*動作：使用 WDT 看門狗計時器，若延時太長，來不及將 WDT 清除，
*     會令程式不斷重置，無法進行 LED 遞加輸出
*硬體：SW1-3(P0LED)ON
******************************************************************/
#include "..\MPC82.H"   //暫存器及組態定義
                 //WDT 時間=Fosc/12/WDT 除頻/32768
#define Div  2 //Div=0~7=WDT 除頻 2~256 倍,若 WDT 除頻=8 倍
main()         //WDT 時間=22118400/12/8/32768=7Hz=142mS
{ unsigned char i=0;
  P0M0=0; P0M1=0xFF; //設定 P0 為推挽式輸出(M0-1=01)
  while(1)
   { WDTCR = ENW+Div;  //致能 WDT 計時,設定 WDT 除頻
     Delay_ms(100);     //延時若超過 WDT 時間,會不斷的重置
     WDTCR=CLRW;        //WDT 重新計時
     LED=~i++;          //LED 遞加
   }
}
作業：請改用其它 WDT 時間。
```

CHAPTER 7

串列埠 UART 控制實習

本章單元

- 瞭解 MPC82G516 串列埠控制

- 熟悉串列埠 UART1 控制實習

- 熟悉串列埠函數控制實習

- 熟悉串列埠應用

- 熟悉串列埠 UART2 控制實習

MPC82G516 內部有兩組串列界面(UART1-2)，其中 UART1 為增強型
(Enhanced)，兩者均具有四種工作模式，分成 mode0、1、2、及 3，其功能及
用途功能如下：

◎mode0：同步式 8-bit 串列傳輸，為固定傳輸速率，用於串列式的擴充 I/O。

◎mode1：非同步 10-bit UART 傳輸，可設定傳輸速率(Baud Rate)，用於電腦
　RS232 串列埠。

◎mode2：非同步 11-bit UART 傳輸，為固定傳輸速率，用於多晶片的傳輸。

◎mode3：非同步 11-bit UART 傳輸，可設定傳輸速率，用於電腦 RS232 串
　列埠。

串列埠 UART 接腳，如圖 7-1 及表 7-1 所示：

圖 7-1　串列埠 UART 接腳

表 7-1　串列埠 UART 接腳

信號腳	說明
RxD(P3.0)	UART1 串列資料接收(receives)輸入
TxD(P3.1)	UART1 串列資料發射(transmits)輸出
S2RxD(P1.2)	UART2 串列資料接收(receives)輸入
S2TxD(P1.3)	UART2 串列資料發射(transmits)輸出
S2CKO(P3.5)	UART2 鮑率產生器時脈輸出

7-1 串列埠 UART1 控制實習

UART1 為增強型(Enhanced)，具有資料框錯誤偵測(Framing Error

Detection)功能，其相關暫存器如表 7-2 所示：

表 7-2　和串列埠 UART1 相關暫存器

暫存器	位址	D7	D6	D5	D4	D3	D2	D1	D0	預定
SBUF	0x99	bit 7-0								00
SCON	0x98	SM0/FE	SM1	SM2	REN	TB8	RB8	TI	RI	00
PCON	0x87	SMOD	SMOD0	-	未用	未用	未用	未用	未用	00
TMOD	0x89	GATE	C/T	M1	M0	未用	未用	未用	未用	00
IE	0xA8	EA	-	未用	ES	未用	未用	未用	未用	00
AUXR2	0xA6	未用	未用	URM0X6	未用	未用	未用	未用	未用	00

◎串列埠緩衝暫存器(SBUF:Serial Data Buffer)：為 UART1 並列資料與串列資料之間的轉運站，提供 CPU 讀取及寫入資料的地方，分別有發射及接收 SBUF，但均佔用同樣的位址。

◎串列埠控制暫存器 (SCON:Serial Port Control)：用於設定 UART1 串列傳輸工作，如表 7-3 所示。

表 7-3　SCON 串列埠控制暫存器

D7	D6	D5	D4	D3	D2	D1	D0
SM0/FE	SM1	SM2	REN	TB8	RB8	TI	RI

位元	名稱	功　能				
D7	SM0	SM0 SM1		mode	功能說明	傳輸速率(鮑率)
	/FE	0	0	0	8-bit 同步串列埠	Fosc/12(預定)或 Fosc/2
D6	SM1	0	1	1	10-bit UART	由 Timer 1 或 Timer 2 設定
		1	0	2	11-bit UART	Fosc/64(預定)或 Fosc/32
		1	1	3	11-bit UART	由 Timer 1 或 Timer 2 設定
D5	SM2	(1)SM2=1，mode2、3 時，接收到 RB8=1 會產生中斷。 (2)SM2=1，mode1 時，接收到不正確的停止位元，不會產生中斷。 (3)在 mode0 須設 SM2=0。				
D4	REN	接收致能位元，REN=1 表示允許接收串列資料。				
D3	TB8	在 mode2、3 中，發射資料的第 9-bit。				
D2	RB8	在 mode2、3 中，存放接收資料的第 9-bit。				

		在 mode1 中，若 SM2=0 存放接收到的停止位元。
D1	TI	發射旗標，發射完成時，TI=1。
D0	RI	接收旗標，接收完成時，RI=1。

SCON 暫存器在 MPC82.H 內定義名稱，如下所示。

```
sfr SBUF = 0x99;  //串列埠緩衝暫存器
sfr SCON = 0x98;  //UART 串列埠控制暫存器
sbit FE   = SCON^7;  //資料框錯誤(Framing Error)偵測(僅 MPC82G516)
sbit SM0  = SCON^7;
sbit SM1  = SCON^6;
sbit SM2  = SCON^5;  //UART 工作模式設定
sbit REN  = SCON^4;  //UART 接收致能，REN=1 允許接收串列資料
sbit TB8  = SCON^3;  //UART 模式 2、3 中，發射資料的第 8bit
sbit RB8  = SCON^2;  //UART 模式 2、3 中，存放接收到的第 8bit
sbit TI   = SCON^1;  //UART 發射旗標，發射完成時，TI=1
sbit RI   = SCON^0;  //UART 接收旗標，接收完成時，RI=1
```

◎PCON 電源控制暫存器：用於 UART1 在 mode1、2、3 的串列傳輸速率(Baud Rate)是否加倍及設定 UART1 為增強型(Enhanced)，如表 7-4 所示。

表 7-4　PCON 串列埠電源控制暫存器

D7	D6	D5	D4	D3	D2	D1	D0
SMOD	SMOD0	-	未用	未用	未用	未用	未用

位元	名稱	功　　能
D7	SMOD	1=UART1 在 mode1、2、3 時，設定串列傳輸速率(鮑率)加倍
D6	SMOD0	若 SMOD0=1，設定 UART1 為增強型，會令暫存器 SCON 的位元 SM0 變成資料框錯誤偵測旗標，當偵測到不正確停止位元時，會令 FE=1。 若 SMOD0=0，為一般型 UART1 控制

PCON 暫存器在 MPC82.H 內定義名稱，如下所示。

```
sfr PCON     = 0x87;  //功率控制暫存器
#define SMOD   0x80  //1=UART1 鮑率加倍
#define SMOD0  0x40  //1=設定 UART1 為增強型 UART
```

◎UART1 串列埠的傳輸速率(鮑率)可選擇由 Timer1 或 Timer2 設定，預定為 Timer1 且須設定 TMOD 為內部計時及 mode2。

7-1.1 串列埠 UART1 mode0 控制實習

串列埠 mode0 為同步式的串列傳輸，且傳輸速率(鮑率)是固定的，可用於串列與並列資料的轉換，它以 RXD(P30)腳作為串列資料輸入(Data input)及串列資料輸出(Data output)，而以 TXD(P31)腳作為同步移位時脈(Shift clock)輸出，如圖 7-2(a)~(c)所示。

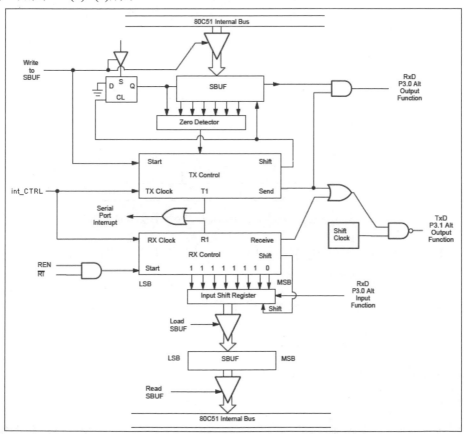

圖 7-2(a)　串列埠 mode0 同步串列傳輸控制

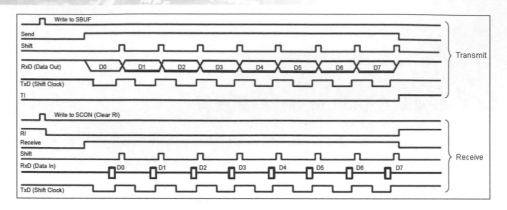

圖 7-2(b)　串列埠 mode0 同步串列傳輸時序

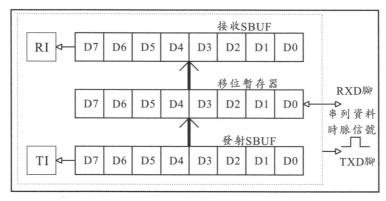

圖 7-2(c)　串列埠 mode0 同步串列傳輸

◎ TXD 腳用於同步時脈信號(clock)輸出，可由輔助暫存器(AUXR2)內的位元 URM0X6 選擇將系統頻率(Fosc)除頻爲 Fosc/2 或 Fosc/12(預定)，公式如下：

$$當 URM0X6 = 0 時，mode0 鮑率 = \frac{Fosc}{12}，\quad 當 URM0X6 = 1 時，mode0 鮑率 = \frac{Fosc}{2}$$

若爲系統除頻(Fosc)爲 24MHz，且設定系統除頻爲 2 倍，則傳輸速率(鮑率)爲 Fosc/2=12MHz=12M-bps(每秒傳輸位元)，是 MPC82G516 中最快的串列傳輸。

◎串列發射時，會將 8-bit 並列資料送到發射 SBUF 內，並立即送到發射移位

控制暫存器(TX Control)，隨著 TXD 腳每輸出一個時脈信號(clock)，令 RXD
腳由 D0 開始輸出 1-bit 資料，8-bit 串列資料輸出完畢後，會令發射旗標 TI=1。

◎串列接收時，隨著 TXD 腳每輸出一個時脈信號(clock)，由 D0 開始從 RXD
腳輸入 1-bit 的串列資料送到輸入移位控制暫存器(Input Shift Register)，8-bit
串列資料輸入完畢後，再送到接收 SBUF 內，同時會令接收旗標 RI=1。

開啟專案檔 C:\MPC82\CH07_UART\CH7.uvproj，使用石英晶體為
24MHz，並加入各範例程式：

1.串列埠 mode0 發射實習：可外接 74LS164 作為串入並出的移位暫存器，當
　由 RxD 腳發射 8-bit 的串列資料及由 TxD 腳輸入 8 個同步時脈後，會在 Q0-7
　輸出 8-bit 的並列資料，如圖 7-3 所示：

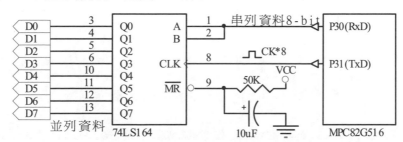

圖 7-3　串列埠 mode0 發射電路

串列埠 mode0 發射在 SCON 串列埠控制暫存器的設定，如下：

D7	D6	D5	D4	D3	D2	D1	D0
SM0	SM1	SM2	REN	TB8	RB8	TI	RI
0	0	0	0	0	0	0	0

實習範例：加入 7_1.c，以 mode0 串列格式，將陣列字元發射出去。

```
/********** 7_1.c ****MODE0 串列發射*********
* 動作：以 MODE0 串列格式，將陣列字元發射出去
```

```
********************************************/
#include "..\MPC82.H"    //暫存器及組態定義
char code TABLE[]={"ABCDEFGHIJKLMNOP"};//陣列字元資料

main()
{   char  i;    //字元計數值
   //AUXR2=URM0X6;    //鮑率=Fosc/2(軟體模擬無效)
   SCON=0x00;  /*0000 0000,設定串列埠爲模式 0
                  bit7-6:mode=00,串列埠爲模式 0 */
   for(i=0;i<16;i++)   //字元計數值=0~15
     {
      SBUF=TABLE[i];  //陣列內 1 個字元送到 SBUF，開始發射
      while(TI==0);   //若 TI=0 表示未發射完畢，再繼續檢查
      TI=0;            //若 TI=1 表示已發射完畢，須清除 TI=0
     }
   while(1);           //自我空轉
}
```

軟體 Debug 操作步驟：
(1) 打開 Serial Channel 及 UART#1 視窗。
(2) 單步或快速執行，在 UART#1 視窗會顯示發射的字串資料，在 Serial Channel 視窗觀察暫存器及鮑率(Baudrate)的變化，如圖 7-4(a)所示。
(3) 打開邏輯分析儀，輸入虛擬暫存器 SOUT，可觀察輸出串列資料的 ASCII 碼，如圖 7-4(b)。

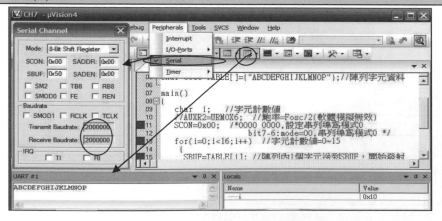

圖 7-4(a)　串列埠 mode0 發射模擬

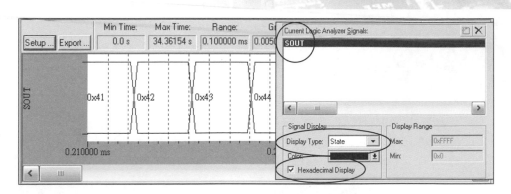

圖 7-4(b)　串列埠 mode0 發射模擬分析

2. 串列埠 UART 的 mode0 接收：可外接 74LS165 作為並入串出的移位暫存器，
首先令 P10=0 為載入(load)動作，它會將並列資料 Q0-7 載入到移位暫存器。
再令 P10=1 為移位(shift)動作，此時由 TxD 腳輸入 8 個同步時脈，會在 RxD
腳輸出 8-bit 串列資料，由 CPU 接收。如圖 7-5 所示：

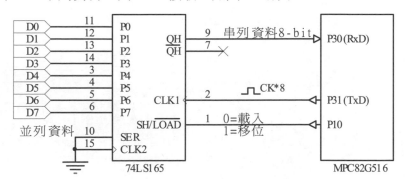

圖 7-5　串列埠 UART mode0 接收電路

串列埠 mode0 接收在 SCON 串列埠控制暫存器的設定如下：

D7	D6	D5	D4	D3	D2	D1	D0
SM0	SM1	SM2	REN	TB8	RB8	TI	RI
0	0	0	1	0	0	0	0

實習範例：加入 7_2.c，以 MODE0 串列格式，接收字元。

```
/********** 7_2.c ******MODE0 串列接收***************
```

```
* 動作：以 MODE0 串列接收字元資料，由 LED 顯示出來
*******************************************************/
#include "..\MPC82.H"    //暫存器及組態定義
main()
{
    //AUXR2=URM0X6;      //鮑率=Fosc/2(軟體模擬無效)
    SCON=0x10;   /*0001 0000,設定串列埠為模式 0 及致能接收
                 bit7-6:mode=00,串列埠為模式 0
                 bit4:REN=1,致能接收*/
    while(1)         //重覆執行
    {
     while(RI==0);  //若 RI=0 表示未接收完畢，再繼續檢查
     RI=0;          //若 RI=1 表示已接收 1 個字元完畢，清除 RI=0
     LED=SBUF;      //將接收到的字元由 LED 輸出
    }
}
```

軟體 Debug 操作步驟：

(1) 打開 IO PORT 的 P0、Serial Channel 及 UART#1 視窗。

(2) 在 UART#1 視窗內輸入文字，但不會顯示出來。

(3) 單步執行，觀察 Serial Channel 暫存器及 P0 變化，如圖 7-6 所示。

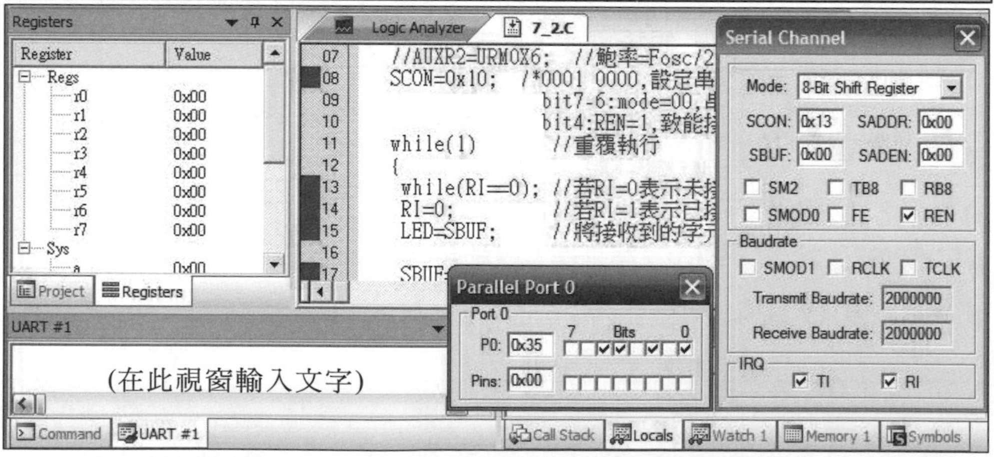

圖 7-6　串列埠 mode0 接收模擬

7-1.2 串列埠 UART1 mode1 控制

串列埠的 mode1 是一種非同步串列傳輸(UART)，方式如下：

1. UART 傳輸使用 RXD 腳作爲串列資料輸入及 TXD 腳爲串列資料輸出。其內部方塊圖如圖 7-7(a)~(c)所示。

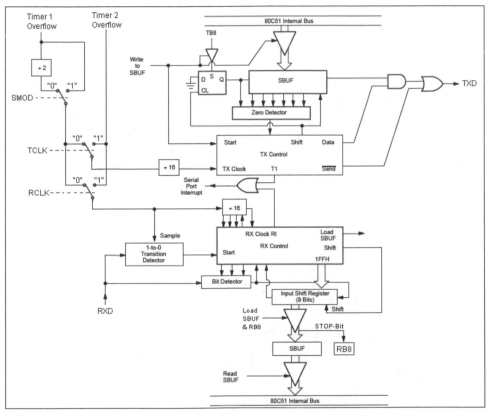

圖 7-7(a)　串列埠 mode1 控制圖

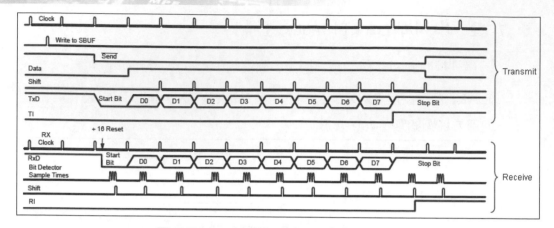

圖 7-7(b)　串列埠 mode1 時序圖

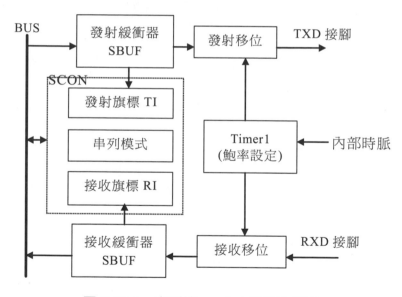

圖 7-7(c)　串列埠 mode1 內部方塊圖

(1) 在串列控制暫存器(SCON：Serial Port Control)可設定串列模式的控制。

(2) 由 Timer1 的 mode2 來規劃串列資料移位的傳輸速率。

(3) 發射時，並列資料經 BUS 送到發射緩衝器(SBUF)，它會立即移位由 TXD 腳串列發射資料；發射完畢後會令發射旗標(TI=1)表示 SBUF 為空的，可再送入資料。

(4) 接收時，由 RXD 腳輸入串列資料，會立即移位到接收緩衝器(SBUF)，若接收完畢會令接收旗標(RI=1)，此時可讀取 SBUF 內的並列資料。

(5) 接收及發射可用中斷或輪詢方式工作。

2. UART 傳輸格式工作，如圖 7-8(a)所示。

Start	D0	D1	D2	D3	D4	D5	D6	D7	Parity	Stop
0										1

圖 7-8(a)　UART 串列埠傳輸格式

(1) 啟始(start)位元：佔用 1-bit，為 "0" 表示資料的開始。

(2) 資料(data)位元：由 D0 開始傳送，固定為 8-bit。

(3) 同位(parity)元：可設奇數或偶數同位元，一般省略之。

(4) 停止(stop)位元：資料框架的結束時，用 "1" 來表示停止，固定為 1-bit。

(5) 若暫存器 PCON 內的位元 SMOD0=1，設定 UART1 為增強型，會令 SCON 的位元 SM0 變成資料框錯誤偵測旗標，傳輸若有斷線令停止位元 stop=0 時，會使資料框錯誤旗標 FE=1，如圖 7-8(b)。

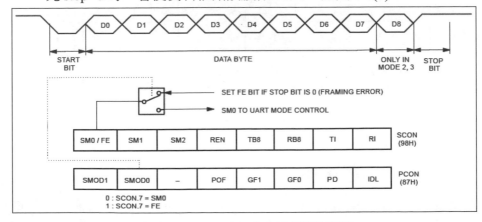

圖 7-8(b)　UART 資料框錯誤偵測

3. MPC82G516 的 TXD 及 RXD 腳準位由電源 VDD 決定為 0~+5V，而個人電腦的 RS232 界面為負邏輯信號，且信號準位為±9V~±12V，必須使用電壓轉換(MAX232A)將信號轉換為±9V~±12V 準位，再送到電腦的 RS232 界面，如圖 7-9 所示。

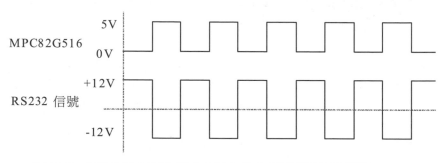

圖 7-9　MPC82G516 與 RS232 的串列信號電壓轉換

UART 串列埠和電腦 RS232 連線，如圖 7-10 所示。

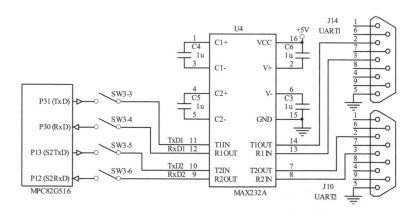

圖 7-10　串列埠 UART 與 RS232 電路

7-1.3　UART 人機界面

若要令 UART 與電腦連線，最簡易的方法可使用超級終端機來進行傳輸工作，超級終端機的設定步驟如下：

1. 進入超級終端機，選 開始 → 程式集 → 附屬應用程式 → 通訊 → 超級終端機。

2. 按 Y 設定預設超級終端機及在區碼及代碼可任意 2 碼如圖 7-11(a)所示：

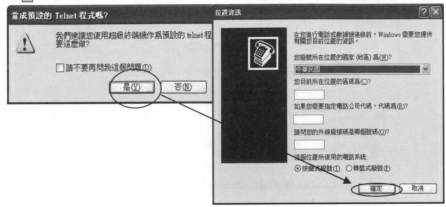

圖 7-11(a) 預設超級終端機及位置資訊

3. 設定新連線為 8051，如圖 7-11(b)所示：

圖 7-11(b) 設定新連線

4. 設定連線的串列埠為 COM1 及傳輸格式，每秒傳輸位元(B)=9600-bps、資料位元(D)=8-bit、同位檢查(P)=無、停止位元(S)=1-bit 及流量控制(F)=無,所以 MPC82G516 必須設定相同的通訊協定才能溝通,如圖 7-11(c)所示:

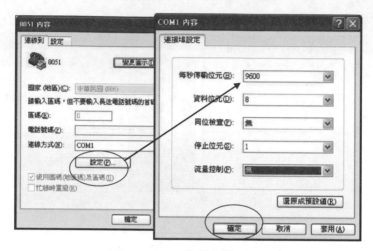

圖 7-11(c) 設定傳輸格式

5. 最後會出現超級終端機的連線畫面,如圖 7-11(d)所示:

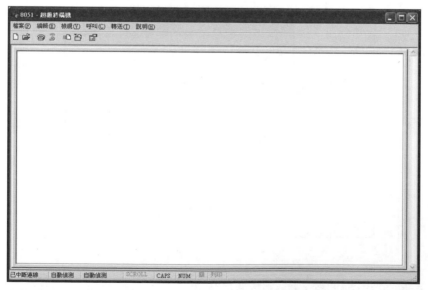

圖 7-11(d) 超級終端機連線畫面

7-1.4 串列埠 UART1 mode1 實習

1. UART1 的 mode1 串列傳輸若不使用同位元檢查，工作方式如圖 7-12 所示：

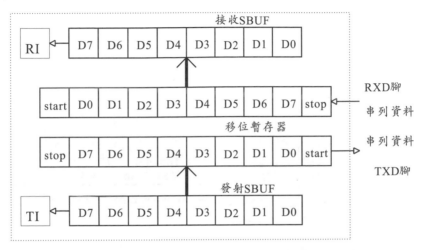

圖 7-12 串列埠 mode1 串列傳輸

(1) 當要接收時，從 RXD 腳先輸入的啟始(start)位元、8-bit 的資料(data)位元及停止(stop)位元共 10-bit，但僅有資料(data)位元會移入 SBUF內，完畢後會令接收旗標 RI=1。

(2) 當要發射時，將 8-bit 資料送到 SBUF 內，會自動加上啟始(start)位元及停止(stop)位元，從 TXD 腳先輸出的啟始(start)位元、再送出 8-bit的資料(data)位元及停止(stop)位元共 10-bit，完畢後令發射旗標 TI=1。

(3) UART1 的 mode1、3 傳輸速率(Baud Rate)，可選擇由 Timer1、Timer2或 S2BRT 的計時溢位(Overflow)來產生鮑率。如圖 7-13 所示：

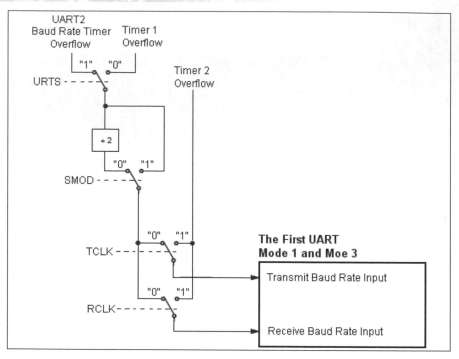

圖 7-13　　UART1 的 mode 1、3 鮑率產生

(4)預定由 Timer1 的 mode2 來產生鮑率，因它具有自動載入功能，計時較
　為準確。隨著計時器的內容，可選擇不同的鮑率，計算公式如下：

$$\mathrm{mod}\,e1鮑率 = \frac{2^{SMOD}}{32} * \frac{Fosc}{n*(256-TH1)}, 當 T1X12=0時 n=12, 當 T1X12=1時 n=1$$

$$轉換公式：若 T1X12=0 則 TH1 = 256 - \frac{2^{SMOD}*Fosc}{384*鮑率}, 若 T1X12=1 則 TH1 = 256 - \frac{2^{SMOD}*Fosc}{32*鮑率}$$

$$若 T1X12=0、SMOD=0 及 Fosc=22.1184MHz 時：TH1 = 256 - \frac{57600}{鮑率}$$

SMOD=1 則鮑率加倍

　　依據上述的計算公式，由系統頻率 Fosc=22.1184MHz 及計時器(TH1)來選
擇不同的鮑率，如表 7-5 所示。

表 7-5 Timer1 鮑率(Baud Rate)設定表

鮑率選擇	TH1 數值(Fosc=22.1184MHz)			
	T1X12=0(Fosc/12)		T1X12=1(Fosc/1)	
	SMOD=0	SMOD=1	SMOD=0	SMOD=1
300	64	-	-	-
600	160	64	-	-
1200	208	160	-	-
1800	224	192	-	-
2400	232	208	-	-
4800	244	232	112	-
7200	248	240	160	64
9600	250	244	184	112
14400	252	248	208	160
19200	253	250	220	184
38400	-	253	238	220
57600	255	254	244	232
115200	-	255	250	244

3. 本節實習請開啓專案檔 C:\MPC82\CH07_UART\UART.uvproj，使用石英晶體爲 22.1184MHz 以配合傳輸速率，並加入各範例程式：

串列埠 mode1 接收在 SCON 串列埠控制暫存器的設定如下：

D7	D6	D5	D4	D3	D2	D1	D0
SM0	SM1	SM2	REN	TB8	RB8	TI	RI
0	1	0	1	0	0	0	0

(1) 串列埠 mode1 發射控制實習範例：

```
/********** UART1.c *****MODE1 串列發射***************
*動作：陣列字元由 TXD 腳以 UART 格式傳輸至個人電腦
*硬體：SW3-3(TxD1)ON
********************************************************/
#include "..\MPC82.H"    //暫存器及組態定義
```

```
char code TABLE[]={"笙泉科技\n\r"};//陣列字元中文資料及跳行
main()
{ char *s ;            //宣告指標變數
  UART_init(9600);  //UART 啟始程式,設定串列環境及鮑率
  while(1)
   {
    for(s=TABLE;*s != '\0' ;  )//陣列字元計數值
     {
      SBUF=*s++ ;  //陣列字元送到 SBUF,開始發射
      while(TI==0); //若 TI=0 表示未發射完畢,再繼續檢查
      TI=0 ;    //若 TI=1 表示已發射完畢,令 TI=0
     }
    Delay_ms(100);    //延時
   }
}
/************************************************************
*函數名稱: UART_init
*功能描述: UART 啟始程式
*輸入參數:bps
*************************************************************/
void UART_init(unsigned int bps)  //UART 啟始程式
{
   P0M0=0; P0M1=0xFF; //設定 P0 為推挽式輸出(M0-1=01)
   SCON = 0x50;     //設定 UART 串列傳輸為 MODE1 及致能接收
   TMOD = 0x20;     //設定 TIMER1 為 MODE2
   TH1=TL1=256-(57600/bps); //設計時器決定串列傳輸鮑率
   TR1 = 1;         //開始計時
}
```

軟體 Debug 操作步驟:
(1) 打開 Serial Channel 及 UART#1 視窗。陣列字元中文資料及跳行
(2) 快速執行,觀察 Serial Channel 暫存器及 UART#1 視窗變化,如圖 7-14 所示。
硬體實習板:
(1) 在電腦使用超級終端機,設定傳輸格式 9600bps。
(2) 接收 UART 的串列資料,會不斷在超級終端機畫面顯示字串。
作業 1:請修改 UART 傳輸速率為 1200-bps。
作業 2:請使用矩陣式按鍵輸入數字,送到個人電腦顯示出來。

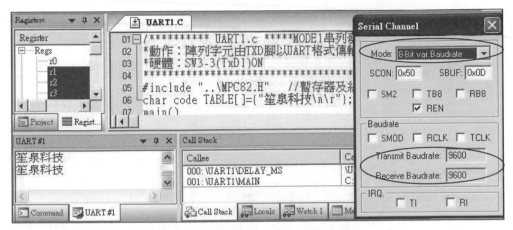

圖 7-14　　MODE1 串列發射模擬

(2) 串列埠 mode1 接收與發射控制實習，請加入 UART2.c。

```
/**********UART2.c *******MODE1 串列接收與發射**************
*動作：個人電腦 UART 送出字元，由 RXD 腳接收，在 LED 顯示，
*      並由 TXD 腳發射回個人電腦
*硬體：SW1-3(P0LED)、SW3-3(TxD1)及 SW3-4(RxD1)ON
*****************************************************/
#include "..\MPC82.H"   //暫存器及組態定義
main()
{
  UART_init(9600); //設定串列環境及鮑率
  while(1)    //重覆執行
  {
    while(RI==0);//若 RI=0 表示未接收完畢，再繼續檢查
    RI=0 ;        //若 RI=1 表示已接收完畢，令 RI=0
    LED=~SBUF;     //將接收到的字元由 LED 輸出
   SBUF=~LED; //收到的字元發射回到電腦
   while(TI==0);//若 TI=0 表示未發射完畢，再繼續檢查
   TI=0;        //若 TI=1 表示已發射完畢，令 TI=0
  }
} (後面省略)
軟體 Debug 操作：取消反相 '~'。
```

(1) 在 UART#1 視窗內輸入文字，但不會顯示出來。
(2) 由 CPU 接收的字元會在 P0 顯示，並發射回電腦。
硬體實習板：
(1) 在電腦使用超級終端機，設定傳輸格式 9600bps。
(2) 在超級終端機視窗內輸入文字，但不會顯示出來，由 UART 接收串列資料，在 P0 顯示文字的 ASCII 碼。
(3) UART 再發射串列資料，在超級終端機視窗內輸入文字。
作業：請在 UART#1 視窗內輸入數字字元，經 UART 接收，將字元轉為數字後，送到一個共陰極七段顯示器顯示出來。

(3) 串列埠 mode1 自我傳輸或兩台對傳控制實習，請加入 UART2A.c。

```
/**********UART2A.c *******MODE1 串列自我或兩台傳輸*****************
*動作：計數值由 TXD 發射並在 LED0 顯示，同時由 RXD 腳接收在 LED1 顯示
*硬體：SW1-3(P0LED)及 SW1-4(P1LED)ON，自我或兩台 P31(TxD1)連接 P30(RxD1)
*********************************************************/
#include "..\MPC82.H"   //暫存器及組態定義
main()
{ unsigned char i;    //計數值
  P0M0=0; P0M1=0xFF; //設定 P0 為推挽式輸出(M0-1=01)
  UART_init(9600); //設定串列環境及鮑率
  while(1)    //重覆執行
  { LED0=~i++;      //計數值由 LED0 輸出
    SBUF=i;         //計數值串列發射出去
    while(TI==0); //若 TI=0 表示未發射完畢，再繼續檢查
    TI=0;          //若 TI=1 表示已發射完畢，令 TI=0

    while(RI==0); //若 RI=0 表示未接收完畢，再繼續檢查
    RI=0 ;         //若 RI=1 表示已接收完畢，令 RI=0
  LED1=~SBUF;      //將接收到的計數值由 LED1 輸出
  }
} (後面省略)
```

7-1.5 串列埠 UART1 的 Timer2 傳輸控制實習

可使用 Timer2 來設定 UART1 的 mode1 傳輸速率(鮑率)，如圖 7-15 所示：

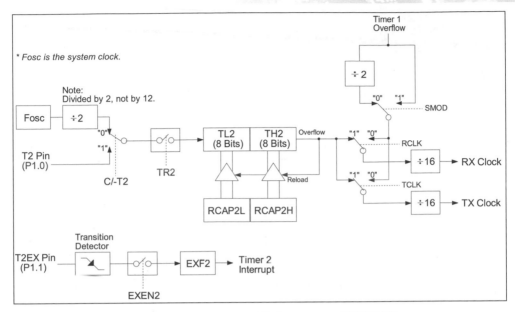

圖 7-15　Timer2 設定 UART1 傳輸速率

1.在 Timer2 控制暫存器 T2CON 設定 UART1 傳輸速率，如表 7-6(a)(b)所示：

表 7-6(a)　T2CON Timer2 控制暫存器

D7	D6	D5	D4	D3	D2	D1	D0
TF2	EXF2	RCLK	TCLK	EXEN2	TR2	C/T2	CP/RL2

表 7-6(b)　Timer2 工作(串列埠鮑率產生)

RCLK	TCLK	C/T2	EXEN2	CP/RL2	T2EX	TR2	動作	TF2	EXF2
1	0	0	X	X	X	1	接收鮑率產生	1	0
0	1	0	X	X	X	1	發射鮑率產生	1	0
X	X	X	X	X	X	0	停止鮑率產生	0	0

2.在 Timer2 計時器設定 UART1 的 mode1 鮑率公式如下：

(1) 將 Timer2 溢位時間除 16，即是接收(RX)及發射(TX)的傳輸速率，如下：

$$\text{mod } e1\text{鮑率} = \frac{Timer2溢位}{16} = \frac{Fosc}{2*(65536-RCAP2)}*\frac{1}{16}$$

(2) 以 Fosc=22.1184MHz 為例，即可求出鮑率所須的 RCAP2 內容，如下：

$$RCAP2 = 65536 - \frac{Fosc}{32*鮑率} = 65536 - \frac{691200}{鮑率}$$

(3) 以 Fosc=22.1184MHz 為例，各鮑率所須 RCAP2 數值，如表 7-7 所示：

表 7-7　Timer2 鮑率(Baud Rate)設定表

傳輸速率	Timer 2 鮑率產生模式(Fosc=22.1184MHz)		
	RCAP2	RCAP2H	RCAP2L
1200	64960	0xFD	0xC0
2400	65248	0xFE	0xE0
4800	65392	0xFF	0x70
9600	65464	0xFF	0xB8
14400	65488	0xFF	0xD0
19200	65500	0xFF	0xDC
38400	65518	0xFF	0xEE
57600	65524	0xFF	0xF4
115200	65530	0xFF	0xFA

3.串列埠 mode1 以 Timer2 產生鮑率傳輸實習，加入 UART3.c。

```
/**********UART3.c *******MODE1 串列接收******************
*動作：個人電腦 UART 送出字元，以 Timer2 設定傳輸速率，
*      由 RXD 腳接收，在 LED 顯示，並由 TXD 腳發射回個人電腦
*硬體：SW1-3(P0LED)、SW3-3(TxD1)及 SW3-4(RxD1)ON
*************************************************************/
#include "..\MPC82.H"   //暫存器及組態定義
void Init(void);  //UART 啟始程式
main()
{ Init(); //設定串列環境及鮑率
  while(1)    //重覆執行
  {
    while(RI==0); //若 RI=0 表示未接收完畢，再繼續檢查
    RI=0 ;        //若 RI=1 表示已接收完畢，令 RI=0
    LED=~SBUF;       //將接收到的字元由 LED 輸出
   SBUF=~LED;  //收到的字元發射回到電腦
   while(TI==0); //若 TI=0 表示未發射完畢，再繼續檢查
   TI=0;        //若 TI=1 表示已發射完畢，令 TI=0
```

```
   }
}
/*****************************************************
*函數名稱: Init
*功能描述: UART 啓始程式
*****************************************************/
void Init(void)   //UART 啓始程式
{ P0M0=0; P0M1=0xFF; //設定 P0 爲推挽式輸出(M0-1=01)
  SCON = 0x50;    //設定 UART 串列傳輸爲 MODE1 及致能接收
  RCAP2 = 65464; //設定 Timer2 決定串列傳輸鮑率爲 9600-bps
  RCLK=1;TCLK=1; //設定 Timer2 產生接收及發射鮑率
  TR2 = 1;        //開始計時
}
```

軟體 Debug 操作：同上。

硬體實習板：同上。

7-1.6　串列埠 UART1 中斷實習

串列埠 UART 中斷一般用於接收，而發射較爲少用，以串列埠 mode1 接收中斷控制爲例。如下：

1. 串列埠中斷的工作步驟：

(1)先設定及啓動 Timer1 工作決定傳輸速率。

(2)設定中斷致能暫存器(IE)內位元 EA=1 及 ES=1 來致能中斷，如下：

中斷編號	致能位元	中斷旗標位元	中斷優先位元	中斷位址
4	IE(EA, ES)	SCON(RI, TI)	IPH (PSH), IP(PS)	0x23

(3)當發射完畢或有接收資料時，會產生中斷，並跳到中斷函數編號 4 的串列中斷函數(位址 0x23)執行。

(4) 串列中斷函數執行完畢後要清除 RI 或 TI 旗標，才會回主程式。

2. 串列埠 UART 中斷，請加入 UART4.c。

```
/********** UART4.c ********MODE1 串列中斷範例****************
*動作：電腦 UART 送出字元，由 RXD 腳以中斷接收，在 LED 顯示,同時發射回去
*硬體：SW3-3(TxD1)、SW3-4(RxD1)及 SW1-3(P0LED)ON
*********************************************************/
#include "..\MPC82.H"    //暫存器及組態定義
main()
{ UART_init(9600); //設定串列環境及鮑率
  EA=1;ES=1;   //致能串列中斷
  while(1);    //自我空轉，表示可做其它工作
}
//*********************************************************
void SCON_int (void)  interrupt 4  //串列中斷函數
 {if(RI==1)  //若是因爲接收所產生的中斷
   {
     RI=0;      //接收完畢，令 RI=0
     LED=~SBUF;  //將接收到的字元由 LED 輸出
     SBUF=~LED;  //將接收到的資料，發射回去
   }
   else TI=0;  //若是因爲發射所產生的中斷，令 TI=0
}(後面省略)
```

軟體 Debug 操作：取消反相'～'。
(1) 打開 IO PORT 的 P0、Serial Channel 及 UART#1 視窗。
(2) 快速執行，在 UART#1 視窗內鍵入字元，觀察 Serial Channel 暫存器及 P0 變化。
硬體 Debug 操作：
在超級終端機視窗內輸入文字，由 UART 接收串列資料，在 P0 顯示文字的 ASCII 碼。
作業：在超級終端機視窗內輸入數字，送到七段顯示器顯示出來。

3. 串列埠 UART 中斷接收，將字元送到 LCD 顯示，請加入 UART5.c。

```
/**********UART5.C ******UART 與 LCD 傳輸**********
*動作：接收個人電腦的資料，送到 LCD 顯示
*硬體：SW3-4(RxD1)ON
***************************************/
#include "..\MPC82.H"    //暫存器及組態定義
char code Table1[] = "COUNT="; //第一行陣列字元
char j=0;
```

```
main()
{ char i;            //計數值
  LCD_init();        //LCD 啟始程式
  LCD_Cmd(0x80);     //游標由第一行開始顯示
  for(i=0 ; i< 6 ; i++)
      LCD_Data(Table1[i]);//讀取陣列文字送到 LCD 顯示
  LCD_Cmd(0x0f);//*0000 1111,顯示幕 ON,顯示游標,游標閃爍
  LCD_Cmd(0x86);             //游標由第一行第 6 字開始顯示
  UART_init(9600);          //設定串列環境及鮑率
  EA=1;ES=1;                //致能串列中斷
  while(1);          //自我空轉,表示可做其它工作
}
/********************************************************/
void SCON_int(void)  interrupt 4  //串列中斷函數
{  RI=0;                 //接收完畢,令 RI=0
  LCD_Data(SBUF);    //將接收到的字元由 LCD 顯示
  j++;
  if(j>4) {j=0;LCD_Cmd(0x86);} //在 LCD 只能輸入 4 個字
}(後面省略)
```

硬體實習:

　在超級終端機視窗內輸入文字,但不會顯示出來。由 UART 接收,在 LCD 顯示文字。

作業:在超級終端機視窗內輸入文字,在 LCD 顯示後,回傳到超級終端機顯示。

7-2 串列埠函數實習

在個人電腦工作的 C 程式語言中，常應用內定函數來接受鍵盤的資料及將資料送到螢幕顯示。而在 Keil C51 程式語言中也有相同的函數，不過它的傳輸對象改為串列埠的輸出入。這些串列埠函數放置在函數庫 stdio.h 內，常用的函數介紹如表 7-8 所示：

表 7-8　常用的串列埠函數

stdio.h 內定函數格式	串列埠輸出入說明
getkey　(void)	接收一個按鍵資料
getchar (void)	接收一個字元資料
putchar (char)	發射一個字元資料
printf (const char , ...)	發射字元、字串及數值資料
gets (char , int n)	接收一個字串字元資料
scanf (const char , ...)	接收字串資料
puts (const char)	發射一個字串字元常數資料

在串列傳輸中，對於不可顯示的控制字元，可在字元前加上一個控制字元 "\"，可以完成一些特殊格式控制，常用的控制字元如表 7-9(a)所示。

表 7-9(a)　常用 "\" 控制字元表

控制字元	動作	ASCII 碼	控制字元	動作	ASCII 碼
\0	空字元(NULL)	0x00	\f	換頁(FF)	0x0C
\n	換行(LF)	0x0A	\'	單引號	0x27
\r	歸位(CR)	0x0D	\"	雙引號	0x22
\t	跳 9 格(HT)	0x09	\\	反斜線	0x5C
\b	倒退(BS)	0x08			

資料的顯示格式，可以加上一個 "%" 字元來完成輸出時的顯示格式控制，常用的顯示格式字元，如表 7-9(b)所示。

表 7-9(b)　常用顯示格式字元表

字元	動作	字元	動作
%d	顯示有符號 10 進制資料	%6d	10 進制資料佔用 6 格，資料右移
%u	顯示無符號 10 進制資料	%06d	10 進制資料佔用 6 格，資料右移，前面加 0
%f	顯示浮點數 10 進制資料	%-6d	10 進制資料佔用 6 格，資料左移
%e	顯示指數 10 進制資料	%c	顯示字元資料
%g	以浮點數顯示	%6c	顯示字元資料，佔用 6 格，資料右移
%o	顯示 8 進制資料	%-6c	顯示字元資料，佔用 6 格，資料左移
%x	顯示 16 進制資料	%s	顯示字串資料

7-2.1　串列埠函數 printf()實習

　　printf()函數的功能是以串列的方式，由 TXD 腳每次發射一個字串資料，請加入 UART6.c。

```
/********** UART6.c *********串列埠函數發射****************
*動作：用 printf()函數將資料以 UART 串列格式送到電腦
*硬體：SW3-3(TxD1)ON
******************************************************/
#include "..\MPC82.H"   //暫存器及組態定義
#include <stdio.h>    //加入標準輸出入函數
main()
{
  int i=42,j=3;        //定義整數變數
  char  ch='a';        //定義字元變數
  UART_init(9600);      //設定串列環境及鮑率
  TI=1;
  printf("i=%d \n",i);      //顯示 i=42
  printf("j= %d \n",j);     //顯示 j=3
  printf("i=%d,j=%d,i+j=%d \n\n",i,j,i+j);//顯示 i=42,j=3,i+j=45

  printf("%d --> %%d-->/%d/\n",i,i);//42 --> %d-->/42/
  printf("%d --> %%6d-->/%6d/\n",i,i);//42 --> %6d-->/    42/
  printf("%d --> %%06d-->/%06d/\n",i,i); //42 --> %06d-->/000042/
```

```
printf("%d --> %%-6d-->/%-6d/\n\n",i,i);  //42 --> %-6d -->/42    /

printf("i(8)= %o\n",i);   //顯示 i(8)=54
printf("i(16)= %x\n\n",i); //顯示 i(16)=2a
printf("%c --> %%c-->/%c/\n",ch,ch);//a --> %c-->/a/
printf("%c --> %%6c -->/%6c/\n",ch,ch);//a --> %c-->/    a/
printf("%c --> %%-6c-->/%-6c/\n",ch,ch);//a --> %c-->/a    /
while(1);   //自我空轉
}(後面省略)
```

軟體 Debug 操作步驟：
(1) 打開 IO PORT 的 UART#1 視窗。
(2) 快速執行，觀察 UART#1 視窗內的變化，如圖 7-16 所示。
硬體實習：開啓超級終端機，快速執行，會顯示文字及格式。

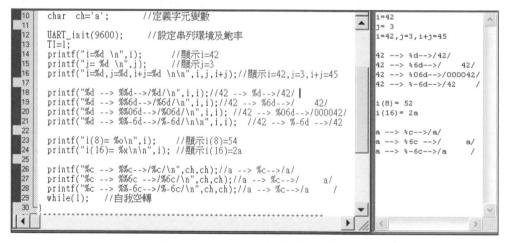

圖 7-16　printf()函數模擬實習

7-2.2　串列埠函數 putchar()及 puts()實習

　　執行 printf()函數會令程式碼超過 1k-byte，若僅顯示字元或字串可使用 putchar()及 puts()函數。putchar()函數的功能是以串列的方式，由 TXD 腳每次發射一個字元資料，而 puts()則是每次發射一個字串資料，請加入 UART7.c。

```
/******* UART7.c ***********串列埠函數發射***************
*動作：以 putchar()函數串列發射陣列字元到電腦 UART
*硬體：SW3-3(TxD1)ON
***********************************************************/
#include "..\MPC82.H"    //暫存器及組態定義
#include <stdio.h>  //加入標準輸出入函數
char code TABLE[] = {"abcdefghijklmnop"};//定義陣列常數
main()
{
  char i;    //定義陣列計數變數
  UART_init(9600);   //設定串列環境及鮑率
  TI=1;
  for(i=0;i<16;i++)    //陣列計數變數=0~16
   {
     putchar (TABLE[i]); //由串列埠發射一個字元
     putchar('\n');      //跳行
   }
    putchar('\n');         //跳行
  puts("ABCDEFGHIJKLMNOP"); //由串列埠發射一個字串
  while(1);  //自我空轉
}  (後面省略)
```

軟體 Debug 操作：同上，如圖 7-17 所示。

硬體實習板操作：同上。

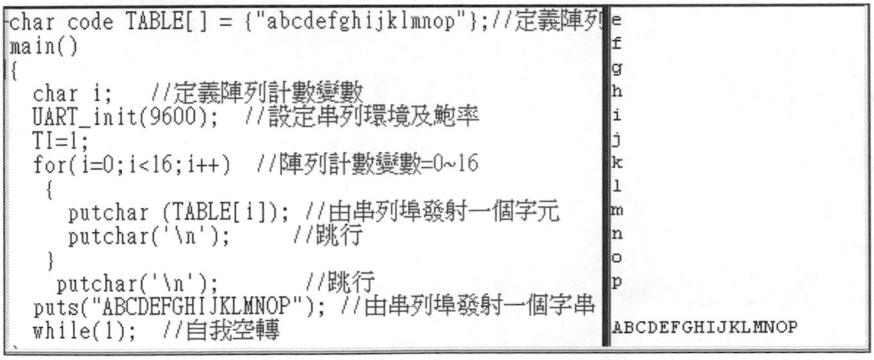

圖 7-17　　putchar()及 puts()函數模擬實習

7-2.3 串列埠函數 getchar()及 getkey()實習

getchar()及 getkey()函數的功能均是以串列的方式,由 RXD 腳每次接收一個字元資料,差別是在 UART#1 視窗鍵入字元時,getchar()發射時會回傳顯示字元,而 getkey()不會,範例請加入 UART8.c:

```
/********** UART8.C ********串列埠函數接收*****************
*動作:電腦 UART 送出字元,由 getchar()函數接收,在 LED0 顯示
*                    由 getkey()函數接收,在 LED1 顯示
*硬體:SW1-3(P0LED)、SW1-4(P1LED)、SW3-3(TxD1)及 SW3-4(RxD1)ON
*********************************************************/
#include "..\MPC82.H"    //暫存器及組態定義
#include <stdio.h>       //加入標準輸出入函數
main()
{
  UART_init(9600); //設定串列環境及鮑率
  TI=1;
  while(1)      //不斷循環執行
   {
    LED0=~getchar(); //等待按鍵,由串列埠輸入字元到 LED0 及畫面顯示
    putchar('\n');   //跳行
    LED1=~getkey();  //等待按鍵,由串列埠輸入字元到 LED1 顯示
    putchar('\n');   //跳行
   }
} (後面省略)
```

軟體 Debug 操作步驟:
(1) 打開 P0、P1 及 UART#1 視窗。
(2) 快速執行,在 UART#1 視窗鍵入字元,觀察 P0 及 P1 變化。
硬體實習板:
(1) 開啟超級終端機。
(2) 會在超級終端機畫面顯示文字,同時在 LED0 及 LED1 顯示按鍵的 ASCII 碼。

7-3 串列埠 UART2 控制實習

UART2 相關暫存器，如表 7-10 所示：

表 7-10 UART2 相關暫存器

暫存器	位址	D7	D6	D5	D4	D3	D2	D1	D0	預定
AUXR1	0xA2	未用	未用	未用	P4S2	未用	-	-	未用	00
IE	0xA8	EA	-	未用	未用	未用	未用	未用	未用	00
AUXIE	0xAD	-	-	未用	ES2	未用	未用	未用	未用	00
AUXIP	0xAE	-	-	未用	PS2	未用	未用	未用	未用	00
AUXIPH	0xAF	-	-	未用	PS2H	未用	未用	未用	未用	00
S2CON	0xAA	S2SM0	S2SM1	S2SM2	S2REN	S2TB8	S2RB8	S2TI	S2RI	00
AUXR2	0xA6	未用	未用	URM0X6	S2TR	S2SMOD	S2TX12	S2CKOE	未用	00
S2BUF	0x9A	bit 7-0								00
S2BRT	0xBA	bit 7-0								00

◎串列埠緩衝暫存器(S2BUF)：是 UART2 並列資料與串列資料之間的轉運站，提供 CPU 讀取及寫入資料的地方。

◎串列埠控制暫存器(S2CON)：可設定 UART2 串列傳輸工作，如表 7-11 所示。

表 7-11 S2CON 串列埠控制暫存器

D7	D6	D5	D4	D3	D2	D1	D0
S2SM0	S2SM1	S2SM2	S2REN	S2TB8	S2RB8	S2TI	S2RI

位元	名稱	功　　能				
D7	S2SM0	SM0	SM1	mode	功能說明	傳輸速率(BPS)
		0	0	0	8-bit 同步串列埠	Fosc/12
D6	S2SM1	0	1	1	10-bit UART	由 S2BRT 設定
		1	0	2	11-bit UART	Fosc/64 或 Fosc/32
		1	1	3	11-bit UART	由 S2BRT 設定
D5	S2SM2	(1) S2SM2=1，mode2、3 時，接收到 S2RB8=1 會產生中斷。 (2) S2SM2=1，mode1 時，接收到不正確的停止位元，不會產生中斷。 (3)在 mode0 須設 S2SM2=0。				

D4	S2REN	接收致能位元，S2REN=1 表示允許接收串列資料。
D3	S2TB8	在 mode2、3 中，發射資料的第 9-bit。
D2	S2RB8	在 mode2、3 中，存放接收到的第 9-bit。 在 mode1 中，若 S2SM2=0 存放接收到的停止位元。
D1	S2TI	發射旗標，發射完成時，S2TI=1。
D0	S2RI	接收旗標，接收完成時，S2RI=1。

S2SCON 暫存器在 MPC82.H 內定義名稱，如下所示。

```
sfr S2CON    = 0xAA;   //(MPC82G516 Only)
#define S2SM0    0x80
#define S2SM1    0x40
#define S2SM2    0x20   //UART2 工作模式設定
#define S2REN    0x10   //UART2 接收致能，REN=1 允許接收串列資料
#define S2TB8    0x08   //UART2 模式 2、3 中，發射資料的第 9-bit
#define S2RB8    0x04   //UART2 模式 2、3 中，存放接收到的第 9-bit
#define S2TI     0x02   //UART2 發射旗標，發射完成時，TI=1
#define S2RI     0x01   //UART2 接收旗標，接收完成時，RI=1
```

◎輔助暫存器(AUXR2)：用於設定 UART2 串列傳輸工作，如表 7-12 所示。

表 7-12　AUXR2 輔助暫存器

D7	D6	D5	D4	D3	D2	D1	D0
未用	未用	URM0X6	S2TR	S2SMOD	S2TX12	S2CKOE	未用

位元	名稱	功　能
D5	URM0X6	mode0 除頻，1=傳輸速率使用 Fosc/2，0=傳輸速率使用 Fosc/12(預定)
D4	S2TR	UART2 的傳輸速率控制位元，1=啟動 UART2 的傳輸速率
D3	S2SMOD	UART2 的傳輸速率加倍位元，1=UART2 的傳輸速率加倍
D2	S2TX12	UART2 的傳輸速率時脈來源，1= Fosc/1，0=Fosc/12(預定)
D1	S2CKOE	UART2 的傳輸速率時脈由接腳 S2CKO(P3.5)輸出，1=致能，0=除能

AUXR2 暫存器在 MPC82.H 內定義名稱，如下所示。

```
sfr AUXR2   = 0xA6;    //輔助暫存器(MPC82G516 Only)
#define  T0X12 0x80    //1=T0 時脈為 Fosc/1，0=T0 時脈為 Fosc/12(預定)
```

```
#define  T1X12  0x40   //1=T0 時脈為 Fosc/1，0=T0 時脈為 Fosc/12(預定)
#define  URM0X6 0x20   //1=UART 時脈為 Fosc/2，0=UART 時脈為 Fosc/12
#define  S2TR   0x10   //1=UART2 啟動位元
#define  S2SMOD 0x08   //1=UART2 速率加倍
#define  S2X12  0x04   //1=UART2 時脈為 Fosc/1，0=UART2 時脈為 Fosc/12
#define  S2CKOE 0x02   //1=致能 UART2 速率時脈由 P35 腳輸出
#define  T0CKOE 0x01   //1=致能 T0 溢位時由 P34 腳反相輸出
```

◎UART2 串列埠的傳輸速率(鮑率)由 S2BRT 設定。

◎UART2 中斷設定，如下：

中斷編號	致能位元	中斷旗標位元	中斷優先位元	中斷位址
12	EA, AUXIE(ES2)	S2RI, S2TI	AUXIPH (PS2H)，AUXIP(PS2)	0x63

7-3.1 串列埠 UART2 時脈輸出

可藉由串列埠 UART2 內的鮑率產生器(S2BRT)輸出方波，如圖 7-18 所示：

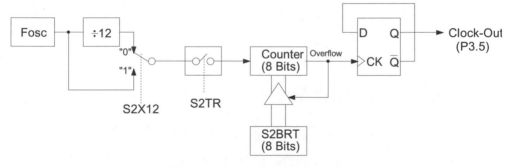

圖 7-18　　UART2 輸出方波

1. UART2 輸出時脈的工作設定步驟如下：

　(1)在 S2BRT 設定 UART2 傳輸速率由 S2CKO(P3.5)腳輸出頻率，公式如下：

$$S2CKO腳頻率 = \frac{Fosc}{n*(256-S2BRT)}，當 S2X12 = 0 時 n = 24，當 S2X12 = 1 時 n = 2$$

　(2)設定輔助暫存器 AUXR2 內的位元 S2CKOE=1 及 S2TR=1，致能輸出頻率及啟動 UART2 鮑率產生器工作，會由 S2CKO(P3.5)腳不斷的輸出方波。

2.串列埠 UART2 輸出時脈範例：

```
/********** UART9.c ***************************
*動作：令 UART2 鮑率產生器由 S2CKO(P35)輸出方波
*硬體：S2CKO(P35)腳連接 P10，低頻 SW1-4(P1LED)ON，高頻 SW2-5(SPK)ON
***********************************************/
#include "..\MPC82.H"  //暫存器及組態定義
                //S2CKO 頻率=Fosc/24/(256-S2BRT)
#define T 225  //S2CKO 頻率=22118400/24/225=4096Hz
main()
{
  PCON2=7;       //Fosc=Fosc/128，S2CKO 頻率=4096Hz/128=32Hz
  S2BRT=256-T;       //將計數值存入 S2BRT
  AUXR2=S2CKOE+S2TR; //致能 S2CKO(P35)輸出方波，啟動鮑率產生器
  while (1);      //不斷循環執行
}
```

作業：請改變 S2CKO(P35)輸出頻率。

7-3.2 串列埠 UART2 控制

UART2 和 UART1 的控制方式不同之處，除了接腳改為 S2RxD(P12)腳及 S2TxD(P13)外。同時必須在輔助暫存器(AUXR2)的位元 S2TX12 內，設定 UART2 的時脈來源為 Fosc(S2TX12=1)或 Fosc/12(S2TX12=0 預定)，設定如下：

1.UART2 接腳可令輔助暫存器(AUXR1)內的位元 P4S2=1，改為 P4.2-3。

2.串列埠 UART2 的 mode 0、2 傳輸速率設定和 UART1 相同。

3.串列埠 UART2 的 mode 1、3 鮑率由 S2BRT 產生，公式如下：

$$\mathrm{mod}\,e1,3鮑率 = \frac{2^{S2SMOD}}{32} * \frac{Fosc}{n*(256-S2BRT)}，當 S2X12 = 0時 n = 12，當 S2X12 = 1時 n = 1$$

4.若令輔助暫存器(AUXR)內的位元 URTS=1，則 S2BRT 可取代 Timer1 提供 UART1 的 mode 1、3 產生鮑率。

7-3.3 **串列埠** UART2 mode1 **實習**

1. 串列埠 UART2 的 mode 1 傳輸，發射步驟如下：

(1)在 S2BRT 設定傳輸速率及令 S2TR=1 啟動 UART2 的開始傳輸。

(2)將資料寫入 S2BUF 會開始發射，發射完畢會令 S2TI=1。

(3)之後必須清除 UART2 發射旗標 S2TI=0。

(4)串列埠 UART2 的 mode 1 發射傳輸範例，請加入 UART10 .C。

```
/********** UART10.c *****UART2 的 MODE1 串列發射***************
*動作：使用 UART2，陣列字元由 TXD2 腳傳輸至個人電腦
*硬體：SW3-5(TxD2)ON
*****************************************************************/
#include "..\MPC82.H"
char code TABLE[]={"歡迎進入 Megawin\n\r"};//陣列字元中文資料及跳行
void UART2_init(unsigned int bps);  //UART2 啟始程式
main()
{
  unsigned char i=0;
  char *s ;          //宣告指標變數
  UART2_init(9600); //UART 啟始程式，設定串列環境及鮑率
  while(1)
   {
   S2BUF=i+'0';  //發射計數值
   while((S2CON & S2TI)==0);  //若 S2TI=0 表示未發射完畢，再繼續檢查
   S2CON &= ~S2TI;            //若 S2TI=1 表示已發射完畢，令 S2TI=0

   for(s=TABLE;*s != '\0' ;)//陣列字元計數值
```

```
    {
    S2BUF=*s++ ;//陣列字元送到 SBUF，開始發射
    while((S2CON & S2TI)==0); //若 S2TI=0 表示未發射完畢，再繼續檢查
    S2CON &= ~S2TI ;        //若 S2TI=1 表示已發射完畢，令 S2TI=0
    }
    Delay_ms(500);    //延時
    i++; if(i>9) i=0; //計數值 0~9
    }
}
/**************************************************************
*函數名稱：UART2_init
*功能描述：UART2 啟始程式
*輸入參數：bps
**************************************************************/
void UART2_init(unsigned int bps)  //UART 啟始程式
{  P0M0=0; P0M1=0xFF; //設定 P0 為推挽式輸出(M0-1=01)
   S2CON=0x50;      //設定 UART2 串列傳輸為 MODE1 及致能接收
   S2BRT=256-(57600/bps);  //設定 UART2 傳輸速率
   AUXR2=S2TR;        //UART2 啟動
}
```

作業：請改變 UART2 的傳輸速率。

3.串列埠 UART2 的 mode 1 接收及發射中斷步驟如下：，

  (1)設定 EA=1 及 ES2=1 致能 UART2 中斷。

  (2)在 S2BRT 設定傳輸速率及令 S2TR=1 啟動 UART2 的開始傳輸。

  (3)當發射完畢或有接收資料時，會產生中斷，並跳到中斷函數編號 12 的串
     列中斷函數(位址 0x63)執行。

  (4)中斷函數執行完畢後，要清除 UART2 旗標 S2RI 或 S2TI，才會回主程式。

  (5)請加入範例 UART11 .C。

```
/********** UART11.c ****UART2 的 mode 1 接收及發射中斷********
```

```
*動作：使用 UART2，個人電腦 UART 送出字元，由 RXD2 腳接收，在 LED 顯示，
*       並由 TXD2 腳發射回個人電腦
*硬體：SW1-3(P0LED)、SW3-5(TxD2)及 SW3-6(RxD2)ON
***************************************************************/
#include "..\MPC82.H"   //暫存器及組態定義
void UART2_init(unsigned int bps);  //UART 啟始程式
main()
{
  UART2_init(9600); //設定 UART2 串列環境及鮑率
  EA=1; AUXIE=ES2;    //致能 UART2 串列中斷
  while(1);    //自我空轉，表示可做其它工作
}
//***************************************************************
void SCON_int (void)  interrupt 12  //串列中斷函數
 {
   unsigned char temp;
   if(S2CON & S2RI)  //若為接收所產生的中斷
    {
      S2CON &= ~S2RI;    //清除接收旗標令 S2RI=0
      LED = ~S2BUF;      //將接收到的字元由 LED 輸出
      S2BUF = ~LED;      //將 temp 發射出去
    }
   else S2CON &= ~S2TI; //若為發射所產生的中斷，清除發射旗標令 S2TI=0
 } (後面省略)
```
作業：請改為在 LCD 顯示字元。

CHAPTER 8

數位與類比轉換實習

本章單元

● 數位/類比轉換器(DAC)控制實習

● 類比/數位轉換器(ADC)控制實習

　　人類生活的周遭環境是以類比(Analog)為主，例如溫度、光線、壓力及聲音等物理量均是類比信號。若要將這些類比的物理量和電腦的數位(Digital)環境相配合，必須應用數位/類比轉換器(DAC：Digital Analog Converter)及類比/數位轉換器(ADC：Analog Digital Converter)來工作。

8-1　數位/類比轉換器(DAC)控制實習

　　數位/類比轉換器(DAC：Digital Analog Converter)可將感測器(sensor)的類比電壓或電流轉換為數位資料，如下：

8-1.1　數位/類比轉換器(DAC)控制

　　以 DAC0800 為例，它是 8-bit 的 D/A 轉換電路，如圖 8-1 所示：

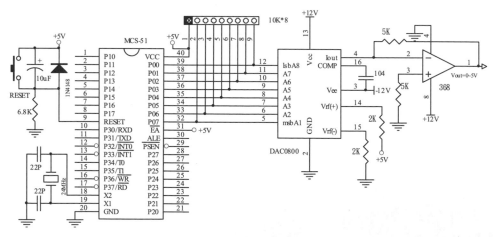

圖 8-1　D/A 轉換電路

　　圖中 DAC 的參考電壓(Vref)為 5V，表示當輸入數位資料為 00~0xFF 時，共有 256 階的準位，其輸出的類比電壓為 0~+5V。

　　MCS-51 由 P0 送入 8-bit 的數位資料後，DAC0800 會輸出的電流源，必須由運算放大器 LM368 轉為電壓源,即可輸出 0~+5V 類比電壓。

8-1.2　數位/類比轉換器(DAC)實習

開啟專案檔 C:\MPC82\CH8_AD\DAC.uvproj,並加入以下各項範例。

1.　應用 DAC 輸出三角波:

應用 DAC 輸出三角波,令 P0 輸出數位資料由 0~255,使 DAC 輸出電壓上升至頂點。再令 P0 輸出數位資料由 255~0,使 DAC 輸出電壓下降至谷點,重覆執行,範例如下:

```
/*************** DAC1.C ***********************
*動作:由 P0 送出數位資料到 DAC 輸出三角波
**********************************************/
#include "..\MPC82.H"  //暫存器及組態定義
main()
{
  unsigned char i=0; //輸出數位資料
  while(1)    // 重覆執行
  {
  while(++i)  P0=i; //數位資料遞加輸出到 0
  while(--i)  P0=i; //數位資料遞減輸出到 0
  }
}
```

軟體 Debug 操作:在邏輯分析模擬載入 DAC.UVL。快速執行,會輸出三角波形。

2.　應用三角函數令 DAC 輸出正弦波實習:

我們可將數位資料經數學演算後,送到 DAC 輸出類比波形。Keil 系統內含有各種函數提供使用,其中 math.h 專用處理數學運算,內容如下:

```
extern char  cabs  (char  val);  //取 8-bit 整數絕對值
```

```
extern int   abs  (int  val); //取 16-bit 整數絕對值
extern long  labs (long val); //取 32-bit 整數絕對值
extern float fabs (float val); //取浮點數絕對值
extern float sqrt (float val); //均方根
extern float exp  (float val); //指數
extern float log  (float val); //自然對數
extern float log10 (float val); //以十為底的自然對數
extern float sin  (float val); //正弦
extern float cos  (float val); //餘弦
extern float tan  (float val); //正切
extern float asin (float val); //反正弦
extern float acos (float val); //反餘弦
extern float atan (float val); //反正切
```

以正弦(sin)為例，將角度(0~359)以正弦函數演算為弧度(-1~0~1)，再轉換成 8-bit 的數位資料(0~255)，送到 DAC0800 即可輸出正弦波，如表 8-1 所示。

表 8-1　正弦波資料的轉換

角度	弧度	數位資料	角度	弧度	數位資料
0	0	128	180	0	128
15	0.2588	160	195	-0.2588	95
30	0.5	191	210	-0.5	64
45	0.707	217	225	-0.707	38
60	0.866	237	240	-0.888	18
75	0.966	250	255	-0.966	5
90	1	255	270	-1	1
105	0.966	250	285	-0.966	5
120	0.866	237	290	-0.888	18
135	0.707	217	315	-0.707	38
150	0.5	191	330	-0.5	64
165	0.2588	160	345	-0.2588	95

應用正弦函數令 DAC 輸出正弦波實習範例如下：

```
/*************** DAC2.C *************************
*動作：由 P0 輸出三角函數資料送到 DAC 輸出正弦波
```

```
*********************************************/
#include "..\MPC82.H"  //暫存器及組態定義
#include <math.h> //將算數函數包括進來
float x;       //正弦值計算
int i;   //角度
main()
{
  while(1)   //重覆執行
   {
     for(i=0;i<360;i++)          //角度 0~359 度
      {
         x=sin(i*3.14159/180);//角度轉為弧度-1~0~1
         P0=x*127+128; //弧度-1~0~1 轉為 1~128~255 輸出
      }
   }
}
```

軟體 Debug 操作:

(1)打開 Watch 視窗。觀察變數 i、x、及 P0 輸出的變化

(2)在邏輯分析模擬載入 DAC.UVL,快速執行會輸出正弦波。

(3)停止後,量測正弦波的週期時間約為 0.93 秒,如圖 8-2 所示。

作業:請使用 SIN 及 COS 函數,同時由 P0 及 P1 輸出波形,兩者會相差 90 度。

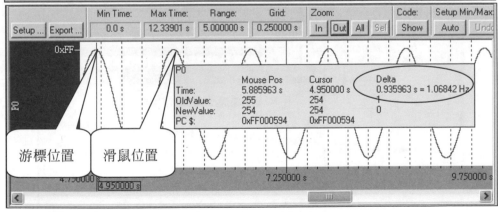

圖 8-2　邏輯分析模擬-正弦函數輸出

正弦函數演算為浮點運算數值,而 8051 並無內含浮點運算器,僅能以軟體來演算所須時間較長。本實習範例將正弦函數演算 360 次後,產生正弦波的

週期時間為約 0.93 秒。若要加快執行速度可使用列表法(Lookup Table)方式。

3. 應用列表法令 DAC 輸出正弦波實習：

所謂列表法是事先將角度(0~359)經正弦(sin)演算後，再轉換成 8-bit 的數位資料(0~255)儲存在列表(TABLE.H)內，再依序讀取其內容，送到 DAC 輸出正弦波。如此程式中不須進行浮點運算，可加快執行的速度。但是其缺點是列表資料會佔用大量的記憶體空間，也就是以空間換取時間。

我們可應用套裝軟體 EXCEL 來求得此數位資料，本節範例資料夾(CH8)內有 EXCEL 檔案(SIN_TABLE)提供讀者使用，操作如下：

(1) 在儲存格(A2)以後輸入角度 0~359。

(2) 在儲存格(B2)設定將角度轉換成弧度的公式：SIN(A2*3.14159/180)，將角度(0~359)轉換為弧度(-1~0~1)，再往下拖曳複製屬性，如圖 8-3(a)所示。

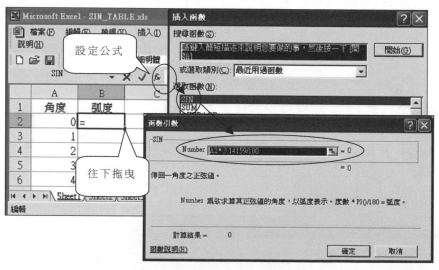

圖 8-3(a) 角度轉換成弧度

(3) 在儲存格(C2)設數位資料轉換公式：SUM(B2*127+128)，將弧度(-1~0~1)轉換為數位資料(0~128~255)。為了讓它僅轉換為整數，可在該儲存格(C2)

按右鍵，選擇儲存格格式→數值→數值→小數位數(D)=0，如此可設定數值為整數且具有四捨五入的功能，再往下拖曳複製屬性。如圖 8-3(b)。

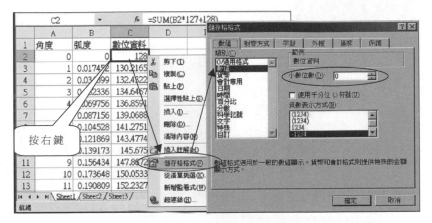

圖 8-3(b)　數位資料轉換

(4) 但上述所產生的數位資料卻無法複製到其它軟體，必須將儲存格(C)整列複製後，按右鍵使用選擇性貼上在儲存格(D)列內，同時須設定僅貼上值與數字格式，如此才可以複製其數值。如圖 8-3(c)所示。

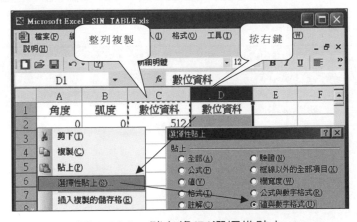

圖 8-3(c)　儲存格(D)選擇性貼上

(5) 將儲存格(D1)的文字改為選擇性貼上，顯示的畫面，如圖 8-3(d)所示：

圖 8-3(d)　SIN_TABLE 畫面

(6) 再將儲存格(D2)以下的數值資料貼到 TABLE.H 內，加以修改如下：

```
/* TABLE.H，將 0~359 正弦波轉換為 8-bit 數位資料存於 ROM 內*/
code unsigned char sin_table[360]={
128,130,132,135,137,139,141,143,146,148,150,152,154,157,159, //0~14
38, 37, 35, 34, 32, 31, 29, 28, 27, 25, 24, 23, 21, 20, 19, //225~239
  (省略)
 95, 97, 99,102,104,106,108,110,113,115,117,119,121,124,126}; //345~359
```

列表法 DAC 輸出範例如下：

```
/*******DAC3.C*****使用列表法輸出正弦波*****************
*功能：讀取正弦列表資料，由 P0 送到 DAC 產生正弦波。
*****************************************************/
#include  "..\MPC82.H"
#include  "TABLE.H"   // 正弦波列表資料
int i;   //角度
main()
{
  while(1)  //重覆執行
   {
     for(i=0;i<360;i++)    //角度 0~359 度
     P0=sin_table[i];  //讀取角度的數位資料輸出
   }
}
```

軟體 Debug 操作:

(1) 在邏輯分析模擬載入 DAC.UVL。快速執行,會輸出正弦波。

(2) 停止後,顯示正弦波的「週期時間」及「頻率」,如圖 8-4 所示。

(3) 本實習範例將正弦波資料輸出 360 度後,產生正弦波的週期時間約 2.9ms,較上述方式加快數百倍以上。

作業:請使用套裝軟體 EXCEL 求得 SIN 及 COS 的數位資料並建立兩個列表,同時由 P0 輸出 SIN 波形及 P1 輸出 COS 波形,兩者會相差 90 度。

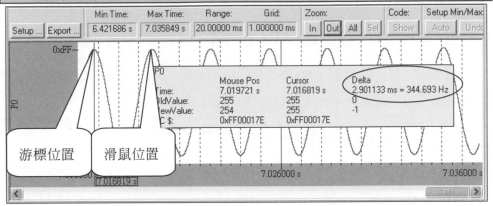

圖 8-4　邏輯分析模擬-列表法正弦波輸出

8-2　類比/數位轉換器(ADC)控制實習

　　MPC82G516 內含有類比/數位轉換器(ADC:Analog to Digital Converter),可輸入 8 通道(AIN0~7)的類比電壓,輪流送到 10-bit 的 ADC 轉換為數位資料。它可用於搖桿(電阻式)、壓力、光線及溫度的感測。接腳如圖 8-5 所示。

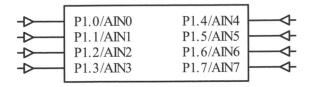

圖 8-5　類比 ADC 輸入接腳

ADC 的特性如下:

◎可由 AIN0-7(P1.0-7)接腳輸入 8 個類比電壓，但每次僅允許一個通道輸入。

◎以 VDD(如+5V)為參考電壓，也就是說輸入類比電壓最高為+5V。

◎由系統頻率 Fosc 經除頻後決定其轉換速率，可選擇 Fosc /1080~Fosc /270。

◎轉換完畢後，會將 10-bit 數位資料存入 ADCH/L 內，並可規劃產生中斷。

8-2.1 類比/數位轉換器(ADC)控制

MPC82G516 的接腳(P1.0-7)預設為數位輸出入埠，必須設定為類比接腳後才能輸入類比電壓，ADC 控制方式如圖 8-6 所示。

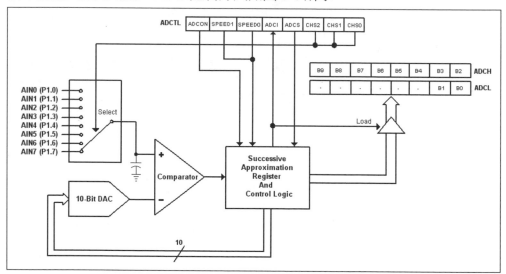

圖 8-6　ADC 控制圖

和 ADC 相關暫存器，如表 8-2 所示。

表 8-2　和 ADC 相關暫存器

暫存器	位址	D7	D6	D5	D4	D3	D2	D1	D0	預定
IE	0xA8	EA	-	未用	未用	未用	未用	未用	未用	00
AUXIE	0xAD	-	-	未用	未用	未用	未用	EADC	未用	00

AUXIP	0xAE	-	-		未用	未用	未用	PADC	未用	00
AUXIPH	0xAF	-	-		未用	未用	未用	PADCH	未用	00
AUXR	0x8E		ADRJ							
ADCTL	0xC5	ADCON	SPEED1-0		ADCI	ADCS	CHS2-0			00
ADCH	0xC6	B9	B8	B7	B6	B5	B4	B3	B2	xx
ADCL	0xBE							B1	B0	xx

1. 在 ADC 控制暫存器(ADCTL: ADC Control)設定 ADC 工作，如表 8-3 所示。

表 8-3　　ADCTL 控制暫存器

D7	D6	D5	D4	D3	D2	D1	D0
ADCON	SPEED1	SPEED0	ADCI	ADCS	CHS2	CHS1	CHS0

位元	名稱	功　　能
D7	ADCON	ADC 時脈控制，1=將時脈送入 ADC 工作，0=停止 ADC 工作
D6-5	SPEED1-0	ADC 轉換頻率：00=Fosc/1080，01=Fosc/540，10=Fosc/360，11=Fosc/270
D4	ADCI	ADC 中斷旗標，1=ADC 轉換完畢
D3	ADCS	ADC 啟動，1=啟動 ADC 開始轉換，轉換完畢自動令 ADCS=0
D2-0	CHS2-0	CHS2-0=000-111：設定通道 AIN0~AIN7 可輸入類電壓

ADCT 暫存器在 MPC82.H 內定義名稱，如下所示。

```
/* ADC 暫存器 */
sfr ADCTL  = 0xC5;  // ADC 控制暫存器
#define ADCON 0x80  // ADC 時脈，1=將時脈送入 ADC 工作，0=停止 ADC 工作
#define ADCI  0x10  // ADC 中斷旗標，1=ADC 轉換完成
#define ADCS  0x08  // ADC 啟動，1=啟動 ADC 開始轉換
```

例如：啟動 AIN1(P1.1)輸入類比電壓進行 ADC 轉換。

```
ADCTL =ADCON + ADCS + 1; //ADCON=1 將時脈送入 ADC，令 ADC 工作
                         //SPEED1-0=00，ADC 轉換頻率=Fosc/1080
                         //ADCS=1 啟動 ADC 開始轉換
                         //CHS2-0=001，指定 AIN1(P1.1)輸入電壓
```

2. ADC 中斷設定如下：

中斷編號	致能位元	中斷旗標位元	中斷優先位元	中斷位址
9	AUXIE(EADC)	ADCI	AUXIPH (PADCH)，AUXIP(PADC)	0x4B

3. 當 ADC 轉換完畢會自動令 ADCS=0，同時令 ADC 中斷旗標 ADCI=1。

4. 若事先有令 EA=1 及 EADC=1 致能中斷，此時會跳到 ADC 中斷向量，執行中斷函數式。將轉換完畢的 10-bit 數位資料存入 ADCH/L(ADC 資料暫存器)內，同時會自動清除 ADCI=0。

5. 預定輔助暫存器(AUXR)內的位元 ADJ=0，會將 ADCH 往左移，如此可在 ADCH 讀取高 8-bit 資料，如表 8-4(a)所示。

表 8-4(a)　　ADC 資料暫存器-ADCH 左移(ADJ=0 時)

7	6	5	4	3	2	1	0	7	6	5	4	3	2	1	0
B9	B8	B7	B6	B5	B4	B3	B2	0	0	0	0	0	0	B1	B0
ADCH								ADCL							

6. 設定 ADJ=1 會將 ADCH 往右移，可在 ADCH/L 讀取資料，如表 8-4 (b)所示。

表 8-4(b)　　ADC 資料暫存器-ADCH 右移(ADJ=1 時)

7	6	5	4	3	2	1	0	7	6	5	4	3	2	1	0
0	0	0	0	0	0	B9	B8	B7	B6	B5	B4	B3	B2	B1	B0
ADCH								ADCL							

8-2.2　類比/數位轉換器(ADC)實習

實習板內有兩個可變電阻，可連接 Ain0(P1.0)及 Ain1(P1.1)，藉由調整可變電阻來模擬輸入類比電壓，使用時必須將 SW3-1~2 短路。如圖 8-7 所示。

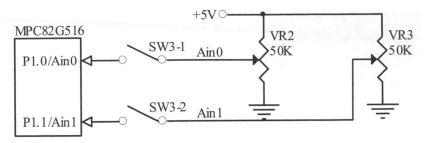

圖 8-7　ADC 電路

開啟專案檔 C:\MPC82\CH08_AD\ADC.uvproj，並加入各範例程式：

1. ADC 控制範例，請加入 ADC1.C。

```
/************** ADC1.C ******ADC 實習範例**********
*動作：輸入類比電壓，讀取高 8-bit 數位資料，由 LED 顯示
*硬體：SW1-3(P0LED) ON, SW3-1(Ain0) ON，調整 Ain0 的 VR2
*****************************************************/
#include "..\MPC82.H"
#define  ch    0 //指定由 Ain0 進行 ADC 轉換
void main(void)
{
 P0M0=0; P0M1=0xFF; //設定 P0 為推挽式輸出(M0-1=01)
 while(1)
  {
    ADCTL =ADCON + ADCS + ch; //ADC 工作及指定道通進行 ADC 轉換
    while(!(ADCTL & ADCI));    //檢查 ADCI 是否轉換完畢
    ADCTL=0;                   //轉換完畢，停止 ADC 工作
    LED=~ADCH;                 //高 8-bit 數位資料，由 LED 顯示
    Delay_ms(100);
  }
}
```

實習板：開啟 I/O 及 A/D 視窗，調整 VR2，單步執行，觀察 ADC 暫存器及 LED 的動作，如
　　　圖 8-8 所示。
作業：請改為由 Ain1 輸入，調整 VR3。

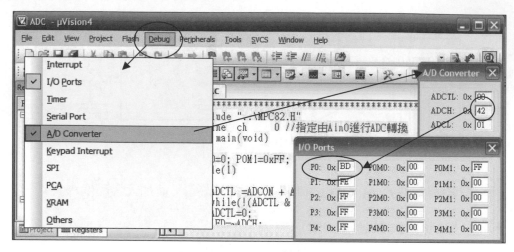

圖 8-8　ADC 實習板操作

2. ADC 中斷實習範例，請加入 ADC2.C。

```
/************** ADC2.C ******ADC中斷實習範例**********
*動作：輸入類比電壓，以中斷方式讀取高 8-bit 數位資料，由 LED 顯示
*硬體：SW1-3(P0LED) ON, SW3-1(Ain0) ON，調整 Ain0 的 VR2
**************************************************/
#include "..\MPC82.H"
#define  ch    0 //指定由 Ain0 進行 ADC 轉換
void main(void)
{ P0M0=0; P0M1=0xFF; //設定 P0 為推挽式輸出(M0-1=01)
  EA=1; AUXIE = EADC; //致能 ADC 中斷
  ADCTL = ADCON + ADCS + ch; //ADC 工作及指定道通進行 ADC 轉換
  while(1);//空轉，表示此時可做其它工作
}
//*******************************************
void ADC_Interrupt()  interrupt 9
{  ADCTL=0;     //停止 ADC 工作
   LED=~ADCH;  //高 8-bit 數位資料，由 LED 顯示
   ADCTL = ADCON + ADCS + ch; //重新啟動 ADC
}
```

實習板：同上

作業：請改為在 P1-7~6 及 P0-7~0 顯示 bit9~0 的數位資料。

3. ADC 中斷實習，在超級終端機顯示 ADC 數值，請加入 ADC3.C。

```
/************** ADC3.C ******ADC 中斷實習範例*********
*動作：輸入類比電壓，由 UART 發射到電腦顯示數值
*硬體：SW3-1(Ain0) ON，SW3-3(TxD1) ON，調整 Ain0 的 VR
****************************************************/
#include "..\MPC82.H"
#define  ch     0 //指定由 Ain0 進行 ADC 轉換
unsigned int ADC(char channel);
void output(unsigned char Data);
void main(void)
{  UART_init(9600);  //UART 啟始程式，設定串列環境及鮑率
   EA=1;             //致能所有中斷
   AUXIE = EADC;     //致能 ADC 中斷
   AUXR = ADRJ;      //數位資料 ADCH 向右移
   ADCTL=ADCON + ADCS + ch; //ADC 工作及指定道通進行 ADC 轉換
   while(1);  //空轉，此時可做其它工作
}
/************************************************************
*函數名稱：ADC 中斷函數
*功能描述：整合 10-bit 數位資料
************************************************************/
void ADC_Interrupt()  interrupt 9
{ unsigned int value;
  ADCTL=0;                   //停止 ADC 工作
  value=(ADCH<<8) + ADCL;  //整合 Ain0 數位資料
  output('A'); output('i'); output('n'); output('=');//發射字串
  output(value/1000+'0');      //發射資料的千位數
  output(value%1000/100+'0'); //發射資料的百位數
  output(value%100/10+'0');    //發射資料的十位數
  output(value%10+'0');        //發射資料的個位數
  output('\n'); output('\r'); //跳行及歸位
  Delay_ms(300);              //延時
  ADCTL=ADCON + ADCS + ch;    //重新啟動 ADC 工作
}
/************************************************************
*函數名稱：void output(unsigned char Data)
*功能描述：將字元發射出去
```

```
*輸入參數：字元資料
***************************************************/
void output(unsigned char Data)
{
  SBUF=Data;  //轉成字元發射出去
  while(TI==0);  //若 TI=0 表示未發射完畢，再繼續檢查
  TI=0 ;   //若 TI=1 表示已發射完畢，令 TI=0
}後面省略)
```

實習板：開啟 A/D 視窗，連接 RS232，調整 VR2，快速執行，觀察超級終端機的動作。
作業：請改為由 Ain1 輸入，調整 VR3。

4. 兩通道 ADC 中斷實習，在超級終端機顯示類比電壓值，其中輸入電壓(Vin)、

參考電壓(Vref=5V)、ADC 轉換資料(Data)及 10-bit 最大數值(1023)之間的

公式如下：

$$\frac{Vin}{Vref} = \frac{Data}{1023}, Vin = \frac{Data}{1023} * Vref。若要取小數點兩位：Vin = \frac{Data * 5V * 100}{1023}$$

請加入 ADC4.C。

```
/************* ADC4.C *******ADC 中斷實習範例********
*動作：輸入兩通道類比電壓，由 UART 發射到電腦顯示電壓值
*     顯示"Ain0=x.xxV , Ain1=x.xxV"
*硬體：SW3-1~2(Ain0-1) ON，SW3-3(TxD1) ON，調整 Ain0 的 VR2
***************************************************/
#include "..\MPC82.H"
#include <stdio.h>   //加入基本輸出入函數
bit ch=0;                              //類比通道
void main(void)
{
  UART_init(9600); //UART 啟始程式，設定串列環境及鮑率
  TI=1;
  EA=1;          //致能所有中斷
  AUXIE = EADC;  //致能 ADC 中斷
  ADCTL=ADCON + ADCS + 0 ; //由 Ain0 進行 ADC 轉換
  AUXR = ADRJ;   //數位資料 ADCH 向右移
  while(1);       //空轉，等待 ADC 轉換完畢中斷，此時可做其它工作
}
```

```
/*************************************************************
*函數名稱: output(unsigned long Data)
*功能描述: 將數位資料轉成電壓值發射到電腦
*輸入參數: temp 數位資料
*************************************************************/
void output(unsigned long Data)
{
  Data=(Data*5*100)/1023;      //數位資料轉換成電壓值
  putchar(Data/100+'0');       //發射資料的百位數
  putchar('.');                //發射小數點
  putchar(Data%100/10+'0');    //發射資料的十位數
  putchar(Data%10+'0');        //發射資料的個位數
  putchar('V');                //發射電壓
 }
/*************************************************************
*函數名稱: ADC 中斷函數
*功能描述: 整合 Ain0-1 的 10-bit 數位資料
*************************************************************/
void ADC_Interrupt()  interrupt 9
{
   unsigned int value0,value1;        //數位資料變數
   putchar('A'); putchar('i'); putchar('n'); //串列埠發射字串"Ain"

   if(ch==0)  //若是 Ain0 類比輸入
    {
    ADCTL= 1;       //改為 Ain1，停止 ADC 工作
    value0=(ADCH<<8) + ADCL; //整合 Ain0 數位資料
    putchar('0'); putchar('='); //串列埠發射字串"0="
    output(value0);  //Ain0 數位資料轉換成電壓值,發射出去
    putchar(' ');putchar(',');putchar(' '); //串列埠發射字串" , "
  }
    else//若是 Ain1 類比輸入
     {
     ADCTL= 0;      //改為 Ain0，停止 ADC 工作
     value1=(ADCH<<8) + ADCL ; //整合 Ain1 數位資料
     putchar('1'); putchar('='); //串列埠發射字串"1="
     output(value1); //Ain1 數位資料轉換成電壓值,發射出去
        putchar('\n');putchar('\r');      //跳行，歸位
```

```
          Delay_ms(1000);        //延時
       }
    ch=!ch;  //換另一通道
    ADCTL=ADCTL+ADCON + ADCS;  //重新啓動 ADC 轉換
  }  (後面省略)
```

實習板：開啓 A/D 視窗，連接 RS232，調整 VR2-3，快速執行，觀察超級終端機的動作。
作業：請改爲電壓值取小數點第 3 位。

5. 兩通道 ADC 中斷實習：將 ADC 轉換累加 10 次後，再取其平均值於 LCD

　　顯示的電壓值會較爲穩定。請加入 ADC5.C。

```
/************* ADC5.C *******ADC 中斷實習範例********
*動作：輸入兩通道類比電壓，在 LCD 顯示電壓值
*硬體：SW3-1~2(Ain0-1)ON，調整 Ain0-1 的 VR
**************************************************/
#include "..\MPC82.H"
#include <stdio.h>   //加入基本輸出入函數
unsigned int ADC(char channel);  //將類比電壓轉換成數位資料
void LCD_Disp(unsigned int disp); //LCD 顯示電壓值
unsigned int value=0; //數位資料變數
unsigned long temp;      //暫存值
unsigned long sum=0;   //累加值
char ch=0;  //類比通道
char i=0;  //轉換次數
void main(void)
{
  LCD_init();          //重置及清除 LCD
  LCD_Cmd(0x80);       //游標由第一行開始顯示字元
  LCD_Data('A'); LCD_Data('i'); LCD_Data('n');
  LCD_Data('0'); LCD_Data('=');

  LCD_Cmd(0xC0);       //游標由第二行開始顯示字元
  LCD_Data('A'); LCD_Data('i'); LCD_Data('n');
  LCD_Data('1'); LCD_Data('=');

  EA=1; AUXIE = EADC; //致能 ADC 中斷
  ADCTL=ADCON + ADCS + 0 ; //由 Ain0 進行 ADC 轉換
  AUXR = ADRJ;        //數位資料 ADCH 向右移
```

```
    while(1);          //空轉，表示可做其它工作
}
/***********************************************************
*函數名稱：ADC 中斷函數
*功能描述：整合 Ain0-1 的 10-bit 數位資料
***********************************************************/
void ADC_Interrupt()  interrupt 9
{
  ADCTL=0;  //停止 ADC 工作
  temp=(ADCH<<8) + ADCL;  //整合 Ain0 數位資料
  sum=sum+((temp*5*100)/1023);   //數位資料轉換成電壓值
  i++;
  if(i>9)     //檢查是否已轉換 10 次
   {
     if(ch==0){LCD_Cmd(0x85); ch=1;} //Ain0 在第一行顯示，改為 Ain1
       else   {LCD_Cmd(0xC5); ch=0; } //Ain1 在第二行顯示，改為 Ain0
     value=sum/10;            //累積取平均值電壓
     LCD_Disp(value);           //顯示類比電壓值
     i=0; value=0; sum=0;        //恢復各參數
   }
  ADCTL=ADCON + ADCS + ch;  //重新進行 ADC 轉換
}
/***********************************************************
*函數名稱：LCD_Disp(unsigned int disp)
*功能描述：LCD 顯示電壓值
*輸入參數：disp
***********************************************************/
void LCD_Disp(unsigned int disp) // LCD 顯示電壓值
{ LCD_Data(disp /100+'0');      //取出百位數字元到 LCD 顯示
  LCD_Data('.');                //顯示小數點
  LCD_Data(disp % 100/10+'0'); //取出十位數字元到 LCD 顯示
  LCD_Data(disp % 10+'0');      //取出個位數字元到 LCD 顯示
  LCD_Data('V');                //顯示 V
} (後面省略)
```

實習板：開啟 A/D 視窗，調整 VR2-3，快速執行，觀察 LCD 的動作。
作業：請改為電壓值取小數點第 3 位。

CHAPTER 9

串列式週邊界面(SPI)
與應用控制實習

本章單元

- 串列埠 SPI 界面控制實習
- 串列埠 EEPROM 控制實習
- SD 記憶卡控制實習

串列週邊界面(SPI：Serial Peripheral Interface)是個高速同步式傳輸的串列界面，它具有 Master(主)/Slave(從)模式架構，可用於連接多個串列 SPI 界面的晶片，如 CPU、EEPROM、Flash ROM、A/D 及 D/A 等，如圖 9-1 所示：

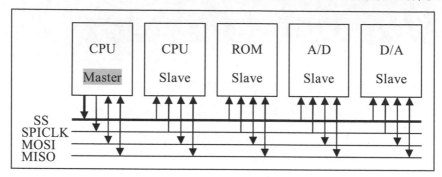

圖 9-1 SPI 界面 Master(主)/Slave(從)式架構

其接腳如表 9-1 所示。

表 9-1 串列埠 SPI 接腳

SPI 接腳		信號腳	IO	說明
P14(SS) P17(SPICLK) P15(MOSI) P16(MISO)		SS	I	設定為從模式時，作為晶片選擇用
		SPICLK	IO	SPI 串列時脈信號
		MOSI	IO	SPI 串列資料主輸出/從輸入
		MISO	IO	SPI 串列資料主輸入/從輸出

其特性如下：

◎僅以 3 或 4 條線，即可完成串列埠的全雙工(full duplex)同步傳輸。

◎操作方式分為 Slave(從)模式或 Master(主)模式，可連接多個主 SPI 及從 SPI，但同一時間僅有一個主 SPI 與從 SPI 可以傳輸。

◎串列傳輸資料長度通常為 8-bit，且可規劃 bit-0 或 bit-7 先傳輸。

◎可規劃資料傳輸速率為 Fosc/4~Fosc/128。

◎可規劃時脈(SPICLK)的極性爲及相位,來進行同步發射及接收。

◎SPI 接腳預定爲 P1.4-7,若輔助暫存器(AUXR1)內的位元 P4SPI=1,可將 SPI
接腳改爲 P4.4-7 工作。

9-1 串列埠 SPI 界面控制實習

SPI 的主(Master)及從(Slave)分別,在於 Master 會送出時脈,具有主控權,
能夠主動傳輸資料。而 Slave 則是接收時脈,被動的傳輸資料,其控制方塊圖,
如圖 9-2 所示:

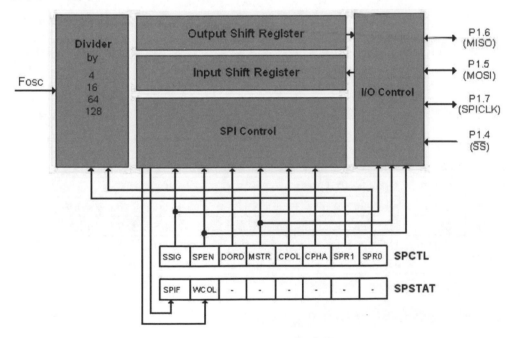

圖 9-2　SPI 控制方塊圖

和 SPI 相關暫存器,如表 9-2 所示。

表 9-2　和 SPI 相關暫存器

暫存器	位址	D7	D6	D5	D4	D3	D2	D1	D0	預定
AUXR1	0xA2	未用	未用	P4SPI	未用	未用	-	-	未用	00
IE	0xA8	EA	-	未用	未用	未用	未用	未用	未用	00
AUXIE	0xAD	-	-	ESPI	未用	未用	未用	未用	未用	00
AUXIP	0xAE	-	-	PSPI	未用	未用	未用	未用	未用	00
AUXIPH	0xAF	-	-	PSPIH	未用	未用	未用	未用	未用	00
SPSTAT	0x84	SPIF	WCOL	-	-	-	-	-	-	00
SPCTL	0x85	SSIG	SPEN	DORD	MSTR	CPOL	CPHA	SPR1	SPR0	0x04
SPDAT	0x86	bit 7-0								00

◎ SPI 控制暫存器(SPCTL: SPI Control Register)：控制 SPI 操作，如表 9-3：

表 9-3　SPI 控制暫存器(SPCTL)

D7	D6	D5	D4	D3	D2	D1	D0
SSIG	SPEN	DORD	MSTR	CPOL	CPHA	SPR1	SPR0

位元	名稱	功　　　能
D7	SSIG	SS 腳忽略，主模式時，設定 SSIG=1，則從晶片選擇(SS)腳無作用。
D6	SPEN	SPI 致能，1=致能 SPI 傳輸工作。
D5	DORD	SPI data order，1=LSB(bit0)先傳輸，0=MSB(bit7)先傳輸。
D4	MSTR	主(Master)模式選擇，1=SPI 為主模式，0=SPI 為從模式。
D3	CPOL	時脈(SPICLK)的極性(polarity)控制，如圖 9-7(a)(b)及圖 9-8(a)(b)所示。
D2	CPHA	時脈(SPICLK)的相位(phase)控制，如圖 9-7(a)(b)及圖 9-8(a)(b)所示。
D1-0	SPR1-0	設定 SPR1-0 將 Fosc 除頻為 SPI 工作時脈(SPICLK)，設定方式為： 00= Fosc/4，01= Fosc/16，10= Fosc/64，11= Fosc/128。

◎ SPI 狀態暫存器(SPSTAT: Status Register)：顯示 SPI 工作，如表 9-4 所示：

表 9-4　SPI 狀態暫存器(SPSTAT)

D7	D6	D5	D4	D3	D2	D1	D0
SPIF	WCOL	-	-	-	-	-	-

位元	名稱	功　　能
D7	SPIF	SPI 傳輸完畢旗標，1=SPI 傳輸完畢，須用軟體寫入 1 清除為 SPIF= 0。
D6	WCOL	寫入碰撞(collision)旗標：寫入資料到 SPDAT 時，會移到發射資料緩衝器，同時令 WCOL=1。當資料由發射資料緩衝器送到輸出移位暫存器時 WCOL=0，表示發射資料緩衝器已空，可再寫入資料，以避免寫入資料碰撞(collision)。也可用軟體寫入 1 來清除為 0。

◎ SPI 的主模式與從模式選擇，如表 9-5 所示：

表 9-5　SPI 主模式與從模式選擇

SPEN	SSIG	/SS 腳	MSTR	傳輸模式	MISO	MOSI	SPICLK	功能說明
0	X	X	X	SPI 禁能	輸出入	輸出入	輸出入	P1.4~P17 為 IO 埠
1	0	0	0	Salve	輸出	輸入	輸入	從模式/SS=0 時，工作
1	0	1	0	Slave	高阻抗	輸入	輸入	從模式/SS=1 時，不工作
1	0	0	1→0	Slave	輸出	輸入	輸入	當 MSTR=1→0，若/SS=0，則由主模式轉為從模式
1	0	1	1	Master 閒置	輸入	高阻抗	高阻抗	當 Master 閒置時
				Master 工作		輸出	輸出	當 Master 工作時
1	1	X	0	Slave	輸出	輸入	輸入	從模式 SS 腳忽略，工作
1	1	X	1	Master	輸入	輸出	輸出	主模式 SS 腳忽略，工作

◎ SPI 資料暫存器(SPDAT: SPI Data Register)：有發射及接收，故可用於全雙工的串列資料傳輸，但均佔用同樣的位址。同時發射時有一組緩衝器(buffer)及接收時有兩組緩衝器(buffer)。

◎ SPI 中斷設定如下：

中斷編號	致能位元	中斷旗標位元	中斷優先位元	中斷位址
8	AUXIE(ESPI)	SPIF	AUXIPH (PSPIH)，AUXIP(PSPI)	0x43

9-1.1　SPI 傳輸控制

SPI 各項操作方式，如下：

1.固定主/從 SPI 傳輸資料，如圖 9-3 所示

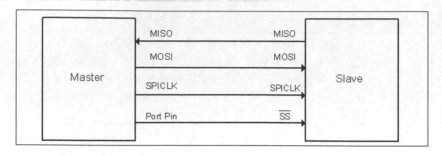

圖 9-3 固定主/從 SPI 傳輸

其控制方式，如圖 9-4 所示：

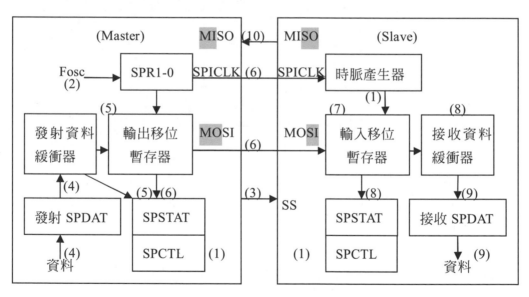

圖 9-4 固定主/從 SPI 傳送控制

以 Master(主 SPI)傳送資料給 Slave(從 SPI)為例：

(1) 在兩個SPCTL(SPI控制暫存器)分別設定為Master及Slave，同時兩者傳輸格式須相同。

(2) 在Master將系統頻率(Fosc)經暫存器(SPCTL)內的位元(SPR1-0)設定除頻4~128倍後，作為串列同步時脈頻率由SPICK腳輸出。

(3) Master的輸出0送到Slave的/SS(晶片選擇)，啓動Slave開始工作。

(4) Master將資料寫入發射SPDAT(SPI資料暫存器)時，它會存在發射資料緩衝器(buffer)，會令SPSTAT(SPI狀態暫存器)內的寫入衝撞旗標WCOL=1。

(5) 再自動送入輸出移位暫存器(Output Shift Register)內，令WCOL=0，表示發射資料緩衝器已空(Empty)，可再寫入下一筆資料。

(6) 由MOSI腳輸出串列資料，每輸出1bit同時會在SPICLK腳輸出一個同步時脈(Clock)。當輸出移位暫存器發射完畢後，會令旗標SPIF=1此時可產生中斷。

(7) 在Slave則隨著SPICLK腳輸入的同步時脈，由MOSI腳將串列資料送入輸入移位暫存器內，使兩者能夠同步傳輸資料。

(8) Slave的輸入移位暫存器接收完畢後，會送入接收資料緩衝器，同時令SPSTAT(SPI狀態暫存器)內的旗標SPIF=1。

(9) 再自動將資料送入接收SPDAT(SPI資料暫存器)內，若事先令EA=1及ESPI=1致能SPI中斷，此時會跳到中斷函數執行讀取SPDAT資料。

(10) 若是由Slave發射資料到Master，則隨著Master的SPICLK的時脈信號，由MISO腳傳送資料。

2.可變動主/從 SPI 傳輸，兩者均可設定爲主(Master)及從(Slave)模式，若是要將主/從 SPI 互換。先令從 SPI 暫存器 SPCTL 內的 MSTR=1 改爲主 SPI，再輸出 0 到另一個原來主 SPI 的 SS 腳，即可將原來主 SPI 改爲從 SPI，如圖 9-5 所示：

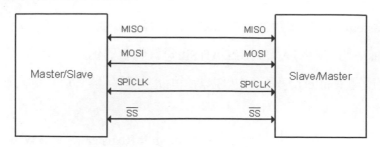

圖 9-5 可變動主/從 SPI 傳送資料控制

3.單一主 SPI 與多個從 SPI 互傳資料：Master 由 Port Pin1 及 Port Pin2 分別輸出 0 控制兩個 Slave 的 SS(晶片選擇)，來啟動開始工作。如圖 9-6 所示：

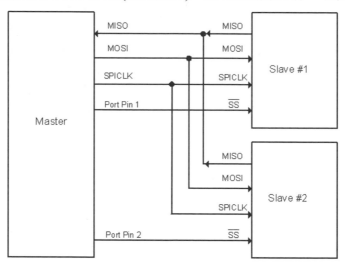

圖 9-6　單一主 SPI 與多個從 SPI 互傳資料

4.SPI 的資料傳輸模式會隨著相位控制(CPHA)的設定有所改變，如下：

(1)當 CPHA=0 時，SPI 從模式傳輸時序，如圖 9-7(a)所示：

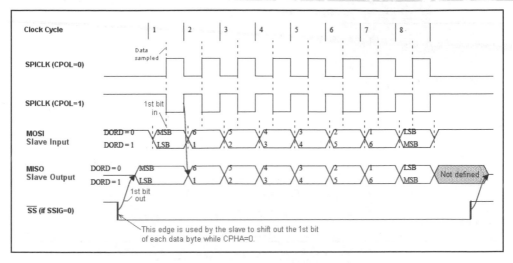

圖 9-7(a)　SPI 從模式傳輸時序(CPHA=0 時)

(2)當 CPHA=1 時，SPI 從模式傳輸時序，如圖 9-7(b)所示：

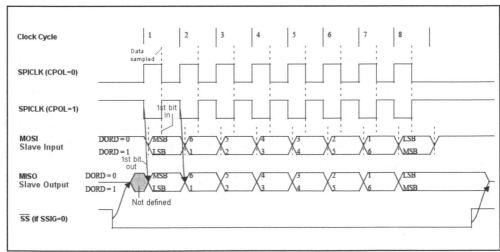

圖 9-7(b)　SPI 從模式傳輸時序(CPHA=1 時)

(3)當 CPHA=0 時，SPI 主模式傳輸時序，如圖 9-8(a)所示：

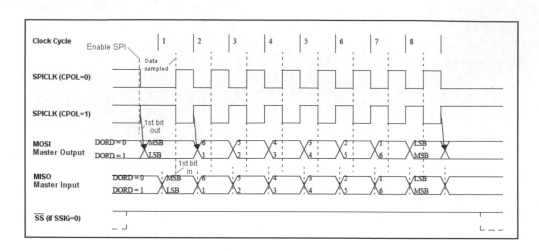

圖 9-8(a)　SPI 主模式傳輸時序(CPHA=0 時)

(4)當 CPHA=1 時，SPI 主模式傳輸時序，如圖 9-8(b)所示：

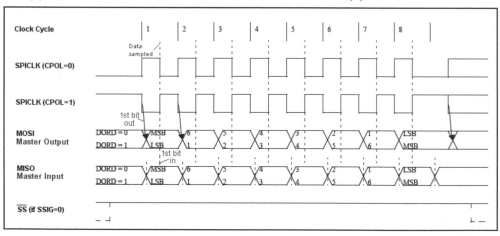

圖 9-8(b)　SPI 主模式傳輸時序(CPHA=1 時)

9-1.2　SPI 傳輸控制步驟

　　Master(主模式)SPI 及 Slave(從模式)SPI 的各項設定必須要相符，才能傳輸。如圖 9-9 所示：

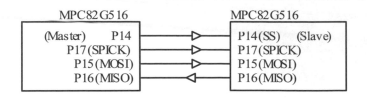

圖 9-9　SPI 傳輸

1. Master(主模式)SPI 控制步驟：

(1)在 SPI 控制暫存器(SPCTL)設定 Master(主模式)傳輸格式及時脈，如下：

D7	D6	D5	D4	D3	D2	D1	D0
SSIG=1	SPEN=1	DORD=0	MSTR=1	CPOL=0	CPHA=0	SPR1=1	SPR0=1

範例如下：

SPCTL = SSIG+SPEN+MSTR+SPR1+SPR0; //忽略 SS 腳，致能 SPI 為 Master，速度為 Fosc/128

(2)Master 輸出 0 送到 Slave 的 SS(晶片選擇)，啟動 Slave 開始工作。

(3)Master 將資料送入發射 SPDAT，經過發射資料緩衝器及輸出移位暫存器，由 MOSI 腳發射串列資料。同時配合 SPICK 腳輸出時脈。

(4) 發射 SPDAT 的資料自動送到發射資料緩衝器時 WCOL=1，發射資料緩衝器的資料送到輸出移位暫存器時 WCOL=0，表示可再寫入一筆資料。

(5)輸出移位暫存器的串列資料發射完畢後，會令 SPIF=1，如下所示。

D7	D6	D5	D4	D3	D2	D1	D0
SPIF=1	WCOL	-	-	-	-	-	-

(6)若事先令 EA=1 及 ESPI=1 致能 SPI 中斷，此時會跳到中斷函數執行，再準備再發射下一筆資料。

2. Slave(從模式)SPI 控制步驟：

(1)在 SPI 控制暫存器(SPCTL)設定 Slave(從模式)傳輸格式，除了 SSIG(SS 腳忽略)及不用設定時脈除頻外，其餘須和主模式相同，如下：

D7	D6	D5	D4	D3	D2	D1	D0
SSIG=0	SPEN=1	DORD=0	MSTR=0	CPOL=0	CPHA=0	SPR1=x	SPR0=x

範例如下：

```
SPCTL = SPEN;   //致能 SPI 為 Slave
```

(2)當 Slave 的 SS(晶片選擇)=0 時，啟動 Slave 開始工作。

(3)由 SPICK 腳輸入時脈，以串列方式在 MOSI 腳接收串列資料，經接收資料緩衝器存入接收 SPDAT 內。

(4)接腳完畢會令 SPI 狀態暫存器(SPSTAT)內 SPIF=1。若事先令 EA=1 及 ESPI=1 致能 SPI 中斷，此時會跳到中斷函數執行讀取接收 SPDAT 的資料。

9-1.3 SPI 傳輸實習

由兩台實習板分為擔任主 SPI 發射資料及從 SPI 接收資料，SPI 傳輸實習電路，如圖 9-10 所示：

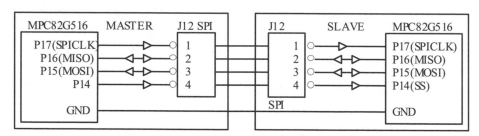

圖 9-10 SPI 傳輸實習電路

開啟專案檔 C:\MPC82\CH09_SPI\CH9.uvproj，並加入各範例程式：

1. 主模式 SPI 自我傳輸實習，由 MOSI 腳輸出的串列資料，再由本身的 MISO 腳輸入串列資，範例如下：

```
/*********SPI1.C***********SPI 自我傳輸範例*****************
*功能：使用 SPI 界面 MOSI 發射串列資料，由 MISO 接收在 LED 輸出。
*硬體：SW1-3(P0LED)ON，P15(MOSI)連接 P16(MISO)
**********************************************************/
#include "..\MPC82.H"
```

```
void main(void)
{
  unsigned char i=0;//計數
  P0M0=0; P0M1=0xFF; //設定 P0 為推挽式輸出(M0-1=01)
  SPCTL = SSIG+SPEN+MSTR+3; //忽略 SS 腳、致能為 Master，速度 Fosc/128
  while(1)
  {
  SPDAT = i++;                //寫入串列資料，令 WCOL=1
  while(SPSTAT & WCOL);  //若 WCOL=0，表示發射資料緩衝器已空(Empty)
  Delay_ms(1000);           //開始串列發射資料，延時，另一端串列接收
  while((SPSTAT & SPIF)==0); //若 SIPF=0 未接收完畢，等待之
  SPSTAT = SPIF;   //清除 SPI 旗標
  LED=~SPDAT;           //接收串列資料由 LED 輸出
  }
}
```

2. 主模式 SPI 發傳輸實習範例：

```
/********SPI2.C**********SPI 主模式發射範例********************
*功能：使用 SPI 界面 MOSI 發射串列資料
*硬體：SW1-3(P0LED)ON，由 J12(SPI)連接另一片實習板的 J12(SPI)
**********************************************************/
#include "..\MPC82.H"
void main(void)
{  unsigned char i=0;//計數
  P0M0=0; P0M1=0xFF; //設定 P0 為推挽式輸出(M0-1=01)
  SPCTL = SSIG+SPEN+MSTR+3;//忽略 SS 腳、致能為 Master，速度 Fosc/128
  while(1)
  { SS=0;            //SS(P14)=0，致能 Slave 晶片
    LED=~i;         //計數由 LED 輸出
    SPDAT = i++;    //寫入資料開始發射
    while((SPSTAT & SPIF)==0);//若 SIPF=0 未發射完畢，等待之
    SPSTAT = SPIF; //清除 SPI 旗標
    Delay_ms(1000);
    SS=1;            //SS(P14)=1，禁能 Slave 晶片
  }
}
```

3.從模式 SPI 傳輸實習範例：

```
/*********SPI3.C*********SPI 接收中斷範例******************
*功能：使用 SPI 界面中斷接收串輸入資料，同時由 LED 輸出。
*硬體：SW1-3(P0LED)ON，由 J12(SPI)連接另一片實習板的 J12(SPI)
*********************************************************/
#include "..\MPC82.H"
void main(void)
{  P0M0=0; P0M1=0xFF; //設定 P0 為推挽式輸出(M0-1=01)
   SPCTL = SPEN;  // 致能為 Slave
   EA=1; AUXIE = ESPI; //致能 SPI 中斷
   while (1); //空轉，等待接收資料，表示可做其它工作
}
void SPI_ISR() interrupt 8      //SPI 中斷函數
{ SPSTAT = SPIF; //清除 SPI 旗標
   LED=~SPDAT;       //讀取 SPI 接收到的資料到 LED 顯示
}
```

9-2 串列埠 EEPROM 控制實習

電子式清除唯讀記憶體(EEPROM：Electrically Erasable Programmable ROM)又稱為 E^2PROM，它可以用電壓來清除記憶，普遍用於儀器、記憶卡、大哥大 IC 卡、信用卡及金融卡等。

這些產品大部分使用串列埠 EEPROM，雖然記憶量較少，但因為它的體積小、成本低及接腳少，故常用來和單晶片微電腦搭配工作。

串列埠 EEPROM 的存取界面分為：串列週邊界面(SPI：Serial Peripheral Interface)的 93 系列及 I^2C (Inter-Integrated Circuit)界面的 24 系列。本章介紹 SPI 界面的 93C46，因為它的控制較為簡易，且可選用於 word(16-bit)或 byte(8-bit) 型式來存取資料，其記憶容量如表 9-6 所示及方塊圖如圖 9-11 所示：

表 9-6　93C 系列的記憶容量

EEPROM	位址	byte 資料存取	位址	word 資料存取
93C46	7-bit	128*8-bit	6-bit	64*16-bit
93C56	8-bit	256*8-bit	7-bit	128*16-bit
93C66	9-bit	512*8-bit	8-bit	256*16-bit

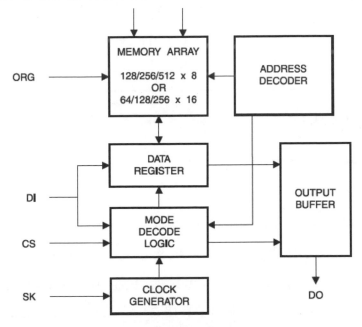

圖 9-11　93C 系列方塊圖

MPC82G516 與 93C46 串列埠 EEPROM 電路，如圖 9-12 所示：

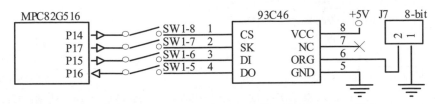

圖 9-12　MPC82G516 與 93C46 電路

93 系列串列埠接腳說明，如表 9-7 所示：

表 9-7　93 系列串列埠 EEPROM 接腳

腳位	名稱	方向	功 能 描 述	動 作
1	CS	輸入	EEPROM 晶片選擇	1=致能 EEPROM 工作，0=禁能 EEPROM 工作
2	SK	輸入	位元同步時脈信	每輸入一個脈波，會將 DI 或 DO 腳移位 1-bit 資料
3	DI	輸入	串列資料位元輸入	串列輸入命令、位址及資料
4	DO	輸出	串列資料位元輸出	串列輸出資料及 Busy 位元
5	GND	電源	電源接地	0V
6	ORG	輸入	16/8-bit 資料選擇	接地=8-bit，浮接=16-bit 串列資料傳輸
7	NC	無	空腳	空腳
8	VCC	電源	電源正端	+5V

9-2.1　串列埠 EEPROM 控制

SPI 界面串列埠 EEPROM 93C46 的控制步驟如下：

1. 令 CS=1 選擇晶片開始工作。

2. 由 DI 輸入串列位元，每輸入 1-bit，必須配合從 SK 腳輸入一個時脈信號，在正緣觸發時會將此位元送入 EEPROM 內。

3. 先由 DI 輸入開始位元(SB：Start Bit)=1 及 2-bit 的操作碼(OP：Operation Code)決定控制動作，再輸入位址及資料如表 9-8 及時序如圖 9-13(a)~(g)所示：

表 9-8　串列埠 EEPROM 93C46 控制動作

動作	SB	OP	byte 存取		word 存取		說　明
	指令		位址	資料	位址	資料	
EWEN	1	00	11X XXXX		11 XXXX		致能抹除/寫入動作，如圖 9-13(a)。
ERASE	1	11	A6~0		A5~0		清除指定位址內容，如圖 9-13(b)。
ERAL	1	00	10X XXXX		10 XXXX		清除全部內痮，如圖 9-13(c)所示
WRITE	1	01	A6~0	D7-0	A5~0	D15-0	寫入資料到指定位址，如圖 9-13(d)。
WRAL	1	00	01X XXXX	D7-0	01 XXXX	D15-0	寫入資料填滿全部，如圖 9-13(e)。
EWDS	1	00	00X XXXX		00 XXXX		禁能抹除/寫入動作，如圖 9-13(f)。
READ	1	10	A6~0	D7-0	A5~0	D15-0	讀取指定位址的資料，如圖 9-13(g)。

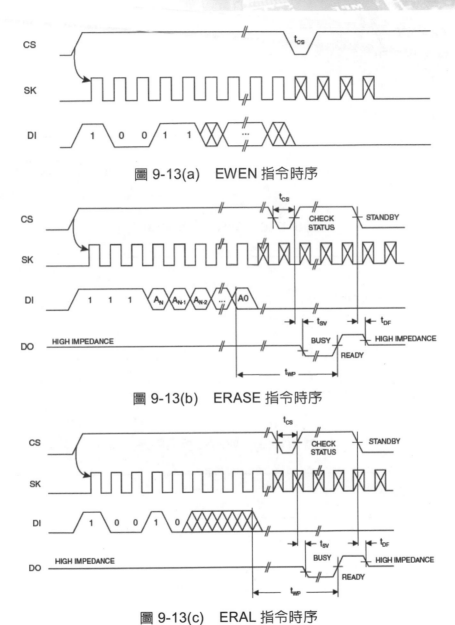

圖 9-13(a)　 EWEN 指令時序

圖 9-13(b)　 ERASE 指令時序

圖 9-13(c)　 ERAL 指令時序

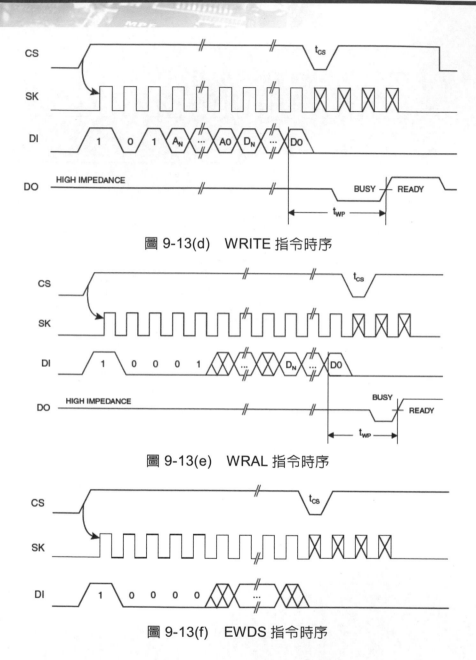

圖 9-13(d)　WRITE 指令時序

圖 9-13(e)　WRAL 指令時序

圖 9-13(f)　EWDS 指令時序

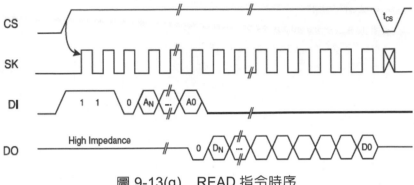

圖 9-13(g)　READ 指令時序

4. 由 ORG 腳決定為 word(ORG 浮接)或 byte(ORG 接地)資料存取。其中 93C46 的傳輸為 byte 型式時，位址為 7-bit 及資料為 8-bit。為 word 型式時，位址為 6-bit 及資料為 16-bit。

5. 且無論是位址或是資料的串列傳輸都是由最高位元先開始傳送，如 byte 型式時 A6 及 D7 先傳輸，word 型式時為 A5 及 D15 先傳輸。

6. 致能抹除/寫入(EWEN)後，才可進行寫入(WRITE、WRAL)或抹除全部 (ERAL)動作。寫入完畢後，最好立即禁能抹除/寫入動作(EWDS)，以免受干擾。

7. 在寫入或清除動作時，若檢查 DO=0 表示忙碌(busy)中，若 DO=1 表示已經輸入完畢，可再輸入下一筆資料。

8. 如果是讀取動作時，在輸入位址後，從 SK 腳每輸入一個正緣觸發的時脈信號，會由 DO 腳輸出 1-bit 的串列資料。

9. 最後令 CS=0 令晶片停止工作。

9-2.2　串列埠 EEPROM 實習

在 MPC82.H 內 93C46 的接腳定義及函數式宣告，如下：

```
//EEPROM 93C46 接腳
sbit   CS=P1^4;     //SPI EEPROM 晶片選擇
sbit   DI=P1^5;     //SPI EEPROM 串列資料輸入
sbit   DO=P1^6;     //SPI EEPROM 串列資料輸出
sbit   SK=P1^7;     //SPI EEPROM 同步時脈

//宣告 EEPROM 93C46 函數
void Clock(void);                //送入串列 EEPROM 時脈信號
void SEND(bit flag);        //送入 EEPROM 串列 1-bit 位址或資料
void SEND8(unsigned char Addr); //送入 8-bit 位址或資料
unsigned int READ_16(unsigned char Addr);//讀取 16-bit 資料
unsigned char READ_8(unsigned char Addr);//讀取 8-bit 資料
void WRITE_16(unsigned char Addr,unsigned int ch);//寫入 16-bit 資料
void WRITE_8(unsigned char Addr,unsigned char ch);//寫入 8-bit 資料
void EWEN(void);     //EEPROM 寫入及清除致能
void EWDS(void);     //EEPROM 寫入及清除禁能
void ERAL(void);     //EEPROM 清除全部記憶體
```

1. 以模擬 SPI 方式，進行串列埠 EEPROM 的 8-bit 存取實習範例。

　　將陣列 8-bit 資料寫入 EEPROM 93C46 內，再不斷重覆讀取送到 P0 輸出，本範例必須將 93C46 的 ORG 腳接地成為 8-bit 存取，範例程式如下：

```
/******** EEPROM1.C *****模擬 SPI 進行 EEPROM 存取**********
*動作：讀取 8-bit 陣列資料寫入 EEPROM，再重覆讀取到 LED 輸出
*硬體：SW1-3(P0LED)、 SW1-5~8(93c46)及 J7(8-bit)ON
*********************************************************/
#include "..\MPC82.H"    //暫存器及組態定義
unsigned char code Table[]
 ={0x01,0x02,0x04,0x08,0x10,0x20,0x40,0x80};
main()
{
  unsigned char i;//資料計數
  P0M0=0; P0M1=0xFF; //設定 P0 為推挽式輸出(M0-1=01)
  DI=1; DO=1; CS=0; SK=0;//設定初值
///*              //無寫入時，註腳取消
```

```
    EWEN();              //致能 EEPROM 寫入及清除

    ERAL();              //EEPROM 清除全部記憶體
    for(i=0;i<8;i++)     //寫入 8 筆資料
       WRITE_8(i,Table[i]); //寫入位址及 8-bit 資料
    EWDS();              //禁能 EEPROM 寫入及清除
//*/                     //無寫入時，註腳取消

    while(1)             //不斷重覆讀取 EEPROM 的資料
    {
       for(i=0;i<8;i++)     //讀取 8 筆資料
        {
          LED=~READ_8(i);    //讀取 EEPROM 的 8-bit 資料由 LED 輸出
          Delay_ms(500);     //延時
        }
    }
}
/**********************************************
 函數名稱: Clock
 功能描述:送入串列 EEPROM 時脈信號
 **********************************************/
void Clock(void)
 {  SK=0;  SK=1;}   //時脈正緣觸發
/**********************************************
 函數名稱: SEND
 功能描述:送入 EEPROM 串列 1-bit 位址或資料
 輸入參數：flag
 **********************************************/
void SEND(bit flag)
 { DI=flag; Clock(); }
/**********************************************
 函數名稱: SEND8
 功能描述: 串列 EEPROM 送入 8-bit
 輸入參數：Addr
 **********************************************/
void SEND8(unsigned char Addr)
```

```
{
  char i;
  for(i=0;i<8;i++)    //送入 8-bit
   {
     DI= Addr & 0x80;  //DI=bit7
     Clock();           //串列時脈，bit 送入 EEPROM
     Addr= Addr << 1;  //位址左移
   }
}
/**********************************************
 函數名稱:WRITE_8
 功能描述:93C46 串列 EEPROM 送入位址及 8-bit 資料
 輸入參數：Addr,ch
**********************************************/
void WRITE_8(unsigned char Addr,unsigned char ch)
{
  CS=1;              //開啓 EEPROM 晶片
  SEND(1);           //啓始位元
  SEND(0);           //送入操作碼 0
  SEND8(0x80+Addr);  //送入操作碼 1 及位址
  SEND8(ch);         //寫入資料
  CS=0;              //關閉 EEPROM 晶片
  CS=1; while(!DO) Clock(); CS=0;//等待寫入完畢
}
/***********************************************
 函數名稱: READ_8
 功能描述: 讀取 93C46 串列 EEPROM 資料
 輸入參數：Addr
 輸出參數：ch
***********************************************/
unsigned char READ_8(unsigned char Addr)
{
  char i;
  unsigned int ch;   //8-bit 資料
  CS=1;              //開啓 EEPROM 晶片
  SEND(1);           //啓始位元
```

```
  SEND(1);              //送入操作碼 1
  SEND8(0x00+Addr);    //送入操作碼 0 及位址
  if(DO==0)
  {
    ch=0;   //資料=0
    for(i=0; i < 8; i++)//讀取 8-bit 資料
    {
      Clock();            //串列資料由 DO 輸出
      ch=ch << 1;         //資料位元左移
      if(DO==1) ch++;    //若 DO=1，則 ch 資料 bit0=1
    }
  }
  CS=0;         //關閉 EEPROM 晶片
  return ch;   //將 8-bit 資料送回主程式
}
/****************************************************
 函數名稱: EWEN
 功能描述: 93C46 串列 EEPROM 寫入及清除致能
 ****************************************************/
void EWEN(void)    //EEPROM 寫入及清除致能
{
  CS=1;         //開啓 EEPROM 晶片
  SEND(1);       //啓始位元
  SEND(0);       //送入操作碼 0
  SEND8(0x60);  //送入操作碼 0 及指令，致能抹除/寫入動作
  CS=0;          //關閉 EEPROM 晶片
  CS=1; while(!DO) Clock(); CS=0;//等待寫入完畢
}
/****************************************************
 函數名稱: EWDS
 功能描述: 93C46 串列 EEPROM 寫入及清除禁能
 ****************************************************/
void EWDS(void)//EEPROM 寫入及清除禁能
{
  CS=1;         //開啓 EEPROM 晶片
  SEND(1);       //啓始位元
```

```
  SEND(0);      //送入操作碼 0
  SEND8(0x00);  //送入操作碼 0 及指令，禁能抹除/寫入動作
  CS=0;         //關閉 EEPROM 晶片
  CS=1; while(!DO) Clock(); CS=0;//等待寫入完畢
}
/***********************************************
函數名稱: ERAL
功能描述: 93C46 串列 EEPROM 清除全部記憶體
***********************************************/
void ERAL(void) //EEPROM 清除全部記憶體
{
  CS=1;         //開啟 EEPROM 晶片
  SEND(1);      //啟始位元
  SEND(0);      //送入操作碼 0
  SEND8(0x40);  //送入操作碼 0 及指令，禁能抹除/寫入動作
  CS=0;         //關閉 EEPROM 晶片
  CS=1; while(!DO) Clock(); CS=0;//等待寫入完畢
}
```

操作：寫入完畢後，將寫入部份取消。僅執行讀取 EEPROM 資料，則結果是否相同。

2. 以模擬 SPI 方式，進行串列埠 EEPROM 的 16-bit 資料寫入與讀取實習範例：

　　將 16-bit 資料寫入串列埠 EEPROM 內，然後讀取 93C46 的資料，不斷重覆在 LED 顯示內容。範例程式如下：

```
/********** EEPROM2.C *****"模擬 SPI 進行 EEPROM 存取*********
*動作：讀取 16-bit 陣列寫入 EEPROM，再重覆讀取到 LED 輸出
*硬體：SW1-3(P0LED)、SW1-5~8(93c46)ON 及 J7(8-bit)OFF
*********************************************************/
#include "..\MPC82.H"   //暫存器及組態定義

unsigned int code Table[] =
 {0x0101,0x0202,0x0404,0x0808,0x1010,0x2020,0x4040,0x8080};
main()
{
  unsigned char i;//資料計數
  P0M0=0; P0M1=0xFF; //設定 P0 為推挽式輸出(M0-1=01)
```

```
  DI=1;  DO=1;  CS=0;  SK=0;//設定初值

  EWEN();              //致能 EEPROM 寫入及清除
  ERAL();              //EEPROM 清除全部記憶體
  for(i=0;i<8;i++)     //寫入 8 筆資料
     WRITE_16(i,Table[i]); //寫入位址及資料
  EWDS();      //禁能 EEPROM 寫入及清除

 while(1)    //不斷重覆讀取 EEPROM 的資料
  {
    for(i=0;i<8;i++)  //讀取 8 筆資料
     {
       LED=~READ_16(i);  //讀取 EEPROM 的 16-bit 資料低位元組輸出
       Delay_ms(500);     //延時
     }
  }
}
/*******************************************
 函數名稱: Clock
 功能描述:送入串列 EEPROM 時脈信號
 *******************************************/
void Clock(void)
 { SK=0; Delay_ms(1); SK=1;Delay_ms(1);}   //時脈正緣觸發
/*******************************************
 函數名稱: SEND
 功能描述:送入 EEPROM 串列 1-bit 位址或資料
 輸入參數：flag
 *******************************************/
void SEND(bit flag)
 { DI=flag; Clock(); }
/*******************************************
 函數名稱: SEND8
 功能描述: 串列 EEPROM 送入 8-bit
 輸入參數：Addr
 *******************************************/
void SEND8(unsigned char Addr)
```

```
{
  char i;
  for(i=0;i<8;i++)        //bit7~0
   {
     DI=Addr & 0x80;    //DI=bit7
      Clock();                //串列時脈，bit 送入 EEPROM
     Addr= Addr << 1;    //左移
   }
}
/*********************************************
 函數名稱:WRITE_16
 功能描述:93C46 串列 EEPROM 送入位址及 16-bit 資料
 輸入參數：Addr,ch
********************************************/
void WRITE_16(unsigned char Addr,unsigned int ch)
{
  CS=1;       //開啓 EEPROM 晶片
  SEND(1);             //啓始位元
  SEND8(0x40+Addr); //送入操作碼 01 及位址
  SEND8(ch>>8);        //寫入高位元組資料
  SEND8(ch);           //寫入低位元組資料
  CS=0;                //關閉 EEPROM 晶片
  CS=1; while(!DO) Clock(); CS=0;//等待寫入完畢
}
/**********************************************
 函數名稱: READ_16
 功能描述: 讀取 93C46 串列 EEPROM 資料
 輸入參數：Addr
 輸出參數：ch
**********************************************/
unsigned int READ_16(unsigned char Addr)
{
  char i;
  unsigned int ch;    //16-bit 資料
  CS=1;               //開啓 EEPROM 晶片
  SEND(1);            //啓始位元
```

```
   SEND8(0x80+Addr);   //送入操作碼 10 及位址
   if(DO==0)
   {
    ch=0;   //資料=0
    for(i=0; i < 16; i++)//讀取 16-bit 資料
     {
       Clock();          //串列資料由 DO 輸出
       ch=ch << 1;       //資料位元左移
       if(DO==1) ch++;  //若 DO=1，則 ch 資料 bit0=1
     }
   }
  CS=0;         //關閉 EEPROM 晶片
  return ch;  //將 16-bit 資料送回主程式
}
/****************************************************
 函數名稱：EWEN
 功能描述：93C46 串列 EEPROM 寫入及清除致能
*****************************************************/
void EWEN(void)    //EEPROM 寫入及清除致能
{
  CS=1;         //開啟 EEPROM 晶片
  SEND(1);      //啟始位元
  SEND8(0x30); //送入操作碼 00 及指令，致能抹除/寫入動作
  CS=0;         //關閉 EEPROM 晶片
}
/****************************************************
 函數名稱：EWDS
 功能描述：93C46 串列 EEPROM 寫入及清除禁能
*****************************************************/
void EWDS(void)//EEPROM 寫入及清除禁能
{
  CS=1;         //開啟 EEPROM 晶片
  SEND(1);      //啟始位元
  SEND8(0x00); //送入操作碼 00 及指令，禁能抹除/寫入動作
  CS=0;         //關閉 EEPROM 晶片
}
```

```
/*****************************************
   函數名稱: ERAL
   功能描述: 93C46 串列 EEPROM 清除全部記憶體
*****************************************/
void ERAL(void)  //EEPROM 清除全部記憶體
{
   CS=1;          //開啓 EEPROM 晶片
   SEND(1);        //啓始位元
   SEND8(0x20);  //送入操作碼 00 及指令，禁能抹除/寫入動作
   CS=0;          //關閉 EEPROM 晶片
}
```

作業：請由矩陣式按鍵輸入 0~9 四個數字，按 Ⓐ 時會存入 93C46 內，按 Ⓑ 時會和 93C46 的內容相比較，並用 LED 顯示是否正確。

9-3 SD 記憶卡控制實習

安全數位(SD：Secure Digital)記憶卡內含快閃記憶體(Flash Memory)，具有省電、體積小、可存取及永久保存等優點。近年來，SD 記憶卡的價格不斷的下降、記憶容量不斷的增加，在單晶片微電腦中可以用較低的成本來存取大量的資料，使得它被普遍應用在消費性電子產品，如數位相機、PDA 及 MP3 等等。本章僅介紹一般 SD 的工作原理，詳細請看原始資料，其特性如下：

◎高速及可靠的資料存取，最高讀寫速率：15M~45M-byte/s 以上。

◎記憶容量：32MB/64MB/128MB/256MB/512MB/1~8G-byte 以上。

◎支持 CPRM 可錯誤校正，和 MMC 卡相容。

◎可選用 SD 模式和 SPI 模式通信協定。

◎可變的串列時脈頻率：0~25MHz(預定模式)，0~50MHz(高速模式)。

◎工作電壓範圍：2.0~3.6V，傳輸電壓範圍：2.0~3.6V。

◎智慧電源管理：低電壓消耗，有自動斷電及自動喚醒。

◎有熱插拔保護及即插即用功能。

◎最多可同時使用 10 片 SD 卡(在工作頻率=20MHz 及 VDD=2.7~3.6V 時)。

◎晶片壽命：可重複寫入及抹除 10 萬次。

◎CE 和 FCC 認證

◎PIP 封裝技術。

9-3.1 SD 記憶卡介紹

SD卡的技術建立於MMC(Multi Media Card)卡格式上，有較高的資料傳輸速率，後續更推出更小體積的標準，如miniSD及microSD。SD記憶卡常用種類，如表9-9所示：

表 9-9　SD 記憶卡常用種類

類型	MMC	SecureMMC	SD	miniSD	microSD
SD 插槽	是	是	是	經轉接器	經轉接器
接腳(支)	7	7	9	11	8
外形寬度(mm)	24	24	24	20	11
外形長度(mm)	32	32	32	21.5	15
外形厚度(mm)	1.4	1.4	2.1	1.4	1
SPI 存取模式	可選	有	有	有	有
1-bit 存取模式	有	有	有	有	有
4-bit 存取模式	無	無	可選擇	可選擇	可選擇
傳輸頻率(MHz)	0-20	0—20	0-25	0—25	0—25
IO 傳輸速率(M-bit/s)	20	20	100	10	100
SPI 傳輸速率(M-bit/s)	20	20	25	25	25
DRM 數位版權管理	無	有	有	有	有
用戶加密	無	有	無	無	無
開放原始程式碼	是	有	僅 SPI	僅 SPI	僅 SPI

1. SD 卡可應用 SPI、及 IO(1-bit、4-bit)模式來存取資料。

2. SD 卡提供不同的速度，它採用 CD-ROM 的的 150kb/秒爲 1 倍速的速率計算方式。一般 SD 卡比標準 CD-ROM 的傳輸速度快 6 倍(900 kB/秒)以上，而高速的 SD 卡更能傳輸 66 倍(10 MB/秒)以及 133 倍以上。大部分 SD 卡爲 1.01 規格，而更高速至 133 倍爲 1.1 規格。

3. 部份 SD 卡支援數位版權管理（DRM）的技術及具有加密功能。

4. SD 卡經轉接器能夠用於 CF 卡和 PCMCIA 卡上，而 MiniSD 卡和 MicroSD 卡亦能經轉接器應用於 SD 卡插槽。也可以在 USB 連接器或讀卡器插上 SD 卡來存取資料。

9-3.2　SD 卡硬體架構

SD卡內含有控制器及Flash模組，可由SD或SPI Bus來存取，如圖9-14所示：

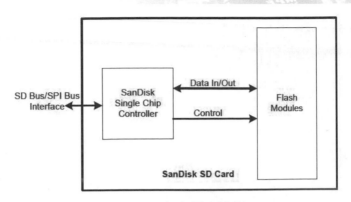

圖 9-14　SD 卡內部方塊圖

SD卡的硬體架構分為接腳、控制器及記憶體等三部分，如圖9-15所示：

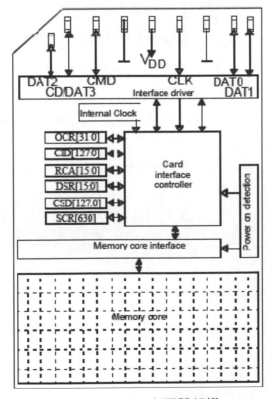

圖 9-15　SD 卡硬體架構

1. SD 卡接腳：SD 卡共支援三種傳輸模式：SPI 模式、1-bit SD 模式及 4-bit SD 模式。本書採用 SPI 模式，透過四條線就即可進行讀寫操作，可簡化硬體電路的設計，如表 9-10 所示：

表 9-10　SD 卡接腳

接腳	SD 接腳	SPI 接腳	型式	SPI 接腳說明
1	CD/DAT3	CS	I	晶片選擇
2	CMD	DI	I	串列資料輸入
3	Vss	VSS1	S	電源地線
4	VDD	VDD	S	電源 3.3V
5	CLK	CLK	I	串列時脈
6	Css2	VSS2	S	電源地線
7	DAT0	DO	O	串列資料輸出
8	DAT1	LOCK	O	寫入保護(WP)
9	DAT2	Insert	O	卡插入檢測

SD卡提供9-Pin的接腳便於週邊電路對其進行操作，如下：

(1) SD卡的電源(VCC)為3.3V，其輸出入的邏輯準位也是3.3V。

(2) LOCK：SD卡側面設有防寫(WP)控制，以避免一些資料意外地寫入。

(3) Insert：具有卡插入檢測功能。

(4) SD卡應用於SPI模式工作時，和MCU的SPI連線，如下所示：

MCU(SPI)接腳	輸出入方向	SD 卡(SPI)接腳
晶片選擇線(CS)	→	CS 晶片選擇
主資料輸出(MOSI)	→	DI 串列資料輸入
主資料輸入(MISO)	←	DO 串列資料輸出
時脈線(CLK)	→	CLK 串列時脈

(5) 在SPI模式下，MCU(HOST)最多可連接10片SD卡，其接線方式如圖9-16所示：

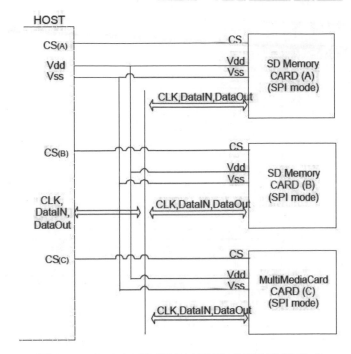

圖 9-16　在 SPI 模式下 MCU(HOST)接線方式

(6) SPI模式時，需在主機(HOST)端加上提升電阻10~100K，如圖9-17所示：

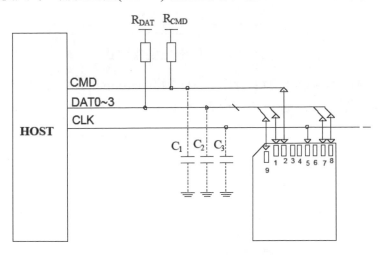

圖 9-17　SD 卡的連接電路圖

2. SD 卡記憶體：容量分為 Group(群)、Sector(區)及 Block(塊)，如圖 9-18 所示：

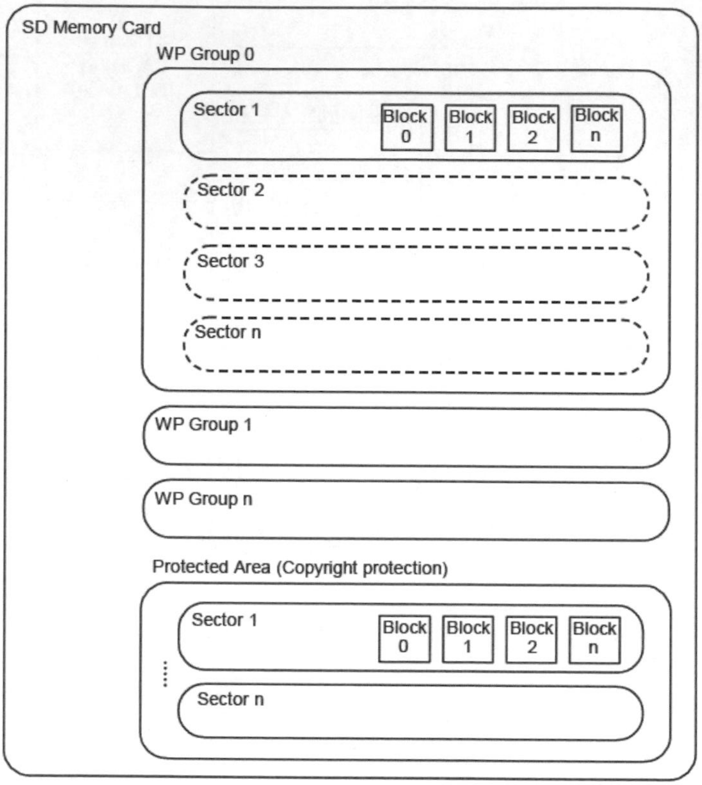

圖 9-18　SD 卡記憶體容量

(1) 記憶群(Group)：SD卡有若干個記憶群(Group 0~n)可提供存取資料，其中最後一個Group為防寫保護(Protected)提供系統規劃用。

(2) 記憶區(Sector)：每個Group有若干個記憶區(Sector 0~n)。

(3) 記憶塊(Block)：每個Sector有若干個記憶塊(Block 0~n)，每個Block的記憶容是為512-byte。

(4) SD卡的記憶容量，如表9-11所示：

表 9-11　SD 卡的記憶容量

型號	資料塊容量	資料+保護容量(塊)	保護容量(塊)	使用資料(塊)
SDSDJ-1024	512-byte	2,004,224	20,480	1,983,744
SDSDJ-512	512-byte	1,001,104	10,240	940,864
SDSDJ-256	512-byte	499,456	5,376	494,080
SDSDJ-128	512-byte	248,640	2,624	246,016
SDSDJ-64	512-byte	123,232	1,376	121,856
SDSDB-32	512-byte	60,512	736	59,776
SDSDB-16	512-byte	29,152	352	28,800

3. SD 卡控制器：內含有時脈產生器、界面控制器及工作暫存器，其中工作暫存器，如表 9-12 所示：

表 9-12　SD 卡工作暫存器

名稱	位元數	說明
CID	128	卡識別碼(identification)。
RCA	16	相應位址暫存器，不能用於 SPI 模式。
CSD	128	卡的特定資料，如卡的操作狀況等資訊。
SCR	64	SD 卡配置暫存器(SD CARD Configuration)。
OCR	32	操作狀況暫存器(Operation Condition Register)。

(1) SD 卡配置(SCR:SD CARD Configuration)暫存器：用於指定 SD 卡的組態設定及操作狀況，如表 9-13 所示。

表 9-13　SD 卡配置(SCR)暫存器

Description	Field	Width	Cell Type	SCR Slice	SCR Value	SCR Code
SCR Structure	SCR_STRUCTURE	4	R	[63:60]	V1.0	0
SD Card—Spec. Version	SD_SPEC	4	R	[59:56]	V1.01	0
data_status_after erases	DATA_STAT_AFTER_ERASE	1	R	[55:55]	0	0
SD Security Support	SD_SECURITY	3	R	[54:52]	Prot 2, Spec V1.01	2
DAT Bus widths supported	SD_BUS_WIDTHS	4	R	[51:48]	1 & 4	5
Reserved	-	16	R	[47:32]	0	0
Reserved for manufacturer usage	-	32	R	[31:0]	0	0

(2) 卡識別暫存器(CID:Card Identification)：為 SD 卡的識別碼，有 16-byte，當多個 SD 卡同時工作時可以區分，如表 9-14 所示。

表 9-14 卡識別暫存器(CID)

Name	Type	Width	CID—Slice	Comments	CID Value
Manufacturer ID (MID)	Binary	8	[127:120]	The manufacturer IDs are controlled and assigned by the SD Card Association.	0x03
OEM/Application ID (OID)	ASCII	16	[119:104]	Identifies the card OEM and/or the card contents. The OID is assigned by the 3C.*	SD ASCII Code 0x53, 0x44
Product Name (PNM)	ASCII	40	[103:64]	5 ASCII characters long	SD128, SD064, SD032, SD016, SD008
Product Revision** (PRV)	BCD	8	[63:56]	Two binary coded decimal digits	Product Revision (30)
Serial Number (PSN)	Binary	32	[55:24]	32 Bits unsigned integer	Product Serial Number
Reserved		4	[23:20]		
Manufacture Date Code (MDT)	BCD	12	[19:8]	Manufacture date–yym (offset from 2000)	Manufacture date(for example: Apr 2001 = 0x014)
CRC7 checksum*** (CRC)	Binary	7	[7:1]	Calculated	CRC7
Not used, always '1'		1	[0:0]		

(3) 卡指定資料(CSD：Card Specific Data)暫存器：用於指定 SD 卡的傳輸資料，如表 9-15 所示。

表 9-15 卡指定資料(CSD)暫存器

Name	Field	Width	Cell Type	CSD-Slice	CSD Value	CSD Code
CSD structure	CSD_STRUCTURE	2	R	[127:126]	1.0	00b
Reserved	-	6	R	[125:120]	-	000000b
data read access-time-1	TAAC					
	Binary	8	R	[119:112]	1.5msec	00100110b
	MLC	8	R	[119:112]	10msec	00001111b
data read access-time-2 in CLK cycles (NSAC*100)	NSAC	8	R	[111:104]	0	00000000b
max. data transfer rate	TRAN_SPEED	8	R	[103:96]	25MHz	00110010b
card command classes	CCC	12	R	[95:84]	All (incl. WP, Lock/unlock)	1F5h

(4) 操作(OCR:Operating Conditions)暫存器：內含 SD 卡的工作電壓範圍設定及開機時的狀態忙碌旗標，可藉由命令 CMD1 來控制 OCR，如表 9-16

所示。

表 9-16　操作(OCR)暫存器

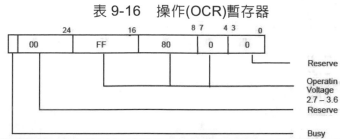

OCR Bit	工作電壓	OCR Bit	工作電壓	OCR Bit	工作電壓
0-3	保留	11	2.3-2.4V	19	3.3-3.4V
4	1.6-1.7V	12	2.4-2.5V	20	3.4-3.5V
5	1.7-1.8V	13	2.5-2.6V	21	3.5-3.6V
6	1.8-1.9V	14	2.6-2.7V	22	3.1-3.2V
7	1.9-2.0V	15	2.7-2.8V	23	3.2-3.3V
8	2.0-2.1V	16	2.8-2.9V	24-30	保留
9	2.1-2.2V	17	2.9-3.0V	31	SD 卡開機
10	2.2-2.3V	18	3.0-3.1V		忙碌旗標

9-3.3　SD 卡的 SPI 控制

SD卡的SPI模式操作分為初始化、寫入操作及讀取操作，如下：

1. SD 卡的初始化，如圖 9-19 所示：

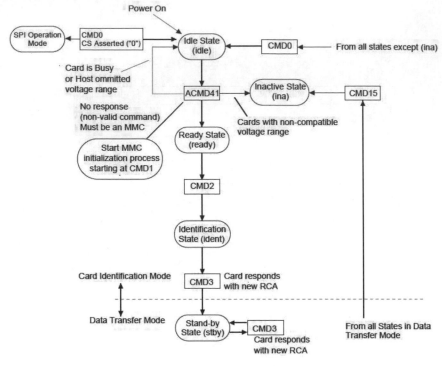

圖 9-19　SD 卡的初始化

(1) SD卡在開機時，預定進入SD匯流排模式。在此模式下向SD卡發送重置命令CMD0，則進入SPI模式，否則工作在SD匯流排模式。

(2) 在重置成功之後可以用命令CMD55和ACMD41判斷當前電壓是否在工作範圍內。

(3) 再用命令CMD10讀取SD卡的CID暫存器及命令CMD16設定資料區塊(Block)長度。

(4) 用命令CMD9讀取卡的CSD暫存器，從CSD暫存器中，主機可獲知SD卡的容量，支援的命令集等重要參數。

2. 資料塊的讀寫

　　完成SD卡的初始化之後即可進行它的讀寫操作。SD卡的讀寫操作都是通過發送SD卡命令完成的。SPI匯流排模式支援單塊（CMD24）和多塊（CMD25）

寫操作。

(1) 多塊操作是指從指定位置開始寫下去,直到SD卡收到一個停止命令 CMD12才停止。

(2) 單塊寫入時,命令爲CMD24,當回應爲0時表示可以寫入資料,大小 爲512-byte。SD卡對每個發送給自己的資料塊都會回應命令確認,它 的長度爲1-byte,當低5-bit爲00101時,表示資料塊被正確寫入SD卡。

(3) 讀取SD卡資料時,讀SD卡的命令字爲CMD17,接收正確的第一個回 應命令位元組爲0xFE,隨後是512-byte的資料塊,最後爲2-byte的CRC 驗證碼。可見,讀寫SD卡的操作都是在初始化後基於SD卡命令和回應 完成操作的,寫、讀SD卡的程式流程圖,如圖9-20所示。

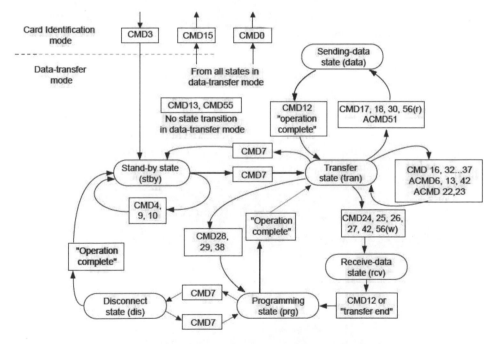

圖 9-20 寫、讀 SD 卡的程式流程圖

3. SD 卡命令格式:各項 SD 卡的 SPI 命令格式,如下所示。

(1) 命令執照格式,如圖9-21所示:

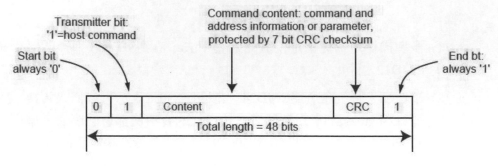

圖 9-21 命令執照格式

(2) 回應執照格式，如圖9-22所示：

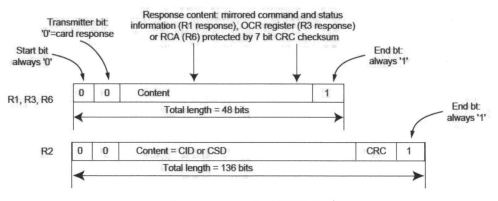

圖 9-22 回應執照格式

(3) 資料封包格式，如圖9-23所示：

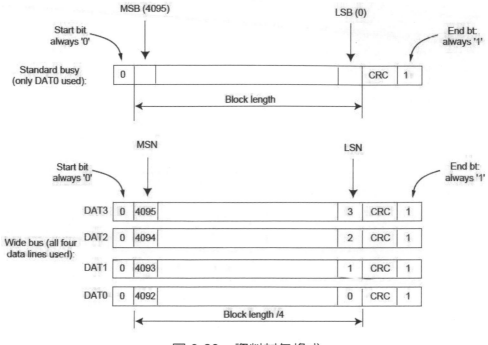

圖 9-23　資料封包格式

4. SD 卡通訊協定：SD 卡的 SPI 操作格式，如下所示。

(1) 無回應及無資料操作，如圖9-24所示：

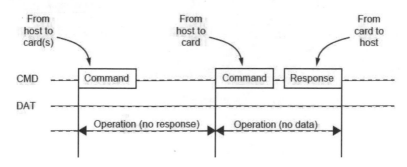

圖 9-24　無回應及無資料操作

(2) 資料讀取操作，分成多區塊及單一區塊資料讀取，如圖9-25(a)~(c)所示：

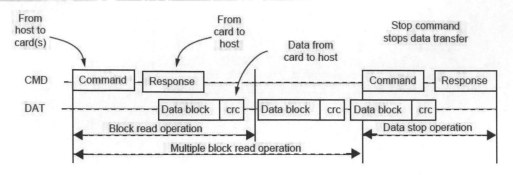

圖 9-25(a)　多區塊資料讀取操作

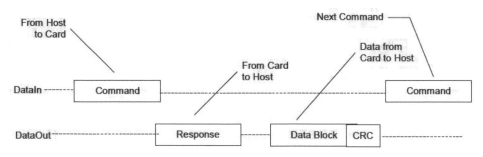

圖 9-25(b)　單一區塊資料讀取操作

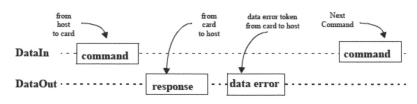

圖 9-25(c)　資料讀取(錯誤時)操作

(3) 寫入操作，分成多區塊及單一區塊資料寫入，如圖9-26(a)(b)所示：

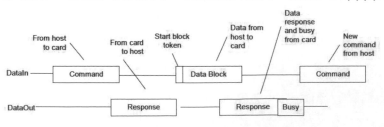

圖9-26(a)　單一區塊資料寫入操作

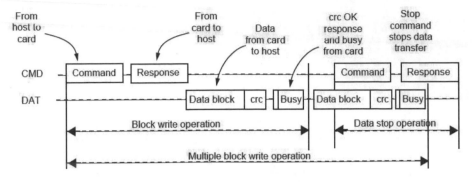

圖 9-26(b)　多區塊資料寫入操作

(4) 清除及寫入保護管理無資料操作，如圖9-27所示：

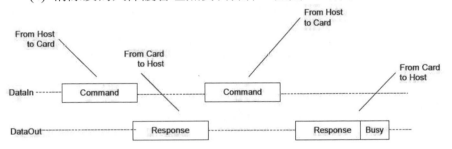

圖 9-27　無資料操作

(5) SD卡的SPI命令種類，如表9-17所示：

表 9-17　SD 卡的 SPI 命令種類

Card CMD Class (CCC)	Class Description	Supported Commands																					
		0	1	9	10	12	13	16	17	18	24	25	27	28	29	30	32	33	38	42	55	56	58	59
class 0	Basic	+	+	+	+	+	+																+	+
class 1	Not supported in SPI																							
class 2	Block read							+	+	+														
class 3	Not supported in SPI																							
class 4	Block write										+	+	+											
class 5	Erase													+	+	+								
class 6	Write-protection (Optional)																+	+	+					
class 7	Lock Card (Optional)*																			+				
class 8	Application specific																				+	+		
class 9	Not supported in SPI																							
class 10-11	Reserved																							

(6) SD卡的SPI命令說明，如表9-18(a)(b)所示：

表 9-18(a)　SD 卡的 SPI 命令說明(1)

CMD INDEX	SPI Mode	Argument	Resp	Abbreviation	Command Description
CMD0	Yes	None	R1	GO_IDLE_STATE	Resets the SD Card
CMD1	Yes	None	R1	SEND_OP_COND	Activates the card's initialization process.
CMD2	No				
CMD3	No				
CMD4	No				
CMD5				Reserved	
CMD6				Reserved	
CMD7	No				
CMD8				Reserved	
CMD9	Yes	None	R1	SEND_CSD	Asks the selected card to send its card-specific data (CSD)
CMD10	Yes	None	R1	SEND_CID	Asks the selected card to send its card identification (CID).
CMD11	No				
CMD12	Yes	None	R1b	STOP _TRANSMISSION	Forces the card to stop transmission during a multiple block read operation.
CMD13	Yes	None	R2	SEND_STATUS	Asks the selected card to send its status register.
CMD14	No				
CMD15	No				
CMD16	Yes	[31:0] block length	R1	SET_BLOCKLEN	Selects a block length (in bytes) for all following block commands (read & write).[1]
CMD17	Yes	[31:0] data address	R1	READ_SINGLE _BLOCK	Reads a block of the size selected by the SET_BLOCKLEN command.[2]
CMD18	Yes	[31:0] data address	R1	READ_MULTIPLE _BLOCK	Continuously transfers data blocks from card to host until interrupted by a STOP_ TRANSMISSION command.
CMD19				Reserved	
CMD20	No				
CMD21 ... CMD23				Reserved	
CMD24	Yes	[31:0] data address	R1[3]	WRITE_BLOCK	Writes a block of the size selected by the SET_BLOCKLEN command.[4]
CMD25	Yes	[31:0] data address	R1	WRITE_MULTIPLE_BLOCK	Continuously writes blocks of data until a stop transmission token is sent (instead of 'start block').

表 9-18(b)　SD 卡的 SPI 命令說明(2)

CMD INDEX	SPI Mode	Argument	Resp	Abbreviation	Command Description
CMD26	No				
CMD27	Yes	None	R1	PROGRAM_CSD	Programming of the programmable bits of the CSD.
CMD28[1]	Yes	[31:0] data address	R1b	SET_WRITE_PROT	If the card has write protection features, this command sets the write protection bit of the addressed group. The properties of write protection are coded in the card specific data (WP_GRP_SIZE).
CMD29[4]	Yes	[31:0] data address	R1b	CLR_WRITE_PROT	If the card has write protection features, this command clears the write protection bit of the addressed group.
CMD30	Yes	[31:0] write protect data address	R1	SEND_WRITE_ PROT	If the card has write protection features, this command asks the card to send the status of the write protection bits.[2]
CMD31				Reserved	
CMD32	Yes	[31:0] data address	R1	ERASE_WR_BLK_START _ADDR	Sets the address of the first write block to be erased.
CMD33	Yes	[31:0] data address	R1	ERASE_WR_BLK_END _ADDR	Sets the address of the last write block in a continuous range to be erased.
CMD34 ..... CMD37				Reserved	
CMD38	Yes	[31:0] don't care*	R1b	ERASE	Erases all previously selected write blocks.
CMD39	No				
CMD40	No				
CMD41 ... CMD54				Reserved	
CMD55	Yes	[31:0] stuff bits	R1	APP_CMD	Notifies the card that the next command is an application specific command rather than a standard command.
CMD56	Yes	[31:0] stuff bits [0]: RD/WR.[3]	R1	GEN_CMD	Used either to transfer a Data Block to the card or to get a Data Block from the card for general purpose/application specific commands. The size of the Data Block is defined with SET_BLOCK_LEN command.
CMD57				Reserved	
CMD58	Yes	None	R3	READ_OCR	Reads the OCR register of a card.
CMD59	Yes	[31:1] don't care* [0:0] CRC option	R1	CRC_ON_OFF	Turns the CRC option on or off. A '1' in the CRC option bit will turn the option on, a '0' will turn it off.
CMD60-63				No	

(7) SD卡操作SPI特別命令，如表9-19所示：

表 9-19　SD 卡操作 SPI 特別命令

CMD INDEX	SPI Mode	Argument	Resp	Abbreviation	Command Description
ACMD6	No				
ACMD13	Yes	[31:0] stuff bits	R2	SD_STATUS	Send the SD Card status. The status fields are given in Table 4-21
ACMD17			Reserved		
ACMD18	Yes	–	–	–	Reserved for SD security applications1
ACMD19 to ACMD21			Reserved		
ACMD22	Yes	[31:0] stuff bits	R1	SEND_NUM_WR_ BLOCKS	Send the numbers of the well-written (without errors) blocks. Responds with 32bit+CRC data block.
ACMD23	Yes	[31:23] stuff bits [22:0]Number of blocks	R1	SET_WR_BLK_ ERASE_COUNT	Set the number of write blocks to be pre-erased before writing (to be used for faster Multiple Block WR command). "1"=default (one wr block)(2).
ACMD24			Reserved		
ACMD25	Yes	–	–	–	Reserved for SD security applications1
ACMD26	Yes	–	–	–	Reserved for SD security applications1
ACMD38	Yes	–	–	–	Reserved for SD security applications1
ACMD39 to ACMD40			Reserved		
ACMD41	Yes	None	R1	SEND_OP_ COND	Activates the card's initialization process.
ACMD42	Yes	[31:1] stuff bits [0]set_cd	R1	SET_CLR_CARD_ DETECT	Connect[1]/Disconnect[0] the 50KOhm pull-up resistor on CD/DAT3 (pin 1) of the card. The pull-up may be used for card detection.
ACMD43 ... ACMD49	Yes	–	–	–	Reserved for SD security applications.1
ACMD51	Yes	[31:0] staff bits	R1	SEND_SCR	Reads the SD Configuration Register (SCR).

NOTES: (1) Refer to "SD Card Security Specification" for detailed explanation about the SD Security Features
(2) Command STOP_TRAN (CMD12) shall be used to stop the transmission in Write Multiple Block whether the pre-erase (ACMD23) feature is used or not.

(8) 命令格式，如表9-20所示：

表 9-20　命令格式

Byte 1				Bytes 2—5		Byte 6	
7	6	5	0	31	0	7	0
0	1	Command		Command Argument		CRC	1

9-3.4 SD 卡的 SPI 實習

本實習先在擴充 RAM 規劃一個空間作為緩衝器(buffer)，將陣列資料寫入緩衝器內，藉由 SPI 界面寫入 SD 記憶卡內，再讀取 SD 記憶卡內容存入緩衝器，逐一在 LED 輸出。

開啟專案檔 C:\MPC82\CH09_SPI\SPI_SD.uvproj，並加入各範例程式：

1. 主程式範例 (1)

```
/********SPI_SD1.C**********SD記憶卡存取範例****************
*功能：將陣列資料寫入緩衝器，再藉由 SPI 界面寫入 SD 記憶卡內，
*      再讀取 SD 記憶卡內容存入緩衝器，逐一在 LED 輸出。
*附加：SD.LIB 或 SD.C
*硬體：SW1-3(P0LED)ON，將 SD 卡插入 J29
*********************************************************/
#include "..\MPC82.H"
#include "SD.H"
#include "TABLE8.H"    //256-byte陣列資料
unsigned char xdata buffer[512] = {0}; //在擴充 RAM 宣告緩衝器

void main( void )
{
  int i;  //計數值
  P0M0=0; P0M1=0xFF; //設定 P0 為推挽式輸出(M0-1=01)
  initSD(); //初始化 SD 卡
  for(i=0;i<256;i++) buffer[i]=TABLE[i]; //將陣列資料寫入 in 緩衝器

  SDWriteBlock(1, buffer);       //緩衝器寫入 SD 記憶區塊 1
  for (i=0;i<256;i++) buffer[i]=0xff;//填滿緩衝器

  SDReadBlock(1, buffer); //讀取 SD 記憶區塊 1 的內容到緩衝器

  while (1)   //緩衝器的內容重覆由 LED 輸出
  {
   for (i = 0; i < 256; i++)
```

```
    {
        LED=~buffer[i];//緩衝器的內容送到 LED 顯示
        Delay_ms(100); //延時
    }
  }
}
```

2. SD 函數

```
//********SD.C********SD 記憶卡函數式************
#include "MPC82.H"
#include "SD.H"
#include "SD_define.h"

char SDGetResponse(void);  //讀取 SD 記憶卡回應
unsigned char SDGetXXResponse(const char resp); //讀取 SD 記憶卡回應
char SDCheckBusy(void);      //檢查 SD 記憶卡忙碌
    //由 SPI 設定 SD 記憶卡命令
unsigned char spiSendByte(const unsigned char dat);

//---------寫入 SD 記憶卡命令-----------------------------
void SDSendCmd (const char cmd, unsigned long dat, const char crc)
{
  char frame[6];//SD 記憶卡命令為 6-byte(48-bit)
  char temp;
  char i;
  frame[0]=(cmd|0x40); //設定命令的 bit6=1(host 命令)並存入 frame[0]

  for(i=3;i>=0;i--)    //將 4-byte 的資料分別存入 frame[1-4]
   {
    temp=(char)(dat>>(8*i));//將資料的 bit31~24 存入 frame[1]
    frame[4-i]=(temp);      //將資料的 bit7~0 存入 frame[4]
   }
  frame[5]=(crc); //將檢核碼存入 frame[5]
    //由 SPI 界面將 frame[0-5]寫入 SD 記憶卡
  for(i=0;i<6;i++) spiSendByte(frame[i]);
}
```

```
//-------------- 設定 SD 記憶卡區塊長度= 2^n ------------------
char SDSetBlockLength (const unsigned long blocklength)
{
  CS = 0;  //開啟 SPI 晶片選擇
  // Set the block length to read
SDSendCmd(SD_SET_BLOCKLEN,blocklength,0xFF);//設定 SD 記憶卡區塊長度
    //讀取 SD 記憶卡回應，若未完成(回應不等於 0)，再做一次
  if(SDGetResponse()!=0x00)
  {
    initSD();        //初始化 SD 記憶卡
        //設定 SD 記憶卡區塊長度
    SDSendCmd(SD_SET_BLOCKLEN, blocklength, 0xFF);
    SDGetResponse();   //讀取 SD 記憶卡回應
  }

  CS=1;  //若已完成(回應 0)關閉 SPI 晶片選擇
  spiSendByte(0xff); //由 SPI 設定 SD 記憶卡為 8 Clock pulses of delay.

  return SD_SUCCESS;  //回應完成
} // Set block_length

//-------------- SPI 發射 1-byte 資料-----------------------------
unsigned char spiSendByte(const unsigned char dat)
{
  SPDAT = dat;                 //SPI 發射 1-byte 資料
  while(SPSTAT != SPIF);  //若中斷旗標 SPIF=0 未傳輸完畢，等待之
  SPSTAT = SPIF;               //若 SPIF=1 已傳輸完畢，須清除 SPIF=0
  return SPDAT;                //將 SPI 資料回傳
}
//------------- SD 記憶卡進入 SPI 模式 ------------------
char SD_GoIdle()
{
  char response=0x01;
  CS = 0;  //開啟 SPI 晶片選擇

  SDSendCmd(SD_GO_IDLE_STATE,0,0x95);//送出命令 CMD0，SD 卡進 SPI 模式
```

```
  if(SDGetResponse()!=0x01)//等待 SD 卡備妥回應
    return SD_INIT_ERROR; //response 不等於 0x01，則回應錯誤

  while(response==0x01)      //若 SD 卡回應未備妥
  {
    CS = 1; //關閉 SPI 晶片選擇
    spiSendByte(0xff); //由 SPI 設定 SD 記憶卡命令
    CS = 0;  //開啟 SPI 晶片選擇
    SDSendCmd(SD_SEND_OP_COND,0x00,0xff); //送出 CMD1 設定操作電壓
    response=SDGetResponse();
  }
  CS=1;  //關閉 SPI 晶片選擇
  spiSendByte(0xff);//由 SPI 設定 SD 記憶卡命令
  return (SD_SUCCESS);
}
//-------------- 初始化 SD 記憶卡----------------------------
char initSD (void)
{
  //raise SS and MOSI for 80 clock cycles
  //SendByte(0xff) 10 times with SS high
  //raise SS
  char i;
     //致能 SPI 為 Master，bit7 先傳輸,忽略 SS 腳晶片選擇
  SPCTL = SSIG+SPEN+MSTR;
  IFADRL = 0x01;            //ISP/IAP 的 flash 低位址
  if((SCMD & 0xf0)!=0xf0)  //ISP/IAP 順序命令
    return SD_INIT_ERROR;

  //initialization sequence on PowerUp
  CS=1;  //關閉 SPI 晶片選擇
  for(i=0;i<=9;i++)spiSendByte(0xff);//由 SPI 設定 SD 記憶卡開機順序動作
  return (SD_GoIdle());  //進入 SPI 模式，並回歸 response
}
//-------------- 讀取 SD 記憶卡回應-----------------------------
// SD Get Responce
```

```
char SDGetResponse(void)
{
  //Response comes 1-8 bytes after command
  //the first bit will be a 0
  //followed by an error code
  //data will be 0xff until response
  char i=0;      //計數值
  char response;//回應值

  while(i<=64)      //重覆讀取 64 次 SD 記憶卡的回應
  {
    response=spiSendByte(0xff);//由 SPI 設定 SD 記憶卡命令，讀取回應
    if(response==0x00)break;    //若回應 response=0x00，SD 卡備妥
    if(response==0x01)break;    //若回應 response=0x01，SD 卡未備妥
    i++;   //計數值遞加
  }
  return response;  //回歸 response
}
//--------------- 讀取 SD 記憶卡回應---------------------------
unsigned char SDGetXXResponse(const unsigned char resp)
{
  //Response comes 1-8 bytes after command
  //the first bit will be a 0
  //followed by an error code
  //data will be 0xff until response
  unsigned int i=0;
  unsigned char response;

  while(i<=1000)  //重覆 1000 次
  {
    response=spiSendByte(0xff);  //由 SPI 設定 SD 記憶卡命令
    if(response==resp)break;
    i++;
  }
  return response;
}
```

```
//--------------- 檢查 SD 記憶卡忙碌---------------------------
char SDCheckBusy(void)
{
  //Response comes 1-8 bytes after command
  //the first bit will be a 0
  //followed by an error code
  //data will be 0xff until response
  char i=0;

  char response;
  char rvalue;
  while(i<=64)
  {
    response=spiSendByte(0xff);      //由 SPI 設定 SD 記憶卡命令
    response &= 0x1f;
    switch(response)
    {
      case 0x05: rvalue=SD_SUCCESS;break;
      case 0x0b: return(SD_CRC_ERROR);
      case 0x0d: return(SD_WRITE_ERROR);
      default:
        rvalue = SD_OTHER_ERROR;
        break;
    }
    if(rvalue==SD_SUCCESS)break;
    i++;
  }
  i=0;
  do
  {
    response=spiSendByte(0xff);      //由 SPI 設定 SD 記憶卡命令
    i++;
  }while(response==0);
  return response; //回歸 response
}
//--------------- 讀取 SD 記憶卡區塊內容--------------------
```

```
char SDReadBlock(const unsigned int sector, unsigned char *pBuffer)
{
    unsigned int i = 0;
    char rvalue = SD_RESPONSE_ERROR;
    unsigned long address = (unsigned long)sector * 512;
 // Set the block length to read
  //設定 SD 記憶卡區塊長度，並回應完成
if (SDSetBlockLength (512) == SD_SUCCESS)
   {
     CS = 0; //開啓 SPI 晶片選擇
    // send read command SD_READ_SINGLE_BLOCK=CMD17
     SDSendCmd (SD_READ_SINGLE_BLOCK,address, 0xFF);
    // Send 8 Clock pulses of delay, check if the SD
    //acknowledged the read block command
    // it will do this by sending an affirmative response
    // in the R1 format (0x00 is no errors)
     if (SDGetResponse() == 0x00) //SD 卡回應無錯誤
     {
     // now look for the data token to signify the start of
     // the data
      if (SDGetXXResponse(SD_START_DATA_BLOCK_TOKEN) ==
           SD_START_DATA_BLOCK_TOKEN) //開始單一區塊讀取
      {
       // clock the actual data transfer and receive the bytes;
       // spi_read automatically finds the Data Block
       //讀取 512-byte 存入緩衝器
      for (i = 0; i < 512; i++)  pBuffer[i] = spiSendByte(0xff);
      // get CRC bytes (not really needed by us, but required by SD)
         spiSendByte(0xff);   //由 SPI 設定 SD 記憶卡命令
         spiSendByte(0xff);   //由 SPI 設定 SD 記憶卡命令
         rvalue = SD_SUCCESS; //回歸讀取成功
     }
      // 3 回歸讀取錯誤 the data token was never received
       else  rvalue = SD_DATA_TOKEN_ERROR;
      }
     // 2 回歸 SD 卡回應錯誤 the SD never acknowledge the read command
```

```
        else rvalue = SD_RESPONSE_ERROR;
    }
    // 1 回歸設定 SD 記憶卡區塊長度錯誤
    else    rvalue = SD_BLOCK_SET_ERROR;
    CS=1;  //關閉 SPI 晶片選擇
    spiSendByte(0xff);  //由 SPI 設定 SD 記憶卡命令
    return rvalue;
}// SD_read_block


//-------------- 寫入 SD 記憶卡區塊----------------------------
char SDWriteBlock (const unsigned int sector,unsigned char *pBuffer)
{
    unsigned int i = 0;
    char rvalue = SD_RESPONSE_ERROR;        // SD_SUCCESS;
    unsigned long address = (unsigned long)sector * 512;

    //設定 SD 記憶卡區塊長度，並回應完成
    if (SDSetBlockLength (512) == SD_SUCCESS)
    {
        CS = 0;  //開啟 SPI 晶片選擇
        // send write command
        SDSendCmd (SD_WRITE_BLOCK,address, 0xFF); //下命令寫入單一區塊

        // check if the SD acknowledged the write block command
        // it will do this by sending an affirmative response
        // in the R1 format (0x00 is no errors)
        //開始單一區塊寫入
    if (SDGetXXResponse(SD_R1_RESPONSE) == SD_R1_RESPONSE)
        {
            spiSendByte(0xff); //由 SPI 設定 SD 記憶卡命令
            // send the data token to signify the start of the data
            spiSendByte(0xfe);  //由 SPI 設定 SD 記憶卡命令
            // clock the actual data transfer and transmitt the bytes
            for (i = 0; i < 512; i++)
                spiSendByte(pBuffer[i]);
            // put CRC bytes (not really needed by us, but required by SD)
```

```
          spiSendByte(0xff); //由 SPI 設定 SD 記憶卡命令
          spiSendByte(0xff); //由 SPI 設定 SD 記憶卡命令
          // read the data response xxx0<status>1 :
          //status 010: Data accected, status 101: Data
          //  rejected due to a crc error, status 110:
          //Data rejected due to a Write error.
          SDCheckBusy();
          rvalue = SD_SUCCESS;
        }
        else
        {
          // the SD never acknowledge the write command
          rvalue = SD_RESPONSE_ERROR;   // 2
        }
      }
      else
      {
        rvalue = SD_BLOCK_SET_ERROR;   // 1
      }
      // give the SD the required clocks to finish up
       //what ever it needs to do
      //  for (i = 0; i < 9; ++i)
      //    spiSendByte(0xff);   //由 SPI 設定 SD 記憶卡命令

      CS=1; //關閉 SPI 晶片選擇
      //由 SPI 設定 SD 記憶卡命令 Send 8 Clock pulses of delay.
      spiSendByte(0xff);
      return rvalue;
} // SD_write_block
```

3、主程式範例 (2)

```
/********SPI_SD2.C***********SD 記憶卡存取範例****************
*功能：將陣列資料寫入 in 緩衝器，再藉由 SPI 界面寫入 SD 記憶卡內，
*        再讀取 SD 記憶卡內容存入 out 緩衝器，逐一在 LED 輸出。
*附加：SD.LIB 或 SD.C
*硬體：SW1-3(P0LED)ON，將 SD 卡插入 J29
```

```
*****************************************************/
#include "..\MPC82.H"
#include "SD.H"
#include "TABLE8.H"   //256-byte 陣列資料
unsigned char xdata in_buffer[512]= {0}; //在擴充 RAM 宣告 in 緩衝器
unsigned char xdata out_buffer[512]={0};//在擴充 RAM 宣告 out 緩衝器

void main( void )
{
  int i;  //計數值
  initSD();  //初始化 SD 卡
  for(i=0;i<256;i++) in_buffer[i]=TABLE[i];//將陣列資料寫入 in 緩衝器

  SDWriteBlock(1, in_buffer);  //in 緩衝器寫入 SD 記憶區塊 1

  SDReadBlock(1, out_buffer);  //讀取 SD 記憶區塊 1 的內容到 out 緩衝器

  while (1)  //out 緩衝器的內容重覆由 LED 輸出
   {
    for (i = 0; i < 256; i++)
     {
       LED=~out_buffer[i];//緩衝器的內容送到 LED 顯示
       Delay_ms(100);  //延時
     }
   }
}
```

可規劃計數陣列(PCA)

控制實習

本章單元

- 可規劃計數陣列(PCA)控制

- PCA 計數溢位計時控制實習

- PCA 軟體計時控制實習

- PCA 高速輸出控制實習

- 熟悉輸出頻率及音樂操作

- PCA 脈波寬度調變控制實習

- PCA 捕捉器控制實習

MPC82G516 內含 16-bit 的可規劃計數陣列(PCA: Programmable Counter Array)除了有和 Timer0-2 相同的計數溢位功能外，另外有 6 個 PCA 模組可產生四種功能：如軟體計時器(Software Timer)、高速(High Speed)輸出、脈波寬度調變(PWM: Pulse Width Modulator)輸出、捕捉器(Capture)輸入，並可連接到外部接腳(CEX0~5)，如圖 10-1 所示。

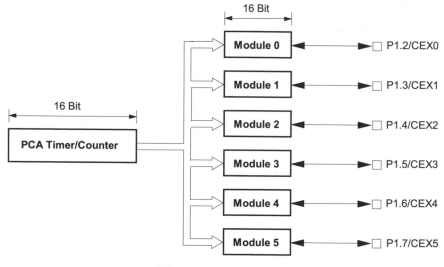

圖 10-1　PCA 方塊圖

預定 P1.2-7 為 CEX0~5 接腳，可由內部系統頻率(Fosc)或外部 ECI(P1.1) 腳輸入時脈，如圖 10-2 所示。若令輔助暫存器(AUXR1)內的位元 P4PCA=1，可將 PCA 接腳由 P1.1~7 改為 P4.1-7 工作。

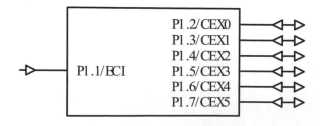

圖 10-2　PCA 接腳

10-1 PCA 計數溢位計時控制實習

MPC82G516 除了 Timer0-2 外，可以藉由 PCA 計數的溢位來進行內部計時，其控制方式，如圖 10-3 所示：

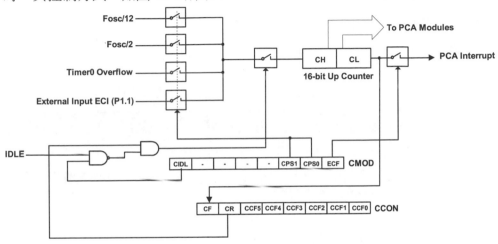

圖 10-3　PCA 計數控制

PCA 時脈來源可使用系統頻率 Fosc/2、Fosc/12、Timer0 溢位或由外部 ECI(P1.1)腳輸入時脈，經啟動後送到 PCA 計數器(CH:CL)上數計數，當溢位時會產生 PCA 中斷。同時經 PCA 模組(module)產生各種功能。

和 PCA 計數器控制相關暫存器，如表 10-1 所示。

表 10-1　和 PCA 計數器控制相關的暫存器

暫存器	位址	D7	D6	D5	D4	D3	D2	D1	D0	預定
AUXR1	0xA2	未用	P4PCA	未用	未用	未用	-	-	未用	00
IE	0xA8	EA	-	未用	未用	未用	未用	未用	未用	00
AUXIE	0xAD	-	-	未用	未用	EPCA	未用	未用	未用	00
AUXIP	0xAE	-	-	未用	未用	PPCA	未用	未用	未用	00
AUXIPH	0xAF	-	-	未用	未用	PPCAH	未用	未用	未用	00
CCON	0xD8	CF	CR	CCF5	CCF4	CCF3	CCF2	CCF1	CCF0	00

CMOD	0xD9	CIDL	-	-	-	-	CPS1	CPS0	ECF	00
CL	0xE9	bit 7-0								00
CH	0xF9	bit 15-8								00

PCA 計數控制暫存器如下：

◎PCA 計數模式(CMOD:PCA counter Mode)暫存器，用於設定 PCA 計數時脈來源選擇、致能 PCA 計數溢位中斷等，如表 10-2 所示。

表 10-2　CMOD　PCA 計數模式暫存器

D7	D6	D5	D4	D3	D2	D1	D0
CIDL	-	-	-	-	CPS1	CPS0	ECF

位元	名稱	功　　能
D7	CIDL	PCA 計數 IDLE 控制，進入 IDLE 省電模式時，是否繼續工作： 0 = PCA 繼續工作，1=PCA 停止工作。
D2-1	CPS1-0	PCA 計數時脈來源選擇： 00= Fosc /12(預定)，01= Fosc /2，10=Timer0 溢位，11=由 ECI 腳輸入時脈。
D0	ECF	1=致能 PCA 計數溢位中斷(當 CCON 暫存器內的位元 CF=1 時)

CMOD 暫存器在 MPC82.H 內定義名稱，如下所示。

```
sfr CMOD    = 0xD9; //PCA 計數模式控制暫存器
#define  CIDL  0x80 //0=在 IDLE 時 PCA 不計數，1=在 IDLE 時 PCA 繼續計數
#define  CPS1  0x04 //選擇 PCA 的時脈來源:00=Fosc/12(預定)，01=Fosc/2
#define  CPS0  0x02 //                   ，10=Timer0 溢位，11=ECI(P11)腳
#define  ECF   0x01 //1=致能 PCA 計數溢位產生中斷
```

◎ PCA 計數控制(CCON:PCA Counter Control)暫存器，設定 PCA 工作，如表 10-3 所示。

表 10-3　PCA 計數控制暫存器(CCON)

D7	D6	D5	D4	D3	D2	D1	D0
CF	CR	CCF5	CCF4	CCF3	CCF2	CCF1	CCF0

位元	名稱	功　　　能
D7	CF	PCA 計數溢位旗標，PCA 計數溢位時 CF=1，須用軟體清除為 0。
D6	CR	PCA 計數控制位元，1=PCA 開始計數，0=PCA 停止計數
D5-0	CCF5-0	PCA 模組 5-0 中斷旗標，PCA 模組溢位時 CCFx=1，須用軟體清除為 0。

在 MPC82.H 內定義 CCON 暫存器名稱，如下所示：

```
sfr CCON = 0xD8;  //PCA 計數組態暫存器
sbit CF   = CCON^7;    //1=PCA 計數溢位
sbit CR   = CCON^6;    //1=啟動 PCA 計數
sbit CCF5 = CCON^5;    //1=PCA 模組 5 中斷旗標
sbit CCF4 = CCON^4;    //1=PCA 模組 4 中斷旗標
sbit CCF3 = CCON^3;    //1=PCA 模組 3 中斷旗標
sbit CCF2 = CCON^2;    //1=PCA 模組 2 中斷旗標
sbit CCF1 = CCON^1;    //1=PCA 模組 1 中斷旗標
sbit CCF0 = CCON^0;    //1=PCA 模組 0 中斷旗標
```

◎PCA 計數器高/低位元組(CH/CL)為 16-bit 的上數計數器。

◎PCA 中斷設定如下：

中斷編號	致能位元	中斷旗標	中斷優先位元	中斷位址
10	IE(EA),AUXIE(EPCA)	CF, CCF0~5	AUXIPH (PPCAH),AUXIP(PPCA)	0x53

10-1.1 PCA 計數溢位計時控制

PCA 計數溢位計時的控制步驟，如下：

1. 在 PCA 計數模式暫存器(CMOD)設定時脈來源(預定 Fosc /12)及 ECF=1 致能 PCA 計數溢位中斷。如下：

D7	D6	D5	D4	D3	D2	D1	D0
未用	-	-	-	-	CPS1=0	CPS0=0	ECF=1

2. 設定初始值存入 PCA 計數器(CH/CL)內，如：CH:CL= 65536-10000=55536。

3. 設定 PCA 計數控制暫存器(CCON)內的位元 CR=1，啟動 PCA 開始計時。

4. PCA 計數器(CH/CL)會由 55536 開始上數。

5. 當上數 10000 次令 PCA 計數器(CH/CL)溢位時，會令 PCA 計數控制暫存器 (CCON)內的旗標 CF=1。必須用軟體清除 CF=0，下次溢位才有作用。

6. 如果事先令暫存器 IE 內的位元 EA=1 及暫存器 AUXIE 內的位元 EPCA=1 致能 PCA 計數中斷，此時會立即去執行 PCA 中斷函數。

10-1.2 PCA 計數溢位計時器實習

PCA 溢位計時器和計時器 Timer0-1 的 mode 1 工作方式相同，請開啓專案檔 C:\MPC82\CH10_PCA\CH10.uvproj，並加入各範例程式：

1. PCA 溢位計時器範例：

```
/******* PCA1.C*********PCA 溢位計時器範例********
*動作：由 PCA 計數溢位進行延時，令 SPEAK(P10)反相輸出
*硬體：高頻 SW2-5(SPK)ON,低頻 SW1-4(P1LED)ON
***********************************************/
#include "..\MPC82.H"    //暫存器及組態定義
//Fosc=22.1184MHz，PCA 計數時脈=Fosc/12=1.8432MHz
#define T  14400  //PCA 延時時間=(1/1.8432MHz)*14400=7812.5uS
main()
{  PCON2=7; //Fosc=Fosc/128，PCA 延時時間=7812.5uS*128=1 秒
  CMOD=0;        //PCA 計數時脈來源 CPS1-0:00=Fosc/12
  CR=1;       //啓動 PCA 計數
  CF=0;        //清除 PCA 溢位旗標 0
  while (1)    //不斷循環執行
   {
    SPEAK=!SPEAK;         //SPEAK 反相
    CL= (65536-T) % 256; //將低 8-bit 計數值存入 CL
    CH= (65536-T) / 256; //將高 8-bit 計數值存入 CH
    while(CF==0);        //等待溢位，若 CF=0 自我循環
    CF=0;               //若計時溢位 CF=1，清除 CF=0
  }}
```

作業：請修改 PCA 溢位計時，時間爲 400uS。

2. PCA 溢位計時器中斷範例(1)：

```
/****** PCA2.C*********PCA 溢位中斷範例********
*動作：由 PCA 計數溢位中斷進行延時，令 SPEAK(P10)反相輸出
*硬體：高頻 SW2-5(SPK)ON,低頻 SW1-4(P1LED)ON
**********************************************/
#include "..\MPC82.H"    //暫存器及組態定義
//Fosc=22.1184MHz，PCA 計數時脈=Fosc/12=1.8432MHz
#define T  14400  //PCA 延時時間=(1/1.8432MHz)*14400=7812.5uS
main()
{ PCON2=7; //Fosc=Fosc/128，PCA 延時時間=7812.5uS*128=1 秒
  CMOD=ECF;         //致能 PCA 溢位中斷，PCA 計數時脈來源=Fosc/12
 //CMOD=ECF+CPS0;  //致能 PCA 溢位中斷，PCA 計數時脈來源=Fosc/2

  CL= (65536-T) % 256; //將低 8-bit 計數值存入 CL
  CH= (65536-T) / 256; //將高 8-bit 計數值存入 CH
  EA = 1;              //致能所有中斷
  AUXIE = EPCA;        //致能 PCA 中斷
  CR=1;        //啓動 PCA 計數
  while(1);   //自我空轉
}
/***********************************************************
*函數名稱: PCA 中斷函數
*功能描述: 自動令 CEX0 反相
***********************************************************/
void PCA_Interrupt() interrupt 10
{
  SPEAK=!SPEAK;          //SPEAK 反相
  CL= (65536-T) % 256; //將低 8-bit 計數值存入 CL
  CH= (65536-T) / 256; //將高 8-bit 計數值存入 CH
  CF=0;            //若計時 CF=1，清除 PCA 溢位旗標 CF=0
}
作業：請修改 PCA 溢位計時，時間爲 10mS。
```

3. PCA 溢位計時器中斷範例(2)：設定 Timer0 為 PCA 計數時脈來源，則延時時間最高可達 16-bit*2=32-bit。

```
/******* PCA3.C********PCA 溢位中斷範例********
*動作：PCA 計數時脈來源為 Timer0 的 PCA 計數溢位中斷延時
*         ，令 SPEAK(P10) 反相輸出
*硬體：高頻 SW2-5(SPK)ON,低頻 SW1-4(P1LED)ON
**********************************************/
#include "..\MPC82.H"   //暫存器及組態定義
//Fosc=22.1184MHz，PCA 計數時脈=Fosc/12=1.8432MHz
#define T  14400  //PCA 延時時間=(1/1.8432MHz)*14400=7812.5uS
main()
{ CMOD=ECF+CPS1;//致能 PCA 溢位中斷，設定由 Timer0 溢位時脈提供 PCA 計數
  TMOD=0x02;  //設定使用 Timer0 的 mode2(8-bit 自動載入)
  TH0=256-128;//設定 PCA 計數時脈來源,PCA 延時時間=128*7812.5uS=1 秒
  TR0=1;      //開始 Timer0 計時
  CL= (65536-T) % 256; //將低 8-bit 計數值存入 CL
  CH= (65536-T) / 256; //將高 8-bit 計數值存入 CH
  EA = 1;             //致能所有中斷
  AUXIE = EPCA;       //致能 PCA 中斷
  CR=1;       //啟動 PCA 計數
  while(1);   //自我空轉
}
/*****************************************************
*函數名稱：PCA 中斷函數
*功能描述：自動令 CEX0 反相
*****************************************************/
void PCA_Interrupt() interrupt 10
{
SPEAK=!SPEAK;           //SPEAK 反相
  CL= (65536-T) % 256; //將低 8-bit 計數值存入 CL
  CH= (65536-T) / 256; //將高 8-bit 計數值存入 CH
  CF=0;             //若計時 CF=1，清除 PCA 溢位旗標 CF=0
}
```
作業：請修改 PCA 溢位計時，時間為 100mS。

10-2 PCA 軟體計時控制實習

　　PCA 計數器(CH/CL)上數時，可同時和 6 個模組內「比較暫存器」的內容相比較。若計數相等時，會令各模組的旗標(CCF0-5)為 1，也可以設定產生中斷。相當於同時進行 6 個軟體計時工作，且無須再重新載入計數值，其控制方式，如圖 10-4 所示：

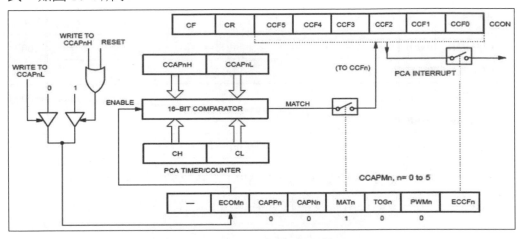

圖 10-4　PCA 軟體計時器控制

　　和 PCA 軟體計時相關暫存器，如表 10-4 所示。

表 10-4　和 PCA 軟體計時相關暫存器

暫存器	位址	D7	D6	D5	D4	D3	D2	D1	D0	預定
CCAPM0	0xDA	-	ECOM0	CAPP0	CAPN0	MAT0	TOG0	PWM0	ECCF0	00
CCAPM1	0xDB	-	ECOM1	CAPP1	CAPN1	MAT1	TOG1	PWM1	ECCF1	00
CCAPM2	0xDC	-	ECOM2	CAPP2	CAPN2	MAT2	TOG2	PWM2	ECCF2	00
CCAPM3	0xDD	-	ECOM3	CAPP3	CAPN3	MAT3	TOG3	PWM3	ECCF3	00
CCAPM4	0xDE	-	ECOM4	CAPP4	CAPN4	MAT4	TOG4	PWM4	ECCF4	00

CCAPM5	0xDF	-	ECOM5	CAPP5	CAPN5	MAT5	TOG5	PWM5	ECCF5	00
CCAP0L	0xEA	bit 7-0								00
CCAP1L	0xEB	bit 7-0								00
CCAP2L	0xEC	bit 7-0								00
CCAP3L	0xED	bit 7-0								00
CCAP4L	0xEE	bit 7-0								00
CCAP5L	0xEF	bit 7-0								00
CCAP0H	0xFA	bit 15-8								00
CCAP1H	0xFB	bit 15-8								00
CCAP2H	0xFC	bit 15-8								00
CCAP3H	0xFD	bit 15-8								00
CCAP4H	0xFE	bit 15-8								00
CCAP5H	0xFF	bit 15-8								00

◎ PCA 比較/捕捉模組暫存器(CCAPM：PCA Compare/Capture Module Register)，有 6 組可用於設定 PCA 各模組的工作，如表 10-5 所示。

表 10-5　PCA 比較器/捕捉器模組暫存器(CCAPMn)(n=0-5)

D7	D6	D5	D4	D3	D2	D1	D0
-	ECOMn	CAPPn	CAPNn	MATn	TOGn	PWMn	ECCFn

位元	名稱	功　能
D6	ECOMn	1=致能 PCA 比較器功能，0=禁能 PCA 比較器功能(預定)
D5	CAPP	1=設定捕捉器在 CEXn 腳輸入正緣時，捕捉 PCA 計數
D4	CAPN	1=設定捕捉器在 CEXn 腳輸入負緣時，捕捉 PCA 計數
D3	MAT	1=設定 PAC 計數溢位及符合模組動作時，令 CCON 內的位元 CCFn=1
D2	TOG	1=設定 PAC 計數溢位及符合模組動作時，令 CEXn 腳反相輸出
D1	PWM	1=致能由 CEXn 腳輸出 PWM 波形
D0	ECCF	1=致能有匹配或捕捉時，會令 CCFn=1 而產生中斷

在 MPC82.H 內定義 CCAPM 暫存器名稱，如下所示：

```
sfr CCAPM0   = 0xDA;      //比較器/捕捉器模組暫存器
sfr CCAPM1   = 0xDB;
sfr CCAPM2   = 0xDC;
sfr CCAPM3   = 0xDD;
sfr CCAPM4   = 0xDE;
sfr CCAPM5   = 0xDF;
#define   ECOM 0x40 //1=致能比較器功能，0=禁能比較器功能(預定)
#define   CAPP  0x20 //1=設定捕捉器在 CEXn 腳輸入正緣時，捕捉 PCA 計數
#define   CAPN  0x10 //1=設定捕捉器在 CEXn 腳輸入負緣時，捕捉 PCA 計數
#define   MAT   0x08 //1=設定 PAC 計數溢位及符合模組動作時，令 CCON 內的位元 CCFn=1
#define   TOG   0x04 //1=設定 PAC 計數溢位及符合模組動作時，令 CEXn 腳反相輸出
#define   PWM   0x02 //1=致能由 CEXn 腳輸出 PWM 波形
#define   ECCF  0x01 //1=致能有匹配或捕捉(CCFn=1)時產生中斷
```

◎ PCA 比較/捕捉暫存器(CCAP:PCA Compare/Capture Register)，有 6 組分為
高/低位元組(CCAPnH/L)用於儲存計數值，以便和 PCA 計數器(CH/CL)相
比較，當兩者匹配(match)時，會令各模組比較旗標 CCFn=1 及產生 PCA
中斷。

10-2.1 PCA 軟體計時器控制

PCA 軟體計時器的控制步驟，如圖 10-5 所示：

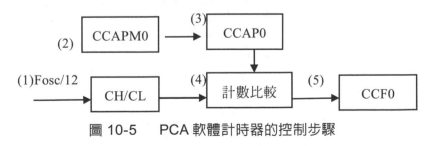

圖 10-5　　PCA 軟體計時器的控制步驟

1. 在 PCA 計數模式暫存器(CMOD)設定時脈來源(預定 Fosc /12)。

2. 以模組 0 為例，在 PCA 比較器/捕捉器模組暫存器(CCAPM0)設定為 16-bit

軟體計時器，如下：

D7	D6	D5	D4	D3	D2	D1	D0
-	ECOM	CAPP	CAPN	MAT	TOG	PWM	ECCF
0	1	0	0	1	0	0	X

3. 並將計時值存入 PCA 比較/捕捉暫存器(CCAP0)內，以 Fosc=24MHz 為例，基本時間=1/(Fosc/12)=0.5us，則軟體計時時間為 CCAP0*0.5us。

4. 令 PCA 計時/計數器(CH/CL)由 0 開始計數，並隨時和(CCAP0)相比較。

5. 當兩者計數值匹配(match)時，會令比較旗標 CCF0=1，必須用軟體清除 CCF0=0。如果事先有致能 PCA 計數中斷，會立即去執行 PCA 中斷函數。

10-2.2 PCA 軟體計時器實習

開啟專案檔 C:\MPC82\CH10_PCA\CH10.uvproj，並加入各範例程式。

1. PCA 軟體計時器範例：

```
/*** TIMER1.C*********PCA 軟體計時器範例************
*動作：PCA 軟體計時器延時，控制 LED 每秒反相一次。
*硬體：SW1-3(P0LED)ON
***********************************************/
#include "..\MPC82.H"   //暫存器及組態定義
//Fosc=22.1184MHz，PCA 計數時脈=Fosc/12=1.8432MHz
#define T  14400  //軟體計時時間=(1/1.8432MHz)*14400=7812.5uS
main()
{ P0M0=0; P0M1=0xFF; //設定 P0 為推挽式輸出(M0-1=01)
  PCON2=7; //Fosc=Fosc/128，軟體計時時間=7812.5uS*128=1 秒
  CMOD=0;   //PCA 計數時脈來源 CPS1-0:00=Fosc/12
  CCAPM0 = ECOM+MAT; //MAT=1，PAC 計數與 CCAP0 匹配時，令 CCF0=1
                     //ECOM=1，致能比較器功能

  CCAP0L=T;      //設定比較暫存器低位元組
  CCAP0H=T>>8;  //設定比較暫存器高位元組
  CR=1;          //啟動 PCA 計數
```

```
    while(1)
    { CCF0 = 0;              //清除模組 0 的比較旗標
      CL = CH =0;      //PCA 計數器由 0 開始上數
      while(CCF0==0);//等待 PCA 計數器(CH:CL)=CCAP0，令中斷旗標 CCF0=1
      P0_0=!P0_0; //LED 反相閃爍
    }
}
```

作業：請修改使用模組 2，時間為 400uS。

2. PCA 軟體計時器中斷範例(1)：

```
/******TIMER2.C******PCA 軟體計時中斷範例 ************
*功能：使用 PCA 軟體計時中斷，控制 LED 每秒反相一次
*硬體：SW1-3(P0LED)ON
********************************************/
#include "..\MPC82.H" //暫存器及組態定義
//Fosc=22.1184MHz，PCA 計數時脈=Fosc/12=1.8432MHz
#define T  14400  //軟體計時時間=(1/1.8432MHz)*14400=7812.5uS
main()
{ P0M0=0; P0M1=0xFF; //設定 P0 為推挽式輸出(M0-1=01)
  PCON2=7; //Fosc=Fosc/128，軟體計時時間=7812.5uS*128=1 秒
  CMOD = 0;       //PCA 計數時脈來源 CPS1-0:00=Fosc/12
  CCAPM0 = ECOM+MAT+ECCF; //MAT=1，PAC 計數與 CCAP0 匹配時，令 CCF0=1
                          //ECOM=1，致能比較器功能
                          //ECCF=1，致能有匹配(CCF0=1)時，產生中斷
  CCAP0L = T;      //設定比較暫存器低位元組
  CCAP0H = T>>8; //設定比較暫存器高位元組
  EA = 1;          //致能所有中斷
  AUXIE = EPCA;  //致能 PCA 中斷
  CCF0 = 0;        //清除模組 0 的比較旗標
  CR = 1;          //啟動 PCA 計數
  while(1);        //空轉,等待(CH:CL)=CCAP0 產生中斷
  }
/************************************************
*函數名稱：PCA 中斷函數
*功能描述：令 LED 反相閃爍
 ************************************************/
```

```
void PCA_Interrupt() interrupt 10
{ CCF0 = 0;        //清除模組 0 的比較旗標
  CL = CH =0;    //PCA 計數器由 0 開始上數
  P0_0 = !P0_0; //LED 反相閃爍
}
```

作業：請修改模組 4，時間為 10mS。

3. PCA 軟體計時器中斷範例(2)：

```
/*******TIMER3.C******PCA 軟體計時中斷範例 ***********
*功能：使用 PCA 軟體計時中斷，控制 6 個 LED 旋轉，間隔 0.5 秒
*硬體：SW1-3(P0LED)ON
******************************************************/
#include "..\MPC82.H" //暫存器及組態定義
//Fosc=22.1184MHz，PCA 計數時脈=Fosc/12=1.8432MHz
#define T  7200 //軟體計時時間=(1/1.8432MHz)*7200=3906.25uS
main()
{ P0M0=0; P0M1=0xFF; //設定 P0 為推挽式輸出(M0-1=01)
  PCON2=7;  //Fosc=Fosc/128，軟體計時時間=3906.25uS*128=0.5 秒
  CMOD = 0; //PCA 計數時脈來源 CPS1-0:00=Fosc/12
  CCAPM0=CCAPM1=CCAPM2=CCAPM3=CCAPM4=CCAPM5=ECOM+MAT+ECCF;
                  //MAT=1，PAC 計數與 CCAP0 匹配時，令 CCF0=1
                  //ECOM=1，致能比較器功能
               //ECCF=1，致能有匹配(CCFn=1)時，產生中斷
  CCAP0L=T;   CCAP0H=T>>8;      //設定模組 0 比較暫存器=0.5 秒
  CCAP1L=T*2; CCAP1H=(T*2)>>8; //設定模組 1 比較暫存器=1 秒
  CCAP2L=T*3; CCAP2H=(T*3)>>8; //設定模組 2 比較暫存器=1.5 秒
  CCAP3L=T*4; CCAP3H=(T*4)>>8; //設定模組 3 比較暫存器=2 秒
  CCAP4L=T*5; CCAP4H=(T*5)>>8; //設定模組 4 比較暫存器=2.5 秒
  CCAP5L=T*6; CCAP5H=(T*6)>>8; //設定模組 5 比較暫存器=3 秒

  EA = 1;            //致能所有中斷
  AUXIE = EPCA;       //致能 PCA 中斷
  CCF0=CCF1=CCF2=CCF3=CCF4=CCF5=0; //清除模組 0-5 的比較旗標
  LED = 0xFF;
  CR = 1;            //啟動 PCA 計數
  while(1);            //空轉,等待 (CH:CL)=CCAP0 產生中斷
```

```
}
/*******************************************************
*函數名稱：PCA 中斷函數
*功能描述：控制 6 個 LED 旋轉
*******************************************************/
void PCA_Interrupt() interrupt 10
{ if(CCF0) LED = 0xFE;      //第 0.5 秒動作
  if(CCF1) LED = RL8(LED);//第 1 秒動作
  if(CCF2) LED = RL8(LED);//第 1.5 秒動作
  if(CCF3) LED = RL8(LED);//第 2 秒動作
  if(CCF4) LED = RL8(LED);//第 2.5 秒動作
  if(CCF5){LED=RL8(LED);CL=CH=0;}//第 3 秒動作，PCA 計數器由 0 上數
  CCF0=CCF1=CCF2=CCF3=CCF4=CCF5=0; //清除模組 0-5 的比較旗標
}
```

作業：請修改由模組 0-3 為步進馬達單相全步運轉的輸出波形

10-3 PCA 計數高速輸出控制實習

PCA 計數器(CH/CL)上數時，可同時和 6 個模組內「比較暫存器」的內容相比較。若計數相等時，PCA 計數高速輸出會在 CEX0~5(P1.2~P1.6)腳自動不斷的反相輸出方波，其控制方式，如圖 10-6 所示：

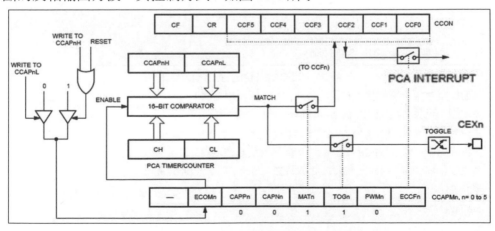

圖 10-6　PCA 計數高速輸出控制

10-3.1 PCA 計數高速輸出控制

PCA 計數高速輸出的控制步驟，如下：

1. 以模組 0 為例，在 PCA 比較器/捕捉器模組暫存器(CCAPM0)設定為 16-bit 計數高速輸出，如下：

D7	D6	D5	D4	D3	D2	D1	D0
-	ECOM	CAPP	CAPN	MAT	TOG	PWM	ECCF
0	1	0	0	1	1	0	X

3. 設定計時值存入 PCA 比較/捕捉暫存器(CCAP0)內，計時時間如下：

$$計時時間 = \frac{1}{(Fosc/12)} * CCAP0$$

4. 令 PCA 計時/計數器(CH/CL)由 0 開始計數，並隨時和(CCAP0)相比較。

5. 當兩者計數值匹配(match)時，會自動令接腳 CEX(P1.2)反相，同時令比較旗標 CCF0=1，必須用軟體清除 CCF0=0。如果事先有致能 PCA 計數中斷，會立即去執行 PCA 中斷函數。

10-3.2 PCA 計數高速輸出實習

PCA 計數高速輸出範例程式如下：

1. PCA 計數高速輸出器範例：

```
/*** FAST1.C*********PCA 高速輸出範例************
*動作：PCA 高速輸出，控制 CEX0(P12)腳反相輸出。
*硬體：低頻 SW1-4(P1LED) 或高頻 SW2-6(SPK) ON
*******************************************/
#include "..\MPC82.H"   //暫存器及組態定義
//Fosc=22.1184MHz，PCA 計數時脈=Fosc/12=1.8432MHz
#define T 14400  //PCA 延時時間=(1/1.8432MHz)*14400=7812.5uS
main()
{
  PCON2=7; //Fosc=Fosc/128，PCA 延時時間=7812.5uS*128=1 秒
```

```
    CCAPM0 = ECOM+MAT+TOG; //MAT=1，PAC 計數與 CCAP0 匹配時，令 CCF0=1
                            //ECOM=1，致能比較器功能
                            //TOG=1，(CH:CL)=CCAP0 時，令 CEX0 腳反相
   CCAP0L=T;      //設定比較暫存器低位元組
   CCAP0H=T>>8;   //設定比較暫存器高位元組
   CR=1;          //啟動 PCA 計數
   while(1)
    {
    CCF0 = 0;       //清除模組 0 的比較旗標
    CL = CH =0;     //PCA 計數器由 0 開始上數
    while(CCF0==0); //等待 PCA 計數器(CH:CL)=CCAP0，令中斷旗標 CCF0=1
    }
}
```

作業：PCA 高速輸出，由 CEX2(P14) 腳輸出不同的頻率

2. PCA 計數高速輸出中斷範例(1)：

```
/*** FAST2.C*********PCA 高速輸出中斷範例************
*動作：PCA 高速輸出，PCA 中斷控制 CEX0(P12) 腳反相輸出
*硬體：低頻 SW1-4(P1LED) 或高頻 SW2-6(SPK) ON
**************************************************/
#include "..\MPC82.H"   //暫存器及組態定義
//Fosc=22.1184MHz，PCA 計數時脈=Fosc/12=1.8432MHz
#define T  14400  //PCA 延時時間=(1/1.8432MHz)*14400=7812.5uS
main()
{
   PCON2=7; //Fosc=Fosc/128，PCA 延時時間=7812.5uS*128=1 秒
   CCAPM0 = ECOM+MAT+TOG+ECCF; //MAT=1，PAC 計數與 CCAP0 匹配時，令 CCF0=1
                    //ECOM=1，致能比較器功能
                    //TOG=1，(CH:CL)=CCAP0 時，令 CEX0 腳反相
                    //ECCF=1，致能有匹配(CCF0=1)時，產生中斷
   CCAP0L=T;      //設定比較暫存器低位元組
   CCAP0H=T>>8;   //設定比較暫存器高位元組
   EA = 1;        //致能所有中斷
   AUXIE = EPCA;  //致能 PCA 中斷
   CCF0 = 0;       //清除模組 0 的比較旗標
   CR = 1;        //啟動 PCA 計數
```

```
    while(1);        //空轉,等待(CH:CL)=CCAP0 產生中斷
}
/************************************************************
*函數名稱: PCA 中斷函數
*功能描述: 自動令 CEX0 反相
************************************************************/
void PCA_Interrupt() interrupt 10
{
  CCF0 = 0;        //清除模組 0 的比較旗標
  CL = CH =0;      //PCA 計數器由 0 開始上數
}
```
作業：PCA 高速輸出，由 CEX4(P14) 腳輸出不同的頻率

3. PCA 計數高速輸出中斷範例(2)：輸出兩個有時間差的方波，如下所示：

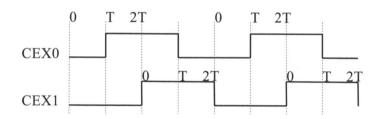

PCA 計數(CH:CL)由 0 開始計數，當上數到(CH:CL)=T 時令 CEX0 反相，再上數到(CH:CL)=2T 時令 CEX1 反相，同時清除 PCA 計數(CH:CL)由 0 開始計數，範例如下：

```
/*** FAST3.C*********PCA 高速輸出中斷範例************
*動作：CEX0(P12) 及 CEX1(P13) 高速輸出有時間差的兩個方波
*硬體：低頻 SW1-4(P1LED)
*******************************************/
#include "..\MPC82.H"   //暫存器及組態定義
//Fosc=22.1184MHz,PCA 計數時脈=Fosc/12=1.8432MHz
#define T  14400  //PCA 延時時間=(1/1.8432MHz)*14400=7812.5uS
main()
{
  PCON2=7; //Fosc=Fosc/128,PCA 延時時間=7812.5uS*128=1 秒
```

```
            //MAT=1，PAC 計數與 CCAP0 匹配時，令 CCF0=1
CCAPM0=CCAPM1=ECOM+MAT+TOG+ECCF;
                        //ECOM=1，致能比較器功能
                        //TOG=1，(CH:CL)=CCAP0 時，令 CEX0 腳反相
                        //ECCF=1，致能有匹配(CCF0=1)時，產生中斷
  CCAP0L=T;  CCAP0H=T>>8;       //設定 T 送入 CEX0 比較暫存器
  CCAP1L=T<<1; CCAP1H=(T<<1)>>8;//設定 2T 送入 CEX1 比較暫存器


  EA = 1;      //致能所有中斷
  AUXIE = EPCA; //致能 PCA 中斷
  CCF0 = 0;       //清除模組 0 的比較旗標
  CR = 1;       //啓動 PCA 計數
  while(1);       //空轉,等待(CH:CL)=CCAP0 產生中斷
}
/*********************************************************
*函數名稱：PCA 中斷函數
*功能描述：自動令 CEX0 反相
*********************************************************/
void PCA_Interrupt() interrupt 10
{
  if(CCF1==1) CL=CH=0; //若是 CEX1 中斷,PCA 計數器由 0 開始上數
  CCF0=CCF1= 0; //清除模組 0-1 的比較旗標
}
```

作業：PCA 高速輸出，由 CEX0~CEX3 輸出 4 個時間差的方波。

10-3.3 PCA 計數高速輸出音樂實習

藉由 PCA 計數高速輸出可產生不同的音頻，加以組合即可輸出音樂。

1. 將這些音階建立在陣列資料內，依順序輸出，即可演奏音樂。若重覆放置同樣音階，即可加長其節拍的長短，再接上擴音器及喇叭即可輸出電腦音樂。音樂輸出實習範例如下：

```
/*** MUSIC1.C*********PCA 高速輸出音樂範例************
*動作：PCA 高速輸出，PCA 中斷控制 CEX0(P12)腳輸出音樂
*硬體：SW2-6(SPK)ON
```

```
********************************************/
#include  "..\MPC82.H"    //暫存器及組態定義
#define  T      22118400/12/2 //基本頻率 T=Fosc/12/2=921600Hz
#define  DO     T/523    //各種音頻的計時器內容
#define  RE     T/587
#define  MI     T/659
#define  FA     T/698
#define  SO     T/785
#define  LA     T/880
#define  TI     T/998
unsigned int  code Table[] //音頻的陣列資料
        = { DO,RE,MI,FA,SO,LA,TI };
char i;    //資料計數
unsigned int  Temp;
main()
{ CCAPM0 = ECOM+MAT+TOG+ECCF; //MAT=1，PAC 計數與 CCAP0 匹配時，令 CCF0=1
                        //ECOM=1，致能比較器功能
                        //TOG=1，(CH:CL)=CCAP0 時，令 CEX0 腳反相
                        //ECCF=1，致能有匹配(CCF0=1)時，產生中斷

  EA = 1;        //致能所有中斷
  AUXIE = EPCA;  //致能 PCA 中斷
  CCF0 = 0;        //清除模組 0 的比較旗標
  while(1)        //重覆執行
  {
   for(i=0;i<7;i++)  //輸出 7 個音階
    {
      Temp=Table[i];   //讀取陣列音頻資料
      CCAP0L=Temp;        //設定比較暫存器低位元組
      CCAP0H=Temp>>8; //設定比較暫存器高位元組
      CR = 1;        //啟動 PCA 計數，開始發音
     Delay_ms(500);  //延時，發音的時間，等待(CH:CL)=CCAP0 產生中斷
      CR = 0;        //停止 PCA 計數，停止發音
    }
    Delay_ms(1000);   //延時，停止發音的時間
  }
```

```
}
/*****************************************************
*函數名稱: PCA 中斷函數
*功能描述: 自動令 CEX0 反相
*****************************************************/
void PCA_Interrupt() interrupt 10
{ CCF0 = 0;       //清除模組 0 的比較旗標
  CL = CH =0;     //PCA 計數器由 0 開始上數
}
```

作業：請改為其它有規律的頻率。

2. 我們可以將所有的音頻事先定義在 MUSIC.H 內，如下：

```
/******** MUSIC.H ********/
#define  T  22118400/12/2  //T=Fosc/12/2=基本頻率
/*---第 0 八度音階---*/
#define  DO1     T/65
#define  DO_1    T/69  //DO1#
#define  RE1     T/73
#define  RE_1    T/78  //RE1#
#define  MI1     T/82
#define  FA1     T/87
#define  FA_1    T/93  //FA1#
#define  SO1     T/98
#define  SO_1    T/104 //SO1#
#define  LA1     T/110
#define  LA_1    T/116 //LA1#
#define  SI1     T/123
/*---第 1 八度音階---*/
(後面省略)
```

3. 音樂輸出實習範例如下：

```
/*** MUSIC2.C *********PCA 高速輸出音樂範例************
*動作：PCA 高速輸出，PCA 中斷控制 CEX0(P12)腳輸出音樂
*硬體：SW2-6(SPK)ON
*********************************************/
#include "..\MPC82.H"  //暫存器及組態定義
#include "music.h"  //音頻定義
```

```
unsigned int  code Table[]  //定義音頻陣列資料,0 為休止符
  ={DO3,0,RE3,0,MI3,0,FA3,0,SO3,0,LA3,0,SI3,0,DO4,0};
char i;   //資料計數
unsigned int  Temp;
main()
{ CCAPM0 = ECOM+MAT+TOG+ECCF; //MAT=1，PAC 計數與 CCAP0 匹配時，令 CCF0=1
                            //ECOM=1，致能比較器功能
                            //TOG=1，(CH:CL)=CCAP0 時，令 CEX0 腳反相
                            //ECCF=1，致能有匹配(CCF0=1)時，產生中斷
  EA = 1;       //致能所有中斷
  AUXIE = EPCA; //致能 PCA 中斷
  CCF0 = 0;       //清除模組 0 的比較旗標
  while (1)      //不斷循環執行
  {
   for(i=0; i<16; i++)    //陣列計數由 0~15 遞加
    {
     if(Table[i]==0) CR = 0; //若資料=0 停止 PCA 計數，停止發音
     else
     {
       CCAP0L=Table[i];        //設定比較暫存器低位元組
       CCAP0H=Table[i]>>8; //設定比較暫存器高位元組
       CR = 1;             //啟動 PCA 計數，開始發音
     }
     Delay_ms(1000); //延時，發音的時間，等待(CH:CL)=CCAP0 產生中斷
    }
  }
}
/**************************************************************
*函數名稱: PCA 中斷函數
*功能描述: 自動令 CEX0 反相
**************************************************************/
void PCA_Interrupt() interrupt 10
{ CCF0 = 0;   //清除模組 0 的比較旗標
   CL = CH =0;   //PCA 計數器由 0 開始上數
}
```

作業：請修改上述程式的陣列資料，令其演奏一首音樂。

10-4 PCA 脈波寬度調變(PWM)控制實習

　　脈波寬度調變(PWM：Pulse Width Modulation)可調整電功率，它應用電路的全開(ON)和全關(OFF)來控制電路，工作時損耗極低，有很高的能源效率。可調整喇叭音量、LED 亮度及馬達速度。如圖 10-7 所示。

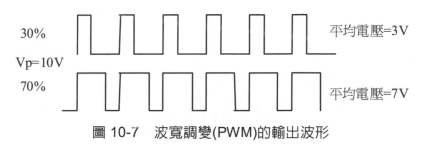

圖 10-7　波寬調變(PWM)的輸出波形

　　PWM 波形以輸出高電位(HI)的脈波時間與整個工作週期(HI+LO)時間的比率，來決定平均電壓。平均電壓(Va)的定義如下：

平均電壓(Va) = 工作週期　*　峰值電壓 =HI/(HI+LO) *　Vp

　　如 Vp=10V 為例，HI 為 30%時 Va=3V 及 HI 為 70%時 Va=7V。

10-4.1 基本 IO 及 Timer 的 PWM 控制實習

　　若要輸出 PWM 波形，一般可採用基本 IO 或計時器來產生，如下：

1. 基本 I/O 輸出 PWM 波形：控制方式如圖 10-8 所示。

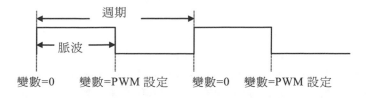

圖 10-8　使用基本 I/O 輸出 PWM 波形

可使用 8-bit 的變數來控制 PWM 波形。首先 PWM 接腳輸出=1，變數由 0 開始遞加，當變數 > PWM 設定值時輸出=0，這就是 PWM 的「脈波時間」。直到變數遞加到 0 才令 PWM 腳才恢復輸出=1，這就是 PWM 的「週期時間」。再重新週而覆始，如此 PWM 設定值可以決定 PWM 脈波的寬度。

```c
/********** PWM1.C ******基本 I/O 輸出 PWM 波形**************
*動作:由接腳 P12~5 輸出 4 個 PWM 波形
*硬體:先 SW1-4(P1LED)OFF 量測電壓,再 SW1-4(P1LED)ON 觀察 LED 亮度
*************************************************************/
#include "..\MPC82.H"
unsigned char PWM_VAR=0;//宣告 PWM 變數
#define  PWM0_VAR 0x10  //PWM0 設定輸出脈波寬度
#define  PWM1_VAR 0x30  //PWM1 設定輸出脈波寬度
#define  PWM2_VAR 0x80  //PWM2 設定輸出脈波寬度
#define  PWM3_VAR 0xA0  //PWM3 設定輸出脈波寬度

sbit PWM0=0x92;  //PWM0=P12
sbit PWM1=0x93;  //PWM1=P13
sbit PWM2=0x94;  //PWM2=P14
sbit PWM3=0x95;  //PWM3=P15

main()
{
  while(1)         //週而覆始
   {
    PWM0=PWM1=PWM2=PWM3=1;  //PWM 的開始準位=1
    while(PWM_VAR++)   //若 PWM_VAR 未遞加到 0 則 PWM 輸出
    {
     if(PWM_VAR > PWM0_VAR) PWM0=0;//若計時值 >PWM0 值,PWM0=0
     if(PWM_VAR > PWM1_VAR) PWM1=0;//若計時值 >PWM1 值,PWM1=0
     if(PWM_VAR > PWM2_VAR) PWM2=0;//若計時值 >PWM2 值,PWM2=0
     if(PWM_VAR > PWM3_VAR) PWM3=0;//若計時值 >PWM3 值,PWM3=0
    }
   }
```

```
        }
```

軟體 Debug 操作：

(1) 開啟邏輯分析視窗，快速執行，觀察 P1.2~5 輸出波形，如圖 10-9 所示。

(2) 由圖中得知，使用基本 I/O 輸出 4 個 PWM 波形時，其頻率約 245Hz，且輸出通道愈多頻率愈低。這種頻率可用來推動 LED，但應用於直流馬達頻率可能太低。

作業：請令 P1.0~7 輸出 8 個不同脈波的 PWM 波形，在邏輯分析視窗及 LED 顯示出來。

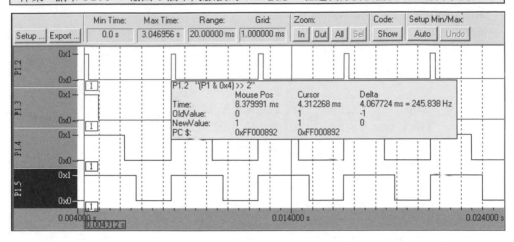

圖 10-9　模擬邏輯分析儀-PWM 實習

2. 計時器輸出 PWM 波形：使用計時器來產生 PWM 波形的方法如圖 10-10 所示：

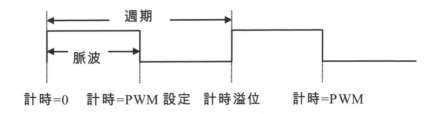

圖 10-10　使用計時器來產生 PWM 波形的方法

　　以 mode2 的計時器 TL0 來設定，首先輸出=1，TL0 開始由 0 計時，當 TL0>=PWM 設定值時輸出=0，這就是 PWM 的「脈波時間」。直到 TL0 溢位才恢復輸出=1，這就是 PWM 的「週期時間」。再重新週而覆始，如此 PWM 設定值可以決定 PWM 脈波的寬度。週期頻率=22118400/12/256=7200Hz，足以控制馬達的速度，且不受輸出通道數的影響。

```
/********* PWM2.C *****Timer0 輸出 PWM 波形********
*動作：由接腳 P12~5 輸出 4 個 PWM 波形
*硬體：先 SW1-4(P1LED)OFF 量測電壓，再 SW1-4(P1LED)ON 觀察 LED 亮度
****************************************/
#include "..\MPC82.H"

#define  PWM0_VAR 0x10  //PWM0 設定輸出脈波寬度
#define  PWM1_VAR 0x30  //PWM1 設定輸出脈波寬度
#define  PWM2_VAR 0x80  //PWM2 設定輸出脈波寬度
#define  PWM3_VAR 0xA0  //PWM3 設定輸出脈波寬度

sbit PWM0=0x92;  //PWM0=P12
sbit PWM1=0x93;  //PWM1=P13
sbit PWM2=0x94;  //PWM2=P14
sbit PWM3=0x95;  //PWM3=P15

main()
{
  TMOD=0x02;    //設定 Timer0 為 mode2 內部計時
  TH0=TL0=0;    //Timer0 由 0 開始計時
  TR0=1;    //啓動 Timer0 開始計時
  while(1)    //週而覆始
   {
    PWM0=PWM1=PWM2=PWM3=1;    //PWM 的開始準位=1
    while(TF0==0)    //若計時未溢位 PWM 輸出
   {
   if(TL0 > PWM1_VAR) PWM0=0;//若計時值 >PWM0 值，PWM0=0
   if(TL0 > PWM1_VAR) PWM1=0;//若計時值 >PWM1 值，PWM1=0
   if(TL0 > PWM2_VAR) PWM2=0;//若計時值 >PWM2 值，PWM2=0
   if(TL0 > PWM3_VAR) PWM3=0;//若計時值 >PWM3 值，PWM3=0
    }
```

```
    TF0=0;      //若計時溢位,清除計時溢位旗標,重頭開始
    }
}
```

軟體 Debug 操作:開啟邏輯分析視窗,快速執行,觀察 P1.2~5 輸出波形。

作業:請令 P1.0~7 輸出 8 個不同脈波的 PWM 波形,在邏輯分析視窗及 LED 顯示出來。

10-4.2 PCA 計數 PWM 控制

PCA 計數 PWM 會不斷的在 CEX0~5(P1.2~P1.6)輸出 PWM 波形,其控制方式,如圖 10-11 所示:

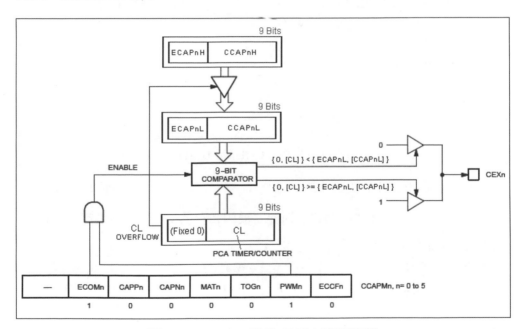

圖 10-11　PCA 計數 PWM 輸出控制

PCA 計數 PWM 暫存器,如表 10-6 所示。

表 10-6 PCA 計數 PWM 暫存器

暫存器	位址	D7	D6	D5	D4	D3	D2	D1	D0	預定
PCAPWM0	0xF2	-	-	-	-	-	-	ECAP0H	ECAP0L	00
PCAPWM1	0xF3	-	-	-	-	-	-	ECAP1H	ECAP1L	00
PCAPWM2	0xF4	-	-	-	-	-	-	ECAP2H	ECAP2L	00
PCAPWM3	0xF5	-	-	-	-	-	-	ECAP3H	ECAP3L	00
PCAPWM4	0xF6	-	-	-	-	-	-	ECAP4H	ECAP4L	00
PCAPWM5	0xF7	-	-	-	-	-	-	ECAP5H	ECAP5L	00

在 MPC82.H 內定義 PCA 計數 PWM 暫存器名稱，如下所示：

```
sfr PCAPWM0 = 0xF2;   //CEX0 的 PWM 暫存器
sfr PCAPWM1 = 0xF3;   //CEX1 的 PWM 暫存器
sfr PCAPWM2 = 0xF4;   //CEX2 的 PWM 暫存器
sfr PCAPWM3 = 0xF5;   //CEX3 的 PWM 暫存器
sfr PCAPWM4 = 0xF6;   //CEX4 的 PWM 暫存器
sfr   PCAPWM5 = 0xF7;  //CEX5 的 PWM 暫存器
#define   ECAPH    0x02   //PWM 脈波(Duty Cycle)載入 CAPnH 延長的 bit-9
#define   ECAPL    0x01   //PWM 脈波(Duty Cycle)時間 CAPnL 延長的 bit-9
```

PCA 計數 PWM 的控制步驟，如下：

1. 以模組 0 為例，在 PCA 比較器/捕捉器模組暫存器(CCAPM0)設定為 9-bit 的 PWM 輸出，如下：

D7	D6	D5	D4	D3	D2	D1	D0
-	ECOM	CAPP	CAPN	MAT	TOG	PWM	ECCF
0	1	0	0	0	0	1	0

2. 設定 PWM 脈波(Duty Cycle)時間存入 PCA 比較暫存器(CCAP0H)內，它會自動載入到 CCAP0L，和 PCA 計時/計數器(CL)相比較。控制如圖 10-12 所示。

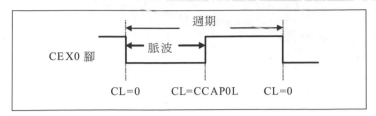

圖 10-12　PCA 計數 PWM 波形

3.PCA 計時/計數器(CL)由 0 開始計數，當 CL<CCAP0L 時，接腳 CEX0=0。

4.當 CL>=CCAP0L 時，接腳 CEX0=1。此期間為 PWM 脈波(Duty Cycle)，計
算公式為：脈波比率= 1 –(CCAPnH / 256)。例如：

ECAP0H		CCAP0H		脈波數值	脈波(Duty Cycle)
0	+	0	=>	0x000	100%
0	+	0x40	=>	0x040	75%
0	+	0xC0	=>	0x0C0	25%
1	+	0x00	=>	0x100	0%

5.當 CL 由 0xFF→0x00 時，接腳 CEX0=0，從頭開始。

6.PCA 計數 PWM 不會影響旗標(CCFn)，也不能致能 PCA 中斷，否則會無法
輸出波形。

7.若設定第 9-bit(ECAP0H)=1 時，會載入令脈波數值的第 9-bit(ECAP0L)=1，
使脈波數值會大於 255，持續讓 CL<CCAP0L，會使脈波(Duty Cycle)均為
0%，輸出均為低準位。

10-4.3　PCA 計數 PWM 輸出實習

PCA 計數 PWM 輸出範例程式如下：

1. PCA 計數 PWM 輸出器範例(1)：

```
/*************** PWM3.C *******PCA 計數 PWM 實習**********
*動作：由接腳 CEX0-5(P12~7)輸出 6 個 PWM 波形
*硬體：先 SW1-4(P1LED)OFF 量測電壓，再 SW1-4(P1LED)ON 觀察 LED 亮度
```

```
*****************************************************/
#include "..\MPC82.H"
void main()
{
  CMOD=0x00;  //CPS1-0=00,Fpwm=Fosc/12/256=22.1184MHz/12/256=7.2KHz
 // CMOD=CPS0;  //CPS1-0=01,Fpwm=Fosc/2/256=22.1184MHz/2/256=43.2KHz
            //致能 CEX0-5 輸出 PWM
  CCAPM0=CCAPM1=CCAPM2=CCAPM3=CCAPM4=CCAPM5=ECOM+PWM;

  CCAP0H=0x10;  //設定(P12/CEX0)脈波時間,平均電壓為 4.6V
  CCAP1H=0x20;  //設定(P13/CEX1)脈波時間,平均電壓為 4.4V
  CCAP2H=0x40;  //設定(P14/CEX2)脈波時間,平均電壓為 3.8V
  CCAP3H=0x80;  //設定(P15/CEX3)脈波時間,平均電壓為 2.6V
  CCAP4H=0xA0;  //設定(P16/CEX4)脈波時間,平均電壓為 1.8V
  CCAP5H=0xFF;  //設定(P17/CEX5)脈波時間,平均電壓為 0.01V
//PCAPWM0=ECAPH; CCAP0H=0x00; //設定(P12/CEX0),平均電壓為 0V

  CR=1;       //開始 PCA 計數
  while(1);  //空轉,此時不斷的由接腳 CEX0-5 輸出 PWM 波形
}
```
作業：改變不同的 PWM 值，控制 LED 亮度。

2. PCA 計數 PWM 輸出範例(2)：不斷改變 PWM 波形的脈波時間。

```
/************** PWM4.C *******PCA 計數 PWM 實習**********
*動作:不斷改變 CEX0(P12)輸出的 PWM 波形,調整 LED 亮度或喇叭音量
*硬體:SW1-4(P1LED)或 SW2-6(SPK)ON
*****************************************************/
#include "..\MPC82.H"
void main()
{
    unsigned char i;
  CCAPM0=ECOM+PWM;  //致能 CEX0 比較器及 PWM 輸出
 CMOD=0x00;//CPS1-0=00,Fpwm=Fosc/12/256=22.1184MHz/12/256=7.2KHz
  CR=1;       //開始 PCA 計數
    while(1)   //重覆輸出 PWM 波形
    {
```

```
   for(i=0;i<255;i++)//低電位比率漸漸增加，LED 漸亮
    {
     CCAP0H=i;  //設定 CEX0 的 PWM 脈波時間
     Delay_ms(30);
    }
   for(i=255;i>1;i--)//低電位比率漸漸減少，LED 漸暗
    {
     CCAP0H=i;  //設定 CEX0 的 PWM 脈波時間
     Delay_ms(30);
    }
  }
}
```

作業：請改用 CEX1(P13) 輸出不斷改變的 PWM 波形

10-4.4 PCA 計數 PWM 直流馬達控制實習

直流馬達控制電路工作於全開或全關狀態的電路，只要使用基本的開關放大器即可。如圖 10-13 所示：

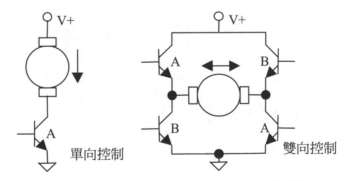

圖 10-13　單向與雙向直流馬達控制架構

其中單向控制結構只能控制馬達做單方向運轉，而由 PWM 方式控制馬達的轉速。雙向控制除了速度之外，還可以控制正反轉，如此可以用來做位置控制用。如圖 10-14 所示：

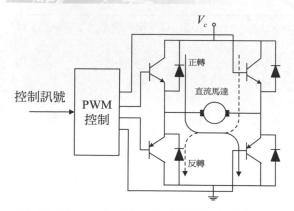

圖 10-14　雙向直流馬達正反轉控制電路

　　在實際應用上，直流馬達的控制電路如圖 10-15(a)所示，此電路適合小功率的直流馬達控制，由 PNP 電晶體配合 UN2003 的集極開路特性，形成四個橋式電子開關，其限制為 VDD=+32V，電流=0.5A 以下。也可用一般的玩具馬達來進行實驗，此時 Q1 及 Q2 可改用更小功率的 PNP 電晶體如 2N4355 等。

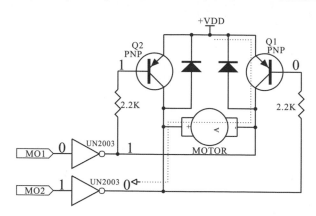

圖 10-15(a)　小功率直流馬達控制電路

　　當 MO1=0 及 MO2=1 時，會令 Q1=ON 及 Q2=OFF 使馬達正轉。若由 MO1 輸入 PWM 波形，則可控制其轉速。反之若 MO1=0 及 MO2=1 時，會令 Q2=ON、Q1=OFF 使馬達反轉。

此電路有個缺點，當 MO1=1 及 MO2=1 時，會令 Q1 及 Q2 導通，此時電流不會經過馬達，而直接由 VDD 流過導通的電晶體及 UN2003 到地線，形成電源短路，此大量的電流會將元件燒毀，如圖 10-15(b)所示。撰寫程式時要特別注意。

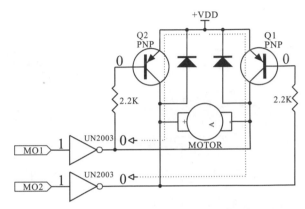

圖 10-15(b)　小功率直流馬達控制電路燒毀工作圖

為了避免同時令 Q1=ON、Q2=ON，而改良上述電路的缺點，如圖 10-16 所示。以 DIR 腳作為正反轉控制，而由 PWM 腳提供 PWM 波形控制速度，當 PWM=0 時馬達會停止運轉。

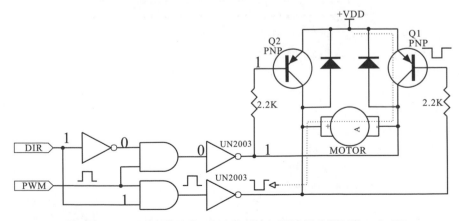

圖 10-16　具保護功能小功率直流馬達控制電路工作圖

　　為了節省零件，可用 3 個 NOR 來取代 2 個 AND 及 1 個 NOT，但其 PWM 波形會反相，形成加減速控制會相反，如圖 10-17 所示：

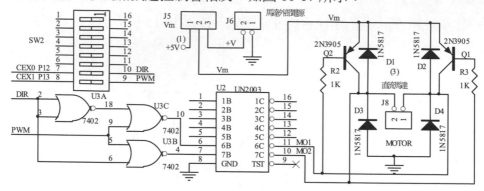

圖 10-17　具保護功能直流馬達控制改良電路

　　圖中由 J5(Vm)切換直流馬達的電源，當 J5(1-2)ON 時，由 USB 的+5V 提供，但直流馬達電流必須 200mA 以下。當 J5(2-3)ON 時，由 J6 外接電源，可提供較大的電流，但直流馬達電流須限制在 500mA 以下。

直流馬達實習範例，如下：

```
/********* PWM5.C *******PCA 計數 PWM 直流馬達控制實習**********
*動作：由 CEX1(P13)輸出 PWM 控制直流馬達轉速及 P12 控制正反轉
*硬體：SW1-7(DIR)及 SW1-8(PWM)ON,或 SW1-4(P1LED)ON
*****************************************************/
#include "..\MPC82.H"
sbit DIR=P1^2; //0=馬達正轉,1=馬達反轉
void main()
{ unsigned char i;
  CCAPM1=ECOM+PWM; //致能 CEX1 比較器及 PWM 輸出
  CMOD=0x00;//CPS1-0=00,Fpwm=Fosc/12/256=22.1184MHz/12/256=7.2KHz
  CR=1;        //開始 PCA 計數
  DIR=0;        //0=馬達正轉
  while(1)    //重覆輸出 PWM 波形
   {
    for(i=0;i<255;i++)//低電位比率漸漸增加，LED 漸亮，馬達加速
```

```
    {
     CCAP1H=i;  //設定 CEX1 脈波時間
     Delay_ms(30);
     }
   for(i=255;i>0;i--)//低電位比率漸漸減少，LED 漸暗，馬達減速
     {
     CCAP1H=i;  //設定 CEX1 脈波時間
     Delay_ms(30);
     }
   DIR=!DIR;//切換馬達正/反轉
   }
}
```

硬體操作步驟：
(1) 以示波器量測，快速執行，觀察 CEX1(PWM) 及 P12(DIR) 輸出波形。
(2) 先 DIR=1 (正轉)，CEX1(PWM) 脈波寬度會由窄變寬表示加速，再由寬變窄表示減速。
(3) 再 DIR=0 (反轉)，CEX1(PWM) 脈波寬度會由窄變寬表示加速，再由寬變窄表示減速。
(4) CEX1 接喇叭或 LED，可控制喇叭音量或 LED 亮度。

10-5 PCA 計時捕捉器控制實習

在 PCA 計時捕捉器(capture)內有 6 個 16-bit 的捕捉暫存器(CCAP0H/L)，當捕捉腳 CEX0~5 (P1.2~7)有輸入正緣或負緣脈波時，會將此時 PCA 計時/計數器(CH:CL)的時間值存入捕捉暫存器(CCAP0H/L)內。如此即可量測脈波的寬度或頻率。。

10-5.1 PCA 計時捕捉器控制

PCA 計時捕捉器控制，如圖 10-18 所示：

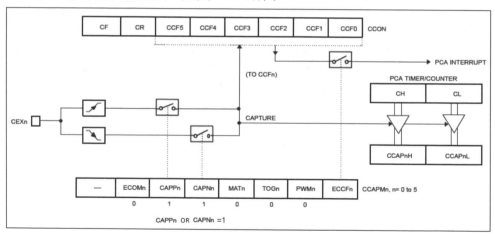

圖 10-18　PCA 計時捕捉控制

PCA 計時捕捉器的控制步驟，如下：

1. 以模組 0 為例，在 PCA 比較器/捕捉器模組暫存器(CCAPM0)設定輸入脈波為正緣(CAPP=1)或負緣(CAPN=1)時為 PCA 計時捕捉輸入功能，如下：

D7	D6	D5	D4	D3	D2	D1	D0
-	ECOM	CAPP	CAPN	MAT	TOG	PWM	ECCF
x	0	1	1	0	0	0	X

2. 當捕捉腳 CEX0(P1.2)有輸入正緣或負緣脈波時，會將此時 PCA 計時/計數

器(CH:CL)的時間值存入捕捉暫存器(CCAP0H/L)內。

3. 同時令比較旗標 CCF0=1，必須用軟體清除 CCF0=0。如果事先有致能 PCA 計數中斷，會立即去執行 PCA 中斷函數。

4. 重覆捕捉兩次，將兩個時間相減，即可知道脈波的寬度或頻率。

10-5.2 PCA 計時捕捉器實習

PCA 計時捕捉可應用於計頻器、馬達速度量測、超速照相量測等等。

1. PCA 計時捕捉範例(1)：Timer0 的 T0CKO(P34)輸出方波，由 PCA 計時捕捉 量測其計時時脈(clock)數值。

```
/********** CAP1.c ********捕捉器實習範例****************
*動作：令 Timer0 由 T0CKO(P34)輸出方波,送到 CEX0(P12)捕捉輸入
*        ，在 LED 顯示時間差
*硬體：SW1-3(P0LED)ON,將 T0CKO(P34)連接到 CEX0(P12)
*************************************************/
#include "..\MPC82.H"  //暫存器及組態定義
                  //T0CKO 頻率=Fosc/24/(256-TH0)
#define T  0x14  //T0CKO 頻率=22118400/24/T
main()
{
  unsigned int first; //第一次 CCAP0 捕捉時間
  P0M0=0; P0M1=0xFF; //設定 P0 為推挽式輸出(M0-1=01)
  AUXR2=T0CKOE; //致能 T0CKO(P34)輸出方波
  TMOD=0x02;   //設定 Timer0 為 mode2 內部計時
  TH0=256-T;   //將計數值存入 TH1
  TR0=1;       //啟動 Timer1,不斷的由 T0CKO(P34)輸出方波

  CCF0 = 0;    //清除模組 0 的比較旗標
  CCAPM0 = CAPP+CAPN; //CAPP=1,正緣或負緣觸發輸入時,CCAP0=(CH:CL)
  CR = 1;      //啟動 PCA 計數
  while(1)
   {
```

```
    CL = CH =0;      //PCA 計數器由 0 開始上數
    while(CCF0==0); //等待第一次觸發輸入
    CCF0 = 0;        //清除 PCA 模組 0 的旗標
    first=CCAP0L ;  //捕捉 CPA 計數值

    while(CCF0==0); //等待第二次觸發輸入
    CCF0 = 0;        //清除 PCA 模組 0 的旗標
    LED=~(CCAP0L-first) ;//將兩次 CPA 計數值的時間差(T)由 LED 輸出
    }
}
```

作業：請改變 T0CKO 輸出頻率，再量測之。

2. PCA 計時捕捉範例(2)：Timer2 的 T2CKO(P10)輸出方波，由 PCA 計時捕捉
量測其計時時脈(clock)數值。

```
/********** CAP2.c ********捕捉器實習範例***************
*動作：令 Timer2 由 T2CKO(P10) 輸出方波,送到 CEX0(P12) 捕捉輸入
*      ，在 LED 顯示時間差
*硬體：SW1-3(P0LED)ON，將 T2CKO(P10) 連接到 CEX0(P12)
**************************************************/
#include "..\MPC82.H" //暫存器及組態定義
#define T 0x56 //T2CKO 頻率=Fosc/4/(65536-T2)=22118400/4/T
main()
{
  unsigned int first,i;   //第一次 CCAP0 捕捉時間
  P0M0=0; P0M1=0xFF; //設定 P0 為推挽式輸出(M0-1=01)
  T2CON=0x00; /* 0000 0000,設定為內部計時,溢位重新載入
                bit3:EXEN2=0,不使用外部 T2EX 接腳
                bit1:C/T2=0,內部計時 */
  RCAP2=T2R=65536-T; //設定 Timer2 及重新載入時間
  TR2=1;          //啟動 Timer2 開始計時
  T2MOD=T2CKOE; //致能 T2CKO(P10) 輸出方波

  CCF0 = 0;       //清除模組 0 的比較旗標
  CMOD = CPS0; //PCA 時脈來源:CPS1-0:01=Fosc/2,
              //配合 T2CKO=Fosc/4/(65536-T2)
```

```
CCAPM0 = CAPP+CAPN; //CAPP=1，正緣及負緣觸發輸入時，CCAP0<-(CH:CL)
CR = 1;           //啓動 PCA 計數
while(1)
  {
  CL = CH =0;        //PCA 計數器由 0 開始上數
  while(CCF0==0);  //等待第一次觸發輸入
  CCF0 = 0;          //清除模組 0 的旗標
  first=CCAP0L ;    //捕捉 CPA 計數值

  while(CCF0==0);  //等待第二次觸發輸入
  CCF0 = 0;           //清除模組 0 的旗標
  i=CCAP0L-first ;  //捕捉 CPA 計數值
  LED=~i ;//將兩次 CPA 計數值的時間差(T)由 LED 輸出
  }
}
```

作業：請改變 T2CKO 輸出頻率，再量測之。

3. PCA 計時捕捉中斷範例：

```
/********* CAP3.c *******捕捉器中斷實習範例***************
*動作：令 Timer2 由 T2CKO(P10)輸出方波,送到 CEX0(P12)捕捉輸入
*       ，在 LED 顯示時間差
*硬體：SW1-3(P0LED)ON，將 T2CKO(P10)連接到 CEX0(P12)
***************************************************/
#include "..\MPC82.H"  //暫存器及組態定義
#define T 0x56 //T2CKO 頻率=Fosc/4/(65536-T2)=22118400/4/T
unsigned int old=0;   //第一次 CCAP0 捕捉時間
main()
{
 P0M0=0; P0M1=0xFF; //設定 P0 為推挽式輸出(M0-1=01)
 T2CON=0x00;  /* 0000 0000，設定為內部計時，溢位重新載入
              bit3:EXEN2=0,不使用外部 T2EX 接腳
              bit1:C/T2=0,內部計時 */
 RCAP2=T2R=65536-T; //設定 Timer2 及重新載入時間
 TR2=1;           //啓動 Timer2 開始計時
 T2MOD=T2CKOE; //致能 T2CKO(P10)輸出方波
```

```
    EA = 1; AUXIE = EPCA; //致能 PCA 中斷
    CCF0 = 0;        //清除模組 0 的比較旗標
    CMOD = CPS0; //PCA 時脈來源:CPS1-0:01=Fosc/2,配合
T2CKO=Fosc/4/(65536-T2)
    CCAPM0 = CAPP+CAPN; //CAPP=1，正緣觸發輸入時,CCAP0<--CH:CL)
    CR = 1;         //啟動 PCA 計數
    while(1);
}
/*************************************************************
*函數名稱: PCA 中斷函數
*功能描述: 自動令 CEX0 反相
**************************************************************/
void PCA_Interrupt() interrupt 10
{
    CF=0;            //清除 PCA 計數溢位旗標
    CCF0 = 0;       //清除模組 0 的比較旗標
    if((CCAP0L-old)>0)  //捕捉 CPA 計數值
        LED=~(CCAP0L-old) ; //將兩次 CPA 計數值的時間差(T)由 LED 輸出
        old=CCAP0L;
}
```
作業：請改變 T2CKO 輸出頻率，再量測之。

10-5.3 PCA 光學編碼器控制實習

馬達上的轉軸編碼器(Shaft Encoder)具有高解析度(每圈最高可達 1000~3000格)，高響應性(200KHz內輸出準位不會降低)，構造簡單等優點，已經廣範地被使用在馬達迴路控制上。藉由馬達轉軸編碼器的計數輸入，可以量測馬達的定位及速度。

轉軸編碼器在旋轉時會輸出兩個相差90度的A、B相脈波，且在正轉及反轉會有差別，我們可用來控制計數器遞加或遞減。如圖10-19所示：

正轉　　　　　　　　　反轉

圖10-19　轉軸編碼器輸出波形

　　MPC82G516內部並無轉軸編碼器電路，必須將轉軸編碼器的正緣或負緣觸發信號輸入到捕捉器來檢查馬達的正/反轉計數，同時也可以量測其週期時間。實習電路，如圖10-20所示：

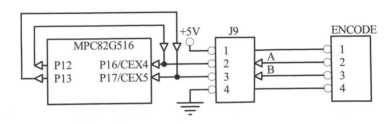

圖10-20　轉軸編碼器實習電路

　　在J9(ENCODE)外接光學轉軸編碼器，即可將其旋轉時所產生的A、B相信號，送到捕捉器CEX4(P16)及CEX5(P17)作為觸發輸入信號。

　　若無光學轉軸編碼器時，可使用快速計時輸出CEX0(P12)及CEX1(P13)輸出A、B相的模擬信號，送到捕捉器來控制計數器的上/下數。以一倍數解析計數為例，當CEX4(A相)有負緣觸發輸入時，再檢查P17(B相)的信號準位，即可知道旋轉的方向，再控制計數器的上下數。一倍數解析轉軸編碼器動作，如圖10-21所示：

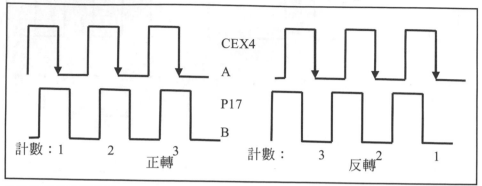

CEX4(A 相)	P17(B 相)	方向
負緣	1	正轉(計數上數)
負緣	0	反轉(計數下數)

圖10-21 一倍數解析轉軸編碼器動作

1.光學轉軸編碼器一倍解析實習範例：

```
/********** ENCODE1.c ********一倍解析編碼器實習範例***************
*動作：將 ENCODE 旋轉時所產生的 A、B 相信號，送到捕捉器 CEX4(P16)
       及 P17 作為觸發輸入信號，在 LED 顯示馬達正反轉數值
*硬體：SW1-3(P0LED)ON。由 P12 及 P13 模擬 ENCODE 信號，
*      連接(或反接)P16 及 P17，可改變 LED 上/下數。
*      或在 J9 連接 ENCODE，正/反旋轉，可改變 LED 上/下數
*****************************************************************/
#include "..\MPC82.H"  //暫存器及組態定義
unsigned int count=0;  //ENCODE 計數值
main()
{ P0M0=0; P0M1=0xFF;  //設定 P0 為推挽式輸出(M0-1=01)
  EA = 1; AUXIE = EPCA;  //致能 PCA 中斷
  CCF4 = 0;            //清除模組 4 的比較旗標
  CCAPM4 = ECCF+CAPN;  //CEX4(P16)負觸發輸入時，產生中斷
  CR = 1;             //啟動 PCA 計數
  LED=~count;      //計數由 LED 輸出
```

```
 P1_2=P1_3=0;   //模擬 ENCODE 的動作
 while(1)
 {
  P1_2=1; Delay_ms(500);
  P1_3=1; Delay_ms(500);
  P1_2=0; Delay_ms(500);
  P1_3=0; Delay_ms(500);
 }
}
/**************************************************************
*函數名稱：PCA 中斷函數
*功能描述：自動令 CEX0 反相
**************************************************************/
void PCA_Interrupt() interrupt 10
{ CF=0;                //清除 PCA 計數溢位旗標
  CCF4 = 0;            //清除模組 4 的比較旗標
  if(P1_7) count++;    //若正轉，計數遞加
    else count--;      //若反轉，計數遞減
  LED=~count;          //計數由 LED 輸出
}
```

2.光學轉軸編碼器四倍解析實習範例：

　　光學轉軸編碼器最高可用四倍解析來解碼，如圖10-22所示：

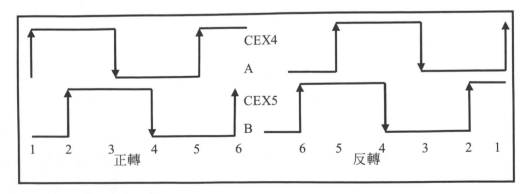

CEX4(A 相)	CEX5 (B 相)	方向
負緣	1	正轉(計數上數)
正緣	0	正轉(計數上數)
1	正緣	正轉(計數上數)
0	負緣	正轉(計數上數)
負緣	0	反轉(計數下數))
正緣	1	反轉(計數下數)
0	正緣	反轉(計數下數)
1	負緣	反轉(計數下數)

圖10-22 四倍數解析轉軸編碼器動作

```
/********** ENCODE2.c ****四倍解析編碼器實習範例***********
*動作：將 ENCODE 旋轉時所產生的 A、B 相信號，送到捕捉器 CEX4(P16)
       及 CEX5(P17)作為觸發輸入信號，在 LED 顯示馬達正反轉數值
*硬體：SW1-3(P0LED)ON。由 P12 及 P13 模擬 ENCODE 信號，
*      連接(或反接)P16 及 P17，可改變 LED 上/下數，SW1-3(P0LED)ON。
*      或在 J9 連接 ENCODE，正/反旋轉，可改變 LED 上/下數
*************************************************************/
#include "..\MPC82.H"  //暫存器及組態定義
unsigned int count=0;
main()
{ P0M0=0; P0M1=0xFF; //設定 P0 為推挽式輸出(M0-1=01)
  EA = 1; AUXIE = EPCA; //致能 PCA 中斷
  CCF4 = 0;       //清除模組 4 的比較旗標
  CCAPM4 = CCAPM5 = ECCF+CAPN; //CEX4(P16)及 CEX5(P17)負緣中斷
  CR = 1;         //啟動 PCA 計數
  LED=~count;     //計數由 LED 輸出
  P1_2=P1_3=0;    //模擬 ENCODE 的動作
  while(1)
  { P1_2=1; Delay_ms(500);
    P1_3=1; Delay_ms(500);
```

```
   P1_2=0; Delay_ms(500);
   P1_3=0; Delay_ms(500);
 }}
/***************************************************
*函數名稱：PCA 中斷函數
*功能描述：自動令 CEX0 反相
***************************************************/
void PCA_Interrupt() interrupt 10
{ CF=0;          //清除 PCA 計數溢位旗標
  if(CCF4)      //若是模組 4 的比較旗標
   {CCF4 = 0; //清除模組 4 的比較旗標
     if(CCAPM4 & CAPN)        //檢查 CEX4 是否為負緣輸入
        { CCAPM4 = ECCF+CAPP; //若是負緣下次改為正緣
          if(P1_7) count++;    //若正轉，計數遞加
          else count--;        //若反轉，計數遞減
          }
       else      //檢查 CEX4 為正緣輸入
        { CCAPM4 = ECCF+CAPN; //若是正緣下次改為負緣
          if(!P1_7) count++;   //若正轉，計數遞加
            else count--;       //若反轉，計數遞減
      } }
  if(CCF5)      //若是模組 5 的比較旗標
    { CCF5 = 0;        //清除模組 5 的比較旗標
     if(CCAPM5 & CAPN)           //檢查 CEX5 是否為負緣輸入
       {CCAPM5 = ECCF+CAPP; //若是負緣下次改為正緣
         if(P1_6) count--;    //若反轉，計數遞減
         else count++;        //若正轉，計數遞加
        }
       else      //檢查 CEX5 為正緣輸入
        {CCAPM5 = ECCF+CAPN; //若是正緣下次改為負緣
          if(!P1_6) count--;   //若反轉，計數遞減
            else count++;       //若正轉，計數遞加
      }}
   LED=~count; }         //計數由 LED 輸出
```

國家圖書館出版品預行編目資料

單晶片 8051 與 C 語言實習 / 董勝源編著. -- 初
　版. -- 臺北縣土城市 : 全華圖書, 2010.01
　　面 ；　公分

　ISBN 978-957-21-7488-3(平裝)

　1. 微電腦　2. C(電腦程式語言)
471.516　　　　　　　　　　　99001108

單晶片 **8051** 與 **C** 語言實習

（附試用版與範例光碟）

作者 / 董勝源

發行人 / 陳本源

出版者 / 全華圖書股份有限公司

郵政帳號 / 0100836-1 號

印刷者 / 宏懋打字印刷股份有限公司

圖書編號 / 10382007

定價 / 新台幣 420 元

ISBN / 978-957-21-7488-3(平裝)

全華圖書 / www.chwa.com.tw

全華科技網 Open Tech / www.opentech.com.tw

若您對書籍內容、排版印刷有任何問題，歡迎來信指導 book@chwa.com.tw

臺北總公司(北區營業處)
地址：23671 新北市土城區忠義路 21 號
電話：(02) 2262-5666
傳真：(02) 6637-3695、6637-3696

中區營業處
地址：40256 臺中市南區樹義一巷 26 號
電話：(04) 2261-8485
傳真：(04) 3600-9806(高中職)
　　　(04) 3601-8600(大專)

南區營業處
地址：80769 高雄市三民區應安街 12 號
電話：(07) 381-1377
傳真：(07) 862-5562